大数据技术与应用

大数据挖掘

熊 贇 朱扬勇 陈志渊
编著

上海科学技术出版社

图书在版编目(CIP)数据

大数据挖掘 / 熊贇,朱扬勇,陈志渊编著.
—上海: 上海科学技术出版社,2016.4
(大数据技术与应用)
ISBN 978-7-5478-2961-5

Ⅰ.①大… Ⅱ.①熊… ②朱… ③陈… Ⅲ.①数据采集 Ⅳ.①TP274

中国版本图书馆CIP数据核字(2016)第010840号

大数据挖掘
熊 贇 朱扬勇 陈志渊 编著

上海世纪出版股份有限公司
上海科学技术出版社 出版
(上海钦州南路71号 邮政编码200235)
上海世纪出版股份有限公司发行中心发行
200001 上海福建中路193号 www.ewen.co
苏州望电印刷有限公司印刷
开本787×1092 1/16 印张20
字数420千字
2016年4月第1版 2016年4月第1次印刷
ISBN 978-7-5478-2961-5/TP·40
定价:75.00元

内容提要

本书系统介绍了大数据挖掘的概念、原理、技术和应用，具体内容包括：认识和理解大数据；大数据挖掘需要的相关技术（大数据获取技术、大数据存储管理技术和大数据可视化技术等）；大数据计算框架；大数据挖掘任务（关联分析、聚类分析、分类分析、异常分析、特异群组挖掘和演变分析）；大数据应用实现。

本书对大数据挖掘技术进行了全面而细致的定义和归纳，并向读者展现了该领域最新研究热点和技术。

本书可供数据科学专业的高等学校学生及教师，从事数据领域工作的研究人员、技术人员、管理人员和决策人员参考阅读。

本书相关研究工作得到了以下项目的支持资助：
21世纪复旦大学研究生用书
国家自然科学基金重点项目(71331005，大数据环境下的管理决策创新研究)

大数据技术与应用

学术顾问

大数据技术与应用

编撰委员会

丛书序

我国各级政府非常重视大数据的科研和产业发展，2014 年国务院政府工作报告中明确指出要“以创新支撑和引领经济结构优化升级”，并提出“设立新兴产业创业创新平台，在新一代移动通信、集成电路、大数据、先进制造、新能源、新材料等方面赶超先进，引领未来产业发展”。2015 年 8 月 31 日，国务院印发了《促进大数据发展行动纲要》，明确提出将全面推进我国大数据发展和应用，加快建设数据强国。前不久，党的十八届五中全会公报提出要实施“国家大数据战略”，这是大数据第一次写入党的全会决议，标志着大数据战略正式上升为国家战略。

上海的大数据研究与发展在国内起步较早。上海市科学技术委员会于 2012 年开始布局，并组织力量开展大数据三年行动计划的调研和编制工作，于 2013 年 7 月 12 日率先发布了《上海推进大数据研究与发展三年行动计划(2013—2015 年)》，又称“汇计划”，寓意“汇数据、汇技术、汇人才”和“数据‘汇’聚、百川入‘海’”的文化内涵。

“汇计划”围绕“发展数据产业，服务智慧城市”的指导思想，对上海大数据研究与发展做了顶层设计，包括大数据理论研究、关键技术突破、重要产品开发、公共服务平台建设、行业应用、产业模式和模式创新等大数据研究与发展的各个方面。近两年来，“汇计划”针对城市交通、医疗健康、食品安全、公共安全等大型城市中的重大民生问题，逐步建立了大数据公共服务平台，惠及民生。一批新型大数据算法，特别是实时数据库、内存计算平台在国内独树一帜，有企业因此获得了数百万美元的投资。

为确保行动计划的实施，着力营造大数据创新生态，“上海大数据产业技术创新战略联盟”(以下简称“联盟”)于 2013 年 7 月成立。截至 2015 年 8 月底，联盟共有 108 家成员单位，既有从事各类数据应用与服务的企业，也有行业协会和专业学会、高校和研究院所、大数据技术和产品装备研发企业，更有大数据领域投资机构、产业园区、非 IT

领域的数据资源拥有单位，显现出强大的吸引力，勾勒出上海数据产业的良好生态。同时，依托复旦大学筹建成立了“上海市数据科学重点实验室”，开展数据科学和大数据理论基础研究、建设数据科学学科和开展人才培养、解决大数据发展中的基础科学问题和技术问题、开展大数据发展战略咨询等工作。

在“汇计划”引领下，由联盟、上海市数据科学重点实验室、上海产业技术研究院和上海科学技术出版社于2014年初共同策划了“大数据技术与应用”丛书。本丛书第一批已于2015年初上市，包括了《汇计划在行动》《大数据测评》《数据密集型计算和模型》《城市发展的数据逻辑》《智慧城市大数据》《金融大数据》《城市交通大数据》《医疗大数据》共八册，在业界取得了广泛的好评。今年进一步联合北京中关村大数据产业联盟共同策划本丛书第二批，包括《大数据挖掘》《制造业大数据》《航运大数据》《海洋大数据》《能源大数据》《大数据治理与服务》等。从大数据的共性技术概念、主要前沿技术研究和当前的成功应用领域等方面向读者做了阐述，作者希望把上海在大数据领域技术研究的成果和应用成功案例分享给大家，希望读者能从中获得有益启示并共同探讨。第三批的书目也已在策划、编写中，作者将与大家分享更多的技术与应用。

大数据对科学研究、经济建设、社会发展和文化生活等各个领域正在产生革命性的影响。上海希望通过“汇计划”的实施，同时也是本丛书希望带给大家一个理念：大数据所带来的变革，让公众能享受到更个性化的医疗服务、更便利的出行、更放心的食品，以及在互联网、金融等领域创造新型商业模式，让老百姓享受到科技带来的美好生活，促进经济结构调整和产业转型。

上海市科学技术委员会副主任

2015年11月

前言

数据挖掘已经有20多年历史了,20年前,“尿布和啤酒的故事”像童话一样被许多应用领域的信息主管认为是不靠谱的幻想(很多地方称为营销神话)。如今,大数据来了,却有很多人将该故事当作大数据的典型案例来讲。“尿布和啤酒的故事”是说“通过对所有购物单进行数据挖掘,发现尿布和啤酒经常被同时购买”,数据挖掘告诉我们一种关联现象,而不是因果。

大数据来了,之前众多基于内存的数据挖掘算法不能再使用,于是需要新的能够运行在大数据计算架构上的数据挖掘算法。另一方面,数据来源和类型也更复杂了,而之前的数据挖掘算法主要是针对单一数据类型的,于是需要新的数据挖掘算法——能够分析复杂数据类型的数据挖掘算法。这些应该是大数据挖掘的主要内容。本书取名《大数据挖掘》,主要介绍了两件事情:传统的数据挖掘算法及其面向大数据的改进;面向复杂数据集的数据挖掘算法,如异质网络挖掘。

本书各章内容如下:第1章介绍大数据挖掘的基本概念、大数据挖掘的任务,以及与大数据挖掘相关的技术。第2章介绍大数据计算框架。第3章到第8章介绍数据挖掘的主要任务,包括关联分析、聚类分析、分类分析、异常分析、特异群组挖掘、演变分析,介绍了这些算法面对大数据的改进。其中,特异群组挖掘是一类典型的面向大数据高价值、低密度特征的数据挖掘任务。第9章介绍了异质数据网络挖掘,这是针对大数据的复杂性而设计的一类新的大数据挖掘方法。第10章以推荐系统为例,介绍了大数据挖掘的应用。第11章对大数据隐私技术进行了介绍。

大数据挖掘是新问题、新应用,作为应用层,算法和软件设计都依赖于计算机基础架构、计算框架和数据管理系统。大数据目前还是一个大问题,计算机基础架构、计算框架、大数据管理都还在摸索中前进,Hadoop只是一个不得已的选择,但不是一个理想的大数据挖掘计算框架。因此，我们非常期待大数据的基础研究能够取得突破，这些基础包括大数据的数学基础、计算基础、数据基础、分析基础和应用基础。

本书的疏漏和错误完全是作者的水平有限所致，如能获得读者的指正是我们的荣幸。

作 者

目 录

第1章

绪论

1997年，美国国家航空航天局(NASA)研究员 Michael Cox 和 David Ellsworth 在电气和电子工程师协会(IEEE)第8届国际可视化学术会议中首先提出了“大数据”术语[1]，但并没有引起太多重视。2008年9月，《Nature》杂志出版了一期大数据专刊，大数据在科学研究领域得到了高度重视。2012年3月，美国政府发布《大数据研究和发展倡议》[2]，大数据引起了主要国家的重视。一场大数据引发的变革渗透到各个角落，巨量、多样、时效、价值高、密度低等大数据特点给数据挖掘技术带来了新的挑战和机遇，大数据挖掘技术成为当前最有发展前景的大数据技术之一。本章从大数据的特点出发，给出大数据挖掘的定义和关键技术。

1.1 理解大数据挖掘

大数据是当前网络空间数据资源及其开发利用的一种表现。严格地说，到目前为止，还没有一个明确的大数据定义，各领域按照自己的理解来研究和发展大数据。大数据的4V定义[3,4]涵盖了所有技术型定义，也是影响最广泛的，但在具体理解和具体问题面前，还是引起了很多争论。例如，常常会争论一个数据集是不是大数据？即够不够大，是否达到了PB(拍字节，1 PB=10^{15} BYTE)级别。显然，这只是问题的表面。问题的核心是：一个数据集是否有价值、是否值得去开发、能否挖掘出价值；能否在希望的时间内挖掘出价值。因此，价值和时效是大数据的核心内涵[5]。

信息技术(information technology，IT)企业已经开始在大数据领域战略布局，发布各种形式的大数据产品，形成围绕大数据、利用大数据的新产品形态、新业务模式。大数据价值在金融、商业、交通、社交、医疗健康等许多领域已经得到了越来越多的有效验证，大数据应用也革命性地改变了所涉及产业的形态。人们已经认识到数据是一种重要的资源，价值巨大，但在开发利用数据资源的过程中遇到了技术问题，需要研究新技术和新方法。

从大数据与相关技术的关联关系上来看，互联网、物联网、云计算等技术的发展为大数据提供了基础。互联网、物联网提供了大量数据来源；云计算的分布式存储和计算能力提供了技术支撑；而大数据的核心是数据处理。其中传统的数据处理技术经过演进依然有效，新兴技术还在不断探索和发展中。数据挖掘技术成为高效利用数据、发现价值的核心技术。

1.1.1 大数据挖掘的定义

关于数据挖掘有很多相近的术语，如：数据库中的知识发现(knowledge discovery in

databases, KDD①)、知识挖掘、知识提取、数据/模式分析、数据考古、数据融合等。其中,最常使用的是数据挖掘和知识发现,并且两者在使用中常常不加区分[6]。就术语的使用情况看,在2012年大数据尚未被广泛关注之前,人工智能领域主要使用知识发现,而数据库领域和工业界主要使用数据挖掘,市场上的绝大部分产品也称为数据挖掘工具,而非知识发现工具。在大数据受到广泛关注之后,数据挖掘被更加广泛地使用,其他术语的使用越来越少。

1996年,Fayyad等人对数据挖掘定义进行了阐述[7],将数据挖掘看作是KDD的一个过程②。1997年,Friedman综述了Zekulin、Ferruzza、John、Parsaye等人对数据挖掘的定义[8]。下面列出一些关于数据挖掘的定义:

(1) Kantardzic的定义:数据挖掘是一个从已知数据集合中发现各种模型、概要和导出值的过程[9]。

(2) Fayyad的定义:数据挖掘是一个确定数据中有效的、新颖的、潜在可用的且最终可理解的模式的重要过程[7]。

(3) Zekulin的定义:数据挖掘是一个从大型数据库中提取以前未知的、可理解的、可执行的信息并用它来做出关键商业决策的过程[8]。

(4) Ferruzza的定义:数据挖掘是用于知识发现过程,识别存在于数据中的未知关系和模式的一些方法[8]。

(5) John的定义:数据挖掘是发现数据中有益模式的过程[8]。

(6) Parsaye的定义:数据挖掘是为未知信息模式而研究大型数据集的一个决策支持过程[8]。

(7) Jiawei Han的定义:从大量的、不完全的、有噪声的、模糊的、随机的数据中,提取隐含在其中的、人们事先不知道的但又是潜在有用信息和知识的过程[10]。

(8) 本书的定义:数据挖掘是通过分析每个数据从大量数据中寻找其规律的技术[6]。

相较于其他数据挖掘定义,本书的定义给出了数据挖掘的核心"大量"和"寻找",而对挖掘到的"规律"没有做任何描述或限制,即没有要求"规律"是"有用的"。事实上,一个规律有用与否是由用户的需求决定的。挖掘算法本身很难保证挖掘结果的有用性,一般需要用户在挖掘过程中不断调整相关参数(如支持度、置信度等)来获得有用的结果。有时,一些被认为是"无用"的结果经过评价后可能是意外的好结果[6]。

数据隐含价值,技术发现价值,应用实现价值。数据、技术和应用是大数据的三个内涵[5]。大数据环境下,数据挖掘的对象(即数据)有了新的特征,这决定了大数据挖掘将被赋予新的含义,相应的,也产生了新的挖掘算法和模型。

---

① 1989年8月,在美国底特律召开的第11届国际人工智能联合会议的专题讨论会上首次出现知识发现(KDD)这个术语。

② 原文:Data mining is a step in the KDD process that consists of applying data analysis and discovery algorithms that produce a particular enumeration of patterns (or models) over the data[5].

本书采用的大数据挖掘定义：大数据挖掘是指从大数据集中寻找其规律的技术。

我们将“大数据集”强调为大数据挖掘的对象。需要注意的是，在大数据挖掘中，“寻找”变得更具挑战性，因为，大数据具有高价值、低密度的特性，即规律不是显而易见的，而是隐含在大数据之中，需要用新的方法和技术去寻找。同样的，对挖掘到的“规律”没有做任何描述或限制，大数据的价值是更加难以估量的，需要在大数据的应用中去实现。

1.1.2 大数据挖掘的任务

数据挖掘在自身发展的过程中，吸收了数理统计、数据库和人工智能中的大量技术。从挖掘的主要任务角度看，大数据挖掘任务仍然包含传统的五大类数据挖掘任务[6]，但是，从技术角度看，针对大数据集的特点、大数据应用的需求，每一类任务都有扩展。以分类分析任务为例，分类分析是一种有监督的（或半监督的）挖掘技术，即需要有标签的训练集以指导分类模型的构建。在大数据环境下，我们拥有多源融合的、规模巨大的数据集，为数据挖掘积累了更丰富的数据基础。但是，现实情况是数据集中更多的数据是没有经过专家打好标签的。例如，高血压危险因素分析中，将包含有大量因为没有出现高血压症状而没有就医的人群，但是从其健康档案记录或者其他就医记录中已隐藏了潜在的高血压危险因素。这需要有新的大数据分类方法，在训练过程中综合利用较少的有标签样本和较多的无标签样本进行学习，降低对数据进行人工标注的昂贵开销，这就是新的分类分析任务。

值得指出的是，面向高价值、低密度的大数据集，除了上述数据挖掘任务外，特异群组分析是一类新型的大数据挖掘任务。

下面仅给出各个挖掘任务的定义，更详细的将在后续各个章节进行介绍。

(1) 关联分析：寻找数据项之间的关联关系。例如：我们可以通过对交易数据的分析可能得出“86%买‘啤酒’的人同时也买‘尿布’”这样一条“啤酒”和“尿布”之间的关联规则。

(2) 聚类分析：根据最大化簇内的相似性、最小化簇间的相似性的原则将数据对象集合划分成若干个簇的过程。例如：我们可以通过对电子商务网站用户的注册数据和购买行为数据的分析，划分消费者的消费层次为节约时间型消费、冲动型消费、价格敏感型消费、品牌忠诚型消费等。

(3) 分类分析：找出描述并区分数据类的模型（可以是显式或隐式），以便能够使用模型预测给定数据所属的数据类。例如：P2P 网贷平台可以将贷款人的信用等级分类为：AA（信用水平最高级，代表极低的违约率）、A、B、C、D、E、HR（低信用水平，潜在的违约风险最高级）。分类分析通过对这些数据及其类标签的分析给出一个信用等级的显式模型，例如：“AA 级贷款者是年收入在×××元到×××元，年龄在×××至×××，居住面积达×××平方米以上的人”。这样，对于一个新提交信用审核申请的贷款人，就可以根据他的特征预测其信用等级。

(4) 异常分析：一个数据集中往往包含一些特别的数据，其行为和模式与一般的数据不同，这些数据称为“异常”。对“异常”数据的分析称为“异常分析”。例如，在对银行客户信用卡刷卡记录数据进行监测的过程中，发现某一笔交易明显不同于以往的消费模式。

(5) 演变分析：描述时间序列数据随时间变化的数据的规律或趋势，并对其建模。包括时间序列趋势分析、周期模式匹配等。例如：通过对交易数据的演变分析，可能会得到“89%的情况下，股票X上涨一周左右后，股票Y会上涨”这样一条序列知识，或者通过对股票某一历史交易时间区间的价格变化情况，可以预测出下一交易日的价格。

(6) 特异群组分析：发现数据对象集中明显不同于大部分数据对象(不具有相似性)的数据对象(称为特异对象)的过程。一个数据集中大部分数据对象不相似，而每个特异群组中的对象是相似的。这是一种大数据环境下的新型数据挖掘任务，将在第7章做详细介绍。

需要说明的是，无论数据挖掘技术如何发展变化，相似性依然是数据挖掘技术的核心。在关联分析中，频繁模式挖掘可能涉及模式间的模糊匹配，这需要定义模式间的相似性度量；聚类分析的关键是定义对象间的相似性，以及探索簇间对象的相似性，因为聚类分析是根据对象之间是否相似来划分簇的；分类分析也是基于相似对象赋予同一类标签的思想，对数据对象进行分类的；异常分析虽然是找到相异于大部分数据对象的少部分数据对象，但是，如何判断少部分对象不同于其他对象，这也离不开相似性；特异群组分析仍然是基于对象是否相似而开展的，只是目的是发现那些不同于大部分不相似对象的相似对象的集合；演变分析本身就是发现时间序列中有相似规律的片段用以预测，这也需要相似性的支撑。可以看到，相似性是任何一种数据挖掘任务的核心。关于相似性已经有很多研究，然而，相似性总是根据应用场景、用户需求的差异而有所不同，这就形成了目前还没有一种相似性度量能够适用于任何场合的现象。因此，我们会看到每一种数据挖掘任务都有许多种挖掘算法，尤其是聚类分析。

1.1.3 大数据挖掘的特点

“大量”(volume)、“多源、异质、复杂”(variety)、“动态”(velocity)、“价值高但价值密度低”(value)的大数据特征决定了大数据挖掘技术不同于之前的数据挖掘技术。大数据挖掘技术包括：高性能计算支持的分布式、并行数据挖掘技术，面向多源、不完整数据的不确定数据挖掘技术，面向复杂数据组织形式的图数据挖掘技术(尤其是基于语义的异质网络数据挖掘)，面向非结构化稀疏性的超高维数据挖掘技术，面向价值高但价值密度低特征的特异群组挖掘技术以及面向动态数据的实时、增量数据挖掘技术等。

1) “大量的”与并行分布式数据挖掘算法研究

大数据的“大”通常是指PB级以上的，这与之前的数据挖掘技术针对的数据对象的规模不同。这一特征需要更高性能的计算平台支持，考虑大规模数据的分布式、并行处理，对数据挖掘技术带来的挑战是I/O交换、数据移动的代价高，还需要在不同站点间分析数据挖掘模型间的关系。

虽然以往已有并行分布式数据挖掘算法的相关研究，但是，大数据环境下，需要新的云计算基础架构支撑(例如，Hadoop、Spark 等)。

2) “多源的”与不确定数据挖掘算法研究

大数据时代，收集和获取各种数据倍受关注，更多方式、更多类型、更多领域的数据被收集。不同数据源的数据由于数据获取的方式不同、收集数据的设备不同，大数据下，挖掘的数据对象常常具有不确定、不完整的特点，这要求大数据挖掘技术能够处理不确定、不完整的数据集，并且考虑多源数据挖掘模型和决策融合。

数据挖掘一直以来重视数据质量。数据的质量决定数据挖掘结果的价值。然而，大数据环境下，数据获取能力逐渐高于数据分析能力。数据获取过程中数据缺失、含有噪声难以避免，更值得注意的是，数据获取的目标也与以前不同，并不是针对某个特定应用或特定任务收集的。数据填充、补全是困难的。因此，大数据挖掘技术要有更强地处理不确定、不完整数据集的能力。

3) “异质的”与基于语义的异质数据挖掘算法研究

大数据的组织形式发生变化，更多地以数据网络的形式组织。大数据下的数据网络的节点类型多样，路径表达有多种语义，理解语义、体现语义是相似性的定义、计算的重要需求，是提升数据挖掘质量的关键因素。

语义的研究是数据挖掘领域研究的一个重要部分。大数据时代，数据组织形式呈现数据网络形式，而异质数据网络的研究仍处于初始探索阶段，尤其是异质网络中代表各实体的节点间的相似性度量，也是之前数据挖掘技术研究没有涉及的。

4) “复杂的”与非结构化、超高维、稀疏数据挖掘算法研究

大数据下，来自网络文本(用户评论文本数据)、图像、视频的数据挖掘应用更加广泛，非结构化数据给数据挖掘技术带来了新的要求，特征抽取是非结构化数据挖掘的重要步骤，大数据挖掘算法设计要考虑超高维特征和稀疏性。也需要新型非关系型数据库技术(HBase、MongoDB 等)的支持，通常表现为关系型数据库与非关系型数据库互为补充。

超高维特征分析的需求使得深度学习技术成为热点。数据挖掘技术一直将统计学习、机器学习、人工智能等算法和技术与数据库技术结合应用，发现数据中的规律。大数据环境下，深度学习与大数据的结合，也将成为寻找大数据其中规律的重要支撑技术之一。

5) “动态的(演变的)”与实时、增量数据挖掘算法研究

时序数据挖掘是数据挖掘领域的一个研究主题。然而，大数据环境下，数据的获取更加高速，关键是处理数据的需求在实时性方面的要求更高。早期的数据挖掘总是能容忍分钟级别，甚至更长时延的响应。现在，许多领域已经使用数据挖掘技术分析本领域数据，各个领域对数据挖掘结果响应需求存在差异，不少领域需要有更高的响应度，例如实时在线精准广告投放、证券市场高频交易等。

6) “价值高但价值密度低”与聚类、非平衡分类、异常挖掘算法研究

大数据环境下，产生了新的数据挖掘任务。前已述及，特异群组是一类低密度高价值的数据,特异群组是指在众多行为对象中,少数对象群体具有一定数量的相同(或相似)行为模式,表现出相异于大多数对象而形成异常的群组。特异群组挖掘问题既不是异常点挖掘(只发现孤立点)问题也不是聚类问题(将大部分数据分组)。微簇(micro-clusters 或 clustered anomalies)发现算法将相似的异常点安排到微簇中,但该类方法仍然对剩下的大部分数据有聚类假设。非平衡分类问题需要有专家提供具有类标签的训练样本。

1.1.4 大数据挖掘与相关技术的差异

在这一小节中,将对一些与数据挖掘密切相关或混淆在一起的概念进行澄清。

1.1.4.1 数据挖掘与数理统计

数理统计和数据挖掘有着共同的目标:发现数据中的规律。而且有许多数据挖掘工作还用了数理统计的算法或模型,一些市场上所谓的数据挖掘工具软件也是统计软件或是从统计软件演变过来的。正因为如此,两者就成了最混淆的概念。我们认为两者在做法上是有很大不同的。

1) 手工与计算机

由于统计学基础的建立在计算机的发明之前,所以许多统计学方法是可以手工实现的。对于很多统计学家来说,几百个数据或几十个变量就已经是很大的了。但这个“大”对于现在计算机中 GB(吉字节,1 GB=10^9 BYTE)级的交易记录或几千万个客户信息来说相差太远了。很明显,面对这么多的数据,设计“原则上可以用手工实现”的统计方法和设计“原则上有计算机数据仓库支持”的数据挖掘方法是有很大不同的,很多统计模型和算法在处理大数据量时可能就会失去意义。这意味着计算机对于数据的分析和处理是关键的,而手工直接处理数据将变得不可行。

2) 用样本推断总体规律与直接找出总体的规律

用样本推断总体规律是统计学的核心方法之一,而数据挖掘由于采用了计算机技术,更关注对总体规律的分析。当然,数据挖掘也常常关注样本。

例如,数据库中有某厂历年生产的 1 000 万台电视机和对应 1 000 万个客户的全部信息。在这种情形下,用样本构造某种模型或某个估计值来推断 1 000 万台电视机的使用情况就没有价值了,可以通过数据挖掘直接找出总体的规律。

但在一些预测性分析中,数据挖掘也常常使用样本。例如:对一个新产品的广告宣传活动进行响应率分析。对 1 000 万人做该广告,实际应该有 10 万人响应。但通过一个样本分析发现:其中有三类人群对该广告的响应率较高。因此,就有针对性地对高响应率的 100 万人做了该广告,结果获得了 8 万人的响应。

3) 普遍规律与特定规律

统计学研究问题的结果常常会得到一个统计模型,而这个模型是普遍适用的,而数据挖掘得到的是某个数据集的规律,常常不具有普遍意义。例如:“掷硬币出现正反面的概率都是50%。”但在某个赌场,一年中每天掷出硬币,其正面出现的次数为68%~93%,统计学中“正反面出现的概率是50%”的推断在这样一个总体中就没有价值了。

4) 模型和实验

由于自身的数学背景,统计学追求精确,建立一个模型并证明之,而不是像数据挖掘那样注重实验。这并不意味着数据挖掘工作者不注重精确,而只是说明如果精确的方法不能产生结果的话就会被放弃。例如:证券公司的一个业务回归模型可能会把保证金作为一个独立的变量,因为一般认为大的保证金会导致大的业务,所以花费高成本开设了大户室。但事实上经过对一年来的交易情况进行数据挖掘却发现:交易频度和赢利情况才是最重要的。

说明:虽然有上述的差异,很多时候我们仍然可以这样说:“将很多数理统计算法或模型写成计算机程序并能够用于大规模数据分析就变成了数据挖掘技术。”

1.1.4.2 数据挖掘与人工智能

人工智能的研究重心是机器学习和推理机制。和统计学类似,人工智能也缺少对大规模数据的处理能力,很多算法要求在内存中完成计算,不考虑磁盘的数据交换,这些算法在处理大数据量时也会失去意义,而现在数据挖掘所使用的人工智能算法在实现上要进行优化处理才能在可接受的时间内执行算法或得到所需要的结果。

人工智能算法的理论性很强,追求理论的正确性。例如:人工智能的博弈算法理论上应该是机器在下棋时永远会赢,但由于算法涉及的巨量可能性数据,所以到目前为止还没有棋场上的长胜“机器将军”。另一个例子是20世纪80年代大量出现的所谓“专家系统”,可是到目前为止我们并没有普遍使用“专家系统”。事实上,当时更多的系统是叫“专家系统外壳”,即提供了一个知识推理机,当我们建立起领域知识后,推理机就可以根据领域知识进行判断推理了。问题是当领域知识大到内存放不下时,这些“专家系统外壳”常常就无法在人们可以接受的时间内完成推理工作了。正因为如此,在大规模数据处理能力方面,人工智能领域一直在寻求数据库技术的支持,也出现了结合两者技术的知识库系统。然而遗憾的是,由于人工智能算法(如递归求解)在处理大规模数据方面的非实用性,致使知识库研究也仅限于理论层面。

数据挖掘则强调算法的实用性。例如,同样的决策树算法。在人工智能中可能将构造一棵完全通用的决策树,强调完备性和准确性,但在数据挖掘系统中,可能只是构造不大于七层的决策树,而对于大于七层决策树的应用问题则会要求用户采用更大的计算机系统。就是说数据挖掘不关心理论问题的解决(即给定计算机,如何实现一个算法),而是关心实际问题的解决(给定问题,用什么计算机和什么算法解决)。

说明:和数理统计情形类似,虽然有上述的差异,很多时候我们仍然可以这样说:“将很多人工智能算法写成计算机程序并能够用于大规模数据分析就变成了数据挖掘技术。”

1.1.4.3 数据挖掘与数据库

数据库技术提供了大规模数据的存储、管理、访问和处理能力，是数据挖掘过程中所必需的技术支持。我们可以在没有DBMS(数据库管理系统)支持下进行数据挖掘，但在数据挖掘过程中肯定要用到数据库技术(如索引技术)。当然，更多的数据挖掘工作是针对数据库中的数据进行的。数据挖掘和数据库没有概念上的冲突。

值得注意的是，越来越多的DBMS厂商将数据挖掘算法集成到了其DBMS产品中。这说明了一个问题，统计领域、人工智能领域和数据库领域都称数据挖掘是其一部分，但最终数据库领域会取得胜利。这也正是工业界不叫"知识发现"而叫"数据挖掘"的根本所在。

1.1.4.4 数据挖掘与数据仓库

有两个原因导致人们认为数据挖掘一定是在数据仓库中进行的：一是第一个数据挖掘成功的故事("尿布与啤酒")是在NCR数据仓库系统中做的；二是数据挖掘强调对历史数据的分析，而数据仓库正是存储历史数据的。

当然，有一个现成的数据仓库供我们进行数据挖掘是很好的。但事实上数据挖掘可以在任意数据源上进行，其数据源可以是数据仓库、数据库、TEXT文件、WEB数据、流数据等。相反，建立数据仓库的主要目的倒是进行数据挖掘(在此顺便说明，在没有弄清数据挖掘需求之前，就盲目进行数据仓库的建设是一种巨大的浪费)。

1.1.4.5 数据挖掘与OLAP

联机分析处理(on-line analytical processing, OLAP)主要通过多维的方式来对数据进行分析、查询和产生报表。

数据挖掘与OLAP都属于分析型工具，但两者之间有着明显的区别。第一，OLAP对数据的分析层次较低，主要是依照数据维进行不同层次的汇总，可以认为是数据库中SUM、TOTAL、AVERAGE等的运算延伸。而数据挖掘则利用复杂的算法寻找数据规律。第二，OLAP强调的是联机(on-line)，因此是完全地用空间换取时间(OLAP中的数据立方结构就是典型的用空间换取时间的方式)的工作方式。而数据挖掘是分析历史数据的规律，这时往往不是联机的，而其挖掘结果是可以应用于联机环境下预测和检测的。即挖掘是脱机的，挖掘结果应用才会是联机的，所以不存在空间换时间的问题。

1.1.4.6 数据挖掘与决策支持系统

决策支持系统(DSS)是企业或机构信息系统的最高层次。数据挖掘技术是为决策支持系统服务的，或者说数据挖掘技术是决策支持系统的重要支撑技术之一。

1.1.4.7 数据挖掘与商业智能

商业智能(business intelligence, BI)是一个很商业化的术语。一个完整的商业智能应用系统应该包括数据库/数据仓库、查询/报表、OLAP、数据挖掘、商业模型等几个方面的内容。因此，数据挖掘同样是商业智能的重要支撑技术之一。

顺便说明，我们认为商业智能是决策支持系统退而求其次的做法。因为，到目前为止，实际应用的决策支持系统很少。于是，用户降低要求和开发商推新概念给用户这两方面的动因而产生了商业智能。事实上，目前良好使用数据挖掘技术和建立良好商业模型的 BI 应用也还很少见，所以 BI 离决策支持系统是有距离的。

1.1.4.8 数据挖掘和大数据

前已述及，大数据包括数据、技术和应用三个内涵，本书认为数据挖掘更侧重于大数据技术，是一种重要的大数据分析技术，用于发现大数据价值；大数据集是大数据挖掘的研究对象；大数据挖掘技术支撑了大数据应用，实现大数据价值。

1.2 大数据挖掘的相关技术

数据挖掘过程从技术角度来讲主要有数据准备、规律寻找和规律表示三个步骤。数据准备是从相关的数据源中选取所需的数据并集成用于数据挖掘的数据集；规律寻找是用某种方法将数据集所含的规律找出来；规律表示是尽可能以用户可理解的方式(如可视化)将找出的规律表示出来。

但在具体实施数据挖掘应用时，还要有一个步骤就是结果评价。这是因为数据算法寻找出来的是数据的规律，其中有些是用户感兴趣和有用的，还有一些可能是用户不感兴趣和没有用的。这就要对寻找出的规律进行评估。例如："跟尿布一起购买最多的商品是啤酒"这样一条规律是否有用呢？这就需要市场调查和评估工程师根据实际情况做出评估判断。这是一个人工步骤，还难以自动化。

1.2.1 大数据获取[6]

与看电视、读报纸、读书一样，从数据界(datanature)[11]中获取数据就是为了获得知识和信息，越来越多的人通过浏览器阅读网页，比看电视、读报纸的人还要多。在数据界中生活工作，获取需要的数据是一项日常事务。当前最常用的数据获取工具是谷歌、百度之类的搜索引擎，搜索引擎在数据界中的角色就像人的眼睛一样，在数据界中寻找任何东西几乎都需要使用搜索引擎。

与自然科学研究一样，数据科学[12,13,14]的研究也是针对数据界的不同部分开展研究，这就需要从数据界获取一个数据集。当然，这个数据集包括自己拥有的或者别人给定的，但作为数据科学的研究对象,越来越多的情况是需要数据科学家自己去获得一个要研究的数据集。而在数据资源开发利用领域,则要求在用户拥有的数据资源中进行开发利用[15],这要求从各指定的数据源中获取所需要的数据集,然后进行开发利用。

数据获取的方法有很多,下面是一些常用的方法。

1) 用于整合的方法

从各给定的数据源获取数据是一类专门的数据获取方法,通常用于数据整合。一般情况下,一个领域或一个机构有多个确定的数据源,需要将这些数据源的全部或部分数据整合到一起,以方便进行数据分析(如 BI)或数据科学研究工作。这时,首先要做的工作是分析各个数据源,获得它们的元数据及其它们的含义(如果有相应的技术文档,关于元数据的信息也可以从技术文档中直接获得)。然后根据数据整合的需要(主要是需要哪些数据),建立数据源的元数据和整合数据库的元数据之间的映射,就可以获取数据了。目前主要使用的技术是 ETL(extract-transform-load)工具。

2) 搜索方法

常见的数据获取方法是“搜索-下载(search and download)”,即用搜索引擎(如谷歌或百度等)搜索到所需要的数据,然后链接到相应的数据源,最后下载以获得所需要的数据。或者直接登录到像“万方数据”“万德数据”这样的数据服务公司,搜索到所需要的数据并下载。“搜索-抽取(search and extracted)”是另外一种常见的方法。同样用搜索引擎(如谷歌或百度等)搜索到所需要的数据,然后链接到相应的数据源,分析并入侵该网站数据源,建立数据获取的元数据映射及相应的数据获取程序,定期从该数据源服务器获取需要的数据。

3) 其他方法

其他方法还有 agent 方法、扫描方法、载体监听。agent 方法是将一个 agent(agent 是能够独立主动执行某项任务的程序,如“木马程序”)植入数据源服务器,该 agent 监控数据源服务器的运行,发现有新的数据产生就将新数据发送到指定的目的服务器上,完成一次数据获取工作。扫描方法需要设计一个扫描程序(如“爬虫程序”)定期扫描各种数据源服务器,将数据源中需要的数据抽取过来。载体监听方法是监听数据界的各种载体,包括监听各种网络、监听无线信号、路由截获、甚至盗窃服务器等,从中截获数据。

显然,数据获取有合法和非法两类,非法获取就涉及数据安全方面的内容了。

1.2.2 大数据存储与管理

传统的计算机系统和数据库无法处理大数据,因为它们只能运行在一些小的计算机集群上(不超过 100 台),并且这些系统非常昂贵,往往需要一些特殊的硬件支持。图 1-1 展示了大数据存储与管理的通用架构。与传统的计算机集群或是超级计算机的最大不同之处在于,这种架构的底层是由大量商用计算机(可能多达几千台)组成的。每一台计算机都称为一个节点(node)。节点放置在机架(rack)上,每一个机架包含30～40个节点。节点之间通过高速网络连接,在机架内外进行切换。数据分布式地存储在这些节点上,通过分布式的数据存储与管理系统统一管理。

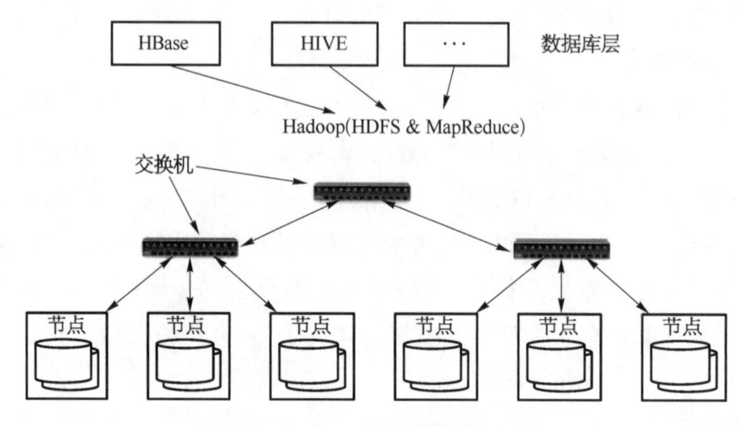

图1-1 大数据存储与管理的架构

这其中最常见的系统就是Hadoop[16]。Hadoop是Apache的一个开源项目,它由两项主要组成部分:HDFS,一种分布式文件系统;MapReduce[17],一种分布式计算框架。Hadoop支持对服务器集群上海量数据的分布式处理,且具备容错能力,如果一个节点出错了,则该节点的工作会自动转移到另一个节点上继续处理。Hadoop使我们可以高效地存储、管理、查询和分析大数据。然而,Hadoop并不支持OLTP(on-line transaction processing,联机事务处理),因此,它更适用于对大数据的分析和处理(包括在线和离线状态下),而不是事务处理(例如交易操作)。

表1-1比较了Hadoop和超级计算机的不同之处。和超级计算机相比,使用Hadoop来处理大数据性价比更高,因为它依靠大量商用计算机来实现,而不需要特殊的硬件支持。当然,超级计算机依然有它的用武之地,特别是针对计算密集型而不是数据密集型的任务,例如仿真。

表1-1 Hadoop与超级计算机

超级计算机	Hadoop
集中式:一台计算机,多个处理器	分布式:上千台服务器
不灵活:处理器数量固定	灵活:根据需求增加/删除节点
通过特殊硬件支持实现容错	通过软件实现容错,不需要特殊的硬件支持
昂贵	性价比高

通常,这种大数据存储与管理架构在底层系统之上建立数据库系统。这些系统可以被分为两类:NoSQL数据库(非关系型数据库);SQL数据库(关系型数据库)。大数据一般

不具备固定结构，而前一种数据库系统能对非结构化或半结构化的数据提供更灵活的存储形式。通常，它们不支持 SQL 操作，用户需要编写特定的程序来处理存储在其中的数据。HBase、Accumulo 和 MongoDB 是这类数据库的代表，HBase 和 Accumulo 都是建立在 Hadoop 之上的。

第二种数据库更像是传统关系型数据库的扩展版本。它们可以存储结构化的数据，并且能支持 SQL 操作。通常，它们将 SQL 指令转换成一系列 MapReduce 任务，通过底层系统(Hadoop)来执行。HIVE 和 PIG 是这类数据库的代表。然而，传统关系型数据库中的事务处理无法实现，因为底层系统并不支持。

在第 2 章中，我们会更详细地对大数据的计算框架进行介绍。

1.2.3 大数据可视化

数据可视化帮助我们更好地理解数据，从中发现有意义的性质或模式。例如，通过对零售业务数据的可视化也许可以发现用户购买行为的变化趋势。然而，大数据的庞大数据量是对可视化技术的挑战。数据可视化需要实时处理，这样才能让用户与可视化界面进行交互(例如放大/缩小)。并且，在屏幕上展示大量目标也是很困难的。接下去，我们将对此问题提出一些解决方法。

第一种方法是使用降维技术降低数据的维度。大数据通常是超高维的，而大多数可视化技术只能支持二维或三维数据。有很多种数据降维的方法，例如主成分分析(PCA)、奇异值分解(SVD)。PCA 从数据中找到方差最大的方向，然后将高维数据投影到这些维度上。图 1 - 2 展示了对二维数据进行主成分分析的例子，数据被投影到直线方向上，从而从二维降到一维。

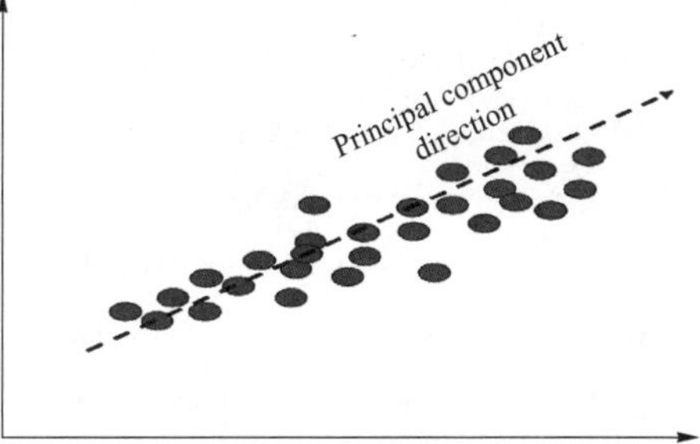

图 1 - 2 一个主成分分析的例子

第二种方法是将数据分类到多个簇，然后只展示每个簇的中心，而不是展示所有数据。

前两种解决方法通过大数据计算框架(例如 Hadoop 和 MapReduce)都可以离线完成。

第三种方法发现可视化技术并不需要高精度的计算，因为通常情况下屏幕分辨率要比计算的精度低得多，Choo 等由此提出了一系列解决方法[18]。方法之一是使用迭代的交互式可视化。例如，假设用户希望利用 k - means 算法对数据进行聚类并对结果可视化。k - means 算法采用迭代式过程，每一轮迭代各个数据点都被赋予最近的簇，然后新的簇中心被计算出来。通常做法是在整个数据集上运行 k - means 算法，然后进行可视化。然而，绝大部分簇的变化过程都发生在最初的几轮迭代，因而可以在 k - means 算法每轮迭代结束时对各个簇进行可视化，而当簇的中心不再明显改变时停止算法。这种方法可以节省 k - means算法的大量时间，并且使用户可以尽早看到可视化的结果。

1.3 小结

本章给出了大数据挖掘的定义和大数据挖掘的六大任务，并指出相似性问题是大数据挖掘技术的核心；结合大数据的特点，分析了大数据挖掘技术与之前的数据挖掘技术的差异；并且，对大数据挖掘需要的相关技术做了介绍，包括大数据获取、大数据存储与管理和大数据可视化技术。在后续的章节，将对大数据挖掘的基础算法和进阶算法进行详细的阐述。

◇参◇考◇文◇献◇

[1] Cox M, Ellsworth D. Application-controlled demand paging for out-of-core visualization. Proceedings of the 8th Conference on Visualization, Phoenix, AZ, USA, 1997: 235 - 244.

[2] U. S. Government. Big data research and development initiative. http://www. whitehouse. gov/sites/default/files/microsites/ostp/big_data_press_release_final_2. pdf, 2012.

[3] Mark B. Gartner says solving "big data" challenge involves more than just managing volumes of data. http://www. gartner. com/newsroom/id/1731916, 2011.

[4] Villanova University. What is big data? http://www. villanovau. com/resources/bi/what-is-big-data/, 2015.

[5] 朱扬勇，熊贇. 大数据是数据、技术，还是应用. 大数据，2015，1(1).

[6] 朱扬勇，熊贇. 数据学. 上海：复旦大学出版社，2009.

[7] Fayyad U, Gregory P S, Smyth P. From Data Mining to Knowledge Discovery in Databases. AI Magazine, 17(3), 1996.

[8] Friedman J H. Data Mining and Statistics: What's the Connection? Proceedings of the 29th Symposium on the Interface Between Computer Science and Statistics, 1997.

[9] Kantardzic M. Data Mining Concepts, Models, Methods, and Algorithms. Wiley, 2011.

[10] Han J W, Micheline K, Jian P. Data mining: concepts and techniques. Morgan kaufmann, 2006.

[11] Zhu Yangyong, Zhong N, Xiong Yun. Data explosion, data nature and dataology. Proceedings of International Conference on Brain Informatics, Beijing, China, 2009: 147 - 158.

[12] Zhu Yangyong, Xiong Yun. Defining Data Science. Available at http://arxiv. org/ftp/arxiv/papers/

1501/1501.05039.pdf. Retrieved 10 April 2015.

[13] 朱扬勇，熊贇. 数据科学发展与展望//CODATA 中国全国委员会. 大数据时代的科研活动. 北京：科学出版社，2014：188-198.

[14] Zhu Yangyong, Xiong Yun. Towards Data Science. Data Science Journal, 2015, 14(8): 1-7.

[15] 朱扬勇，熊贇. 数据资源保护与开发利用//上海市信息化专家委员会. 专家论城市信息化. 上海：上海科学技术文献出版社，2008：133-137.

[16] Shvachko K, Hairong K, Radia S, etc. The Hadoop Distributed File System. IEEE 26th Symposium on Mass Storage Systems and Technologies (MSST), 2010.

[17] Jeffrey D, Sanjay G. MapReduce: Simplified Data Processing on Large Clusters. OSDI'04: Sixth Symposium on Operating System Design and Implementation San Francisco, CA, 2004.

[18] Choo J, Bohn S, Park H. Two-stage framework for visualization of clustered high dimensional data. IEEE Symposium on Visual Analytics Science and Technology (VAST), 2009.

第2章

大数据计算框架

本章将介绍常用的大数据计算框架，主要关注基于 Hadoop 的框架，将分别介绍 HDFS (Hadoop distributed file system)、MapReduce、NoSQL(非关系型)数据库和 SQL(关系型)数据库。

2.1 HDFS

HDFS 是 Hadoop 框架下的分布式文件系统[1]，它可以管理超大规模分布式存储的文件(例如，超过 10 000 个节点、10 亿个文件以及 10 PB 的数据)。HDFS 可以运行在廉价硬件上而不需要特定的硬件支持，并且具有容错能力，通过在不同节点上备份文件可以检测错误并恢复。此外，HDFS 具有批处理的优势：数据存储的位置是透明的，因此可以在数据存储的位置进行计算；提供了非常高的聚合数据带宽。HDFS 运行在用户空间，因此可以在不同操作系统下运行。

HDFS 给每一个集群都提供了一个单独的命名空间，因而用户在一个集群中只会看到一个文件系统架构在所有节点之上。HDFS 采取的是“一次写多次读”的模型，数据只能在现有的文件后进行添加。HDFS 不支持随机的增加、删除或者更新，因此，OLTP 在 Hadoop 下无法实现。

HDFS 里存储的文件被分割成多个文件块(通常每一个块的大小是 128 MB)。每一个文件块都在多个节点存在拷贝，因此当一个节点出现故障，系统仍然可以从其他节点获得数据块的拷贝。

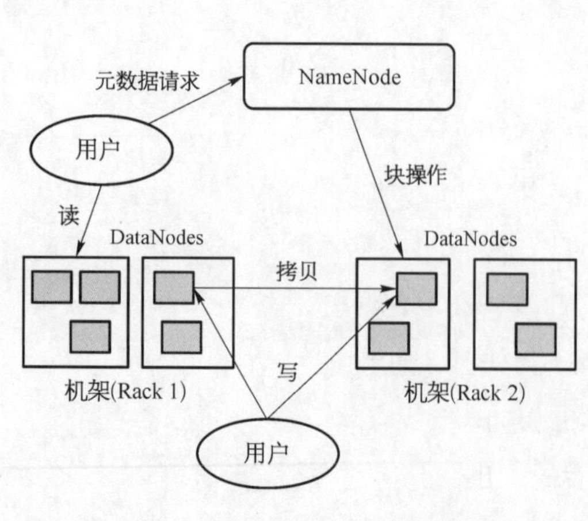

图 2-1 HDFS 的基本架构

图 2-1 展示了 HDFS 的基本架构。在这个架构下存在两种节点：NameNode 和 DataNode。NameNode 里存储了文件的元数据，包括文件列表、每一个文件的文件块列表、文件属性(例如文件的创建时间)，还有更重要的信息——存储每个文件块的节点列表。DataNode 在本地硬盘上存储数据块，还存储了文件的 CRC 码(cyclic redundancy check)用于纠错。

当用户想要读写文件时，首先通过 NameNode 获取存储该文件块的节点列表

(由于存在数据拷贝,因此列表上有很多节点)。如果这是一个读请求,用户找到列表上最近的一个 DataNode,然后直接向其发送请求。该节点会从它本地的文件系统里读取文件块,并将它发送给用户。如果这是一个写请求,则用户需要将该请求发送给列表上所有节点,这些 DataNode 相应地更新它们本地存储的数据块。

每一次读写请求都需要通过 NameNode,为了避免这成为瓶颈,HDFS 采取了两项措施: NameNode 将所有的元数据信息存在内存;一旦用户从 NameNode 获得节点列表,它之后的请求都直接发送给 DataNode,NameNode 不再参与其中。

为了实现容错,HDFS 将同一数据块的多个拷贝以如下方式存储: 第一个拷贝存储在本地节点以保证快速读取;第二个拷贝存储在远程节点以保证容错;第三个拷贝存储在同一个远程节点;剩下的拷贝随机存放。

当然,NameNode 也有可能出现故障。为了应对这种故障,HDFS 在多个目录下存储了事务日志(记录了文件的创建、删除等),其中一份存储在本地,其余的在远程目录下。当新的 DataNode 加入时,HDFS 会重新平衡各节点(即保证所有节点的硬盘利用率差不多)。

2.2 MapReduce[2]

写一个并行化处理数据的程序通常是很复杂的,因为需要将任务分配给不同的计算机,协调各个计算机,将每个计算机得到的结果整合在一起得到最终结果,并且还要处理出错情况。MapReduce 将很多并行化计算的细节隐藏了起来,使得写并行化处理程序更为容易。使用 MapReduce,我们只需要写一个 Map 函数加一个 Reduce 函数,系统会处理好剩余的部分。

下面将介绍 MapRcduce 框架,特别是介绍如何写 Map 和 Reduce 函数,同时将给出一些 MapReduce 的例子,并讨论 MapReduce 存在的问题以及应对方法。

2.2.1 MapReduce 框架及范例

Map 函数以一组(key_1,$value_1$)值键对作为输入,生成一组(key_2,$value_2$)组成的列表作为输出。key_2通常与 key_1不相等。

系统将自动地把输入的数据分配给多个 mapper node,然后每个节点对它输入的(key_1,$value_1$)应用 Map 函数。接下去,系统自动地对输出的(key_2,$value_2$)按照 key_2排序,排序的过程也是在多个节点上并行进行的。得到的结果是一组(key_2,$list_v$)形式的组合,$list_v$是一组与 key_2相关的值。系统会把排序后的输出结果[即(key_2,$list_v$)组合]分发给多个 reducer node。然后每个节点会对每组(key_2,$list_v$)组合执行 Reduce 函数,得到的结果就是最终结果。

很重要的一点是，在 Reduce 的过程中，每一次对 Reduce 函数的调用都只能处理与 key_2 相关的值。也就是说那些与多个 key_2 相关的值不能在 Reduce 函数里同时处理。这意味着选择正确的 key_2 值（中间结果的键值）非常重要。一旦决定了 key_2，编写 Map 和 Reduce 函数就很直观了。接下去我们用一些例子来说明 Map 和 Reduce 函数如何写。

例 2.1：第一个例子是一个经典的词频统计问题（图 2-2）。输入一组文档，每一篇文档都有很多单词，目标是计算在这些文档中每个词出现的次数（词频）。

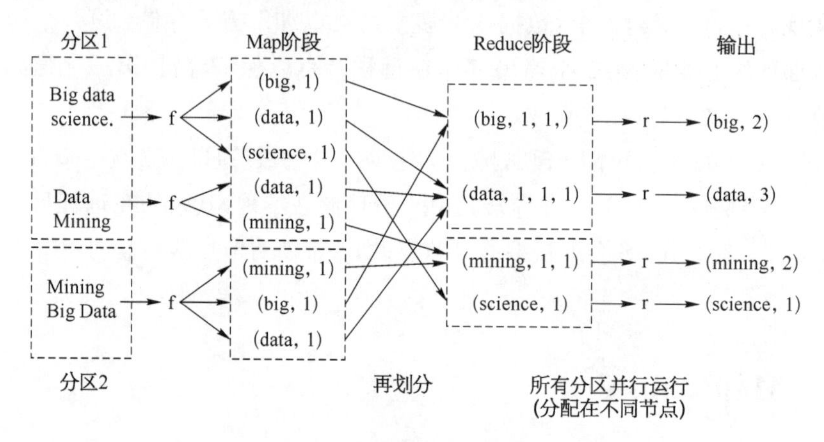

图 2-2 词频统计示例

我们首先要确定 key_2。在这个例子中，因为我们要统计的是每个词的频率，key_2 应该是每个单词 w。Map 函数将每篇文档作为输入（key_1 是每篇文档的名字或 ID，$value_1$ 是文档的内容）。文档中的每个单词会被提取，输出一组（w，1）。w 就是 key_2，1 表示单词 w 出现了一次。（如果 w 在文档中出现了很多次，则会产生多个输出。）

然后系统会对这些输出进行排序，并应用 Reduce 函数。Reduce 函数接收（w，{1，…，1}）作为输入，值是一组“1”。函数简单地将这些“1”相加，然后输出 w 和它的词频。

接下去我们再展示一些 Map 和 Reduce 函数的例子。

例 2.2：假设我们有所有课程所有学生的分数，形式如（学生 ID，课程 ID，课时，0～4 分的成绩）。我们想用 MapReduce 来计算每个学生的 GPA。

首先确定 key_2。在这个例子中我们想计算每个学生的 GPA，所以学生 ID 应该作为 key_2。

Map 函数输出（学生 ID，学时||成绩），||表示拼接，在 MapReduce 中，值和键都可以通过拼接多个字段形成。然后系统对这些输出进行排序。

Reduce 函数接收学生 ID 和一组值包括学时||成绩。函数会计算两个数值和，第一个是总学时，第二个是学时乘以成绩的总和。然后我们用后者除以前者得到 GPA，并输出（学生 ID，GPA）。

例 2.3：假设我们有一组（顾客 ID，消费额，消费时间）的销售记录，想要计算每个顾客的月度消费额。

同样我们需要决定 key_2。不能只选择顾客 ID 作为键,因为这样我们只能得到每个顾客的消费总额而不是月度消费额,因此 key_2 应该是顾客 ID 与月份的拼接。

Map 函数将月份从消费时间中抽取出来,并输出(顾客 ID||月份,消费额),系统对此排序。

Reduce 函数将(顾客 ID||月份,一系列消费额)作为输入,计算消费额的总和然后输出顾客 ID,月份,还有当月的总消费额。

例 2.4: 最后一个例子展示如何用 MapReduce 来实现一种常用的聚类算法——k-means 算法[①]。k-means 算法需要进行多轮迭代。图 2-3 展示了 k-means 的一次迭代过程。每一轮迭代,输入一组点集和 k 个种子(或是前一轮计算得到的簇中心)。算法分为两步:将每个点分配给最近的种子(簇中心);通过计算每一个簇所有点的平均值重新计算簇中心。

```
输入: 一组点集 x_1, …, x_n, k 个随机点 s_1, …, s_k
输出: 一组簇集 C_1, …, C_k
(1) for i = 1 to n
(2) 计算 x_i 到每一个种子 s_j, 1≤j≤k 的距离,并将 x_i 分配给最近的 s_j
(3) endfor
(4) for 每一个簇 C_i
(5) 通过计算 C_i 中所有点的平均值,更新簇中心 s_j
(6) endfor
```

图 2-3 k-means 聚类算法的一次迭代过程

当使用 MapReduce 实现 k-means 聚类时,需要多次 MapReduce 的过程,每一次 MapReduce 对应 k-means 中的一次迭代。每一轮过程,Map 函数实现算法的第一步(图 2-3 的 1~3 行),Reduce 函数实现算法的第二步(4~6 行)。

更详细地说,key_2 应该是簇 ID(即 C_i)。Map 函数将点 x_i 和当前簇中心集作为输入,计算该点到所有簇中心的距离并选择最近的那一个(称为 c_j'),并输出(c_j', x_i),其中 C_j' 是最近的簇的 ID,x_i 是该数据点。Hadoop 会对所有(簇 ID,数据点)根据簇 ID 进行排序。Reduce 函数将(簇 ID,一系列属于该簇的点)作为输入,计算所有该簇内点的平均值作为新的簇中心。新的簇中心会被存下来,在下一轮迭代中作为输入(和每个数据点一起)。

2.2.2 MapReduce 存在的问题和解决方法

MapReduce 是一个非常流行的大数据处理方式,然而 MapReduce 还存在一些问题:

(1) 没有对高层次语言(例如 SQL)的支持,必须使用编程语言(例如 Java,Python)来写 Map 和 Reduce 函数。许多不是计算机领域的用户,例如科学家,并不擅长使用低层次

① k-Means 算法我们将在第 4 章中详细介绍。

语言。

(2) 不适用于某些并行处理任务。例如,MapReduce不支持实时计算,因为它启动很慢(通常要超过1 min)。MapReduce还不适用于很多图挖掘任务,因为图挖掘通常需要多次MapReduce过程(每轮迭代一次),但MapReduce的启动代价太高。MapReduce没有内存缓存机制,这对于中间结果会被再次使用的情形效率很低。例如,在我们之前 k - means 聚类的例子中,数据点和簇中心会在计算中一次又一次地使用,所以在内存中进行缓存会很有作用。

下面我们对以上问题现有的一些解决方法进行讨论。

(1) 对高层次语言(例如SQL)的支持。现在已经存在一些基于MapReduce但是支持高层次语言的系统了,例如HIVE(Apache的一个项目)就支持类SQL语言。PIG(Apache的一个项目)支持被称为Pig Latin的数据流语言(数据流语言指定了数据每一步如何处理)。在这些系统中,高层次的语言将被转变为低层次的MapReduce操作。

(2) 增加对实时处理的支持。可以在Hadoop之上直接构建一个支持实时处理的系统,MapReduce仍然能被用来创建实时处理要用的数据结构。例如,可以在Hadoop上建立一个在大规模文档内进行关键词搜索的信息检索系统,该检索系统的索引结构可以通过MapReduce离线建立。

(3) 特定的图挖掘系统。现在已经有一些特定的图挖掘工具,例如Pregel(Google)[3]和Graphlab[4]。

(4) 增加内存缓存机制。Apache Spark就是一个类似于MapReduce但是可以将常用数据存在内存节点中,且具备容错机制的系统。它和MapReduce相比大约能快10到100倍的速度。例如,在 k - means 聚类的例子中,可以在Spark中使用相同的Map和Reduce函数,但通过增加几行代码将所有的数据点和聚类中心缓存在内存中,这对原始的MapReduce可以有显著的速度提升。

2.3 NoSQL(非关系型)数据库

这一节将对NoSQL数据库进行介绍。首先,将描述什么是NoSQL(非关系型)数据库,并将其与传统SQL(关系型)数据库进行比较。随后,会给出一些NoSQL数据库的具体例子。

2.3.1 NoSQL数据库的分类

NoSQL是not only SQL的缩写。事实上,大多数NoSQL数据库都不是关系型数据库,不支持 SQL 语言。如今很多大数据都是非结构化或半结构化的,这就是 NoSQL 存在的依据。例如,大部分网页数据都不能很好地结构化(网页的结构各不相同)。传统的关系型数据库不适合存储这样的数据。

目前有各种各样的 NoSQL 数据库,我们只能粗略地将它们分为 3 类:

(1) 列式存储或值键对存储。这种数据库通常以(列,时间戳,值)或是(键,值)的形式存储数据。其中的代表有 BigTable(Google)、Hbase (Apache)和 Accumulo (Apache)。

(2) 文档型存储。这种数据库存储文档,通常以半结构化的形式(JSON,XML)。MongoDB 是这类数据库中最流行的一个例子。

(3) 图存储。这类数据库擅长存储图,例如 AllegroGraph。

表 2-1 对 NoSQL 数据库和关系型数据库进行了比较。

表 2-1　NoSQL 数据库与关系型数据库

关系型数据库	NoSQL 数据库
可伸缩性差	高度可伸缩
结构化数据	非结构化,半结构化数据
支持高层次语言(SQL)	只支持底层编程语言(Java,C++)
支持事务	不支持事务
适用于事务处理(OLTP)	适用于分析以及只读查询
只存储真正关键的数据(事务)	存储所有类型的数据

通常,NoSQL 数据库可以处理大数据和非结构化数据,但不支持事务处理和 SQL。

有很多系统尝试把关系型数据库和 NoSQL 数据库的优势结合起来。有一些使用 NoSQL 作为底层存储,但提供了对 SQL 的支持。例如,Apache HIVE 使用 HDFS 作为存储,但提供了类 SQL 的语言。SQL 语句被转变成底层的操作(例如 MapReduce 任务)。不过,由于缺乏底层支持,这些系统依然无法支持事务处理。

关系型数据库提供商(Oracle,IBM,Microsoft)也提供了将 NoSQL 数据库连接到他们的关系型数据库的支持。非结构化的数据在 NoSQL 数据库中存储,从中抽取的结构化信息存储在关系型数据库里。抽取的过程通常通过 MapReduce 或者 SQL 查询实现(后者会在底层 NoSQL 数据库中转换成 MapReduce 操作)。这种方式的好处是用户仍然能使用那些针对关系型数据库的软件。

2.3.2　NoSQL 数据库实例

(1) BigTable:BigTable 是谷歌研发的[5]。Accumulo、Hbase 都遵从了 BIgTable 的设

计。BigTable 更多地关注于可伸缩性而不是事务处理。

BigTable 中的每一行都有一个单独的键值。行按照相应的键值排序(因此通过键值找到对应的行非常高效)。和关系型数据库中行对应固定的列集合不同,BigTable 的行对应一组列族。例如,在网页的 BigTable 中,一个列族可以是“anchor”。每一个列族可以有任意数量的列,每一列包含多个数据版本,每个版本都有一个相应的时间戳和数据值。例如,带时间戳的列“anchor: sina”存储了在那个时间“anchor: sina”的值。列只用当插入时才会存在。列族中的列排序后存储在一起。

BigTable 以分布式方式存储。列族存储在 SSTable 中,SSTable 是最小的存储单位,它提供索引以快速查询。SSTable 组成了 tablet,tablet 组成一张表。

(2) HBase: Hbase(http://hbase.apache.org/)是 Apache 的项目,和 BigTable 非常类似。图 2-4 展示了 HBase 的结构。它底层由 Hadoop 和 HDFS 组成。HBase 的表和 BigTable 有类似的形式,每一行都有一个单独的键值。行按键值划分,同一范围内的行组成一个区(region)。区由区服务器进行存储和管理,区服务器由主服务器控制。主服务器负责监控区服务器以及负载平衡。

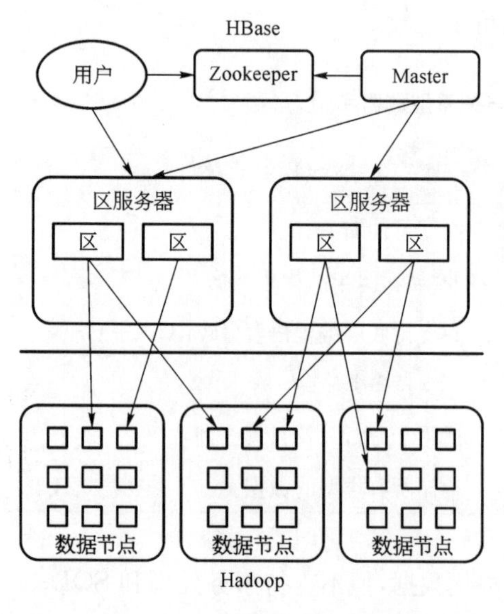

图 2-4 HBase 体系架构

和 HBase 相同,用户首先连接到一个特殊的服务器 ZooKeeper,它维持了元数据(数据库的模式以及区服务器列表)。然后用户将数据请求(读或写)发送给其中一个区服务器。区服务器会响应这些请求。ZooKeeper 同时维护集群的状态,例如,找出哪个服务器可用或者哪个服务器失效了。

(3) Accumulo: Accumulo(https://accumulo.apache.org/)是 Apache 基于 BigTable 的一个开源项目。它和 HBase 类似,不过具有一些特性: 可伸缩性更好(上千节点);具有单元级别的访问控制,对安全性和隐私保护更好;允许服务器端对数据进行查询或更改(BigTable 只允许对数据简单的搜索,更复杂的计算必须在用户端完成)。

(4) MongoDB: MongoDB (https://www.mongodb.org/)是文档型数据库。文档以二进制 JSON 格式(Java Script 对象格式)存储。模式信息和数据一起存储。图 2-5 展示了 MongoDB 存储文档的一个例子。

MongoDB 提供了一系列操作命令用于创建数据库、创建集合(和创建表相似)、将文档插入集合、查询集合。以下例子展示了如何对图 2-5 所示的文档进行查询并找到“title”为“MongoDB Overview”、“by”为“tutorial point”的文档。

```
db.mycol.find({"by":"tutorialspoint","title": "MongoDB Overview"})
```

```
{
_id: ObjectId(7df78ad8902c)
title:'MongoDB Overview',
description:'MongoDB is no sql database',
by:'tutorials point',
url:'http: //www.tutorialspoint.com',
tags: ['mongodb','database','NoSQL'],
likes: 100,
comments: [
{
user:'user1',
message:'My firstcomment',
dateCreated: newDate(2011,1,20,2,15),
like: 0
},
{
user:'user2',
message:'Mysecondcomments',
dateCreated: newDate(2011,1,25,7,45),
like: 5
} ]
}
```

图 2-5 一个文档的例子

MongoDB 还支持对字段建立索引以快速查询。它支持 MapReduce 但并不一定要接入 Hadoop(可以在 Hadoop 上运行,也可以单机运行)。和 HBase 相比,MongoDB 更适合于存储和搜索大规模文档。然而,对于运行复杂的查询它并不是一个好的选择。HBase 和其他 NoSQL 数据库对这类分析有更好的表现。

2.4 SQL(关系型)数据库

下面用 HIVE 作为大数据下 SQL 数据库的一个例子,随后会分析其他 SQL 数据库。

2.4.1 Apache HIVE

本小节首先介绍架构,随后描述如何创建表,如何对数据载入、选择、插入、抽样,如何运行 MapReduce 脚本,最后介绍如何将 SQL 语句转换到 MapReduce 任务。

1) 架构

Apache HIVE (https://hive.apache.org/)是建立在 Hadoop 和 HDFS 之上的数据仓库。HIVE 的表在 HDFS 中作为文件存储。它支持一种类 SQL 的查询语言,称为 HQL。

它由如下部分组成：

(1) 提供交互式查询的界面。

(2) 处理会话、执行查询以及获取数据的驱动模块。

(3) 对 HQL 进行语法分析，转换成 MapReduce 任务并优化查询过程的编译器。

(4) 执行 HQL 查询的执行引擎。

(5) 在 HDFS 中存储结构信息的元存储。

它的数据模型和关系型数据库相同，有表和列。HIVE 表的特别之处在于表的划分。每一个表可以被划分成一个或多个分区列。在分区列中有相同值的行存储在相同分区中。例如，可以按日期或国家对网页日志表进行分区。查询语句只对一个分区进行操作而不影响其他分区。分区列不和数据列一起存储，因为其值在整个分区都是相同的。

2) 建表

可以像创建普通的关系型表一样创建 HIVE 表，不过还是存在一些差别。

(1) 正常情况下需要指定在 HIVE 中的分区列。

(2) 处理整张表的代价太大，因此有时需要随机采样数据。HIVE 内部有对数据采样的支持，建立表的时候，可以添加一行“CLUSTERED BY(col1) SORTED BY(col2) INTO X BUCKETS”，这使得每个分区中的行都按照 col1 的值哈希到 X 个桶(bucket)里，每个桶都是 X 份随机采样数据之一。同一个桶中的行会按 col2 排序。

(3) 存在两种类型的表：常规表(就像关系型表)和外部表。外部表实际上是指向一个现存的包含数据的 HDFS 文件的链接，并不需要将数据插入或载入到表里。用户可以在同一个文件里创建多个链接(外部表)或是删除对文件没有用的外部表。外部表通常允许用户从文件选择部分行，通过在外部表上运行 SQL 的选择语句，这部分行随后插入到常规表中进行进一步处理。

图 2-6 展示了创建一个 page_view 表并按 date 和 country 列进行分区的 HQL 语句。同时它将每个分区按 userid 列哈希到 32 个桶。图 2-7 展示了创建外部表 page_view_stage 的 HQL 语句，这个表链接到名为 page_view 的文件。

```
CREATE TABLE page view (viewTime INT, userid BIGINT,
page url STRING, referrer url STRING,
friends ARRAY, properties MAP,
ip STRING COMMENT'IP Address of the User')
PARTITIONED BY (dt STRING, country STRING)
CLUSTERED BY (userid) SORTED BY (viewTime) INTO 32 BUCKETS
ROW FORMAT DELIMITED
FIELDS TERMINATED BY'1'
COLLECTION ITEMS TERMINATED BY'2'
MAP KEYS TERMINATED BY'3'
STORED AS SEQUENCEFILE;
```

图 2-6 在 HIVE 中创建表的例子

```
CREATE EXTERNAL TABLE page view stg(viewTime INT, userid BIGINT,
page url STRING, referrer url STRING,
ip STRING COMMENT 'IP Address of the User',
country STRING COMMENT 'country of origination')
COMMENT 'This is the staging page view table'
ROW FORMAT DELIMITED FIELDS TERMINATED BY '44' LINES TERMINATED BY '10'
STORED AS TEXTFILE
LOCATION '/user /data /staging /page view';
```

图 2－7　在 HIVE 中创建外部表的例子

3）载入数据

从 HDFS 文件可以直接将数据载入表中。例如，以下语句将美国一天的网页日志数据载入到 page_view 表的一个分区里。

```
LOAD DATA INPATH '/user /data /pv 2008 - 06 - 08 us.txt' INTOTABLE page view PARTITION
(dt ='2008 - 06 - 08', country = 'US')
```

以下语句将文件(page_view)的部分行通过外部表载入到 page_view 表。语句中的 select 部分返回了外部表(page_view_stg)中的一个分区(2008 年 6 月 8 日，美国)，然后将这些行插入到 page_view 表中的分区。

```
FROM page view stgpvs
INSERT OVERWRITE TABLE pag
country = 'US'
SELECT pvs.viewTime, pvs.u
null, null, pvs.ip
WHERE pvs.country = 'US';
```

4）选择

HIVE 查询就和普通的 SQL 选择查询一样，但它的结果通常存在文件或表里。例如，以下语句选择了 xyz.com 的一天网页日志数据存入表中。

```
INSERT OVERWRITE TABLE xyz com page views
SELECT page views.*
FROM page views
WHERE page views.date> ='2008 - 03 - 01' AND page views.date
< ='2008 - 03 - 31' AND
page views.referrerurl like'%xyz.com';
```

HQL 只支持等值连接，因为这种条件可以很容易转换成 MapReduce 任务，只要在连接行时设好 MapReduce 中的 key2。

5）采样

以下语句从 page_view 表返回每个分区里编号为 3 的桶。表一共有 32 个桶，所以采样频率是 3.125%(1/32)。

```
INSERT OVERWRITE TABLE page view sample
SELECT page view. *
FROM page view TABLESAMPLE (BUCKET 3 OUT OF 32);
```

6）使用 MapReduce 脚本

HQL 允许在语句中直接运行 MapReduce 脚本。下面这个例子先从 tweets_parsed 表中获得各行，对它应用 mapper. py（一个 Python 脚本）中的 map 函数，输出 word 和 count。"cluster by word"语句指明输出按 word 列排序。然后调用 reduce 函数（定义在 reducer. py 中）输出 word 和 count 作为结果。

```
ADD FILE mapper. py;
ADD FILE reducer. py;
FROM (
FROM tweets parsed
MAP tweets parsed. time, tweets parsed. id, tweets parsed. tweet
USING 'python mapper. py'
AS word, count
CLUSTER BY word) map output
INSERT OVERWRITE TABLE word count
REDUCE map output. word, map output. count
USING 'python reducer. py'
AS word, count;
```

7）将 SQL 转换成 MapReduce

SQL 选择查询通常包括以下操作：

(1) 投影（projection）：只需要 Map 过程。输入表中的每一行，Map 函数输出投影的列。

(2) 选择（select）：只需要 Map 过程。输入表中的每一行，Map 函数将符合选择条件的行输出。

(3) 连接（join）：Map 阶段产生（连接列，table_name||其他列）的结果，其中||表示连接，table_name 是表的名称。例如，对于连接条件为 user u JOIN page view pv ON (p. userid = u. id)的语句，Map 阶段产生（uid1，pv || other columns in that row），（uid2，pv || other columns in that row），…，（uid1，u || other columns in that row），…，Hadoop 将这些输出结果按连接列（userid）排序。Reduce 函数只是简单地输入 userid（连接列）和相应的一组值，计算从各个表的行生成的组合（根据值中表名称的部分），输出结果。例如，假设输入是（uid1，{ pv || v1，pv||v2，u||v3，u||v4 }），也就是每个表有两行。Reduce 函数会生成四行：（uid1，v1 || v3），（uid1，v1|| v4），（uid1，v2 || v3），（uid1，v2 || v4）。

(4) 分组（group by）：Map 函数输入一行，输出以分组的列为键、剩余列为值的结果。Hadoop 自动依照键（分组的列）排序。同一分组的行会作为 Reduce 函数的输入。Reduce 函数将一个分组作为输入，并计算聚合结果。例如，假设分组的列是性别和年龄，聚合的是计数值。若有四行：（male，20），（female，20），（male，20），（female，21）。Map 函数会输出

(male || 20，1)，(female || 20，1)，(male || 20，1)，(female || 21，1)，排序后，Reduce 函数得到三个输入值：(male || 20，{1，1})，(female || 20，{1})，(female|| 21，{1})。Reduce 的输出是(male|| 20，2)，(female || 20，1)，(female|| 21，1)。

(5) 排序(order by)：排序和分组的实现方式一样，只不过用排序的列代替分组的列，并且不需要聚合。

下面看一个简单的 SQL 语句的例子：

```
SELECT count( * ),u.gender, u.age
FROM user u JOIN page view pv ON (pv.userid = u.id)
WHERE pv.date = '2008 - 03 - 03'
Group by u.gender,u.age;
```

这个 SQL 语句这样转换到 MapReduce：

(1) 对 page_view 表应用一个 Map 函数，检查 where 语句的条件是否满足，输出各行，以 userid(连接列)和表名称为键，其他列为值。

(2) 第二个 Map 函数用在 user 表，输出各行，以连接列(id)和表名称为键，其他列为值。

(3) 用一个合并函数将两次 Map 函数的结果合并，并完成连接。

(4) 第三个 Map 函数将第一次合并的结果作为输入，将按列分组的结果作为键，值为 1(用作计数)作为输出。

(5) 第二个合并函数将每个组作为输入，通过 count(*)累加所有的 1，输出性别、年龄和计数。

2.4.2 其他 SQL 数据库

大多数商业数据库服务商最新的产品都提供了对大数据的 SQL 支持。他们一般使用 Hadoop 作为底层架构，在此之上支持 SQL。

1) IBM BIG SQL

IBM BIG SQL 是一个基于 Hadoop 的关系型数据库。它支持 SQL。数据可以存储在 HDFS、HBASE 或是 HIVE。用户可以使用 MapReduce 或是单节点进行处理。用户也可以使用 JDBC 和 ODBC 编写应用。对 OLTP(事务处理)不提供支持。

2) Oracle

Oracle 有 ClouderasApachedHadoop 发行版，还有一个 NoSQL 数据库，叫做 Berkley DB，存储(键，值)对。Oracle 还有 BIG DATA CONNECTOR，包含了一系列接入大数据系统的工具。

(1) 对 Hadoop 的 Oracle 载入器：将 MapReduce 的结果载入 Oracle。

(2) 对 HDFS 的 SQL 连接器：对 HDFS 中存储的数据提供 SQL 查询支持(SQL 转换

成 MapReduce 任务)。

(3) 对 Hadoop 的 R 连接器:R 是一种流行的统计工具包。R 连接器可以将 R 语句转换成 MapReduce 任务,以提供在大数据运行 R 的支持。

3) Microsoft

Microsoft 提供了类似于 Oracle SQL 连接器的 Hadoop - SQLServer CONNECTOR,还提供了 HIVE ODBC 驱动以供用户用 ODBC 编写程序连接 HIVE 数据库。它还提供了 ExcelHIVE 插件,是用户可以在 Excel 中使用存在 HIVE 中的数据。

2.5 小结

本章对大数据计算框架进行了介绍,主要聚焦在 Hadoop 框架,包括 HDFS、MapReduce、NoSQL、HIVE 等。除此之外,还有 Apache Storm、Spark 等也是近期发展迅速的几种大数据框架,这些框架中的功能也存在差异,有兴趣的读者可以进一步展开阅读。同时,这些大数据框架都在不断地发展,本章的介绍更关注基础性。

◇参◇考◇文◇献◇

[1] Shvachko K, Kuang H, Radia S, et al. The hadoop distributed file system. In Mass Storage Systems and Technologies (MSST). 2010 IEEE 26th Symposium on, IEEE, 2010: 1 - 10.

[2] Dean J, Ghemawat S. MapReduce: Simplified Data Processing On Large Clusters. Proceedings of the 6th Conference on Symposium on Operating Systems Design and Implementation (OSDI), 2004.

[3] Malewicz G, Austern M H, Bik A J, et al. Pregel: a system for large-scale graph processing. In Proceedings of the 2010 ACM SIGMOD International Conference on Management of data, ACM, 2010: 135 - 146.

[4] Low Y, Bickson D, Gonzalez J, et al. Distributed graphlab: a framework for machine learning and data mining in the cloud. Proceedings of the VLDB Endowment, 2012, 5(8): 716 - 727.

[5] Chang F, Dean J, Ghemawat S, et al. Bigtable: A distributed storage system for structured data. ACM Transactions on Computer Systems (TOCS), 2008, 26(2): 4.

第3章

关联分析

自然界中某种事件发生时,其他事件也常常会发生,这样一种联系称为关联。这种反映事件之间相互关联的知识称为关联型知识。例如:在某超市的交易数据记录中,发现“86%购买啤酒的人同时也购买尿布”,这种规律成为指导超市销售决策和管理的有效辅助知识。关联分析(association analysis)技术就是在诸如商场交易这样的大规模数据中分析并找到有价值的关联型知识。最著名的应用是沃尔玛(Wal-Mart)公司通过收集消费者购买其产品的历史数据,形成消费者的消费档案,并对这些历史数据进行关联分析进而了解消费者的购买模式。

频繁模式挖掘是关联分析的关键步骤,本章首先介绍关联分析的相关概念及其原理,然后,重点介绍两种经典的频繁模式挖掘算法:Apriori 算法[1]和 FP - Growth 算法[2],以及经典的序列模式挖掘算法:PrefixSpan 算法[3]。最后,给出面向大数据的频繁模式挖掘的进阶算法。

3.1 关联分析的基本概念

关联分析的目的是找到用户感兴趣的关联规则,辅助用户管理决策,本节介绍关联分析、关联规则的基本概念及关联规则的分类。

3.1.1 关联分析的定义

关联分析是寻找数据项之间感兴趣的关联关系,用关联规则(association rule)的形式描述,例如:我们通过对交易数据的分析可能得出“86%购买‘啤酒’的人同时也购买‘尿布’”这样一条“啤酒”和“尿布”之间的关联规则。最为人所熟知的关联分析应用是购物篮分析,购物篮分析是根据顾客购买物品的交易数据记录,分析不同顾客所购买的物品组合,找出哪些物品是经常被一起购买的。比如,某体育用品商场零售商通过分析客户交易数据,发现“篮球”和“篮球服”两种物品是经常被同时购买的,这已被成功应用于某些大型企业。关联分析技术也已经应用于其他很多方面,如银行系统从跟踪信用卡的消费数据中,发现特定客户群体的消费习惯和行为特征;网站设计者或运营者根据 web 服务器记录的网站访客的日志数据,发现访客的浏览习惯和网站页面间的关联等。

3.1.2 关联规则的定义

为方便起见,下面以交易数据库作为关联分析的主要研究对象。

例 3.1：体育用品商场收集存储大量售货数据，这些数据是一条条交易记录，每条记录存储了交易处理的时间、顾客购买的物品、物品的数量及金额等属性的值。通过对销售数据进行关联分析可以发现这些数据中隐含形式如下的规律：

规律 1："购买篮球的顾客中有 70%的人同时购买篮球服"；

规律 2："购买羽毛球拍的顾客中有 70%的人同时购买羽毛球"等。

这些规律我们称为关联规则。

关联规则的形式化定义如下：

定义 3.1(项与全项集，item and itemsets)：元素 i 称为项，如购买的物品"篮球"、"篮球服"等。全项集是所研究的对象数据集中所有项的集合，它是一个非空有限集，记为 Σ，$\Sigma=\{i_1, i_2, \cdots, i_m, \cdots, i_p\}$，其中 $i_m(m=1, 2, \cdots, p)$ 是一个项，如体育用品商场的售货数据中共有 500 种商品：{篮球，足球，排球，……，乒乓球拍，羽毛球拍，……，篮球服，足球服}。

如果是多维关联规则，项可以是数据集中的属性，读者将会在后面的小节中看到这一点。

定义 3.2(项集，itemset)：全项集的子集称为项集，记为 I，如{篮球，篮球服}是一个项集。项集中项的数目称为项集的长度(size)，一个长度为 k 的项集称为 k -项集，如项集{篮球，篮球服}的长度为 2，它是一个 2 -项集。

定义 3.3(交易，transaction)：形如 $T(T.id, T.I)$的一条数据记录 T 称为一个交易，其中，$T.id$ 为交易标识(如交易号等)，$T.I$ 为项集。设 X 是一个项集，如果 $X\subseteq T.I$，那么称交易 T 包含项集 X(注：当上下文清楚时，$T.id$ 可省略，记为 $X\subseteq T$)。

定义 3.4(交易数据集，transaction data set)：一系列交易组成的集合称为交易数据集，记为 D，$D=\{T_1, T_2, \cdots, T_k, \cdots, T_n\}$，其中，$T_k(k=1, 2, \cdots, n)$ 是一个交易。

定义 3.5(关联规则)：关联规则是形如 $X\Rightarrow Y$ [Interest]的蕴涵式，X，Y 为项集，$X\subseteq\Sigma$，$Y\subseteq\Sigma$，且 $X\cap Y=\Phi$，X 称为输入或左部(LHS)，Y 称为输出或右部(RHS)，并用兴趣度(*Interest*)度量评估关联规则。

如购买"篮球"的顾客中有 70%的人同时购买"篮球服"是一个关联规则，其左部 X 是"篮球"，右部 Y 是"篮球服"，"70%"是该关联规则的一个评估度量兴趣度。

需要注意的是，尽管产生的规则是用蕴涵式" $X\Rightarrow Y$ "形式表示，但并不表示规则的左部导致右部的发生，例如购买篮球不一定会引起购买篮球服，尽管"篮球⇒篮球服"这条规则成立的可能性很大，但规则并不表示因果关系，它只是对数据之间相关性的一种描述。

数据集中有限的项能产生大量的关联规则，例 3.1 中，由购买物品项集"篮球、足球、篮球服、足球鞋"，可能产生大量关联规则，如："篮球⇒篮球服"、"篮球服⇒篮球"、"篮球和足球⇒篮球服和足球鞋"、"篮球、篮球服、足球⇒足球鞋"等，我们发现，一条关联规则可以有一个或多个输入或输出项，它的一个输出项也可能是另一条关联规则的输入项，如"篮球服"在第一条规则中作为输出而在第二条规则中作为输入，第三条规则更为复杂，输入与输出都有两个项。可见,关联规则挖掘的规模十分巨大,所有可能的模式都可能被系统地抽取出来,然而大量的规则模式中,只有一小部分是特定用户感兴趣的。用户要在挖掘后评估发现的规则,进一步限制挖掘过程产生的不感兴趣的规则数量,这就要求有更多的度量来辅助挖掘,这种度量被称为兴趣度度量,目的是帮助用户评估得到的关联规则。

与关联规则评估相关的兴趣度度量包括:简洁性、正确性、实用性、新颖性。

简洁性度量用以衡量一个规则结构的复杂程度,复杂结构的规则难以解释与理解,造成其兴趣度降低;正确性度量用以判断规则令人信服的程度有多高,在关联规则中用置信度表示;实用性度量用以判断该规则再次出现的可能性有多大,在关联规则中用支持度表示;新颖性度量用以判断规则是否已被导出的规则集中的另一规则所蕴涵,用以去除冗余规则。有了这些兴趣度度量,可以根据它们对所得到的规则进行评估和选择。(注:有些文献也将支持度和置信度分别称为正确率和覆盖率。)

下面给出支持度和置信度的形式化定义以及计算方法:

定义 3.6(支持度,support):关联规则 $X \Rightarrow Y$ 在交易数据集 D 中的支持度是指交易数据集中包含项 X 和 Y 的交易数与所有交易数之比,表示在所有交易中同时含有 X 与 Y 的概率($P(X \cup Y)$,其中 P 表示概率),记为 support($X \Rightarrow Y$)。

支持度表示关联规则出现的概率是多少。它是对关联规则重要性(或适用范围)的衡量,反映了这条规则在所有交易中的普遍程度。

支持度的计算方法:

$$\text{support}(X \Rightarrow Y) = P(X \cup Y) = |\{T: X \cup Y \subseteq T, T \in D\}| / |D| \times 100\%$$

式中,$|D|$是数据集 D 中的所有交易数。

定义 3.7(置信度,confidence):关联规则 $X \Rightarrow Y$ 在交易数据集 D 中的置信度是指交易数据集中包含项 X 和 Y 的交易数与包含 X 的交易数之比,表示在所有出现了 X 的交易中出现 Y 的概率($P(Y \mid X)$,其中 P 表示概率),记为 confidence($X \Rightarrow Y$)。

置信度表示关联规则正确的概率是多少。它是对关联规则准确度的衡量,反映了关联规则前提成立的条件下结果成立的概率。

置信度的计算方法:

$$\text{confidence}(X \Rightarrow Y) = P(Y \mid X) = |\{T: X \cup Y \subseteq T, T \in D\}| / |\{T: X \subseteq T, T \in D\}| \times 100\%$$

下面是一个关于支持度和置信度计算的例子。

例 3.2:某体育用品商场九月份的 7 000 笔销售交易中,购买篮球的交易有 1 000 笔,购买篮球同时购买了篮球服的交易有 700 笔,有关联规则"篮球⇒篮球服",下面计算该规则的支持度和置信度:

support(篮球⇒篮球服)=P(篮球∪篮球服)=两者同时购买的交易数/所有的交易数×100%

$=700/7\,000\times100\%=10\%$；

confidence(篮球⇒篮球服)$=P$(篮球服 | 篮球)$=$两者同时购买的交易数/购买篮球的交易数$\times100\%$

$=700/1\,000\times100\%=70\%$。

不难发现，一方面，支持度越大的关联规则越重要，应用越广泛；另一方面，有些关联规则虽然具有较高的置信度，但支持度却很低，说明该关联规则虽然很准确，但并不普遍，因而并不重要，比如，篮球只有一个人买，但是这个人每次购买篮球时，一定会购买篮球服，尽管这条规则置信度很高(正确率 100%)，但仅适用于 100 000 条销售记录中的一条，根据这个规则可以重新安排货架，但意义不大，因为这一事件不太可能发生，这可能意味着此关联规则并不是很重要(因为其支持度很低)，或者出现了错误的数据(如，"男性和怀孕")。

一般地，支持度高、置信度低的规则很少是正确的，但可以经常使用；支持度高、置信度高的规则多数情况是正确的且可以经常使用；支持度低、置信度低的规则很少是正确的且很少被使用；支持度低、置信度高的规则多数情况是正确的，但很少被使用。因此，置信度、支持度满足什么样的值才是有趣的规则呢？为了发现符合特定应用和用户感兴趣的关联规则，需要给每个度量指定一个可以由用户控制的阈值。常用的是最小置信度阈值(min_conf)和最小支持度阈值(min_supp)。前者是用户规定的关联规则必须满足的最小置信度，它反映了关联规则的最低可靠度；后者是用户规定的关联规则必须满足的最小支持度，它反映了关联规则的最低普遍程度。(注：最小置信度阈值、最小支持度阈值一般由用户和领域专家设定。)

定义 3.8(强关联规则)：强关联规则是指同时满足用户定义的最小支持度阈值和最小置信度阈值的关联规则。相反，不满足用户定义的最小支持度阈值和最小置信度阈值的规则，表示它们可能是噪声、少见或异常情况，称为弱关联规则。

综上，给定一个交易数据集 D，挖掘关联规则的问题就是产生支持度和置信度分别大于用户给定的最小支持度阈值和最小置信度阈值的强关联规则。但需要注意的是，支持度和置信度度量可以清除一部分被认为是"无趣"(相对兴趣度度量而言)的规则，但并不说明所有强关联规则对所有用户都是有趣的，也就是说，支持度-置信度框架的关联规则挖掘对于大多数应用是有用的，但在某些情况下支持度-置信度框架也可能会产生误导，下面看一个例子：

例 3.3：某体育用品商场十月份的 1 000 笔销售交易中，购买篮球的交易有 600 笔，购买足球的交易有 750 笔，购买篮球同时购买了足球的交易有 400 笔，最小支持度阈值 min_supp=30%，最小置信度阈值 min_conf=60%。

有一条关联规则"篮球⇒足球(support=40%，confidence=66%)"，根据支持度-置信度框架，知道该规则是强关联规则。但可以发现买足球的可能性是 75%(750/1 000)，大于 66%。这样的关联规则对用户产生了误导，因为购买篮球和购买足球形成了一种负相关，即购买其中一种反而减少了购买另一种的可能性，在这种情况下，要过滤这样具有误导性的"强"关联规则($X \Rightarrow Y$),可以进一步考虑 X 和 Y 出现之间的相关性,因此除支持度、置信度度量外还常用到以下几个度量属性加以辅助。

定义 3.9(期望可信度,expected confidence):描述了对于关联规则($X \Rightarrow Y$),在没有任何条件影响时,Y 在所有交易中出现的概率[$P(Y)$,其中 P 为概率]有多大。即没有 X 的作用下,Y 本身的支持度。

定义 3.10(改善度,lift):描述了对于关联规则($X \Rightarrow Y$),X 的出现对 Y 的出现影响多大,是置信度与期望可信度的比值。

改善度越高,X 的出现对 Y 出现的可能性影响越大。一般情况下,有意义的关联规则的改善度应该大于 1,只有置信度大于期望置信度,才说明 X 的出现对 Y 的出现有促进作用,也说明他们之间某种程度的相关性;如果改善度不大于 1,则此关联规则也就没有意义。

改善度可以发现例 3.3 中出现的负相关性,例 3.3 中规则的期望可信度为 75%,改善度 lift=66%/75%<1。表明购买篮球对购买足球没有促进作用。

这些用于度量关联规则的参数各自都描述了关联规则在某些方面的特性(表 3-1),但是被应用得最广泛的仍然是支持度和置信度。

表 3-1 四种主要的兴趣度度量参数的计算公式

名 称	描 述	使用情况	公 式
置信度	X 出现的前提下,Y 出现的频率	正确率	$P(Y \mid X)$
支持度	X、Y 同时出现的频率	覆盖率	$P(X \cup Y)$
期望可信度	Y 出现的频率	无 X 影响作用下	$P(i)$
改善度	置信度对期望可信度的比值	X 的出现对 Y 的出现的影响性,判断是否负相关	$P(Y \mid X)/P(Y)$

上述的度量是基于系统客观层面的度量,但一个规则的有用兴趣程度最终取决于用户的要求,只有用户可以决定规则的有效性、可行性,这属于另一个用户主观层面的度量,这方面的应用可以采用一种基于约束(constraint-based)的关联规则挖掘。

挖掘关联规则在实际应用中非常有价值。已经知道可以根据关联规则在商品销售方面做各种促销活动,例如商家将顾客经常同时购买的商品摆放在邻近的位置,或者对顾客进行有针对性的广告宣传以增加销售量。但也应该注意的是,在应用关联规则时,有时很难决定利用所发现的关联规则可以做些什么,比如,在超市货架的摆放策略上,按照发现的关联规则把相关性很强的物品放在一起,反而可能会使整个超市的销售量下降,因为顾客如果可以很容易地找到他要买的商品,他就不会再买那些本来不在他购买计划内的商品。另外,有些关联规则 $X \Rightarrow Y$,其支持度和置信度都很低,却常常会在超市货架上摆放在一起(如可口可乐饮料和百事可乐饮料)。因此,即使是利用数据挖掘得到的知识,在采取任何行动之前也一定要经过更多的分析和实验。

3.1.3 关联规则的分类

关联规则的应用范围越来越广泛，根据不同的标准可将关联规则进行以下分类：

(1) 基于规则中处理的数据的类型。关联规则可以分为布尔关联规则和量化关联规则。

定义 3.11(布尔关联规则)：描述离散(或类别型)属性之间关系的关联规则称为布尔关联规则。

例如：性别="女"⇒职业="教师"，是一个布尔关联规则，因为从处理的数据类型来看，"性别"属性仅包含{男，女}两个类别，而"职业"属性包含"教师，医生，律师"等有限个类别。

定义 3.12(量化关联规则)：描述量化(或数值型)属性之间关系的关联规则称为量化关联规则。

例如：性别="女"⇒平均收入=2 300，是一个量化型关联规则，涉及的"平均收入"属性是数值型。

量化关联规则中也可能包含类别型属性，如厂名、品牌等。

挖掘量化关联规则可以直接对原始数据进行处理，或先对数值型属性(如年龄、价格、收入等)进行预处理转换后再做处理，如将属性的量化值先划分为区间或进行动态分割。

量化关联规则常常和下面将要介绍的多维关联规则或多层关联规则结合起来。如年龄="30，…，39"∧工作时间="1 年，…，5 年"⇒年收入="40 000，…，49 000"，是一个量化且多维关联规则(在此年龄、工作时间、年收入等量化属性已经过区域划分，做了相应的离散化处理，参见 3.2.2 节关于量化关联规则挖掘原理的内容)。

(2) 基于规则中数据的抽象层次。关联规则可以分为单层关联规则和多层关联规则。

在单层关联规则中，所有的项(或属性，如多维关联规则中项常常是表示属性，见定义 3.1)不考虑现实数据的多层性；而在实际应用中，涉及在不同的抽象层发现的多层关联规则是一种更有用的关联规则，因为项(或属性)的概念间存在一种层次关系，比如例 3.2 中可以涉及产品的品牌和型号(图 3-1)，如 Adidas 篮球、Nike 篮球都属于篮球类；篮球、足球又

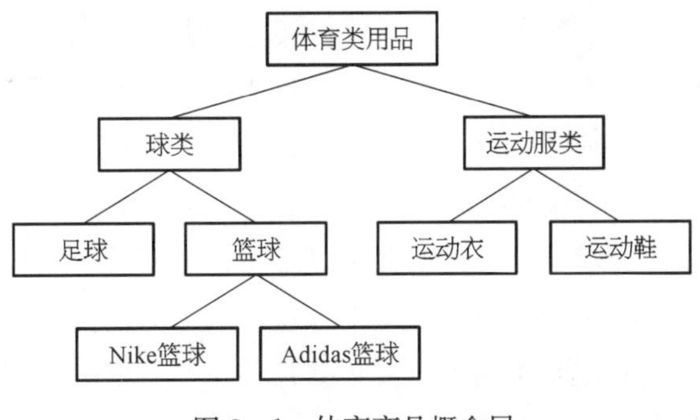

图 3-1 体育商品概念层

都属于球类;球类和球服又都属于体育用品。有了这样的层次关系后,可以帮助发现更多有意义的关联规则,例如"篮球⇒足球"(篮球和足球是较高抽象层次上的概念)。由于商店或超市中有成千上万种物品,平均来讲,每种物品(如 Nike 篮球)的支持度都很低,因此有时难以发现有用的规则,但如果考虑到较高层次的物品(如篮球),则其支持度就较高,从而可能发现有用的规则。因此在实际应用中,可以针对不同的应用目的,选择不同的层次。

定义 3.13(单层关联规则):不涉及不同抽象层的项(或属性)的规则称为单层关联规则。

例如:"Adidas 篮球"⇒"Nike 篮球服",是一个细节数据上(品牌层)的单层关联规则。

定义 3.14(多层关联规则):涉及不同抽象层的项(或属性)的规则称为多层关联规则。

例如:"篮球"⇒"Nike 篮球服",是一个较高层次(球类用品层)和细节层次(品牌层)之间的多层关联规则。

(3) 基于规则中涉及的数据的维数,关联规则可以分为单维关联规则和多维关联规则。

定义 3.15(单维关联规则):单维关联规则处理同一个属性(或维)内的联系。

定义 3.16(多维关联规则):多维关联规则处理多个属性(或维)之间的联系。

在单维关联规则中,只涉及数据的一个属性(或维),如用户购买的物品;而在多维的关联规则中,要处理的数据将涉及多个不同的属性(或维),如用户年龄和购买的物品。例如:购买="篮球"⇒购买="篮球服",这条规则只涉及用户购买的物品,此时,定义 3.1 中的项可以认为是购买的物品,因此在本章的一些单维关联规则中,仅仅给出交易的相关项(物品),而省略了属性(如"购买");年龄="20, …, 29"⇒购买="篮球",这条规则涉及两个属性的信息,是两个维上的一条关联规则,此时,定义 3.1 中的项则指属性(或维)。

3.2 关联规则挖掘的原理

关联规则挖掘的实质是在交易数据集中发现超过用户指定的最小支持度阈值和最小置信度阈值的强关联规则。本节介绍关联规则挖掘的一般性原理。

定义 3.17(频繁项集,frequent itemset):项集出现的频率表示包含项集的交易数,如果项集的出现频率大于或等于最小支持度阈值与交易数据集 D 中交易总数的乘积,即项集满足最小支持度阈值要求,则该项集是频繁项集;其余称为非频繁项集(infrequent itemset)。

关联规则的挖掘过程一般分为两个主要步骤:

第一步:所有频繁项集的生成;

第二步：由频繁项集到关联规则的生成。

其中第一步“频繁项集的生成”是最关键的。

Apriori 算法[1]是较早提出的频繁项集挖掘算法，算法的特点是生成候选项集(candidate itemset)，再由候选项集生成频繁项集，但大量候选项集的生成以及多遍数据库扫描，导致算法效率较低。随之出现不少优化方法，如划分、采样、哈希、事务压缩、动态项集计数等，但候选项集的生成仍是该算法本质上难以克服的瓶颈。

FP-Growth 算法[2]是一个具有更好性能和伸缩性的频繁项集挖掘算法，其特点是不需要生成大量的候选项集。算法将数据库压缩到一棵频繁模式树中，之后的挖掘就在这棵相对于原始数据库要小很多的树上进行，避免了扫描庞大的数据库，比 Apriori 算法有明显的性能提升。

第二个步骤相对来说比较简单，假设已完成第一步，找出所有频繁项集，下面看看如何由这些频繁项集生成关联规则。

已经知道，关联规则($X \Rightarrow Y$)置信度计算方法：

$$\text{confidence}(X \Rightarrow Y) = P(Y \mid X) = \text{support\_count}(X \cup Y)/\text{support\_count}(X)$$

其中 support_count ($X \cup Y$) 是包含项集 $X \cup Y$ 的交易数，support_count(X)是包含项集 X 的交易数。

下面是由频繁项集生成关联规则的步骤：

(1) 对于每个频繁项集 FI，找出 FI 的所有非空子集。

(2) 对于 FI 的每个非空子集 SFI：

如果 support_count(FI)/support_count(SFI) $\geqslant$ min_conf，则输出规则“$SFI \Rightarrow (FI-SFI)$”。

由于规则由频繁项集产生，所以每个规则都自动满足最小支持度阈值。

下面给出一个由频繁项集生成关联规则的例子：

例 3.4：将交易数据集转换为具有如表 3-2 格式的交易数据库 D。在表 3-2 中，项集中的项都是以字典顺序排列的，每一条交易 T 都具有 $\langle T.id, T.I \rangle$ 的形式，交易号 $T.id$ 用于唯一标识一次交易行为，交易号对应的项集 $T.I$ 表示在这次交易行为中所购买的物品集合。

表 3-2 交易数据库 D

交易号($T.id$)	项集($T.I$)
$T100$	$I1, I2, I5$
$T200$	$I2, I4$
$T300$	$I2, I3$
$T400$	$I1, I2, I4$

（续表）

交易号（$T.id$）	项集（$T.I$）
$T500$	$I1$，$I3$
$T600$	$I2$，$I3$
$T700$	$I1$，$I3$
$T800$	$I1$，$I2$，$I3$，$I5$
$T900$	$I1$，$I2$，$I3$

假定经过第一步已找出表 3-2 中的交易数据库 D 中包含频繁项集 $FI=\{I1, I2, I5\}$，FI 的非空子集有 $\{I1, I2\}$，$\{I1, I5\}$，$\{I2, I5\}$，$\{I1\}$，$\{I2\}$，$\{I5\}$，则可能的关联规则有以下一些：$I1 \wedge I2 \Rightarrow I5$，$I1 \wedge I5 \Rightarrow I2$，$I2 \wedge I5 \Rightarrow I1$，$I1 \Rightarrow I2 \wedge I5$，$I2 \Rightarrow I1 \wedge I5$，$I5 \Rightarrow I1 \wedge I2$。

验证各个可能关联规则的置信度值：

$$\text{confidence}(I1 \wedge I2 \Rightarrow I5)=2/4=50\%;$$
$$\text{confidence}(I1 \wedge I5 \Rightarrow I2)=2/2=100\%;$$
$$\text{confidence}(I2 \wedge I5 \Rightarrow I1)=2/2=100\%;$$
$$\text{confidence}(I1 \Rightarrow I2 \wedge I5)=2/6=33\%;$$
$$\text{confidence}(I2 \Rightarrow I1 \wedge I5)=2/7=29\%;$$
$$\text{confidence}(I5 \Rightarrow I1 \wedge I2)=2/2=100\%。$$

将每个可能的关联规则的置信度与最小置信度阈值（假设为 50%为最小置信度阈值）相比较选择大于置信度阈值的关联规则为真正的满足条件的关联规则。得出结论：满足条件的关联规则为如下四个：

$$I1 \wedge I2 \Rightarrow I5，I1 \wedge I5 \Rightarrow I2，I2 \wedge I5 \Rightarrow I1，I5 \Rightarrow I1 \wedge I2。$$

再来讨论如何找到这些频繁项集，针对不同类别的关联规则应用不同的挖掘方法，按具体情况实施。下面分别介绍简单关联规则、量化关联规则、多层关联规则和多维关联规则的挖掘原理。

3.2.1 挖掘简单关联规则

1）第一种方法：基于 Apriori 性质有候选生成的 Apriori 算法

单维、单层、布尔型是最简单形式的关联规则，挖掘简单关联规则最有影响力的算法之一是使用候选项集寻找频繁项集算法——Apriori 算法（详细算法请参见 3.3.1 节）。

首先给出一个重要的性质——Apriori 性质：一个频繁项集的任何非空子集也一定是频繁项集（即如果长度为 k 的项集在数据库中是非频繁的，那么长度为 $k+1$ 的项集在数据库中也不可能是频繁的)。

Apriori 算法基本思想：使用逐层搜索的迭代方法，利用 Apriori 性质，反复的从长度为 k 的频繁项集中得到长度为 $k+1$ 的候选项集，进一步由此产生长度为 $k+1$ 的频繁项集。

算法需要对交易数据库进行多遍扫描，具体过程如下：在第一次扫描中，计算单个项的支持度，并且将超过最小支持度阈值的项作为频繁项集，在后续的每一次扫描中，利用上一轮扫描产生的频繁项集作为种子项集(seed set)，产生候选项集，进一步确定频繁项集，并把它们作为下一次扫描的种子项集。这个过程一直进行，直到不能找到新的频繁项集。

由频繁($k-1$)-项集(种子项集)产生频繁 k -项集的迭代过程由连接和剪枝两个步骤实现。

(1) 连接步：通过频繁($k-1$)-项集与自己连接产生候选 k -项集的集合。

(2) 剪枝步：通过候选 k -项集的集合确定频繁 k -项集(利用 Apriori 性质压缩候选 k -项集)。

一般情况，在扫描数据库的过程中对第一步产生的候选项集的支持度进行计数，扫描结束时，支持度大于指定最小支持度阈值的候选项集被确定为频繁项集。但由于候选项集是最终所得频繁项集的超集，其成员可能是频繁的也可能是不频繁的，若每次扫描数据库都通过计算候选项集中的支持度计数来确定频繁项集，则可能由于候选项集过大，造成计算量过大，为减少候选集的数量，压缩搜索空间，利用 Apriori 性质[任何非频繁的($k-1$)-项集都不可能是频繁 k -项集的子集性质]，判定候选项集中的候选项是否频繁，即使用判断标准：若一个候选 k -项集的($k-1$)-子集不在频繁($k-1$)-项集中，则该候选也不可能是频繁的，从而可将其从 k -项集的集合中删除，由此一定程度地减少了候选项集的数量，相应地减少计算支持度的次数。

例 3.5：如表 3-2 中的交易数据库 D。给出 Apriori 算法的实际计算过程，如图 3-2 所示。

在此，为简单起见，支持度用项集出现的次数表示，而不以百分比形式表示，本例中设最小支持度阈值为 2。

其中 L_k 表示频繁 k -项集，C_k 表示候选 k -项集。

候选 1-项集 C_1 中的各项集支持度均大于等于最小支持度阈值，于是频繁 1-项集 L_1 中包含所有 C_1 中的项集。

频繁 1-项集 L_1 与 L_1 进行自连接得到候选 2-项集 C_2：$\{I1, I2\}$、$\{I1, I3\}$、$\{I1, I4\}$、$\{I1, I5\}$、$\{I2, I3\}$、$\{I2, I4\}$、$\{I2, I5\}$、$\{I3, I4\}$、$\{I3, I5\}$、$\{I4, I5\}$，其子集均在 $L1$ 中，不需剪枝，再对所有候选进行计数，$\{I1, I4\}$、$\{I3, I4\}$、$\{I3, I5\}$、$\{I4, I5\}$ 支持度小于最小支持度阈值，不是频繁 2-项集，其余都是频繁的。

频繁 2-项集 L_2 与 L_2 进行自连接得到候选 3-项集 C_3：$\{I1, I2, I3\}$、$\{I1, I2, I5\}$、$\{I1, I3, I5\}$、$\{I1, I3, I4\}$、$\{I2, I3, I5\}$、$\{I2, I4, I5\}$，但后面四个候选不可能是频繁的，

C_1

项　集	支持度
{$I1$}	6
{$I2$}	7
{$I3$}	6
{$I4$}	2
{$I5$}	2

L_1

项　集	支持度
{$I1$}	6
{$I2$}	7
{$I3$}	6
{$I4$}	2
{$I5$}	2

(a)

C_2

项　集	支持度
{$I1$, $I2$}	4
{$I1$, $I3$}	4
{$I1$, $I4$}	1
{$I1$, $I5$}	2
{$I2$, $I3$}	4
{$I2$, $I4$}	2
{$I2$, $I5$}	2
{$I3$, $I4$}	0
{$I3$, $I5$}	1
{$I4$, $I5$}	0

L_2

项　集	支持度
{$I1$, $I2$}	4
{$I1$, $I3$}	4
{$I1$, $I5$}	2
{$I2$, $I3$}	4
{$I2$, $I4$}	2
{$I2$, $I5$}	2

(b)

C_3

项　集	支持度
{$I1$, $I2$, $I3$}	2
{$I1$, $I2$, $I5$}	2

L_3

项　集	支持度
{$I1$, $I2$, $I3$}	2
{$I1$, $I2$, $I5$}	2

(c)

图 3-2　Apriori 算法的计算过程

因为{$I3$, $I5$}、{$I3$, $I4$}、{$I4$, $I5$}均不在 L2 中,将其剪枝,再对前两个候选进行计数,得到频繁 3-项集 L_3。

3-项集 L_3 与 L_3 进行自连接得到候选 4-项集 C_4:{$I1$, $I2$, $I3$, $I5$},但其子集{$I1$, $I3$, $I5$}不在 L_3 中,将其剪枝。

最后由算法得出频繁项集为:{$I1$: 6}、{$I2$: 7}、{$I3$: 6}、{$I4$: 2}、{$I5$: 2}、{$I1$, $I2$: 4}、{$I1$, $I3$: 4}、{$I1$, $I5$: 2}、{$I2$, $I3$: 4}、{$I2$, $I4$: 2}、{$I2$, $I5$: 2}、{$I1$, $I2$, $I3$: 2}、{$I1$, $I2$, $I5$: 2},注,冒号(:)后表示各频繁项集的支持度。

2）第二种方法：不产生候选挖掘频繁项集

Apriori 算法采用的“候选产生-检查”方法大幅度压缩了候选项集的大小，得到较好的性能，然而 Apriori 算法产生大量候选项集及对数据库的多次扫描也产生了大量的开销。

FP-Growth（频繁模式增长）算法是一种具有更好性能和伸缩性的频繁项集挖掘算法，其主要特点是不需要生成大量候选项集。算法采用分而治之的策略：第一次扫描交易数据库，与 Apriori 算法第一步相同，收集单个项的支持度，并且将超过最小支持度的项作为频繁项集（1-项集）；然后构造一个独特的、压缩的数据结构：频繁模式树（frequent-pattern tree，简记 FP-Tree），用于存储关于频繁模式的关键信息；再将频繁模式树分化成一些条件库（一种特殊类型的投影数据库），每个条件库和一个频繁项相关，再对这些条件库分别进行挖掘。

定义 3.18（频繁模式树）：一棵频繁模式树是一个如下定义的树结构（图 3-3）：它有一个标记为“null”的根节点，其子节点是一系列的项前缀子树（item prefix subtree），还包括一个频繁项头表（frequent-item header table）。

（1）项前缀子树的每个节点由三个部分组成：项名（item-name）、项计数（count）、节点链（node-link），项名表示节点所代表的项，项计数表示在这条路径上到达这个节点的交易的数量，节点链指向 FP 树中具有相同项名的下一个节点，如果不存在节点，则设为 null。

（2）频繁项头表的每个条目由两个部分组成：项名（item-name）和节点链头（head of node-link），节点链头指向 FP 树中表示这个项名的第一个节点。

频繁模式树的设计与构造过程如下：

在此不给出详细的算法描述及证明过程（详见 3.3.4），仅用一个具体的例子来更形象地说明 FP 树的构造过程。假设有一个交易数据库 D，如表 3-3 所示，设最小支持度阈值为 3。

表 3-3　交易数据库 D

交易编号	所有购物项	（排序后的）频繁项
100	f, a, c, d, g, i, m, p	f, c, a, m, p
200	a, b, c, f, l, m, o	f, c, a, b, m
300	b, f, h, j, o	f, b
400	b, c, k, s, p	c, b, p
500	a, f, c, e, l, p, m, n	f, c, a, m, p

首先，第一次扫描数据库可以得到频繁项列 FList：＜(f: 4)，(c: 4)，(a: 3)，(b: 3)，(m: 3)，(p: 3)＞（冒号以后的数字表示支持度）。每个项按照出现的次数降序排列，这个次序很重要，因为树的每条路径都符合这个次序。为了方便后面讨论，每个交易的频繁项都按照这种次序排列，如表 3-3 中第三列所示。

创建树的根结点，标记为 null。然后开始第二次扫描数据库，并对每个交易创建一个分支。

扫描第一个交易时，得到树的第一个分支：<(f：1)，(c：1)，(a：1)，(m：1)，(p：1)>。注意交易中的频繁项按照频繁项列 FList 的次序排列。扫描第二个交易，因为它的频繁项列为<f，c，a，b，m>，和已有的路径<f，c，a，m，p>共享了一个共同的前缀<f，c，a>，所以前缀中的每个节点计数都增加1；并且需要创建两个新节点，先创建新节点(b：1)，作为已有节点(a：2)的子节点，再创建新节点(m：1)，作为新节点(b：1)的子节点。对第三个交易，因为它的频繁项列<f，b>和前缀子树 f 共享了节点<f>，所以 f 的计数加1，并且创建一个新节点(b：1)，作为节点(f：3)的子节点。对第四个交易的扫描，得到树的第二个分支<(c：1)，(b：1)，(p：1)>。对最后一个交易，因为它的频繁项列<f，c，a，m，p>和第一个交易相同，所以该路径上的每个节点计数都增加1。

为了方便树的遍历，建立项的头表，头表中的每个项通过节点链头指向该项在树中的出现位置。通过这个节点链，将具有相同项名的节点按序链接在一起。

扫描所有的交易后，最终得到一棵与节点链关联的树，即 FP 树构造完成，结果如图3-3所示。

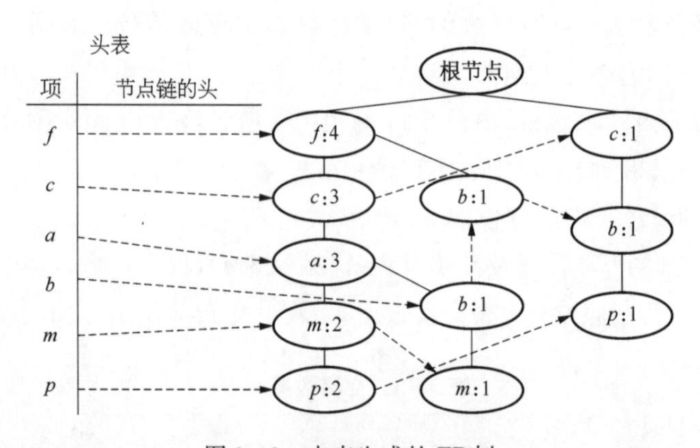

图3-3　由表生成的 FP 树

当 FP-树构造完成后，对数据库频繁项集的挖掘问题就转换成挖掘 FP-树问题。

本节中 FP-树的挖掘同样用一个具体的例子来说明(详细算法见3.3.4节)。如图3-3中所示的 FP 树，频繁模式根据 FList(<(f：4)，(c：4)，(a：3)，(b：3)，(m：3)，(p：3)>)可以被划分为若干个子集：包含 p 的模式，包含 m 但不包含 p 的模式，…，包含 c 但不包含 a，b，m，p 的模式，包含 f 但不包含 c，a，b，m，p 的模式等。于是挖掘过程首先对节点 p，可以得到一个频繁模式(p：3)和 FP 树中的两条路径：<f：4，c：3，a：3，m：2，p：2>，<c：1，b：1，p：1>。第一条路径表示串"(f，c，a，m，p)"在数据库中出现两次，尽管串<f，c，a>出现了三次，<f>出现了四次，但它们和 p 一起出现的次数是两次。因此考虑和 p 同时出现的串，可以得到符合条件的 p 前缀路径<f：2，c：2，a：2，m：2>。同样的，第二条路径表示串"(c，b，p)"在数据库的交易中只出现一次，p 的前缀路径是<c：1，b：1>。p 的这两条前缀路径{(f：2，c：2，a：2，m：2)，(c：1，b：1)}组成了 p 的子模式库，称为条件模式库(conditional pattern base)(即在 p 存在时的子模式库)。在这个条件模式库上建立的 FP 树(称为 p 的条件 FP 树，conditional FP_tree)，只生成了一个分支(c：3)，因为其他支持度计数小于最小支持度计数(已设为3)，如 f 的支持度为2。最后只得到一个频繁模式(c，p：3)。至此，查找和 p 有关的频繁模式结束，得到两个频繁模式：(p：3)和(cp：3)(需要注意的是，一个模式是一个项集，在这里用一个串表示)。

对节点 m，可以得到一个频繁模式(m：3)和 FP 树中的两条路径：<f：4，c：3，a：3，m：2>，<f：4，c：3，a：3，b：1，m：1>。虽然 p 和 m 是一起出现的，但在这里分析时不需要考虑 p，因为包含 p 的频繁模式已经在前面分析过。和前面分析过程类似，m 的条件模式库为{(f：2，c：2，a：2)，(f：1，c：1，a：1，b：1)}。在这之上构造 FP 树，得到 m 的条件 FP 树<f：3，c：3，a：3>，是一个单独路径，然后对 m 的条件 FP 树进行递归挖掘，用 mine(<f：3，c：3，a：3>| m)表示，过程如图 3-4 所示。

m 的条件 FP 树挖掘过程包括三项：(a)，(c)，(f)。由此，除 m 本身外(即频繁模式 m：3)，对于(a)，得到第一个含有 m 的频繁模式：am：3，对应 am 的条件模式库为{(fc：3)}，再递归挖掘，即 mine(<f：3，c：3>|am)；对于(c)，得到第二个含有 m 的频繁模式：cm：3，对应 cm 的条件模式库为{(f：3)}，再递归挖掘，即 mine(<f：3>|cm)；对于(f)，得到第三个含有 m 的频繁模式：fm：3，无对应条件模式库，不需递归挖掘。

再来看递归挖掘过程：mine(<f：3，c：3>|am)，生成两个模式 cam：3 和 fam：3，以及一个条件模式库{(f：3)}，于是递归挖掘，即 mine(<f：3>|cam)，得到最长的模式 $fcam$：3；同样的，对于 mine(<f：3>|cm)，得到一个频繁模式 fcm：3。

因此，包含 m 的所有频繁模式的集合有：{(m：3)，(am：3)，(cm：3)，(fm：3)，(cam：3)，(fam：3)，($fcam$：3)，(fcm：3)}，如图 3-4 所示。

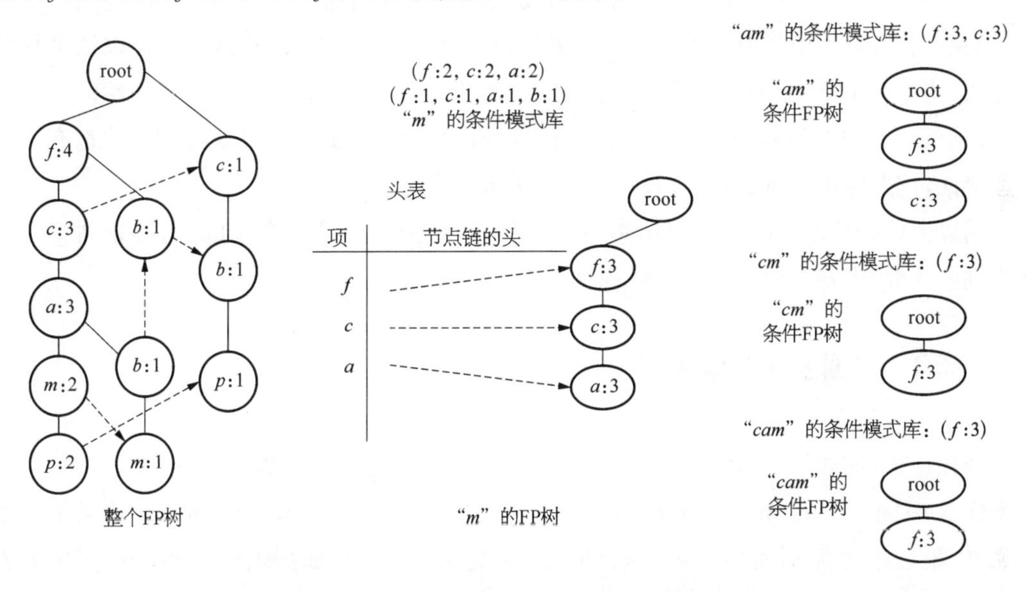

图 3-4 “m”的条件 FP 树，即“FP 树|m”

容易发现，对一个单独路径的FP树进行挖掘时，可以通过输出该路径上所有项的组合来实现。

类似的，由节点b可以得到(b: 3)和三条路径＜f: 4, c: 3, a: 3, b: 1＞，＜f: 4, b: 1＞，＜c: 1, b: 1＞。因为b的条件模式库{(f: 1, c: 1, a: 1), (f: 1), (c: 1)}没有生成频繁项，挖掘结束。而由节点a得到一个频繁模式(a: 3)和一个子模式库{(f: 3, c: 3)}，这是一个单路径的FP树，因此，它的频繁模式集可以由组合得到。将它们和(a: 3)相连，得到{(fa: 3), (ca: 3), (fca: 3)}。从节点c得到(c: 4)和一个子模式库{(f: 3)}，得到一个与(c: 3)关联的频繁模式集{(fc: 3)}。而从节点f只得到(f: 4)，它没有条件模式库。

条件模式库和条件FP树的生成可以见表3-4所示的说明。

表3-4 创建条件模式库来挖掘所有模式

项	条件模式库	条件FP树
p	{($fcam$: 2), (cb: 1)}	{(c: 3)}| p
m	{(fca: 2), ($fcab$: 1)}	{(f: 3, c: 3, a: 3)}| m
b	{(fca: 1), (f: 1), (c: 1)}	φ
a	{(fc: 3)}	{(f: 3, c: 3)}| a
c	{(f: 3)}	{(f: 3)}| c
f	Φ	φ

算法采用基于分区的分治法，在相对于原始数据库要小很多的树上进行，避免了扫描庞大的数据库，有效地降低了搜索空间。另外，当原始数据量很大的时候，也可以结合划分的方法，使得一个FP-tree可以放入主存中。对比FP-Growth与Apriori的性能可以发现，FP-Growth比Apriori具有明显的性能提升，FP-growth对不同长度的模式都有很好的适应性，挖掘的模式越长，两个算法性能的差异越大。

用以上两种算法挖掘到频繁项集后，采用关联规则挖掘第二个步骤(由频繁项集到关联规则的生成)得到相应的简单关联规则。

3.2.2 挖掘量化关联规则

描述量化(或数值型)属性之间的关系的规则称为量化关联规则。

例3.6(图3-5)：如表People，具有三个属性：Age、NumCars、Married。前两个为量化属性，第三个为类别属性。可以得到一条量化关联规则，如(Age＝"30, …, 39") ∧ (Married＝Yes)⇒ (NumCars＝2)。

People

RecordID	Age	Married	NumCars
100	23	No	1
200	25	Yes	1
300	29	No	0
400	34	Yes	2
500	38	Yes	2

(minimum support=40%, minimum confidence=50%)

Rules (Sample)	Support	Confidence
〈Age: 30, …, 39〉 and 〈Married: Yes〉⇒〈NumCars: 2〉	40%	100%
〈NumCars: 0, …, 1〉⇒〈Married: No〉	40%	66.6%

图 3-5 量化关联规则示例

挖掘量化关联规则常用的方法是将连续数据离散化,从而把量化关联规则的问题转换成布尔型关联规则的问题进行讨论。

当全部属性取值数量都是有限的时候,如上例中属性“汽车数量(NumCars)”(0,1,2),只需将每个属性值映射为一个布尔型的值即可,这种映射是直观的,对应(attribute=value)表示若 attribute 在原始记录中有值为 value,则其布尔值为 1,否则为 0;当属性的取值范围很宽时(即量化属性值域很大时),则需将其分为若干个区间,然后将每个区间映射为一个布尔型属性,如“年龄(age)”,则分为两个区间(20, …, 29)和(30, …, 39),于是对应记录(Age=23),有“Age: 20, …, 29=1”,而“Age: 30, …, 39=0”。图 3-5 映射为布尔型关联规则问题后,如图 3-6 所示,然后用布尔关联规则挖掘算法进行挖掘。

RecID	Age: 20, …, 29	Age: 30, …, 39	Married: Yes	Married: No	NumCars: 0	NumCars: 1	NumCars: 2
100	1	0	0	1	0	1	0
200	1	0	1	0	0	1	0
300	1	0	0	1	1	0	0
400	0	1	1	0	0	0	1
500	0	1	1	0	0	0	1

图 3-6 映射为布尔型关联规则问题

图 3-7 说明了由图 3-5 中的具有离散属性的原始数据中挖掘量化关联规则的分解步骤,最终得出合适的量化关联规则。

Minimum Support＝40％＝2 records
Minimum Confidence＝50％

People

RecordID	Age	Married	NumCars
100	23	No	1
200	25	Yes	1
300	29	No	0
400	34	Yes	2
500	38	Yes	2

(a)

Partitions for Age

Interval
20，…，24
25，…，29
30，…，34
35，…，39

(b)

After partitioning Age

RecordID	Age	Married	NumCars
100	20，…，24	No	0
200	25，…，29	Yes	1
300	25，…，29	No	1
400	30，…，34	Yes	2
500	35，…，39	Yes	2

(c)

Mapping Age

Interval	Integer
20，…，24	1
25，…，29	2
30，…，34	3
35，…，39	4

Mapping Married

Value	Integer
Yes	1
No	2

(d)

After mapping attributes

RecordID	Age	Married	NumCars
100	1	2	0
200	2	1	1
300	2	2	1
400	3	1	2
500	4	1	2

(e)

Frequent Itemsets：Sample

Itemset	Support
{〈Age：20，…，29〉}	3
{〈Age：30，…，39〉}	2
{〈Married：Yes〉}	3
{〈Married：No〉}	2
{〈NumCars：0，…，1〉}	3
{〈Age：30，…，39〉，〈Married：Yes〉}	2

(f)

Rules：Sample

Rule	Support	Confidence
〈Age：30，…，39〉 and 〈Married：Yes〉⇒〈NumCars：2〉	40％	100％
〈Age：20，…，29〉⇒〈NumCars：0，…，1〉	60％	66.6％

(g)

图3-7 量化关联规则问题分解示例

量化关联规则挖掘步骤：

第一步，决定每个量化属性的划分数量。

(1) 对每个类别属性，将属性值映射到连续的整数集上，如属性 Married，具有两个值“Yes”和“No”，将其分别映射到“1”和“2”。

(2) 对每个量化属性，没有划分为对应区间的，将值映射到满足预先定义值序的连续整数上；若已划分区间的量化属性，将值映射到连续整数上(按预先定义的值序)。

第二步，为每个量化和类别属性计算支持度。注：对量化属性，当其支持度小于最小值支持度阈值时，可将邻接值合并，至此，找到所有具有最小支持度频繁 1 项集。

第三步，采用类似简单关联规则挖掘算法生成频繁项集(如类 Apriori 算法的生成候选，包括自连接和子集剪枝，产生长度更长的频繁项集)。

第四步，采用关联规则挖掘第二个步骤(由频繁项集到关联规则的生成)得到相应的量化关联规则。

例 3.7： 如表 People。量化关联规则挖掘过程如下：

将 Age 属性划分为四个区间，如图 3－7b 所示，则图 3－7a 可映射为图 3－7c。

将区间映射为连续整数值，如图 3－7d 所示，则图 3－7a 可映射为图 3－7e。

假设 min_sup＝40％，min_conf＝50％。

图 3－7f 给出了一些频繁项集，图 3－7g 给出了一些量化关联规则。

图 3－7g 和 3－7f 用原始表中的值替换映射的值。

可以发现，＜Age：20，…，29＞对应＜20，…，24＞和＜25，…，29＞区间的连接，即量化属性的更好的划分区间可以在必要时连接合并邻接区间。

通过前面的描述和例子，概括地说，处理量化属性的具体方法有以下几种：

(1) 量化属性根据数据的分布分成了一些布尔属性。每个布尔属性都表示一个量化属性的区间，落在其中则为 1，反之为 0。这种分法是动态的。得出的规则常被称为布尔量化关联规则，如图 3－5 到图 3－6 的映射。

(2) 使用预定义的概念分层对量化属性进行离散化。离散化在挖掘之前，区间是由用户预先定义的，如年龄的概念分层可以分为区间，“20，…，29”、“30，…，39”、“40，…，49”等替换原来的数值。得出的规则称为静态量化关联规则，如图 3－7b 所示。

(3) 量化属性被分成一些能体现它含义的区间。这种方法考虑数据之间的距离因素。得出的规则称基于距离的量化关联规则。

量化属性进行映射时的难点主要在于可能存在以下两个问题：

(1) 最小支持度问题：如果量化属性区间数量(或属性未被划分为区间时的值)太大，则任何单个区间的支持度都将会较低。因此，缺乏大区间使得包含该属性的规则由于低于最小支持度而无法发现。即当区间范围太窄时，可能使每个区间对应的属性的支持度很低，而出现“最小支持度问题”。

(2) 最小置信度问题：当区间范围太宽，可能使每个区间对应的属性的置信度很低，例

图3-6中,(NumCars=0)⇒(Married=No),其置信度为100%,但若将NumCars的值0,1划分为同一区间,则规则(NumCars=0, …, 1)⇒(Married=No),其置信度为66%。

3.2.3 挖掘多层关联规则

涉及不同抽象层的项(或属性)的规则称为多层关联规则。多层关联规则涉及多个抽象层中的项,根据规则中涉及的层次,分为同层关联规则和层间关联规则。同层关联规则是指所涉及的项处于同一概念层(图3-1)的关联规则,这类关联规则的挖掘是在特定概念层上逐层展开的,需要对项的每个层次进行处理,对各层处理时,算法的核心步骤类似于单层关联规则挖掘算法;而层间关联规则不限于某一预先安排的特定概念层,不需要严格逐层展开,是更合乎实际需求的灵活的关联规则。

多层关联规则的挖掘采用自顶向下的策略,由概念层1开始向下,到较低的更特定的概念层,对每个概念层的频繁项集累加计数,直到不能再找到频繁项集。即一旦找出概念层1的所有频繁项集,就开始在第2层找频繁项集,如此下去,对于每一层,可以使用频繁项集挖掘的各种算法,如Apriori或它的变形。由于底层的项通常支持度更低,因此在支持度设置的问题上需要新的处理策略。

同层关联规则可以根据每个抽象层上的最小支持度阈值的定义,使用多种策略挖掘:

(1) 统一的最小支持度。对于不同的层次,使用一致的最小支持度,用户只需指定一个最小支持度阈值,对于用户和算法实现都比较容易(图3-8)。

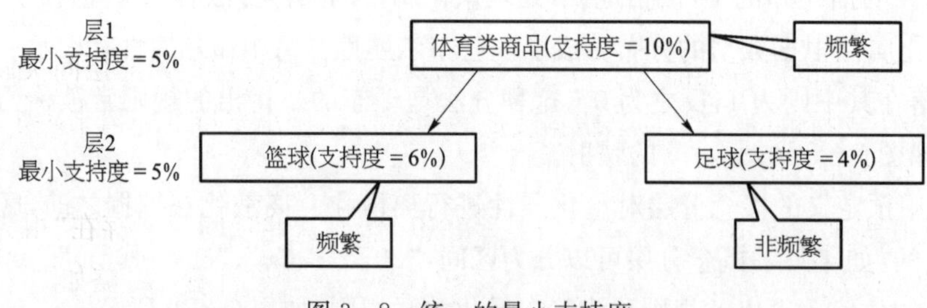

图3-8 统一的最小支持度

这种方法也存在不足:较低层次抽象的项不大可能像较高层次抽象的项出现得那么频繁。如果最小支持度阈值设置太高,可能丢掉出现在较低抽象层中有意义的关联规则;如果阈值设得太低,可能会产生出现在较高抽象层的无兴趣的关联规则。

(2) 递减的最小支持度。每个抽象层有它自己的最小支持度阈值,抽象层越低,对应的阈值越小,同时还可以利用上层挖掘得到的信息进行一些过滤的工作(3-9)。

这种递减支持度的同层关联规则的挖掘有以下几种常用搜索策略:

① 逐层独立:这是完全的宽度搜索,考察每个节点,不管它的父节点是否是频繁的。该策略条件简单,但可能导致在低层考察大量非频繁的项,找出并不太重要的关联。

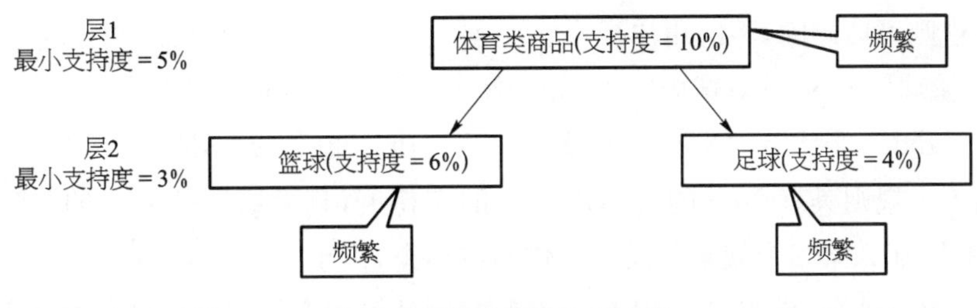

图 3-9 递减的最小支持度

② 层交叉按 k-项集过滤：一个第 i 层的 k-项集被考察，当且仅当它在第$(i-1)$层的对应父节点 k-项集是频繁的。该策略仅考察频繁 k-项集的子女的限制太强，因为一般说来 k-项集组合后仍是频繁的情况不多，因此，有价值的模式可能被其过滤掉(图 3-10)。

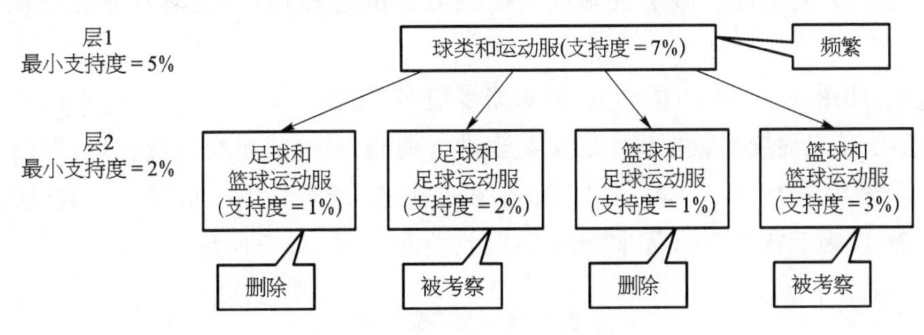

图 3-10 层交叉按 k-项集过滤

③ 层交叉按单项过滤：如果一个节点是频繁的，那么他的子女将被考察；否则，他的子孙将由搜索中剪枝。该策略是上述两个策略的折中。但也存在一些问题：因为是递减支持度，所以可能存在一些低层项是频繁的，但其祖先却是非频繁的(由于祖先层的最小支持度阈值不同)，因此将丢失低层项之间的关联。

同层关联规则的所有项都属于同一概念层，对于跨越概念层边界的层间关联规则的挖掘，在考虑最小支持度的时候，应当根据较低的抽象层的最小支持度阈值来决定，使得较低抽象层可以包含在分析中。

多层关联规则发现不同抽象层间的关联知识，然而这些项间可能存在"祖先"关系，会产生冗余的关联规则，挖掘过程需检查并删除出这些冗余规则。删除策略如图 3-11 所示。

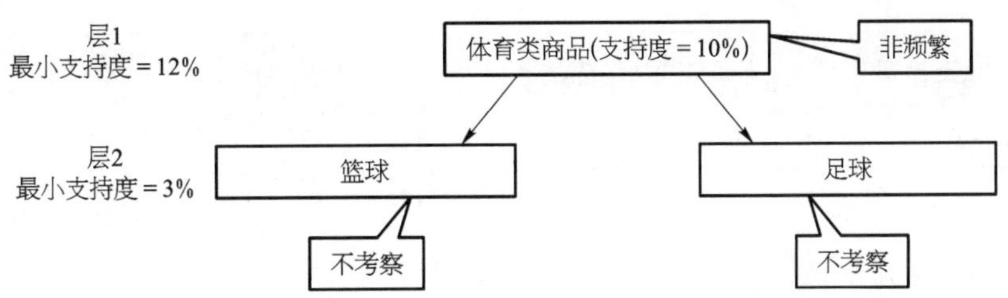

如果一个节点是频繁的，其子女节点被考察，否则，其子孙可从搜索中剪枝

图 3-11 层交叉按单项过滤

如果根据其对应的祖先规则，他们的支持度和置信度接近于期望值，那么冗余的多层

(后代)关联规则可以删除,不向用户提供。

例如:"篮球"⇒"Nike 篮球服" [support=8%,confidence=70%]

"Adidas 篮球"⇒"Nike 篮球服" [support=2%,confidence=72%]

假定第一个规则具有70%的置信度,8%的支持度,且大约四分之一的"篮球"销售是"Adidas 篮球",那么第二个规则并没有提供新的信息,由于"篮球"是"Adidas 篮球"的祖先,即所有"Adidas 篮球"的样本也是"篮球"的样本,因此第二个规则应该具有大约70%的置信度和2%(8%×1/4)的支持度,在此假定条件下,第二个规则不是有趣的,因为它不提供附加的信息,它的一般性也不如第一个规则。

多层关联规则挖掘的一般算法有 ML_$T2L1$,ML_$T1LA$,ML_$THL1$,ML_$T2LA$ 等。下面用一个例子说明多层关联规则挖掘方法的过程,具体的算法请读者参见相关文献。

例 3.8: 如图3-1所示,概念分层(省略了更多层次)。

使用层次信息对交易数据库中的交易表进行编码,替换原始交易数据表,编码方法如:项"Nike 篮球"编码为"112",第一个"1"表示在层1的"球类",第二个"1"表示在层2的"篮球",第三个"2"表示在层3的品牌"Nike",以此类推,如表3-5所示。

表3-5 编码交易表

T.id	*T.I*
*T*1	{111, 121, 211, 221}
*T*2	{111, 211, 222, 323}
*T*3	{112, 122, 221, 411}
*T*4	{111, 121}
*T*5	{111, 122, 211, 221, 413}
*T*6	{211, 323, 524}
*T*7	{323, 411, 524, 713}

(a) *T*[1]

T.I	支持度
{1**}	5
{2**}	5

(b) *L*[1,1]

T.id	*T.I*
*T*1	{111, 121, 211, 221}
*T*2	{111, 211, 222}
*T*3	{112, 122, 221}
*T*4	{111, 121}
*T*5	{111, 122, 211, 221, 413}
*T*6	{211}

(c) *T*[2]

T.I	支持度
{1**, 2**}	4

(d) *L*[1, 2]

T.I	支持度
Φ	

(e) *L*[1, 3]

T.I	支持度
{11*}	5
{12*}	4
{21*}	4
{22*}	4

(f) *L*[2, 1]

T.I	支持度
{11*, 12*}	4
{11*, 21*}	3
{11*, 22*}	4
{12*, 22*}	3
{21*, 22*}	3

(g) *L*[2, 2]

T. I	支持度
{11*, 12*, 22*}	3
{11*, 21*, 22*}	3

(h) L[2, 3]

T. I	支持度
{111}	4
{211}	4
{221}	3

(i) L[3, 1]

T. I	支持度
{111, 211}	3

(j) L[3, 2]

T. I	支持度
Φ	

(k) L[3, 3]

表 3-6 最后结果各层项集

层次	频 繁 项 集
一层	{1**},{2**},{1**, 2**}
二层	{11*},{12*},{21*},{22*},{11*, 12*},{11*, 21*},{11*, 22*},{12*, 22*},{21*, 22*},{11*, 12*, 22*},{11*, 21*, 22*}
三层	{111},{211},{221},{111,211}

设 min_sup[1]=4,min_sup[2]=3(简单起见,最小支持度用交易个数表示,而非百分比形式),用 $L[x, y]$表示第 x 层的频繁 x -项集,如 L[3, 2]表示第三层的频繁 2 -项集。

步骤如下:

第 1 层频繁项集:

L[1, 1](第一层频繁 1 -项集)如表 2-5b 所示,过滤非频繁项,得到 T[2];进行自连接和剪枝,得到候选项集,并计算支持度后得到 L[1, 2] (第一层频繁 2 -项集)、L[1, 3](第一层频繁 3 -项集)如表 3-5d、表 3-5e 所示。

与此类似,第二层频繁项集如表 3-5f、表 3-5g、表 3-5h 所示,第三层频繁项集如表 3-5i、表 3-5j、表 3-5k 所示。

得到各层的各频繁项集(表 3-6)后,再计算置信度,由频繁项集生成满足最小置信度阈值的多层关联规则。

3.2.4 挖掘多维关联规则

以上讨论的大多是同一个属性之间的关联关系,比如用户购买的物品。即单维(或维内)关联规则,这些规则一般都是在交易数据库中挖掘的。但是对于多维数据库而言,还有一类多维关联规则,例如:

年龄="20, …, 30"∧职业="学生"⇒购买="篮球"

在这里涉及三个维上的数据:年龄、职业、购买。

根据是否允许同一个维重复出现,可以又细分为维间的关联规则(不允许维重复出现)和混合维关联规则(允许维在规则的左右同时出现)。

年龄="20，…，30"∧购买="篮球"⇒购买="篮球服"

这个规则就是混合维关联规则。

由于多维关联规则涉及多个属性，这些属性大多可能是量化属性，因此，在挖掘维间关联规则和混合维关联规则的时候，需要考虑不同的属性种类，即类别型和量化型，对于量化属性，需要进行一定的处理(参见量化关联规则挖掘)之后才可以进行。

如果与挖掘任务相关的数据存放在关系表中，多维关联规则挖掘方法的基本思想类似于简单关联规则挖掘，可对 Apriori 算法稍加改进，搜索所有的相关属性，而不是仅搜索一个属性，即找出所有的频繁属性(即频繁 k-属性集合，如{年龄，职业，购买})，而不是频繁项集(如{篮球，足球，排球})。若采用类 Apriori 算法，则可利用"频繁属性集的每个子集也必须是频繁的"的性质以减少产生的属性集候选数量；此外，还可以使用数据立方体结构挖掘多维关联规则，数据立方体由方体的格组成，方体是多维数据结构，如果变换后任务相关数据存放在数据立方体中，亦可使用类似于 Apriori 的策略去找频繁属性集；若没有数据立方体则可以构造数据立方体。

3.3 关联规则挖掘的基础算法

经典频繁模式挖掘算法包括：基于 Apriori 性质的生成候选项集的 Apriori 算法和不生成候选项集的模式增长 FP-Growth 算法等。本节将详细介绍 Apriori 和 FP-Growth 两种算法。

3.3.1 Apriori 算法

3.2 节中已对 Apriori 算法的基本思想及过程进行了一定的介绍，下面介绍详细算法(图 3-12)。

```
Apriori 算法:
输入: 交易数据库 D;最小支持度阈值 min_sup
输出: D 中的频繁项集 L
算法:
1)  L1= {找频繁 1-项集};
2)  for (k = 2; Lk-1 ≠ Φ; k + + ) do
    begin
3)     Ck = apriori_gen(Lk-1, min_sup);
       //apriori-gen 函数: 利用第 k-1 次遍历中生成的频繁(k-1)-项集
       Lk-1,生成候选 k-项集 Ck
4)     for each transaction T∈D do
       begin
```

```
    // 扫描交易数据库并对候选集的支持度进行计数
5)      C_T = subset(C_k, T);
        //subset 函数: 确定在一个给定的交易 T 中包含了哪些 C_k 中的项
6)      for all candidates c∈ C_T  do
7)        c.count++;
    end
8)  L_k = {c∈ C_k | c.count ≥min_sup}
  end
9)  return L = ∪_k L_k;
```

图 3 - 12 Apriori 算法

apriori-gen 函数将频繁 $k-1$ 项集 L_{k-1} 和最小支持度阈值作为输入参数，返回所有频繁 k-项集的超集。该函数做两个动作：连接和剪枝。

实现步骤如下，首先对 L_{k-1} 中的频繁项集进行自连接(图 3 - 13)：

```
apriori-gen 函数:
1)  insert into C_k
2)  select p[1],p[2], …, p[k-1],q[k-1]
3)  from L_{k-1}   p, L_{k-1}   q
4)  where p[1] = q[1], …, p[k-2] = q[k-2],p[k-1] <q[k-1]
```

图 3 - 13 apriori-gen 函数——自连接

连接条件 $p[k-1] < q[k-1]$ 保证不产生重复。

接下来进行剪枝。显然，任何频繁项集的子集一定满足最小支持度阈值。因此根据 Apriori 性质，如果先扩展 L_{k-1} 中的每一个项集，再删除那些 $(k-1)$-子项集不在 L_{k-1} 中的项集，剩下的就是 L_k 中项集的超集，即 $C_k \supseteq L_k$。因此，剪枝过程可以删除这样的项集 c，$c \in C_k$，但 c 中存在长度为 $(k-1)$ 的子集不属于 L_{k-1} 中，如图 3 - 14 所示。

```
1)  for each   C_k 中的候选集 c   do
2)  for each   c 中的(k-1)-子集 s do
3)          if (s ∉ L_{k-1} 中) then
4)              从 C_k 中删除 c ;
```

图 3 - 14 apriori-gen 函数——剪枝

下面再来看一个例子。假设 $L_3=\{\{I1, I2, I3\},\{I1, I2, I4\},\{I1, I3, I4\},\{I1, I3, I5\},\{I2, I3, I4\}\}$，连接完成后，$C_4=\{\{I1, I2, I3, I4\},\{I1, I3, I4, I5\}\}$，那么剪枝过程将会删除项集 $\{I1, I3, I4, I5\}$，因为项集 $\{I1, I3, I4, I5\}$ 的长度为 3 的子集 $\{I1, I4, I5\}$ 没有出现在 L_3 中，因此只有 $\{I1, I2, I3, I4\}$ 保留在 C_4 中。

subset 函数用于确定在一个给定的交易 T 中包含了哪些 C_k 中的项：

候选 k-项集 C_k 被存放在一棵哈希树中，哈希树中的结点分为两类：一类包含一个项集列表(叶结点),另一类包含一张哈希表(内部结点)。在内部结点上,哈希表中的每一个桶都指向另一个结点。假定哈希树的根结点的深度等于1,则一个深度为 d 的内部结点指向深度为 $d+1$ 的结点。项集都存放在叶子结点,当需要添加一个项集 c 的时候,就从根结点出发直到叶子结点。在一个深度为 d 的内部结点,对该项集的第 d 项应用哈希函数来确定下一步遍历的分支。所有的结点最初都被创建为叶子结点。当一个叶子结点的项集数目超出某一个阈值时,该结点将会转化为一个内部结点。

从根结点开始,subset 函数按照如下的方式找出包含在交易 T 中的所有的候选集。如果在叶子结点,找出该叶子结点中所有包含在交易 T 中的项集,并且为它们添加一个指向结果集的索引;如果通过散列第 i 项到达某个内部结点,则散列交易 T 中第 i 项后的每一项,并且将这个过程递归地应用于相应的桶。对于根结点,则散列交易 T 中的每一项。

subset 函数能够返回所需要的候选集的索引,对于任何交易 T 中包含的项集 c, c 的第一个项一定出现在 T 中。在根结点,通过散列交易 T 中的每一项,我们能够确定只忽略那些不是从 T 中的某一项开始的项集。同样的结论也适用于哈希树中位于其他层次的结点。由于在每一个项集中的项都经过排序,如果通过散列项 i 到达当前的结点,则以后只需要考虑交易 T 中出现在项 i 后的项。

3.3.2 Apriori 算法的优化

Apriori 算法在挖掘过程中生成大量的候选项集,并且由候选 k-项集生成频繁 k-项集时必须扫描数据库,候选项集的支持度计算工作量也相当巨大,因此算法效率相对较低。在实际应用时,可以采取一些方法对 Apriori 算法进行优化,基本思路包括:减少交易数据库的扫描次数,或缩减候选项集的数量,或尽量使得候选项集的支持度计算更加方便。相应的主要方法有:

(1) 基于划分(partition)的方法。基本思想是采用分区技术,首先将数据库划分为 N 个不相交的部分,使得每部分都能放进内存,扫描每个部分(相当于扫描数据库一遍)得到局部频繁 1-项集。该方法采用一种特殊的数据结构,保留包含每个频繁 1-项集的交易 ID 列表,这样在每个局部由候选 k-项集生成频繁 k-项集时不需要扫描数据库计算支持度,只需要匹配 k 项集中每个项对应的交易 ID 列表即可。把所有的局部频繁项集合并,得到频繁项集的超集,对此超集进行第二次扫描数据库,计算支持度,如果支持度小于用户指定的支持度阈值,则把该项集删除,第二次数据库扫描结束,得到全局频繁项集。因此,基于划分的方法只需要扫描数据库两遍即可生成所有的频繁项集。并且算法是可以高度并行的,把每一分块分别分配给一个处理器生成频繁项集,产生频繁项集的每一个循环结束后,处理器之间进行通信以产生全局的候选 k-项集。

(2) 基于哈希(hash)的方法。寻找频繁项集主要的计算是在生成频繁 2-项集上,因此可以引入哈希技术来改进产生频繁 2-项集的方法。该方法的主要思想在于,如果一个

k-项集在哈希树的路径上的一个计数值低于最小支持度阈值，则其本身不可能是频繁的。方法采用如下策略：在扫描数据库由 $k-1$ 候选项集生成 $k-1$ 频繁项集时，同时生成候选 k-项集，将其散列到哈希表中不同的桶中去，并对其计数。在散列表中支持度低于阈值的桶中项集不可能是频繁 k-项集，应该删去。这样可以大大压缩要考察的 k 项集。

(3) 基于采样的方法。该方法基于以下策略：在给定数据的子集上进行挖掘，使用小的支持度和完整性验证方法。具体方法是：使用从数据库中抽取出来的采样，得到一些在整个数据库中可能成立的规则，然后对数据库的剩余部分验证这个结果，算法相当简单并显著地减少了 I/O 代价，但是一个很大的缺点就是产生的结果不精确，即存在所谓的数据扭曲(data skew)，分布在同一页面上的数据时常是高度相关的，可能不能表示整个数据库中模式的分布。之后又有研究者讨论了反扭曲(anti-skew)算法。

(4) 减少交易个数的方法。该方法基于的思想是不包含任何频繁 k-项集的交易也必然不包含任何大于 k 的频繁项集，由此可以将这些交易移去，以减少用于未来扫描的交易集的大小，在下一遍的扫描中就可以减少要进行扫描的交易个数。

(5) 采用间隔计算的方法。在扫描数据库时，不计算 C_k 的支持度来生成 L_k，而是直接由 C_k 生成 C_{k+1}，计算出 C_{k+1} 的支持度从而生成 L_{k+1}。这样可以少扫描数据库一次。采用这种方法必须保证生成的候选项集 C_{k+1} 能放进内存，尤其是当 k 比较小的时候。在能够保证足够内存的情况下该方法可以进一步扩展，可以跳跃多步进行，由 C_k 生成 C_{k+1}，C_{k+2}，…，C_{k+n}，最后生成 L_{k+n}。

还有其他的一些优化措施，如交易压缩、动态项集计数等。尽管采用了各种优化措施，由于 Apriori 算法本身的特点决定了其必须产生大量候选集，以产生频繁项集并扫描数据库，因此效率并不十分理想。

虽然 Apriori 算法有上述一些优化策略，然而，Apriori 算法的核心在于：用频繁的 $(k-1)$-项集生成候选的频繁 k-项集。Apriori 算法需要多次扫描数据库，这个代价是相当高的，特别是在中间过程中可能产生大量的候选项集：当长度为 1 的频集有 10^4 个时，长度为 2 的候选集个数将会超过 10^7；尤其是如果要生成一个很长的频繁模式时，如长度为 100 的频繁模式，将产生约 2^{100} 个候选项集。"候选项集-生成-测试"成为 Apriori 算法的瓶颈。因此，需要设计一个能避免候选项集生成的频繁模式挖掘算法，具体将在下一小节进行介绍。

3.3.3 FP-Growth 算法[2,4]

3.2 节对 FP-Growth 算法的基本思想进行了介绍，并且给出了一个实例，以下将给出详细的 FP-Growth 算法。

关于频繁模式树(FP-tree)的设计和构造已在前面介绍了，对应 3.1 小节中的定义，下面先将 FP-Growth 算法中涉及的一些符号进行说明：

项集 I：$I=\{i_1, i_2, \cdots, i_m\}$；交易数据库 DB：$DB=\{T_1, T_2, \cdots, T_n\}$，其中 $T_i(i=1, 2, \cdots, n)$ 是一个交易，包含了 I 中的项集。

1) FP-Tree 构造算法

FP-Tree 构造过程需要扫描交易数据库 DB 两遍：第一遍收集频繁项集，第二遍构造 FP-Tree。FP-tree 构造步骤前面已有详细介绍，这里给出构造 FP-tree 的算法，如图 3-15 所示。

```
FP-Tree 的构造算法
输入：交易数据库 DB，最小支持度阈值 ξ；
输出：交易数据库 DB 的频繁模式树；
算法：
1）扫描交易数据库 DB 一遍，收集频繁项集 F 和它们的支持度；
   将 F 按照支持度的降序排列，得到频繁项列 FList；
2）建立频繁模式树的根结点 R，标记为 null.
   对 DB 中的每个交易 T 作如下处理：
   选出 T 中的频繁项，并按 FList 的次序进行排序．假设排序后，T 中的频繁项列表为[p|
   P]，p 表示第一个元素，P 表示余下的元素列表．再调用函数 insert_tree([p|P],R).
   函数 insert_tree([p|P],R)：
1）如果 R 存在子节点 N，满足 N.item-name = p.item-name，则将 N 的 count 值(项计数，见
   定义 3.18)加 1；
2）否则，创建一个新节点 N，count 为 1，其父连接为 R，其节点链 node-link 通过节点链结
   构指向与其具有相同名称的节点．
3）如果 P 非空，递归调用 insert_tree(P, N).
```

图 3-15 FP-tree 构造方法

在 FP-Tree 中插入一个交易 T 的代价为 $O(|\text{freq}(T)|)$，其中 $\text{freq}(T)$ 是交易 T 中频繁项的集合，称为一个交易 Trans 的频繁项投影，$|\text{freq}(T)|$ 表示交易 T 中包含的频繁项的个数，假设 F 表示频繁项集，则 $\text{freq}(T)=T\cap F$。

2) FP-Tree 的性质

FP-Tree 具有完备性(completeness)和紧凑性(compactness)。

引理 3.1：给定一个交易数据库 DB 和一个最小支持度阈值 ξ。相应的 FP 树包含了数据库中与频繁模式挖掘相关的所有信息。

基于 FP 树的构造过程可以知道，交易数据库 DB 中的每个交易的频繁项投影在 FP 树中对应一条路径，即每个交易的频繁项集信息完全存储在 FP 树中。而且，因为每个交易的代表路径都必须从项前缀子树的根结点开始，所以 FP 树中的一条路径可以代表多个交易的频繁项集，且不产生混乱。

对 FP 树中每一个从根节点开始的路径 $a_1, a_2, \cdots, a_k$，假设 c_{ak} 是节点标号为 a_k 的项计数值，c'_{ak} 是 a_k 子节点计数之和，则根据 FP 树构造过程，该路径存储了 $c_{ak}-c'_{ak}$ 个交易的频繁项投影。

因此，FP 树存储了无重复的频繁项投影的所有信息。

由此得到引理。

引理 3.2：给定一个交易数据库 DB 和一个最小支持度阈值 ξ。不考虑根结点，FP 树的大小由数据库中出现的所有频繁项（$\Sigma_{T\in DB}$ | freq(T) |）决定，树的高度取决于数据库中含所有交易中最大的频繁项项数（$\max_{T\in DB}$|freq(T)|）。

基于 FP-Tree 的构造可以知道，对 DB 中的任意交易 T，存在一条路径，该路径上的节点集和交易 T 的频繁项是相同的。因为每个交易的频繁项只能对应一个树节点，只有根结点是唯一一个不由频繁项插入而生成的节点，而且每个节点包含一个节点链和一个计数信息，由此可以得到树的大小边界为 $\Sigma_{T\in DB}$ | freq(T) |。

任意一个 p 前缀子树的高度是指所有频繁项列以 p 开头的交易中，含频繁项最多的交易所包含的频繁项项数。因此，不考虑根结点这层高度，树的高度由数据库中所有交易中最大的频繁项项数决定，即 $\max_{T\in DB}$|freq(T)|。

引理 3.2 表明了 FP 树的一个重要特点：FP 树的大小由它相应的数据库决定，因为每个交易在 FP 树中最多生成一条路径，它的长度等于该交易的频繁项项数。而且由于交易间通常会有很多共享的频繁项，所以树的大小通常都远小于原来的数据库。而不像类 Apriori 方法，在最坏情况下可能产生指数级数量的候选集。

综上，FP 树是一个高度紧凑的结构，存储了频繁模式挖掘的所有信息，具有完备性和紧凑性。这两个性质是保证 FP-Growth 算法正确完整挖掘频繁模式的前提和基础。

3）频繁项集列表 FList 的排序问题

FP 树构造过程中，频繁项集中的项以支持度的降序排列：越频繁出现的项更可能被共享，因此将它们安排在更靠近 FP 树的顶部。这种排序方式进一步提高了 FP 树结构的紧凑性。然而，这并不意味着采用降序排列频繁项的方法总能够获得最大的紧凑性。根据数据的其他特征，有时可能获得更好的紧凑性，例如有一个交易数据库：{$abef$, $bdef$, $cdef$, a, a, a, b, b, b, c, c, c}，最小支持度阈值为 3，第一遍扫描数据库得到{a：4，b：4，c：4，d：3，e：3，f：3}，对其进行排序：$a\to b\to c\to d\to e\to f$，于是生成的 FP 树包含 12 个节点，如图 3-16a 所示。然而，按照排序 $f\to d\to e\to a\to b\to c$，生成的 FP 树仅包含 9 个节点，如图 3-16b 所示。

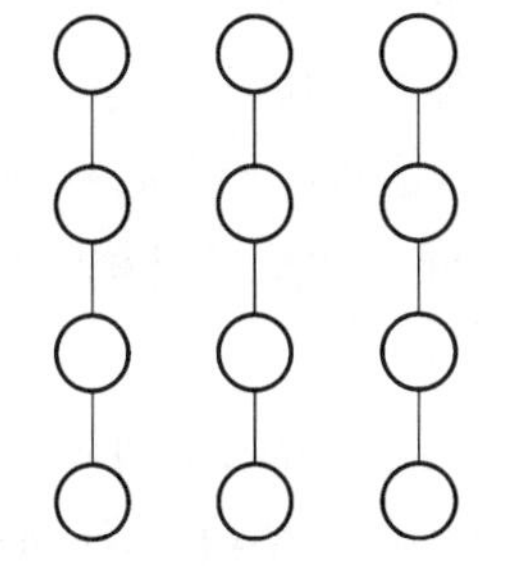

(a) 按支持度顺序排列生成的FP树

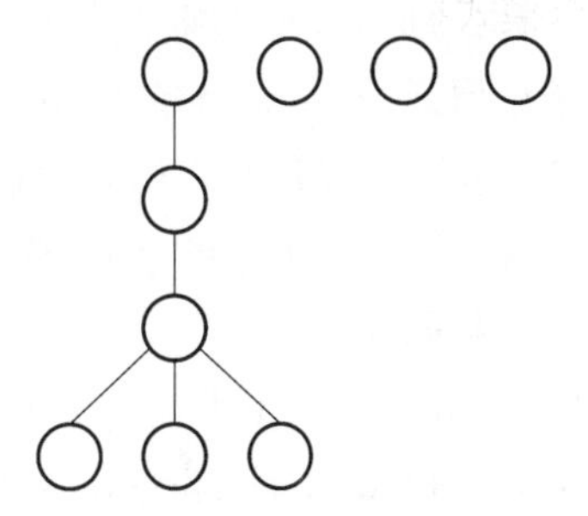

(b) 不按支持度顺序排列生成的FP树

图 3-16 FP 树

图 3-16 说明了基于支持度降序构造的 FP 树并不是总是最小。

4) 使用 FP - Tree 挖掘频繁模式

构造一个紧凑的 FP 树能保证在一个紧凑的数据结构上进行挖掘。然而，这并不能保证非常有效的挖掘，因为，如果只简单地使用 FP 树来生成和检验所有的候选模式，可能会碰到有关候选集生成时的组合问题。在这一部分，将介绍如何利用存储在 FP 树挖掘频繁模式全集(即所有的模式)的算法 FP - growth。

FP 树结构具有一些有利于频繁模式挖掘的性质。

性质 3.1(节点链性质，node-link property)：对任意频繁项 a_i，顺着 a_i的节点链，从 a_i的头开始，可以找到包含 a_i的所有频繁模式。

这个性质基于 FP 树的构造过程，它方便了通过 a_i的节点链遍历 FP 树，并访问与 a_i相关的模式信息。

性质 3.2(前缀路径性质，prefix path property)：为了计算路径 p 上的一个节点 a_i的频繁模式，只需要计算 p 中 a_i的前缀子树，并且前缀子树中的每个节点的频繁数和节点 a_i相同。

假设路径 p 上的节点顺序标记为 a_1，a_2，…，a_n，a_1是前缀子树的根节点，a_n是 p 路径中子树的叶节点，a_i($1 \leqslant i \leqslant n$)是被参考的节点。根据 FP - tree 构造算法(图 3 - 15)中构造 FP 树的过程，对每个前缀节点 a_k($1 \leqslant k \leqslant i$)，$a_i$的前缀子路径与 a_k同时出现的次数是 a_i. count。因此每个这样的前缀节点都和节点 a_i有相同的计数。需要注意在同一路径上也和 a_i同时出现的一个后缀节点 a_m($i < m \leqslant n$)。a_m的模式将在检验后缀节点 a_m时生成，在计算 a_i的模式时不用计算，否则会冗余的生成模式。因此，只需检验 p 中 a_i的前缀子树。

例 3.9：上一节的图 3 - 3 中，节点 m 包含在路径＜f：4，c：3，a：3，m：2，p：2＞中，为了计算这条路径上的节点 m 的频繁模式，则只需要将节点 m 的前缀子路径＜f：4，c：3，a：3＞提取出来，前缀路径的每个节点的频繁数都等于节点 m 的计数。也就是说，前缀路径的节点计数调整为：＜f：2，c：2，a：2＞。

基于这个性质，节点 a_i的前缀子树可以被拷贝和转换到一个调整计数的前缀子路径中，调整前缀子树的每个节点的频繁数和 a_i的相同。这个转换后的前缀路径被称为 a_i在路径 p 中的转换前缀路径(transformed prefixed path)。

注意 a_i的转换前缀路径的集合形成了一个小的模式数据库，这个和 a_i同时出现的模式数据库称为条件模式库(conditional pattern base)，标记为"pattern_base | a_i"，然后可以在 a_i的条件模式库中计算所有和 a_i相关的频繁模式，创建一个小的 FP 树，称为条件 FP 树，表示为 FP - Tree | a_i，在这个小的条件 FP 树上作序列挖掘。构造条件模式库和条件 FP 树的过程和例 3.9 相同。

这个过程是递归的，基于下面的定理，通过模式增长方法，可以得到频繁模式。

引理 3.3(片段增长，fragment growth)：假设 α 是 DB 中的一个项集，B 是 α 的一个条件模式库，β 是 B 中的一个项集，那么，$\alpha \cup \beta$ 在 DB 中的支持度和 β 在 B 中的支持度是相同的。

根据条件模式库的定义，当 α 在原始数据库中出现时，B 中的每个(子)交易才出现。如果一个项集 β 在 B 中出现 ψ 次，那么它和 α 在 DB 中一起出现的次数也为 ψ。而且，因为所有这样的项集都是在 α 的条件模式库中收集的，所以 $\alpha \cup \beta$ 在 DB 中出现的次数是 φ。

可以得到以下推论。

推论 3.1(模式增长，pattern growth)：假设 α 是 DB 中的一个频繁项集，B 是 α 的条件模式库，β 是 B 中的一个项集。当且仅当 β 在 B 中是频繁时，$\alpha \cup \beta$ 在 DB 中才是频繁的。

当 α 是 DB 中的频繁项集，而且在 α 的条件模式库 B 中，当 β 的支持度不小于最小支持度阈值 ξ 时，推论成立。

根据推论 3.1，挖掘时可以从收集在 DB 中的频繁 1 项集 α 开始，对每个频繁 1 项集构造条件模式库，然后在条件模式库中挖掘 1 项集 β，依此类推。这表明挖掘频繁模式的过程可以看成是：从挖掘频繁 1 项集开始，然后挖掘它的条件模式库，进一步增长每个项集，依次作类似的处理。通过一系列的条件模式库，将处理频繁 k 项集的问题转化为 k 个处理频繁 1 项集的问题。这里所作的只是模式的增长，不需要在整个挖掘过程中生成候选项集的组合。

挖掘单路径 FP 树的所有频繁模式：

引理 3.4(单路径 FP 树的模式生成，single FP - Tree path pattern generation)：假设一个 FP 树，只有一条路径 P，通过列举 P 的子路径的所有组合，可以得到 FP 树的频繁模式全集，它们的支持度等价于子路径中的所有项的最小支持度。

假设 FP 树中的一个单独路径 $P < a_1: s_1 \rightarrow a_2: s_2 \rightarrow \cdots \rightarrow a_k: s_k >$，每个项 a_i 的支持度 $s_i(1 \leqslant i \leqslant k)$ 是指 a_i 和它的前缀串同时出现的频率。因此，这条路径上项集的任意组合，比如：$< a_i, \cdots, a_j >$(for $1 \leqslant i, j \leqslant k$) 是一个频繁模式，它们同时出现的频率等于那些项中的最小支持度。因为路径 P 的每项都是唯一的，所以在组合生成时不可能生成冗余的模式。而且，在 FP 树之外不可能再生成频繁模式。由此得到这个引理。

5) FP - Growth 算法

基于以上的引理和性质，得到用 FP 树挖掘频繁模式算法，如图 3 - 17 所示。

```
FP - Growth 算法：在 FP 树中，通过模式增长和片段增长挖掘频繁模式
输入：用 DB 根据算法 1 构造的 FP 树和最小支持度阈值 ξ;
输出：所有的频繁模式的集合;
方法：调用 FP - Growth ( FP - Tree, null );
Procedure FP - Growth ( Tree, α)
{
1)  if (Tree 只包含单路径 P) then
2)       对路径 P 中节点的每个组合(记为 β)
3)              生成模式 β∪α, 支持数 = β 中所有节点的最小支持度
4)  else 对 Tree 头上的每个 a_i, do
      {
5)          生成模式 β = a_i ∪α, 支持度 = a_i . support;
6)          构造 β 的条件模式库和 β 的条件 FP 树 Tree_β;
7)            if Tree_β ≠ φ  then call FP - Growth ( Tree_β, β )
      }
}
```

图 3 - 17 FP - Growth 算法

分析：由上面的性质和引理，可以知道，算法能正确地找到交易数据库 DB 中频繁项集的全集。

如引理 3.1，DB 的 FP 树包含了 DB 在支持度阈值为 ξ 的条件下，有关频繁模式挖掘的所有信息。如果一个 FP 树包含单个路径，根据引理 3.4，它生成的模式是路径上所有节点的组合，模式的支持度为子路径上所有节点的最小支持度。因此得到程序的 1)～3)。否则，对每个频繁项 a_i 构造条件模式库并挖掘它的条件 FP 树。前缀路径转换的正确性和完备性在性质 3.2 中说明，因此条件模式库中存储了频繁模式挖掘的所有信息。根据引理 3.4 和它的推论知道，由条件 FP 树生成的模式是频繁模式的全集。特别的，根据片段增长性质，组合的片段的支持度和条件模式库生成的频繁项集的支持度相同。因此，得到程序的 4)～8)。

6）FP - Growth 算法的优点

利用紧凑的数据结构 FP 树压缩存储频繁模式的关键信息，然后用模式增长方法 FP - Growth，有效地对大数据库进行频繁模式挖掘的算法，相对于其他方法的优点在于：

(1) 高度压缩的 FP 树，通常远小于原始数据库，因此减少了模式挖掘时扫描数据库的开销。

(2) 用模式增长的方法，组合在(条件)FP 树中找到的频繁 1 项集，避免了生成和检验候选项集的开销：在这个方面，挖掘过程不再是类似 Apriori 方法的生成和检验，而只是频繁模式的增长。主要的挖掘操作是数量的收集和前缀路径计数的调整，开销远小于大多数类 Apriori 算法中，对候选集生成和模式匹配操作的开销。

(3) 用基于划分的、分而治之的方法，大大减少了条件模式库和条件 FP 树的大小。

还可以采用一些方法进一步提高 FP - Growth 的性能和可拓展性：

(1) 构造投影数据库的 FP 树：当数据库很大时，无法在主存中构建 FP 树，一个可用的办法就是先把数据库分为多个投影数据库，然后对每个投影数据库构造一个 FP 树并挖掘。

(2) 构造驻留磁盘的 FP 树：另一个处理大数据库的方法就是构造驻留磁盘的 FP 树。B^+ 树已经在关系数据库中广泛使用，它可以用来作 FP 树的索引。

(3) FP 树的物化(materialization)：尽管 FP 树具有紧凑性，但它的构造需要两次扫描交易数据库，这可能需要一定的代价，物化 FP 树将对频繁模式挖掘有利。物化时的一个难题就是如何选择一个好的支持度阈值，因为这个阈值通常是独立于查询的。解决的方法之一是使用一个能满足 FP -树的大部分挖掘查询的低的阈值 ξ，例如如果发现 98%的查询满足阈值 $\xi \geqslant 20$，则可以选择 $\xi = 20$ 作为 FP - tree 物化阈值，即仅有 2%的查询可能需要建立一棵新的 FP - tree。

(4) FP 树的增量更新：另一个与 FP 树物化相关的主题是如何增量更新一个 FP 树，如当每天往一个已包含多月记录的数据库中加入了新的交易时。如果物化 FP 树用 1 作为最小支持度，那么更新不会导致什么问题，因为加入新记录就等于是在构建 FP 树时扫描额外的交易，但是这样 FP 树会变得非常大。通常情况下，可以在 FP 中记录每个项的出现频率，更新时跟踪它们。

鉴于本书的目的是向读者介绍基础和原理知识，这里仅给出基本思路介绍，而关于物化 FP - tree 的更多细节，可以参考相关文献(例如文献[4])。

3.3.4 序列模式挖掘算法

序列数据挖掘可以在一个序列中进行也可以在多序列中进行。序列数据常常表现为时间序列和空间序列两种形式，但本质上，两者是一致的，只是表示形式上两者分别由时间点或空间点及其对应的值组成。为统一时间点和空间点的表示以达到两者从形式和本质上都是统一的，引入一个新属性“序”，用以表示序列中元素对应的时间点或空间点，由此，将序列数据源定义如下：

定义 3.19(单序列，single sequence)：单序列是一个包含 n 个形如(序，值)(order，value)这样的偶对元素依照一定顺序排列的集合，记作：$<(X_1, Y_1), (X_2, Y_2), \cdots, (X_n, Y_n)>$。其中，$(X_i, Y_i)(1 \leqslant i \leqslant n)$是序列中的元素，称为序元；$X_i(1 \leqslant i \leqslant n)$是序元的序(order)，表示时间或空间信息；$Y_i(1 \leqslant i \leqslant n)$是序元的值(value)，特别的，$Y_i$可以是多个对象的情况$(Y_i^1, Y_i^2, \cdots, Y_i^k)$，甚至 Y_i^k还可以是复杂对象。

例 3.10：某一客户在一段时间内使用信用卡的消费序列：<(6 月 1 日，预订机票)，(6 月 2 日，预订酒店)，(6 月 3 日，租车服务)>是一个单序列，“6 月 1 日”等表示序元的序，机票、酒店等表示序元的值，值(“机票”)又可对应复杂对象：{票价，时间，出发地点，目的地}。

定义 3.20(M -序列，multiple sequences)：M 条同类的单序列组成的有限序列集，称为 M -序列，记为：

$$
\left\{
\begin{array}{l}
<(X_{11}, Y_{11}), (X_{12}, Y_{12}), \cdots, \cdots, (X_{1n1}, Y_{1n1})> \\
<(X_{21}, Y_{21}), (X_{22}, Y_{22}), \cdots, (X_{2n2}, Y_{2n2})> \\
\cdots\cdots\cdots\cdots\cdots\cdots\cdots\cdots\cdots\cdots \\
<(X_{i1}, Y_{i1}), (X_{i2}, Y_{i2}), \cdots, \cdots, \cdots, (X_{ini}, Y_{ini})> \\
\cdots\cdots\cdots\cdots\cdots\cdots\cdots\cdots\cdots\cdots \\
<(X_{M1}, Y_{M1}), (X_{M2}, Y_{M2}), \cdots, \cdots, \cdots, \cdots, (X_{Mnn}, Y_{Mnn})>
\end{array}
\right\}
$$

其中，X_{ini}为相同类型的序；Y_{ini}为同类型的值，i 表示 M -序列中的第 i 条序列，n_i表示第 i 条序列具有 n_i个元素，即其长度为 $n_i(1 \leqslant i \leqslant M, M$ 是正整数)，特别地，当 $M=1$ 时，M 序列退化为单序列；当 $M>1$ 时，它表示多序列。由于 M -序列中各单序列长度不一定相等，因此，第 i 条序列的长度 n_i可以同于或不同于第 j 条序列的长度 n_j。

注意，在上下文清楚的情况下，序“X_{ini}”也可省略。

定义 3.21(子序列，subsequence)：一条单序列 $T=<(x_1, t_1), (x_2, t_2), \cdots, (x_m, t_m)>$是 M -序列中某一单序列 $S=<(X_{i1}, Y_{i1}), (X_{i2}, Y_{i2}), \cdots, \cdots, \cdots, (X_{ini}, Y_{ini})>$的子序列$(m \leqslant ni)$，满足下面条件：对于每一个 j，$1 \leqslant j \leqslant m-1$，有 $x_j < x_{(j+1)}$，且对于每一个 j，$1 \leqslant j \leqslant m$，存在 $1 \leqslant l_1 < l_2 < \cdots < l_n \leqslant m$，使得 $t_1 \subseteq Y_{il1}$，$t_2 \subseteq Y_{il2}$，$\cdots$，$t_m \subseteq Y_{ilm}$，则称序列 T 为 S

的子序列，S 为 T 的超序列。

定义 3.22(序列模式，sequential pattern)：满足一定出现频率(用户指定的阈值)的子序列称为序列模式。

定义 3.23(M-序列模式挖掘，M - sequences sequential pattern mining)：在 M-序列中找出满足一定出现频率的所有子序列(即找出所有序列模式)的过程称为 M-序列模式挖掘。

序列模式挖掘过程一般包括以下几个阶段：排序阶段、发现频繁项集阶段、转换阶段、序列阶段以及最大阶段(基于多支持度的序列模式挖掘过程也包括类似的阶段，在后面的介绍中将略去其中某些阶段，重点集中在序列阶段挖掘算法的介绍)。

(1) 排序阶段。利用客户标识作为主关键字、交易发生的时间作为次关键字对初始交易数据库(见表 3-7a)排序得到按关键字排序后的数据库(见表 3-7b)，并将原始的交易数据库转换成客户序列的数据库(见表 3-7c)。

表 3-7 排序阶段数据库

交易时间(Tran_time)	客户标识(Cust_id)	项(Item)
June 10′99	2	A, B
June 12′99	5	H
June 15′99	2	C
June 20′99	2	D, F, G
June 25′99	4	C
June 25′99	3	C, E, G
June 25′99	1	C
June 30′99	1	H
July 30′99	1	D, G
July 25′99	4	H

(a) 初始交易数据库

客户标识(Cust_id)	交易时间(Tran_time)	项(Item)
1 1	June 25′99 June 30′99	A H
2 2 2	June 10′99 June 15′99 June 20′99	A, B C D, F, G
3	June 25′99	C, E, G

(续表)

客户标识(Cust_id)	交易时间(Tran_time)	项(Item)
4 4 4	June 25′99 June 30′99 July 25′99	C D, G H
5	June 12′99	H

(b) 按客户标识和交易时间为关键字排序的数据库

客 户 号	客 户 序 列
1	<(C)(H)>
2	<(A, B)(C)(D, F, G)>
3	<(C, E, G)>
4	<(C)(D, G)(H)>
5	<(H)>

(c) 用客户序列描述的数据库

(2) 发现频繁项集阶段。基于单支持度定义的序列模式挖掘算法主要考虑模式在每一序列中出现与否,子序列 T 的支持度定义为在多序列中包含 T 的序列数,即若子序列 T 在多序列的某一序列中出现则加 1,否则不变。在这种支持度定义下,序列模式挖掘的是被包含在足够多条序列中的模式,而不考虑子序列在每一序列中重复出现的次数。

如果一单序列 S(或子序列)不包含在任何其他单序列之中,则称该单序列(或子序列)为极大序列(或极大序列模式)。注意,序列模式挖掘除了发现极大序列模式外,另外还有挖掘闭合序列模式的[5],以及针对极大和闭合两类模式平衡问题的研究(既考虑模式也考虑支持度的平衡)[6]。

表 3-6c 中,设最小支持度阈值为 25%(也就是最小支持 2 个客户),存在<(C)(H)>和<(C)(D, G)>两个序列模式,因为它们在那些满足支持度阈值的序列中是极大的。序列模式<(C)(H)>被客户 1 和客户 4 所支持。客户 4 在项 C 和项 H 之间购买了项<(D)(G)>,但仍然支持模式<(C)(H)>,这是因为所找的模式并不需要一定连续。序列模式<(C)(D, G)>被客户 2 和客户 4 所支持。虽然客户 2 在购买项 D 和项 G 的同时购买了 F,但仍然支持这个模式,因为(D, G)是(D, F, G)的一个子集。

序列<(A, B)(C)>是一个低于最小支持度阈值的模式,它只被客户 2 所支持。而序列<(C)>,<(D)>,<(G)>,<(H)>,<(C)(D)>,<(C)(G)>以及<(D, G)>虽然具有最小支持度,但它们不是极大的,因为它们包含在<(C)(H)>或<(C)(D, G)>中。最后得到表 3-8 的结果(因为比较频繁项集耗时一定,形成单独的数据库可以减少检查一个序列是否被包含于一个客户序列中的时间)。

表3-8 序列模式集合

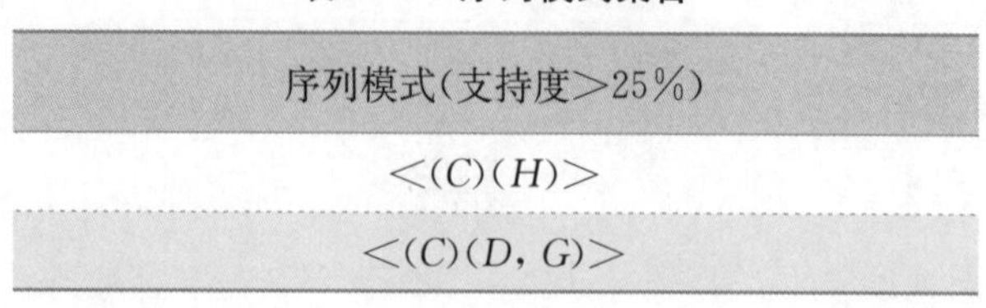

序列模式(支持度>25%)
<(C)(H)>
<(C)(D, G)>

(3) 转换阶段。为提高确定给定的频繁序列集是否被包含于客户列表中的测试,需对每一个客户序列进行转换。如果一个交易不包含任何频繁项集,则在已转换的序列中不应保留该交易;若一个客户序列不包含任何频繁项集,则从已转换的数据库中去掉该序列,但总客户数仍对包含对它的计数。最终一个客户序列由一个频繁项集的序列来代表,即在一个已转换的客户序列中,每一个交易用包含于该交易的所有频繁项集替换,即由$\{l_1, l_2, \cdots, l_n\}$表示,其中$l_i$是一个频繁项集。

另外为了减少比较两个频繁项集是否相等以及判断一个序列是否被客户序列所包含的时间,可将频繁项集映射成连续的整数。例如在表3-7b给出的数据库中,频繁项集分别是(C)、(D)、(G)、(D, G)和(H),可以将其分别映射为连续的整数1、2、3、4和5。经过映射以后,可以将频繁项集按一个实体的形式进行处理,使得比较和处理更加方便高效。将客户序列数据库转换如表3-9所示。例如,在对ID号为2的客户序列进行转换的时候,交易(A, B)被剔除了,因为它并没有包含任何频繁项集;交易(D, F, G)则被频繁项集的集合{(D),(G),(D, G)}代替。

表3-9 转换后的数据库

客户号	原始客户序列	转换后客户序列	映射后序列
1	<(C)(H)>	<{(C)}{(H)}>	<{1}{5}>
2	<(A, B)(C)(D, F, G)>	<{(C)}{(D),(G),(D, G)}>	<{1}{2, 3, 4}>
3	<(C, E, G)>	<{(C),(G)}>	<{1, 3}>
4	<(C)(D, G)(H)>	<{(C)}{(D),(G),(D, G)}{(H)}>	<{1}{2, 3, 4}{5}>
5	<(H)>	<{(H)}>	<{5}>

(4) 序列阶段。在这一阶段,要利用已得到的频繁项集的集合来找到所有的频繁序列。目前已有多种方法实现频繁序列的挖掘,包括类Apriori的序列挖掘模式挖掘的三种算法——AprioriAll、AprioriSome和DynamicSome算法[7]。AprioriAll算法多次遍历数据库,在每一次遍历中,利用上一次遍历产生的频繁序列来产生候选序列,并在遍历过程中计算它们的支持度。在遍历的最后,候选序列的支持度用来决定其是否为频繁序列(剔除低于支持度阈值的候选序列)。该算法由于需要计数许多非极大序列,因而性能较差。AprioriSome算法与DynamicSome算法都针对AprioriAll算法的缺点做了适度的优化,这

两个算法都分成多个阶段分别计算，从而减少非极大序列的计数，但是由于同时增加了对非频繁序列的计数，因此并不能显著地提高算法的性能。

又如引入时间与概念层次约束的GSP(generalized sequential patterns)算法，更加灵活地挖掘各种序列模式[8]。GSP算法存在的主要问题有三个：第一，如果序列数据库的规模比较大，则有可能会产生大量的候选序列模式；第二，需要对序列数据库进行循环扫描；第三，对于序列模式的长度比较长的情况，由于其对应的短的序列模式规模太大，算法将很难处理。

上述这些算法都是基于类Apriori算法。由于需要频繁扫描数据库并且计算大量的候选序列，因此整体效率都不高。之后研究者提出了PrefixSpan(prefix-project sequential pattern mining)算法，PrefixSpan算法采用分治的思想，不断产生序列数据库的多个更小的投影数据库，然后在各个投影数据库上进行序列模式挖掘。PrefixSpan算法不需要产生候选序列模式，从而大大缩减了检索空间，相对于原始的序列数据库而言，投影数据库的规模不断减小，PrefixSpan算法的主要开销在于投影数据库的构造。该算法比各种类Apriori算法具有更好的性能。

后面将给出上述几种主要算法的详细描述。

(5) 最大阶段。在频繁序列中发现极大序列(一般算法为减少对非最大序列计数过程时间的耗费将最大阶段算法与序列阶段混合在一起)。假定在序列阶段已经找到所有频繁序列的集合 S 后，下述算法(图3-18)可以用来找出极大序列(定义最长序列的长度为 n)：

```
for (k = n; k>1; k - - ) do
    for each  每个长度为 k 的序列 s_k do
        在 S 中删除所有 s_k 的子序列;
```

图3-18 发现极大序列算法

前面已经介绍了Apriori性质，这个性质同样可用于序列模式挖掘[7,8]：若长度为 k 的序列模式是非频繁的，其超集(长度为 $k+1$)不可能是频繁的。因此，序列模式的方法之一也是采用类Apriori算法的变种，但所考虑的参数设置和约束有所不同。类Apriori算法的基本流程是：对数据库进行多次遍历，第一次扫描序列数据库，生成长度为1的频繁子序列。每次遍历中，将前一次生成的序列模式作为下一次的种子集合(seed set)，利用这个种子集合生成新的潜在模式，即候选序列(candidate sequences)，并计算这些候选序列的支持度，再将支持度大于等于最小支持度阈值的候选序列作为下一次的种子集合，算法反复进行，直到不再产生新的序列模式。

所使用的算法有两种不同的计数策略——count-all和count-some。count-all方法对所有频繁序列计数，包括非极大序列，这些非极大序列在最大化阶段将被删除。AprioriAll算法基于count-all策略寻找频繁序列。AprioriSome与DynamicSome算法基于count-some策略——由于仅关心极大序列，如果先计数更长的序列，则可以避免计数那些被包含在更长序列里的短序列。

另一种挖掘序列模式的方法是基于数据库投影的序列模式增长计数，类似于无候选生成的频繁模式挖掘的频繁模式增长(FP－Growth)算法。

1) AprioriAll 算法详述

AprioriAll 算法在每一次数据库遍历中，利用上一次遍历得到的频繁序列来产生候选序列，并在遍历过程中计算它们的支持度。在遍历的最后，删除低于最小支持度阈值的候选序列，得到频繁序列。在第一次遍历时，频繁项集阶段的输出被用来初始化频繁 1－序列的集合。

寻找频繁序列的 AprioriAll 算法流程如图 3－19 所示。

```
L1 = {长度为 1 的频繁序列};        //频繁项集阶段得到的结果
  for ( k = 2 ; Lk-1 ≠ ∅ ; k + + )  do
    begin
     Ck = 从 Lk-1 生成新的候选序列

     For each 数据库中的每个客户序列 c   do
       增加 Ck 中所有被 c 包含的候选序列的计数;
     Lk = Ck 中具有最小支持度的候选序列
     end
Answer = ∪k Lk 中的最大序列;
```

图 3－19 AprioriAll 算法

算法中 L_k 代表所有长度为 k 的频繁序列组成的集合，C_k 代表长度为 k 的候选序列组成的集合。

在上述算法中，从 L_{k-1} 生成新的候选序列 C_k 过程由 apriori-generate 函数实现，函数 apriori-generate 将所有的长度为“$k-1$”的频繁序列的集合 L_{k-1} 作为参数，包括两个步骤：

第一步，对 L_{k-1} 做自连接，如图 3－20 示：

```
insert into Ck
  select p.litemset1, …, p.litemsetk-1, q.litemsetk-1
  from Lk-1   p , Lk-1   q
  where p.litemset1 = q.litemset1, …, p.litemsetk-2 = q.litemsetk-2;
```

图 3－20 L_{k-1} 做自连接

第二步，对于 $c \in C_k$，如果存在 c 的长度为“$k-1$”的子序列不包含于 L_{k-1} 之中，则删除 c。

一个频繁序列的任何子序列都必须满足最小支持度，因此，若用所有可能的频繁项集来扩充 L_{k-1} 中的每一个序列，然后删除那些所有不在 L_{k-1} 中的长度为“$k-1$”的子序列，将得到一个在 L_k 中的序列的超集，即 $C_k \supseteq L_k$。

在表 3－10 所示，考察第一列中显示的 L_3，当由它生成 C_4 时，在自连接结束后，得到第二列所示的结果，进一步删除那些子序列不在 L_3 中的序列，第三列显示的序列将被保留。

例如序列<1 2 4 3>由于它有一个子序列<2 4 3>不在 L_3 中，所以被删除。

表 3 - 10 候选序列生成过程

频繁 3 -序列	候选 4 -序列(连接后)	候选 4 -序列(删除后)
<1 2 3>	<1 2 3 4>	<1 2 3 4>
<1 2 4>	<1 2 4 3>	
<1 3 4>	<1 3 4 5>	
<1 3 5>	<1 3 5 4>	
<2 3 4>		

下面来看一个 AprioriAll 算法的具体实例。考察表 3 - 11 所示的由客户序列组成的数据库，在这里没有给出源数据库的形式。客户序列以转换的形式出现，每一笔交易都被其包含的频繁项集所取代，频繁项集则映射为整数。最小支持度定义为 40%(即至少支持两个客户序列)。对数据库的第一次遍历在频繁项集阶段进行。图 3 - 21 显示了每次遍历最后阶段所得到的频繁序列和它们的支持度。最后得到的极大序列为<1 2 3 4>、<1 3 5>和<4 5>。

表 3 - 11 客户序列

客 户 号	客 户 序 列
1	<{1 5}{2}{3}{4}>
2	<{1}{3}{4}{3 5}>
3	<{1}{2}{3}{4}>
4	<{1}{3}{5}>
5	<{4}{5}>

长度为 1 的序列	支持度
<1>	4
<2>	2
<3>	4
<4>	4
<5>	4

长度为 2 的序列	支持度
<1 2>	2
<1 3>	4
<1 4>	3
<1 5>	3
<2 3>	2
<2 4>	2
<3 4>	3
<3 5>	2
<4 5>	2

长度为 3 的序列	支持度
<1 2 3>	2
<1 2 4>	2
<1 3 4>	3
<1 3 5>	2
<2 3 4>	2

长度为 4 的序列	支持度
<1 2 3 4>	2

图 3 - 21 频繁序列的产生

2）AprioriSome 算法详述

AprioriSome 是一种基于 count-some 策略的频繁序列发现算法。AprioriSome 算法分为两个阶段：前推阶段(forward phase)，寻找具有一定长度的所有频繁序列；回溯阶段(backward phase)，寻找所有剩余的频繁序列。具体算法如图 3-22 所示：

```
//前推阶段(Forward Phase)
  L1 = {频繁 1-序列};      //频繁项集阶段得到的结果
  C1 = L1;
  last = 1;  //最后计数的 C_last
  for ( k = 2; C_{k-1} ≠ ∅ and L_last ≠ ∅; k + + ) do
    begin
    if (L_{k-1}已知) then
      C_k = 从 L_{k-1}生成新的候选序列;
    else
      C_k = 从 C_{k-1}生成新的候选序列;
    if (k = next (last) ) then
        begin
        for each 数据库中的每个客户序列 c   do
          增加 C_k 中所有被 c 包含的候选序列的计数;
          L_k = C_k 中具有最小支持度的候选序列
          last = k;
        end
    end
```

```
            //回溯阶段(Backward Phase)
                for (k - - ; k>= 1; k - - ) do
                  if (L_k 在前推阶段未被计算) then
begin
                      删除 C_k 中被 L_i  (i > k) 所包含的序列;
                      for each 数据库中的每个客户序列 do
增加 C_k 中所有被 c 包含的候选序列的计数;
                        L_k = C_k 中具有最小支持度的候选序列
                      end
                else     //L_k 已经在前推阶段计算
删除 L_k 中被 L_i  (i> k) 所包含的序列;
                Answer = ∪_k L_k
```

图 3-22 AprioriSome 算法

在前推阶段中，只对特定长度的序列进行计数(即扫描数据库计算支持度)。next 函数(图 3-23)用于确定前推阶段应该对哪些序列进行计数。比如，前推阶段只对长度为 1,2,4 和 6 的序列计数，而长度为 3 和 5 的序列则在回溯阶段中计数。一种极端情形是 $next(k)=k+1$ (k 为最后一次计数的候选序列的长度)，在这种情况下 AprioriSome 算法退化为 AprioriAll 算法。此时虽然所有非极大序列都将被计数，但是由于每个 C_k 都是由 L_{k-1} 而不是 C_{k-1} 生成的，因此 C_k 的规模较小；而对另一种极端的情形，比如 $next(k)=100k$，这时几乎没有非极大序列被计算,但由于每个 C_k 都是由 C_{k-1} 生成(C_{k-1} 较 L_{k-1} 大很多),因此 C_k 的规模将会很大。

选择的 next 函数应该对这两种情况折中以获得较好的性能。一种可能的 next 函数如下所示,其中 hit_k 定义为频繁 k -序列和候选 k -序列个数之比,即 $|L_k| / |C_k|$。

```
function next ( k: integer)
                    begin
                      if (hit_k<0.666)      return k + 1;
                      elseif (hit_k<0.75)      return k + 2;
                      elseif (hit_k<0.80)      return k + 3;
                      elseif (hit_k<0.85)      return k + 4;
                      else                   return k + 5;
                    end
```

图 3 - 23　next 函数

在回溯阶段,对那些在前推阶段没有计数的序列进行计数,因为需要的是极大序列,所以可以删除那些包含在其他频繁序列中的候选序列(即 C_k 中的某些项)。同时可以删除那些虽然在前推阶段已经被计数,但是也包含于其他频繁序列中的序列(即 L_k 中的某些项)。

下面来看一个 AprioriSome 算法的实例,数据库如表 3 - 11 所示,取 $next(k)=2k$。

在频繁项集阶段得到 L_1(图 3 - 21),然后,遍历数据库对 C_2 计数得到 L_2(图 3 - 21),以 L_2 作为输入参数调用 apriori-generate 函数产生 C_3,如表 3 - 12 所示。此时,不对 C_3 计数,因此也不产生 L_3。下一步以 C_3 作为参数调用 apriori-generate 直接产生 C_4,在经过计数与删除后,得到的结果与图 3 - 21 中 L_4 相同。当试图产生 C_5 时结果为空。

表 3 - 12　候选 3 -序列

<1 2 3>
<1 2 4>
<1 3 4>
<1 3 5>
<2 3 4>
<3 4 5>

前推阶段完成后,进行回溯。L_4 中的序列不被删除,因为没有更长的序列了(即它不是其他序列的子序列)。在前推阶段没有对 C_3 中序列的支持度计数。删除 C_3 中那些是 L_4(<1 2 3 4>)的子序列的序列之后,得到剩下的两个序列<1 3 5>和<3 4 5>。这两个序列计数后发现<1 3 5>是一个长度为 3 的最大频繁序列。下一步,除了<4 5>以外 L_2 中所有的序列都被删除,因为它们都包含于某一个更长的序列中。同样的道理,L_1 中所有的序列都被删除了。

可以发现,对应 AprioriAll 算法对六个 3 序列计数,AprioriSome 只对两个 3 序列计数,在 AprioriAll 算法中不计数的序列,AprioriSome 算法也不对其计数。但在通常情况下，AprioriSome将某些小候选序列计数而AprioriAll不对其计数。例如从C_3产生的C_4就比从L_3产生的C_4大。

3）DynamicSome算法详述

DynamicSome算法虽然与AprioriSome算法基于相同的思想，即都是通过对序列采用分阶段计数策略来减少计算量，但与AprioriSome算法相比仍有较大的不同。DynamicSome算法分为四个阶段，用大于1的整型变量step来决定哪些候选项被计数。在初始化阶段，对所有C_1，C_2，…，C_{step}计数生成L_1，L_2，…，L_{step}。在前推阶段通过序列连接计算出所有的$L_{n \cdot step}$($n=2$，3，…)，注意在这一阶段并没有计算任何C_k，这与AprioriSome算法是不同的。算法的回溯阶段调与AprioriSome算法相同，但是由于前推阶段没有计算任何C_k，因增加一个调整阶段用于生成候选序列。例如，在前推阶段计算出了L_3和L_6，计算L_9时为空；由于此时没有任何候选集生成，于是调用调整阶段生成C_7、C_8；随后在回溯阶段删除C_7、C_8中的非极大序列并依次对C_7、C_8进行计数。需要注意的是，在初始化阶段和调整阶段，算法使用与AprioriAll算法相同的候选项集生成方法；而在前推阶段使用otf-generate函数生成候选集。各个阶段的详细算法如图3-24(略去回溯阶段)所示。

```
//初始化阶段
L1 = {频繁1-序列}; // 频繁项集阶段的结果
for ( k = 2 ; k <= step and Lk-1 ≠ ∅; k + + ) do
begin
Ck = 从 Lk-1 生成新的候选序列;
foreach 数据库中的每个客户序列 c   do
                    增加 Ck 中所有被c 包含的候选序列的计数;
                    Lk = Ck 中具有最小支持度的候选序列;
end
//前推阶段
for ( k = step; Lk ≠ ∅; k + = step ) do
begin   //根据 Lk 和 Lstep 生成 Lk+step
Ck+step = ∅;
foreach 数据库中每个客户序列 do
begin
X = otf-generate (Lk, Lstep, c);
对于每个属于 X 的序列,增加其在 Ck+step 中的支持度计数(如果没有将其添加到 Ck+step);
end
                  Lk+step = Ck+step 中具有最小支持度的候选序列;
              end
//调整阶段
for ( k - - ; k > 1; k - - ) do
if (Lk 尚未求解) then
                  if (Lk-1 已知) then
Ck = 从 Lk-1 生成新的候选序列;
                      else
                      Ck = 从 Ck-1 生成新的候选序列;
```

图3-24 DynamicSome算法

前推阶段使用的 otf-generate 函数的输入参数为 L_k、L_j 和客户序列 c，根据这三个参数生成包含在 c 中的长度为 $(k+j)$ 的候选序列。函数的思想是如果有两个序列 $s_k \in L_k$ 和 $s_j \in L_j$，当 s_k、s_j 都包含于 c 中且不相互重叠，可以认为 $< s_k \cdot s_j >$ 是一个长度为 $(k+j)$ 的候选序列。函数的具体实现如图 3-25 所示。

```
function  otf-generate (L_k, L_j, c)   //c 为客户序列<c_1, c_2 …, c_n>
begin
                X_k = subseq (L_k, c);
                forall  X_k 中的序列 x  do
                  x.end = min{ j | x 包含于<c_1, c_2 …, c_j>中}
X_j = subseq (L_j, c);
                forall  X_j 中的序列 x  do
                  x.start = min{ j | x 包含于<c_j c_{j+1} … c_n>中}
              Answer = {X_k 与 X_j 的连接 | X_k.end<X_j.start}
                End
```

图 3-25 otf-generate 函数

例如，假定 otf-generate 函数接受的三个参数为 L_2、L_2 和 c，其中 L_2 如图 3-21 中所示，c 为 <{1}{2}{3 7}{4}>。经过计算函数得到的序列及对应的 end 和 start 值如表 3-13 所示。最后连接的结果为 <1 2 3 4>。

表 3-13 end 和 start 值

序　列	end	start
<1 2>	2	1
<1 3>	3	1
<1 4>	4	1
<2 3>	3	2
<2 4>	4	2
<3 4>	4	3

上述的三种算法能有效地挖掘序列模式，AprioriAll 算法采用 count-all 的计数策略，不可避免地要计数许多非极大序列；AprioriSome 和 DynamicSome 算法虽然可以减少非极大序列的计数，但同时增加了对非频繁序列的计数。因此在性能 AprioriAll 与 AprioriSome 算法上整体相差不多，而 DynamicSome 算法由于在前推阶段要计算大量的候选序列，因而性能稍差，这主要由 otf-generate 函数所决定。

但是，类 Apriori 算法过程中可能生成大量的候选序列，如有 1 000 个频繁序列，长度为 1，$(<a_1><a_2>\cdots<a_{1\,000}>)$，类 Apriori 算法需要生成的候选序列总数可达到 $1\,000^2+$

1 000×999/2；此外，类 Apriori 算法需要多遍扫描数据库：序列长度每次增长都需要扫描数据库，如要发现序列模式{(abc)(abc)(abc)(abc)(abc)}，算法需要扫描 15 遍数据库；类 Apriori 算法在生成长度较长的序列模式时效率较低：序列模式越长，所需要生成的序列就越多，例如，数据库中含有一个长度为 100 的单序列 $<a_1 a_2 \cdots a_{100}>$，最小支持度取 1，则需要生成的候选序列，长度为 2 的有 100×100+100×99/2=14 950，长度为 3 的有 $\binom{100}{3}=$ 161 700，总数量超过 $\sum_{i=1}^{100}\binom{100}{i}=2^{100}-1\approx 10^{30}$。

综上，类 Apriori 算法的瓶颈在于逐步生成和检验候选序列的过程，然而在许多应用中，如 DNA 分析、股票序列分析等，发现大量的序列模式和长序列模式是很常见的，因此，需要掌握更有效、伸缩性更好的方法。

下面介绍两种不需产生候选的伸缩性更好的基于单支持度定义的序列模式挖掘算法。

1) FreeSpan 算法(Frequent pattern projected Sequential pattern mining)详述[9]

FreeSpan 频繁模式投影的序列模式挖掘算法的基本思想是，反复使用频繁序列把序列数据库转换成更小的投影数据库。处理过程中，把检验的数据和频繁序列分区，确保每次检验后序列数据库都变小。

表 3-14 例 3.11 序列数据库 S

序列 id	序　　列	项
10	$<(bd)cb(ac)>$	$\{a, b, c, d\}$
20	$<(bf)(ce)b(fg)>$	$\{b, c, e, f, g\}$
30	$<(ah)(bf)abf>$	$\{a, b, f, h\}$
40	$<(be)(ce)d>$	$\{b, c, d, e\}$
50	$<a(bd)bcb(ade)>$	$\{a, b, c, d, e\}$

例 3.11：序列数据库 S 如表 3-14 前两列所示，最小支持度设为 2。第一次遍历序列数据库 S，得出每个项的支持度计数，找到频繁项集 L_1，即长度为 1 的序列模式。频繁项按支持度降序排列形成频繁项列表，记为 f_list：

f_list=$<b:5, c:4, a:3, d:3, e:3, f:3>$，其中 b：5 表示(项：支持度)。

根据 f_list，S 的序列模式可被分为不相交的六个子集：① 只包含项 f；② 包含项 e，但不包含项 f；③ 包含项 d，但不包含项 e 和 f；④ 以此类推……

然后，构造频繁项矩阵 $\boldsymbol{F}$ 计算由 f_list 中的项生成的长度为 2 的序列出现的频率。对于 f_list$(i_1, i_2, \cdots, i_n)$，$\boldsymbol{F}$ 是一个三角矩阵 $\boldsymbol{F}[j, k](1\leqslant j\leqslant m, 1\leqslant k\leqslant j)$。其中 $\boldsymbol{F}[j, j]$ $(1\leqslant j\leqslant \mathrm{m})$ 仅有一个计数值，而其他每个 $\boldsymbol{F}[j, k](1\leqslant j\leqslant m, 1\leqslant k\leqslant j)$ 有三个计数值：(A,

B, C)，其中 A 是 i_k 在 i_j 后出现的计数(即包含序列 $<i_j i_k>$)，B 是 i_k 在 i_j 前出现的计数(即包含序列 $<i_k i_j>$)，C 表示 i_k，i_j 同时出现的计数(即包含序列 $<(i_k i_j)>$)。

f_list 中有六项，生成一个 6×6 三角频繁项矩阵(图 3-26)，各计数器初始化为 0。第二次扫描填充矩阵。

1*b*	4					
2*c*	(4, 3, 0)	1				
3*a*	(3, 2, 0)	(2, 1, 1)	2			
4*d*	(2, 2, 2)	(2, 2, 0)	(1, 2, 1)	1		
5*e*	(3, 1, 1)	(1, 1, 2)	(1, 0, 1)	(1, 1, 1)	1	
6*f*	(2, 2, 2)	(1, 1, 0)	(1, 1, 0)	(0, 0, 0)	(1, 1, 0)	2
	1*b*	2*c*	3*a*	4*d*	5*e*	6*f*

图 3-26 ***F*** 矩阵

例 3.12： 第一个序列 $<(bd)cb(ac)>$，可知 $<bc>$ 与 $<cb>$ 出现，但 $<(bc)>$ 不出现，因此 $F[b, c]=(1, 1, 0)$；对于 $F[b, d]=(0, 1, 1)$，因为 $<(bd)>$ 与 $<db>$ 出现但 $<bd>$ 不出现；以此类推，完全扫描序列数据库第二遍后得到图 3-26。

对于项集 X，X 的投影数据库是含有 X 中所有项的序列的集合，其中，非频繁项以及在 f_list 中 X 后的项被删除。同样的，对于序列模式 α，α 的投影数据库是含有 α 的序列集的子序列，非频繁项及 α 后的项也被删除。

循环项模式标记形如 $\$\alpha_i^\gamma\alpha_j^\gamma\$$，其中 $\$\cdots\$$ 表示两种形式 $<\cdots>$：仅查找指定顺序序列；$\{\cdots\}$ 查找任何有序序列。α_i^γ 有两种表示形式：α_i^+：α_i 出现多次；α_i：α_i 没有重复出现(其中 α_i 和 α_i 中至少一个重复出现)。

投影数据库标记形如 $\$\alpha_i\alpha_j\$$：$\{b_p, \cdots, b_q\}$，其中 $\$\cdots\$$ 表示同上，$\{b_p, \cdots, b_q\}$ 表示在子序列挖掘过程中与 $\$\alpha_i\alpha_j\$$ 合在一起生成长度更长的序列模式的频繁项集。

根据以上设定，由频繁项矩阵生成长度为 2 的序列模式和投影数据库再产生长度为 3 以及更长的序列模式。步骤如下：

(1) 生成长度为 2 的序列模式：如果计数值不小于最小支持度阈值，则输出相应的频繁模式。

(2) 对每一行 j 在循环项模式上生成标记。

(3) 对每一行 j 在投影数据库中生成标记。

标记生成后，可以不再考虑矩阵。基于从矩阵生成的标记，可以再次扫描数据库以生成循环项模式和投影数据库。下次过程递归挖掘每个更小的投影数据库。本例第三次数据库扫描得到循环项集模式(表 3-15)。

表 3-15 第三次数据库扫描得到循环项集模式

项	长度为2的序列模式	循环项标记	投影数据库标记
F	$<bf>$: 2, $<fb>$: 2, $<(bf)>$: 2	$\{b^+ f^+\}$	Φ
E	$<be>$: 3, $<(ce)>$: 2	$<b^+ e>$	$<(ce)>$: $\{b\}$
D	$<bd>$: 2, $<db>$: 2, $<(bd)>$: 2 $<cd>$: 2, $<dc>$: 2, $<da>$: 2	$\{b^+ d\}$ $<da^+>$	$<da>$: $\{bc\}$ $\{cd\}$: $\{b\}$
A	……	……	……
C	……	……	……
B	$<bb>$: 4	$<bb^+>$	Φ

四个投影数据库如表 3-16 所示。

表 3-16 四个投影数据库

标记	$<(ce)>$: $\{b\}$	$<da>$: $\{bc\}$	$\{cd\}$: $\{b\}$	$<ca>$: $\{b\}$
投影数据库	$<b(ce)b>$ $<b(ce)>$	$<(bd)cb(ac)>$ $<(bd)bcba>$	$<(bd)cbc>$ $<bcd>$ $<(bd)bcbd>$	$<bcba>$ $<bbcba>$
序列模式	$<b(ce)>$: 2	$<(bd)a>$: 2 $<dca>$: 2 $<dba>$: 2 $<(bd)ca>$: 2		$<bca>$: 2 $<cba>$: 2 $<bcba>$: 2

(1) 当投影数据库中的标记仅含三项，则所得的相关序列模式仅需扫描投影数据库即可得到。

(2) 若超过三项，则构造频繁项矩阵并递归调用上述步骤。

FreeSpan 算法如图 3-27 所示。

输入：序列数据库 S，最小支持度阈值 ξ.
输出：序列数据库 S 的所有序列模式.
1) 扫描序列数据库 S，找到 S 中的频繁项集，并以降序排列生成 f_list 列表.
2) 执行下面步骤：
   a. 第一遍扫描数据库 S，构造频繁项矩阵；
   b. 生成长度为 2 的序列模式及标记循环项模式和投影数据库；
   c. 再次扫描数据库 S，生成循环项模式和投影数据库；
   d. 对生成的投影数据库递归调用矩阵投影挖掘算法挖掘更长的候选模式.

图 3-27 FreeSpan 算法

2) PrefixSpan 算法详述

PrefixSpan(通过前缀投影挖掘序列模式)算法基本思想：序列数据库投影时，并不考虑所有可能出现的频繁子序列，而是基于频繁前缀，因为所有的频繁子序列都可以通过生成频繁前缀找到，不需要生成候选序列。

例 3.13：有序列数据库，如表 3-17 所示。假设序列元素中的项以字母序排列。如序列标识为 10 的序列记作 $<a(abc)(ac)d(cf)>$，而不写成 $<a(bac)(ca)d(fc)>$，根据这个约定，每个序列就有了唯一的表达形式。

表 3-17 序列数据库

序列号	序列
10	$<a(abc)(ac)d(cf)>$
20	$<(ad)c(bc)(ae)>$
30	$<(ef)(ab)(df)cb>$
40	$<eg(af)cbc>$

定义 3.24(前缀)：给定序列 $\alpha=<e_1, e_2, \cdots, e_n>$，$\beta=<e'_1, e'_2, \cdots, e'_m>(m\leqslant n)$。$\beta$ 为 α 的前缀，当且仅当：$e'_i=e_i(i\leqslant m-1)$；$e'_m\subseteq e_m$；在 $(e_m-e'_m)$ 中的所有项按字母序排列在 e'_m 之后。

定义 3.25(关于前缀的投影)：给定序列 α 和 β，其中 β 是 α 的子序列，即 $\beta\subseteq\alpha$。α 的子序列 $\alpha'(\alpha'\subseteq\alpha)$，$\alpha'$ 被称为 α 关于前缀 β 的投影，当且仅当① β 是 α' 的前缀；② 不存在 α' 的超集 α''(即 $\alpha'\subseteq\alpha''$，$\alpha'\neq\alpha''$)，使得 α'' 是 α 的子序列并且 β 是 α'' 的前缀。

$\alpha'=<e_1e_2\cdots e_n>$ 是 α 关于前缀 $\beta=<e_1e_2\cdots e_{m-1}e'_m>$ 的投影($m\leqslant n$)。$\gamma=<e''_m e_{m+1}\cdots e_n>$ 是 α 关于前缀 β 的后缀，写作 $\gamma=\alpha/\beta$，其中，$e''_m=(e_m-e'_m)$，也可以记为 $\alpha=\beta\cdot\gamma$。

如果 β 不是 α 的子序列，则 α 关于 β 的投影和后缀都为空。

例如，$<a>$，$<aa>$，$<a(ab)>$，$<a(abc)>$ 是序列 $<a(abc)(ac)d(cf)>$ 的前缀，但是 $<ab>$，$<a(bc)>$ 不是前缀。$<(abc)(ac)d(cf)>$ 是序列 $<a(abc)(ac)d(cf)>$ 关于前缀 $<a>$ 的后缀。$<(\_bc)(ac)d(cf)>$ 是关于前缀 $<aa>$ 的后缀。$<(\_c)(ac)d(cf)>$ 是序列关于前缀 $<ab>$ 的后缀。

序列数据库同表 3-17 的 S，最小支持度为 2，在序列数据库 S 中用前缀投影算法挖掘序列模式步骤如下：

步骤 1：寻找长度为 1 的序列模式。第一次扫描序列数据库 S，找到所有序列中的频繁项，每个频繁项即长度为 1 的序列。用"<模式>：计数"表达式表示模式及相关的支持数，得到 $<a>$：4，$<b>$：4，$<c>$：4，$<d>$：3，$<e>$：3，$<f>$：3。

步骤 2：分割搜索空间。序列模式集可按 6 个前缀被划分为六个子集：包含前缀 $<a>$ 的子集；……；包含前缀 $<f>$ 的子集。

步骤 3：寻找序列模式的子集。序列模式子集挖掘可以通过构建并递归挖掘投影数据库实现。最终发现的投影数据库和序列模式如表 7 - 12 中所示。挖掘过程解释如下：

首先，寻找具有前缀<a>的序列模式。只需要扫描含有<a>且<a>首先出现的序列。例如，对于序列<(ef)(ab)(df)cb>，挖掘具有前缀<a>序列模式时，只需考虑子序列<(_b)(df)cb>；又如：<a(abc)(ac)d(cf)>的子序列<(abc)(ac)d(cf)>需被考虑。

序列数据库 S 中包含<a>的序列被投影为关于<a>的<a>-投影数据库，由 4 个后缀序列组成：<(abc)(ac)d(cf)>，<(_d)c(bc)(ae)>，<(_b)(df)cb>，<(_f)cbc>。扫描<a>-投影数据库一遍，即可找到含有前缀<a>的长度为 2 的序列模式，包括：<aa>：2，<ab>：4，<(ab)>：2，<ac>：4，<ad>：2，<af>：2。

递归调用此过程，所有具有前缀<a>的序列划分为 6 个子集：① 包含前缀<aa>的子集；② 包含前缀<ab>的子集；……；⑥ 包含前缀<af>的子集。这些子集通过建立投影数据库，逐个递归挖掘。

<aa>-投影数据库只包括一个非空(后缀)子序列：<(_bc)(ac)d(cf)>。由于一个序列不能产生任何频繁子序列，<aa>-投影数据库的处理就到此结束。

<ab>-投影数据库包含三个非空后缀子序列：<(_c)(ac)d(cf)>，<(_c)a>，<c>。挖掘<ab>-投影数据库，返回 4 个序列模式：<(_c)>，<(_c)a>，<a>，<c>(即<a(bc)>，<a(bc)a>，<aba>，<abc>)。

<(ab)>-投影数据库只包括两个非空(后缀)子序列：<(_c)(ac)d(cf)>，<(df)cb>，包含前缀<(ab)>的序列模式有：<c>，<d>，<f>，<dc>。

<ac>-，<ad>-，<af>-投影数据库可以用相同的方法建立，挖掘找到的序列模式如表 3 - 18 所示。

同样的，也能找到前缀<b>-，<c>-，<d>-，<e>-，<f>-投影数据库，然后递归进行挖掘。结果显示如表 3 - 18 所示。

表 3 - 18 投影数据库和序列模式

前缀	投影(后缀)数据库	序 列 模 式
<a>	<(abc)(ac)d(cf)>，<(_d)c(bc)(ae)>，<(_b)(df)cb>，<(_f)cbc>	<a>，<aa>，<ab>，<a(bc)>，<a(bc)a>，<aba>，<abc>，<(ab)>，<(ab)c>，<(ab)d>，<(ab)f>，<(ab)dc>，<ac>，<aca>，<acb>，<acc>，<ad>，<adc>，<af>
<b>	<(_c)(ac)d(cf)>，<(_c)(ae)>，<(df)cb>，<c>	<b>，<ba>，<bc>，<(bc)>，<(bc)a>，<bd>，<bdc>，<bf>
<c>	<(ac)d(cf)>，<(bc)(ae)>，<b>，<bc>	<c，<ca>，<cb>，<cc>
<d>	<(cf)>，<c(bc)(ae)>，<(_f)cb>	<d>，<db><dc>，<dcb>

（续表）

前缀	投影(后缀)数据库	序 列 模 式
$<e>$	$<(\_f)(ab)(df)cb>$，$<(af)cbc>$	$<e>$，$<ea>$，$<eab>$，$<eac>$，$<eacb>$，$<eb>$，$<ebc>$，$<ec>$，$<ecb>$，$<ef>$，$<efb>$，$<efc>$，$<efcb>$
$<f>$	$<(ab)(df)cb>$，$<cbc>$	$<f>$，$<fb>$，$<fbc>$，$<fc>$，$<fcb>$

引理 3.5(分区)：设 α 是长度为 l 的序列模式($l \geqslant 0$)，$\{\beta_1, \beta_2, \cdots, \beta_m\}$ 是具有前缀 α 的所有长度为($l+1$)的序列模式。包含前缀 α 的所有序列模式的集合，除 α 本身外，可被划分为 m 个不相交的子集。第 j 个子集($1 \leqslant j \leqslant m$)是含有前缀 β_j 的序列模式。设 Φ 为所有序列数据库的默认序列模式。

基于引理 3.5，PrefixSpan 把问题分为递归的问题。即序列模式的每个子集必要时进行划分，是一种分而自治的框架。

定义 3.26(投影数据库，projected database)：设 α 是序列数据库 S 中的序列模式，α-投影数据库是序列数据库 S 中关于前缀 α 的序列的后缀序列集合，记为 $S|_\alpha$。

定义 3.27(投影数据库的支持度计数)：设 α 是序列数据库 S 中的序列模式，β 是具有前缀 α 的序列。β 在 α-投影数据库 $S|_\alpha$ 的支持度计数是在投影数据库 $S|_\alpha$ 中 γ 满足 $\beta \sqsubseteq \alpha \cdot \gamma$ 的序列 γ 的数量，记为 $\mathrm{support}_{S|_\alpha}(\beta)$。

注意：$\mathrm{support}_{S|_\alpha}(\beta) \leqslant \mathrm{support}_{S|_\alpha}(\beta/\alpha)$，例：$\mathrm{support}_S(<(ad)>)=1$，然而，$<(ad)>/<a>=<d>$，$\mathrm{support}_{S|_{<a>}} s(<d>) = 3$。

引理 3.6(投影数据库)设 α、β 是序列数据库 S 中两个的序列模式，α 是 β 的前缀。

(1) $S|_\beta = (S|_\alpha)|_\beta$。

(2) 对于任何具有前缀 α 的序列 γ，$\mathrm{support}_S(\gamma) = \mathrm{support}_S|_\alpha(\gamma)$。

(3) α—投影数据库的大小不会超过 S 的大小。

基于上面的定义和定理，PrefixSpan 算法如图 3-28 所示：

3) 算法 PrefixSpan

输入：序列数据库 S，最小支持度阈值 min_sup
输出：全部序列模式的集合
方法：调用 PrefixSpan($<>$, 0, S)
子过程：PrefixSpan(α, l, $S|_\alpha$)
参数：α：序列模式；l：α 的长度；$S|_\alpha$：$\alpha \neq <>$ 时为 α-投影数据库，否则为投影数据库 S.
方法：
扫描 $S|_\alpha$，找到频繁项 b，b 满足：
b 可以作为 α 的最后一个元素，形成一个序列模式；或者
$<b>$ 可以追加到 α 上，形成一个序列模式.
对于每个频繁项 b，追加到 α 上，形成一个序列模式 α'，输出 α'；
对于每个 α'，构建 α'—投影数据库 $S|_{\alpha'}$，调用 PrefixSpan(α', $l+1$, $S|_{\alpha'}$).

图 3-28 PrefixSpan 算法

3.4 挖掘算法的进阶方法

3.4.1 USpan：高效用序列模式挖掘算法[10]

前面章节已经介绍的基础算法（Apriori 算法、FP－Growth 算法、PrefixSpan 算法等）是基于支持度框架的，即算法输出的模式是依据模式出现的频繁程度是否超过一定支持度阈值的。这种基于支持度框架的频繁模式（序列模式）挖掘方法忽略了模式的其他信息，在一些应用（尤其是商业领域）中可用性和可解释性方面都存在一定的局限。例如，表 3－19 中的项 a, b, c 等，表示某个电子商务网站销售的商品，第二行对应的数字 2,5,4 等，表示对应商品 a, b, c 等的利润（或价格）。表 3－20 表示购买这些商品的客户的交易序列。对于商家而言，他们不仅关注哪些商品被频繁购买了，还关注这些商品被一起购买产生的利润。因此，仅仅看商品是否频繁购买是不够的，需要引入一个“效用”（utility）的概念，例如，表 3－20中，交易序列 2 中的 e 和 a 两种商品的组合 $<ea>$ 的 utility 是$\{(6\times1+1\times2), (6\times1+2\times2)\}=\{8, 10\}$，$<ea>$在整个数据库里的 utility 是$\{\{\ \}, \{8, 10\}, \{\ \}, \{16, 10\}, \{15, 7\}\}$。我们在每个序列中选择最高的 utility，那么$<ea>$的最高 utility 是 $10+16+15=41$。如果这个值超过阈值，那$<ea>$作为输出模式，这样的结果反映了该商品组合所带来的总利润。本节介绍基于效用值的序列模式挖掘算法 USpan[9]。

表 3－19 单项利润表

项	a	b	c	d	e	f
利润/价格	2	5	4	3	1	1

表 3－20 客户交易序列数据库

序列 id	序 列
1	$<(e, 5)[(c, 2)(f, 1)](b, 2)>$
2	$<[(a, 2)(e, 6)][(a, 1)(b, 1)(c, 2)][(a, 2)(d, 3)(e, 3)]>$
3	$<(c, 1)[(a, 6)(d, 3)(e, 2)]>$
4	$<[(b, 2)(e, 2)][(a, 7)(d, 3)][(a, 4)(b, 1)(e, 2)]>$
5	$<[(b, 2)(e, 3)][(a, 6)(e, 3)][(a, 2)(b, 1)]>$

下面先给出相关的定义：

定义 3.28（权重函数）：每个项 i_k 都有一个权重函数 $p(i_k)$，即效用值。

定义 3. 29(q -项与 q -项集)：有序对 $(i,\ q)$，其中 $i \in I$，q 表示量(quality)，称 $(i,\ q)$ 为 q -项；$l = [(i_{j_1},\ q_1),\ (i_{j_2},\ q_2),\ \cdots,\ (i_{j_{n'}},\ q_{n'})]$，称 l 为 q -项集(I 为所有项的集合)。

定义 3. 30(q -序列与 q -序列数据库)：$s = < l_1,\ l_2,\ \cdots,\ l_m >$，称 s 为 q -序列；S 是元组 $\langle sid,\ s\rangle$ 的集合，成为 q -序列数据库，其中 sid 表示序列编号，s 表示一个 q -序列。

定义 3. 31(q -项集包含与 q -序列包含)：给定两个 q -项集 $l_a = [(i_{a_1},\ q_{a_1}),\ (i_{a_2},\ q_{a_2}),\ \cdots,\ (i_{a_n},\ q_{a_1})]$ 和 $l_b = [(i_{b_1},\ q_{b_1}),\ (i_{b_2},\ q_{b_2}),\ \cdots,\ (i_{b_m},\ q_{b_m})]$，当且仅当存在一组整数 $1 \leqslant j_1 \leqslant \cdots \leqslant j_n \leqslant m$，使得 $i_{a_k} = i_{b_{j_k}} \wedge q_{a_k} = q_{b_{j_k}}$，$1 \leqslant k \leqslant n$，称 l_b 包含 l_a，记为 $l_a \subseteq l_b$。

给定两个 q -序列 $s = < l_1,\ l_2,\ l_3,\ \cdots,\ l_m >$ 和 $s' = < l'_1,\ l'_2,\ l'_3,\ \cdots,\ l'_{n'} >$，当且仅当存在一组整数 $1 \leqslant j_1 \leqslant \cdots \leqslant j_n \leqslant n'$ 使得 $l_k \subseteq l'_{j_k}$，$1 \leqslant k \leqslant n$，称 s' 包含 s，记为 $s \subseteq s'$。

定义 3. 32(匹配)：给定一个 q -序列 $s = < (s_1,\ q_1)(s_2,\ q_3)\cdots(s_n,\ q_n) >$ 和一个序列 $t = \langle t_1 t_2 \cdots t_m \rangle$，当且仅当 $n = m$ 且 $s_k = t_k$，$1 \leqslant k \leqslant n$，称 s 匹配 t，记 $t \sim s$。

定义 3. 33(q -项、q -项集、q -序列与 q -序列数据库的效用值)

记 $u(i,\ q) = f_{u_i}(p(i),\ q)$ 为 $(i,\ q)$ 的效用值，称为 q -项效用值；

记 $u(l) = f_{u_{is}}(\bigcup_{j=1}^{n'} u(i_j,\ q_j))$ 为 l 的效用值，称为 q -项集效用值；

记 $u(s) = f_{u_s}(\bigcup_{j=1}^{m} u(l_j))$ 为 s 的效用值，称为 q -序列效用值；

记 $u(S) = f_{u_{db}}(\bigcup_{j=1}^{r} u(s_j))$ 为 S 的效用值，称为 q -序列数据库效用值。

其中定义 3. 33 中的函数 f_{u_i}，$f_{u_{is}}$，f_{u_s}，$f_{u_{db}}$ 与应用相关，一般均为领域专家给出。

定义 3. 34(序列效用值)：给定 q -序列数据库 S，序列 t 的效用值记为 $v(t) = \bigcup_{s \in S} v(t,\ s)$，其中 $v(t,\ s) = \bigcup_{s' \sim t \wedge s' \subseteq s} u(s')$。

定义 3. 35(高效用值序列模式)：给定一个序列 t，由于在一个 q -序列 s 中可能会匹配多个 s'，即有多个效用值 $u(s')$，取最大值作为 t 关于 s 的效用值。若给定效用值的阈值 ζ，当且仅当 $u_{\max}(t) \geqslant \zeta$ 时，称序列 t 为高效用值序列模式。

其中 $u_{\max}(t)$ 可以表示为 $\sum \max\{u(s') \mid s' \sim t \wedge s' \subseteq s \wedge s \in S\}$。

USpan 算法由 Lexicographic Q - sequence Tree(LQS - Tree)[11]、两种拼接策略和两种剪枝策略组成：

(1) LQS - Tree 主要用于构建和组织 q -序列和它的效用值列表。

(2) 拼接策略分为项集内拼接(I - Concatenated)和序列间拼接(S - Concatenated)，如序列 $< (ab) >$ 的项集内拼接为 $< (abc) >$，序列间拼接为 $< (ab)c >$。

(3) 剪枝策略分为宽度剪枝(Width Pruning)和深度剪枝(Depth Pruning)，宽度剪枝依据促进规则进行剪枝，LQS - Tree 中一个节点，若节点拼接了新项不能促进效用值的增长，那么就不允许拼接，深度剪枝依据节点和拼接的新项的效用值的上界来限制，LQS - Tree 在深度方向的增长。

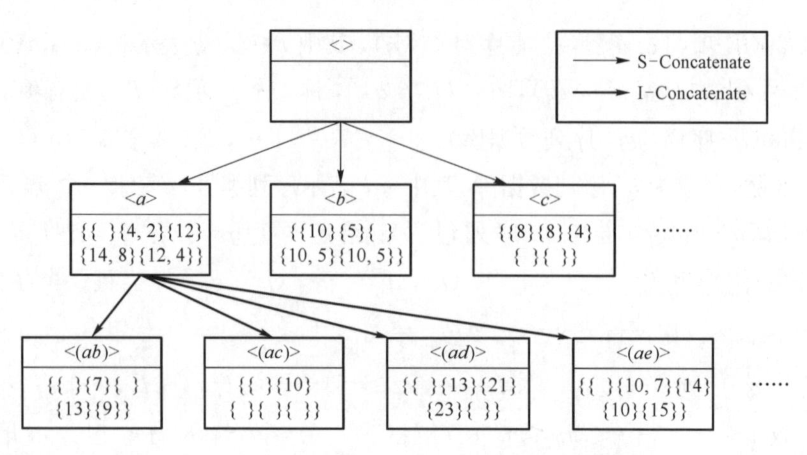

图 3-29 LQS-Tree 和拼接方式示意图[9]

根据图 3-29 可以发现,如果不使用剪枝策略,那么基于 LQS-Tree 和两种拼接方式的方法,会将 q-序列数据库中的记录生成一棵庞大的 LQS-Tree,导致搜索空间指数级的膨胀,算法效率严重下降。因此加入剪枝策略后,USpan 算法如图 3-30 所示(更详细的介绍参见文献[10])。

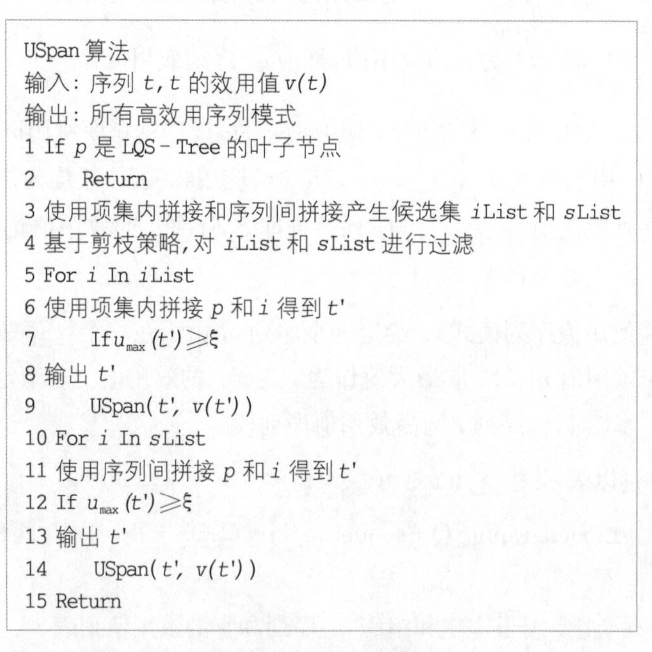
```
USpan 算法
输入: 序列 t, t 的效用值 v(t)
输出: 所有高效用序列模式
1 If p 是 LQS-Tree 的叶子节点
2     Return
3 使用项集内拼接和序列间拼接产生候选集 iList 和 sList
4 基于剪枝策略, 对 iList 和 sList 进行过滤
5 For i In iList
6 使用项集内拼接 p 和 i 得到 t'
7      If u_max (t') ≥ ξ
8 输出 t'
9      USpan(t', v(t'))
10 For i In sList
11 使用序列间拼接 p 和 i 得到 t'
12 If u_max (t') ≥ ξ
13 输出 t'
14      USpan(t', v(t'))
15 Return
```

图 3-30 USpan 算法

3.4.2 HusMaR:基于 MapReduce 的序列模式挖掘算法

无论是基于支持度框架的序列模式挖掘算法或是基于效用值框架的高效用序列模式挖掘算法,当面对大规模数据集的输入时,算法的运行效率会严重下降,并且在大数据环境

下,算法无法在单机上完成挖掘的任务。面对大数据环境和单机性能瓶颈的问题,目前已有一些使用 MapReduce 框架实现的基于支持度框架的序列模式挖掘算法的研究成果(参见 http://mahout.apache.org/users/misc/parallel-frequent-pattern-mining.html)[12]。下面介绍 MapReduce 框架实现基于效用值框架的高效用序列模式挖掘算法。该方法采用效用矩阵、随机映射策略和基于领域知识的剪枝策略。效用矩阵用于过滤无用的单项序列、产生序列候选项;随机映射策略用于均衡计算量;基于领域知识的剪枝策略用于过滤序列候选项。

效用矩阵将 q -序列以矩阵形式存储,通过对矩阵序列化和压缩的操作降低存储空间;此外,效用矩阵还可用于过滤无用的单项序列并产生序列候选项。表 3-21 为 q -序列 $<[(b, 2)(e, 2)][(a, 7)(d, 3)][(a, 4)(b, 1)(e, 2)]>$ 的效用矩阵。其中表 3-21 中(0, 50)表示 q - itemset 1 中没有项 a,剩余效用值为 50。

表 3-21 q -序列效用矩阵

items	q - itemset 1	q - itemset 2	q - itemset 3
a	(0, 50)	(14, 24)	(8, 7)
b	(10, 40)	(0, 24)	(5, 2)
d	(0, 40)	(9, 15)	(0, 2)
e	(2, 38)	(0, 15)	(2, 0)

根据效用矩阵,给出单项序列效用值上界与松弛率的定义。

定义 3.36(单项序列效用值上界):若序列 t 只含项 i,那序列 t 的可用效用值表示为 $u_{remain}(t)=\sum_{s\in S}(u_{rest}(i, s)+u(i, q))$, $u_{rest}(i, s)$ 为项 i 对 q -序列 s 的最大剩余效用值, $u(i, q)$ 为取得最大剩余效用值时,项 i 的效用值, $u_{remain}(t)$ 为单项序列 t 效用值的上界。

定义 3.37(松弛率):给定效用值的阈值 ξ,当且仅当 $u_{remain}(t)\geqslant u\cdot\xi$, $u\geqslant 1$ 时,称单项序列 t 为可用的单项序列,u 称为松弛率。当 $u=1$ 时,若不是以 t 为起始的序列模式,那么这些序列模式结果不可能是高效用序列模式。

在 MapReduce 过程中,采用效用矩阵可快速提取可用的单项序列。利用可用的单项序列集合,过滤 q -序列数据库中的单项序列,避免无用的单项序列产生候选项时带来系统资源的消耗和算法效率的降低。候选项的产生可以通过效用矩阵、项集内拼接和序列间拼接完成。

随机映射策略以均衡每一个分组中的序列数,防止单个分组计算资源消耗过大,充分利用集群的计算能力为目的。基于 Random(K) 的随机分配算法为每一个 q -序列 s 分配键值,均衡地将 q -序列数据库 S 中所有的 q -序列进行分组,均衡集群中节点的任务数量。合

理地分配分组中 q-序列 s 的数量，不仅可以加快算法执行效率，同时还可以防止单个计算节点出现内存溢出的现象。

1）剪枝策略

(1) 基于序列结构复杂度的剪枝：在拼接的过程中，拼接效用值高且剩余效用值高的前 M 个项。

序列候选项的结构复杂度和尺度与 q-序列相关。复杂的 q-序列会产生很多的序列候选项，降低查询的效率，同时结构复杂的序列候选项得出的序列模式不易于解释。因此基于实际应用中结构简单的模式易于解释的领域经验，通过控制 M 的大小来控制序列模式结构的复杂度。

(2) 基于 q-序列的尺度的剪枝：若候选项的尺度达到 N，则停止拼接。

当给定一个 q-序列数据库 S，最大尺度为 L。挖掘所有尺度小于等于 L 的候选项集合为 C_L，则 C_L 的容量为 $|C_L|$，所需时间为 T_L；挖掘所有尺度小于等于 N 的候选项集合为 C_N，则 C_N 的容量为 $|C_N|$，所需时间为 T_N。因为 $T_N < T_L$，令 $\lambda = |C_L| - |C_N| / |C_L|$，若 $\lambda < \beta$, $\beta \in (0, 1)$ 成立，则称 N 为算法可接受的序列模式长度，其中 λ 为算法的模式丢失率，β 为算法的容忍率。该剪枝策略以牺牲覆盖率的方式来换取时间效率的提升。

这两种剪枝策略组合起看，通过限制条件来挖掘特定的序列模式，并且序列模式结果集是可接受的。

2）算法并行化

基于序列效用值的定义可知，序列 t 的效用值与 q-序列数据库里每个 q-序列 s 有关，若序列 t 匹配到 q-子序列 s'，取 $u_{max}(s')$，最后累加得到序列 t 的 $u_{max}(t)$。

这种批处理式的计算模式非常适合使用 MapReduce 框架。整个过程采用逆向实现，q-序列 s 使用效用矩阵产生序列候选项，得到所有的 q-子序列 s' 和 $u_{max}(s')$，q-子序列 s' 反向替代序列 t，累加所有的 $u_{max}(s')$，得到 $u_{max}(t)$。图 3-31 中给定输入 q-序列数据库 S，经过三次 MapReduce 过程并行计算高效用序列模式，最后将结果输出。

(1) 步骤 1：可用的单项序列生成：将 S 分片，每个 Map 将输入的 q-序列 s 作为 value，构建 value 的效用矩阵，得出每个单项序列 t 的 $u_{rest}(i, s) + u(i, q)$ 后以键值对形式输出。在 Reduce 端，输入为 $< t, List < u_{rest}(i, s) + u(i, q) >>$，合并 List 中的值，得到序列 t 的可用效用值，若大于阈值 ξ，则输出该单项序列 t。具体算法步骤如图 3-32 所示。

(2) 步骤 2：候选项生成：将 S 分片，每个 Map 将输入的 q-序列 s 作为 value，用随机映射策略确定 s 的键值作为 Map 输出的键，s 作为输出的值；这样 Reduce 端得到的输入为 $<$outkey, List$<s>>$，之后 Reduce 端利用可用单项序列的信息，结合 UtilityMatrix(s)的方法可生成相应经过剪枝后的候选项 $< s', u_{max}(s') >$ 的集合，最后合并输出到文件系统。具体算法步骤如图 3-33 所示。

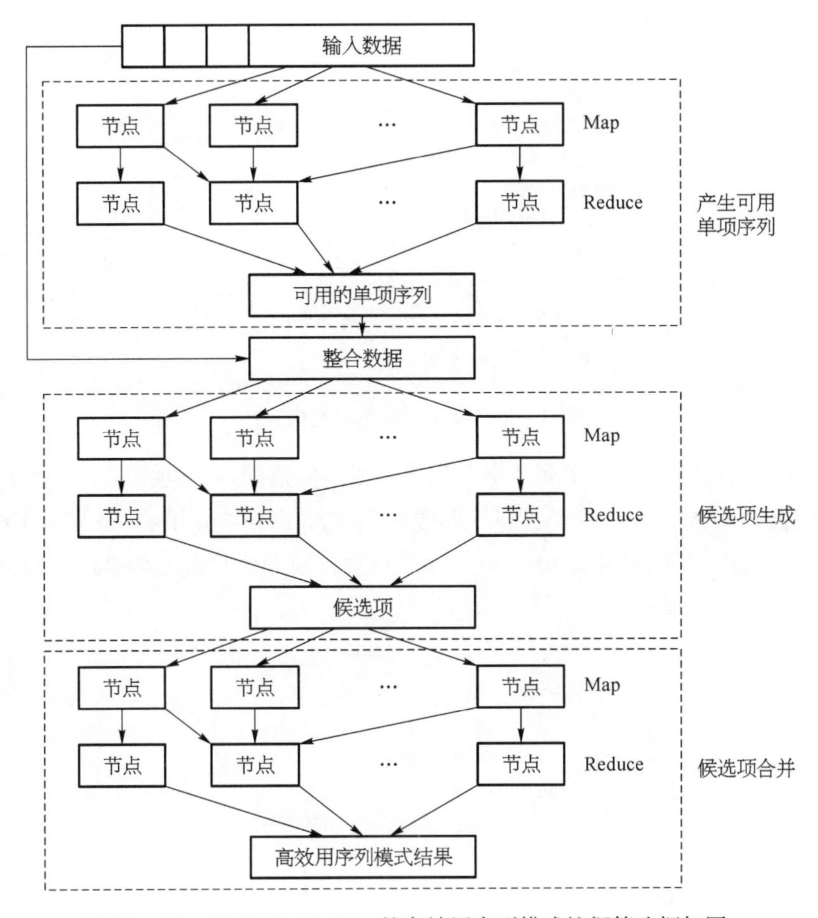

图 3－31　基于 MapReduce 的高效用序列模式挖掘算法框架图

可用单项序列生成算法
输入：q-序列数据库 S 的分片
输出：可用的单项序列集合
1　Mapper 端
1.1　For t In UtilityMatrix(s) //UtilityMatrix(s)表示 q-序列的效用矩阵
1.2　　输出 $<t, u_{rest}(i, s) + u(i, q)>$
2　Reducer 端
2.1　uRemaining = 0
2.2　For u in Values
2.3　uRemaining = u + uRemaining
2.4　If uRemaining $> \xi$
2.5　　输出<Null, t>

图 3－32　步骤 1 可用单项序列生成算法

```
候选项生成算法
输入: q-序列数据库S的分片
输出: 候选项集合
1  Mapper端
1.1  OutKey = Random(K)
1.2  输出＜OutKey, s＞
2  Reducer端
2.1  Result = Map( )
2.2  For s in Values
2.3    从UtilityMatrix(s)获取＜s', u_max(s')＞
2.4    合并＜s', u_max(s')＞到Result
2.5  输出＜Null, Result＞
```

图3-33　步骤2候选项生成算法

(3) 步骤3：合并候选项：步骤2中S生成了很多候选项，候选项可表示为＜t，utility＞，每个Map以此为输入，经过Map处理后形成输出＜t，List＜utility＞＞作为Reduce端的输入。根据$u_{max}(t)$式子，输出结果以＜t，$u_{max}(t)$＞的形式写入文件系统。具体算法步骤如图3-34所示。

```
候选项合并算法
输入: 候选项集合Result
输出: 高效用序列模式
1  Mapper端
1.1  For＜t, utility＞ in Result
1.2    输出＜t, utility＞
2  Reducer端
2.1  SumU = 0
2.2  For u in Values
2.3    SumU = u + SumU
2.4  If SumU＞ξ
2.5  输出＜t, SumU＞
```

图3-34　步骤3合并候选项算法

3.5 小结

本章较为详细地介绍了关联分析技术，包括关联规则的定义、关联规则挖掘的原理、频繁模式挖掘算法和序列模式挖掘算法，同时也讨论了这些算法的优化等问题。

目前，关联规则挖掘新的应用领域还在不断扩展，如文本挖掘、生物信息挖掘、序列数据挖掘、web数据挖掘、多媒体数据挖掘等，在这些新的领域内关联规则挖掘任务也变得越来越复杂，因此，面临更多的新需求和挑战，经典的关联规则算法的进一步研究必然在新领域内有更好的应用和扩展。

频繁模式挖掘是关联规则挖掘的关键步骤。这个研究方向的工作还有很多，如闭合频繁模式[5]、最大频繁模式、压缩的频繁模式[6]、带有约束的频繁模式的挖掘等，此处没有进一步讨论。

◇参◇考◇文◇献◇

[1] Agrawal R, Imielinski T, Swami A N. Mining Association Rules between Sets of Items in Large Databases, SIGMOD 1993. Won the 2003 SIGMOD Test of Time Award for the most impactful paper over the intervening decade. Citations.

[2] Han J, Pei J, Yin Y. Mining Frequent Patterns without Candidate Generation. In Proceedings of the 2000 ACM SIGMOD International Conference on Management of Data (SIGMOD'00), Dallas, TX, May 2000.

[3] Pei J, Han JW, Mortazavi-Asl B, et al. Prefixspan: Mining Sequential Patterns Efficiently by Prefix-projected Growth. In: proceedings of 17th International Conference on Data Engineering. Heidelberg, Germany: IEEE Computer Society, 2001: 215 - 224.

[4] Wang C, Hong M, Pei J, et al. Efficient Pattern-Growth Methods for Frequent Tree Pattern Mining. In Proceedings of the 8th Pacific-Asia Conference on Knowledge Discovery and Data Mining (PAKDD'04), Sydney, Australia, May 26 - 28, 2004.

[5] Yan X F, Han J W, Afshar R. CloSpan: Mining Closed Sequential Patterns in Large Datasets. Proceedings of the Third SIAM International Conference on Data Mining, San Francisco, CA, USA, May 1 - 3, 2003.

[6] Chang L, Yang D, Tang S, et al. Mining Compressed Sequential Patterns. Technical Report PKUCS - R - 2006 - 3 - 105, Department of Computer Science & Technology, Peking University, 2006.

[7] Agrawal R, Srikant R. Mining Sequential Patterns. In: Yu PS, Chen ALP, eds. Proceedings of the 11th International Conference on Data Engineering. Taipei, Taiwan: IEEE Computer Society, 1995: 3 - 14.

[8] Srikant R, Agrawal R. Mining Sequential Patterns: Generalization and Performance Improvements. In: Apers PMG, Bouzeghoub M, Gardarin G, eds. Advances in Database Technology. Proceedings of the 15th International Conference on Extending Database Technology. Avignon, France: Lecture Notes in Computer Science, 1996: 3 - 17.

[9] Han J, Pei J, Mortazavi-Asl B, et al. Freespan: Frequent Pattern-projected Sequential Pattern Mining. In: Proceedings of the 6th ACM SIGKDD International Conference on Knowledge Discovery in Databases. Boston MA, 2000: 355-359.

[10] Yin J, Zheng Z, Cao L. USpan: an efficient algorithm for mining high utility sequential patterns [C]. Proceedings of the 18th ACM SIGKDD international conference on Knowledge discovery and data mining. ACM, 2012: 660-668.

[11] Ayres J, Flannick J, Gehrke J, et al. Sequential pattern mining using a bitmap representation[C]. Proceedings of the eighth ACM SIGKDD international conference on Knowledge discovery and data mining. ACM, 2002: 429-435.

[12] Li H, Wang Y, Zhang D, et al. PFP: parallel fp-growth for query recommendation. Proceedings of the 2008 ACM conference on Recommender systems. 2008.

第4章

聚类分析

聚类分析是人类一项最基本的认识活动(如区分动物和植物),通过适当的聚类分析,人们更易于掌握事物的内部规律。聚类分析已被广泛应用于社会学、经济学、电子商务等多个领域,如在市场营销中,根据客户的购物积分卡记录中的购物次数、时间、性别、年龄、职业、购物种类、金额等信息,进行聚类分析,帮助市场分析人员从交易数据库中发现不同的客户群,针对不同群体制定营销策略,提高客户对商场商业活动的响应率。另外,聚类分析在生物学领域应用日益突出,如通过对基因的聚类分析,获得对种群的认识等。

本章介绍聚类分析的相关概念及其原理,包括相似性度量、聚类分析过程等。并详细描述三类主要的聚类算法:基于层次的 BIRCH 算法[1]、基于划分的 k - means[2]、基于密度的 OPTICS 算法[3]等,以及两个进阶算法。

4.1 聚类分析的基本概念

本节首先阐述聚类分析与分类分析的区别,然后给出聚类分析相关的定义。

聚类分析是根据最大化类内的相似性、最小化类间的相似性的原则将数据对象聚类或分组,所形成的每个簇可以看作一个数据对象类,用显式或隐式的方法描述它们。

在开始聚类分析介绍之前,先给出一个简单直观的例子。

例 4.1:给出某个网站中九个访问者一周内的浏览信息,可分为三个簇进行描述(表 4 - 1)。描述访客的两个特征值分别是访客访问该站点的次数、停留的时间。簇 1 中的访客访问次数较少,但停留时间长;簇 2 中的访客访问次数多且停留时间长;簇 3 中的访客访问次数少且停留时间短。

表 4 - 1 包含相似对象的类的样本集

	访客访问次数(次)	停留时间(s)
簇 1	2	3 600
	3	3 000
	4	3 300
簇 2	10	3 800
	12	3 900
	11	3 500

(续表)

	访客访问次数(次)	停留时间(s)
簇 3	2	100
	3	200
	3	350

聚类分析和分类分析都是数据挖掘的重要技术,两者的目的都是将数据对象集合分门别类,但存在本质区别。

机器学习分为两类:有监督学习和无监督学习。有监督学习中的训练集是带有类标号的,新的数据是基于训练集进行分类的,分类分析是有监督的学习过程,分类之前已经知道应该把数据分成哪几类,每个类的性质是什么,例如:客户信用卡等级;无监督学习的训练集是没有类标号的,系统对输入的数据样本自动形成簇,聚类分析是无监督的学习过程,常常针对没有先验知识的问题,不依赖预先定义的类和带类标号的训练样本,进行聚类前并不知道将要划分成几个簇和什么样的簇,即簇的数目是未知的,聚类的结果是动态的,例如:客户的购买行为。

例 4.1 中对每个簇特征的解释表明聚类过程是在无监督的情况下进行的。

聚类分析与分类分析的根本区别在于:分类需要事先知道分类所依据的属性值,而聚类需要找到这个属性值。

4.1.1 簇与聚类

简单起见,本小节先给出一些聚类相关的符号说明及定义:

符号说明 4.1:数据样本记为 X,它由 d 个属性值组成:$X=(x_1, x_2, \cdots, x_d)$,其中 x_i 表示样本中的各属性,d 是样本空间的维数(或属性个数)。

符号说明 4.2:数据样本集记为 $\chi\{X_1, X_2, \cdots, X_n\}$,第 i 个样本记为 $X_i=\{x_{i1}, \cdots, x_{id}\}$,许多情况下聚类的样本集看成是一个 $n\times d$(n 个样本$\times d$ 个属性)的数据矩阵:

$$\begin{bmatrix} x_{11} & \cdots & x_{1f} & \cdots & x_{1d} \\ & & \cdots\cdots & & \\ x_{i1} & \cdots & x_{if} & \cdots & x_{id} \\ & & \cdots\cdots & & \\ x_{n1} & \cdots & x_{nf} & \cdots & x_{nd} \end{bmatrix}$$

定义 4.1(簇,cluster):数据样本集 χ 分成 k 个簇($1\leqslant k\leqslant n$),每个簇 C_i 是相应数据样本的集合,相似样本在同一簇中,相异样本在不同簇中。$C_i(i=1, \cdots, k)$ 是 χ 的子集,如下所示：

$$C_1 \cup C_2 \cup \cdots \cup C_k = \chi \quad 且 \quad C_i \cap C_j = \varnothing, \ i \neq j$$

常用以下特征描述一个簇 C_i：

(1) 簇的质心(centroid)[①]：簇的质心是簇的“中间值”(middle)，即样本的平均值，但并不一定是簇中的实际点。

令 n_i 表示簇 C_i 中样本的数量，m_i 表示对应样本的均值，则簇 C_i 的质心由式 4-1 计算得出：

$$\text{centroid} = m_i = \frac{1}{n_i}\sum_{X \in C_i} X \tag{4-1}$$

(2) 簇的半径(radius)：簇的半径是簇中任意一点到质心之间距离的均方差的平方根(average mean squared distance)，见式 4-2。

$$\text{radius} = \sqrt{\frac{\sum_{X \in C_i}(X - m_i)^2}{n_i}} \tag{4-2}$$

定义 4.2(聚类，clustering)：给定一数据样本集 $\chi\{X_1, X_2, \cdots, X_n\}$，根据数据间的相似程度将数据集合分成 k 个簇：$\{C_1, C_2, \cdots, C_k\}$，使得相似样本在同一个簇中，相异样本在不同簇中的过程称为聚类，即 $\bigcup_{i=1}{}^{k} C_i = \chi$ 且 $C_i \cap C_j = \varnothing, \ i \neq j$。

聚类分析除了作为单独的数据归类技术外，还常常作为其他算法的预处理步骤，用于获得对数据分布和聚集特性的初步了解，以在此基础上进行其他数据挖掘操作(如分类器的构造等)。

实际应用中的数据集具有不同特点，在各类数据上聚类算法的聚类能力的要求也不相同，这也是聚类算法不断改进的推动力，如由经典的 k-means 算法到改进后的适合大数据量、能发现任意形状簇的 OPTICS 算法等。评价一个聚类算法的聚类分析能力主要有以下几个衡量标准：

(1) 能够适用于大数据量：有些聚类算法在小于 200 个数据对象的小数据集合上工作很好，但随着数据对象的增加，这些聚类算法的处理能力就会下降，因此一个好的聚类算法要求能够处理大的数据集合。

(2) 能够处理不同类型数据：聚类作为一种分析技术，要求能够分析不同类型的数据，如区间标度型、序数型等，从而提供一个较普遍的模型。

(3) 能够发现任意形状的簇：许多聚类算法采用欧氏距离来定义相似度，这种度量方式趋向于发现球状的簇，而现实中存在各种形状的簇，因此要求聚类算法能够发现任意形

---

① 为简单起见，在符号说明这部分表示的是球状簇的情况，事实上，很多聚类算法针对的是非球状簇，并且是非数值型的数据对象，因此，并没有质心计算的说法。

状的簇。

(4) 能够处理高维数据：当前的数据集合具有各类不同属性，数据处于高维空间中，人们对三维以下的数据聚类情况能够较好地判别聚类结果的好坏，而在高维情况下，数据分布可能很稀疏且高度倾斜，所以聚类这样的数据对象是一个具有挑战性的课题。

(5) 具有处理噪声的能力：有些聚类算法对噪声是敏感的，将导致较差的结果。现实数据中不可避免地存在各类噪声，这些噪声的出现不应该对聚类产生较强的影响，这要求聚类算法具有处理噪声的能力。

(6) 聚类结果的可解释性、可使用性：聚类为分析数据服务，人们期望通过聚类从数据中抽取出某种特定语义的解释，也就是聚类的结果应该是可解释的、可理解的和可用的。

以上六条标准是衡量一个聚类算法能力的几个主要指标，还有其他的衡量指标，如不依赖于预先的领域知识来确定输入参数、对数据顺序不敏感、处理快速等要求。

4.1.2 相似性度量和聚类原理

聚类分析是将一个数据对象的集合划分成若干个簇的过程，使得每个簇中的数据对象之间尽可能的相似，但与其他簇的对象尽可能的不相似。同一个簇中的样本比来自不同簇的样本更为相似的判断问题主要涉及以下两个子问题：

(1) 如何度量样本之间的相似性。

(2) 如何衡量对样本集划分的好坏。

1) 相似性度量

相似度用于判断两个样本之间的差异程度，它是定义一个簇的基础，聚类分析过程的质量取决于对相似度度量标准的选择。常常使用“距离”来描述数据之间的相似程度。

定义 4.3(样本间距离，distance)：$X_i\{x_{i1}, \cdots, x_{id}\}$和$X_j\{x_{j1}, \cdots, x_{jd}\}$是两个具有$d$个属性的样本，$d(X_i, X_j)$表示第$i$个样本与第$j$个样本间的距离，满足条件：

(1) 非负性：对所有的X_i和X_j，恒有$\underline{d}(X_i, X_j)\geqslant 0$。同时，当且仅当两个样本的$d$个属性值对应相等时，等式才成立。

(2) 对称性：对所有的X_i和X_j，恒有$d(X_i, X_j)=d(X_j, X_i)$。

满足三角不等式：即对所有的i, j, k，恒有

$$d(X_i, X_j)\leqslant d(X_i, X_k)+d(X_k, X_j)$$

显然，两个样本间的距离在$0\rightarrow\infty$时，距离越小，两个样本越接近。当第i个和第j个样本相似时，距离$d(X_i, X_j)$最小；当第i个和第j个不相似时，则$d(X_i, X_j)$较大。

定义 4.4(相似度，similarity)：相似度表示两个样本之间的相似程度或相近程度。常

常用样本间的距离表示相似度，记为 $\mathrm{sim}(X_i, X_j)$：

$\mathrm{sim}(X_i, X_j)=d(X_i, X_j)$，其中 $d(X_i, X_j)$ 表示 X_i 和 X_j 之间的距离，不难看出距离越小，两个数据越相似。

其他一些文献中衡量两个样本之间的差异程度的度量也称为相异度。

在聚类分析中，最常用的距离度量标准有：

(1) 著名的距离度量标准是 d 维空间中的欧几里得距离：

$$d(X_i, X_j)=\left(\sum_{k=1}^{d}(x_{ik}-x_{jk})^2\right)^{1/2} \tag{4-3}$$

(2) 更广义的距离度量标准为 d 维空间中的明考斯基(Minkowski)距离：

$$L_q(X_i, X_j)=\left(\sum_{k=1}^{d}|x_{ik}-x_{jk}|^q\right)^{1/q} \tag{4-4}$$

通常明考斯基距离也被称为 L_q 范数，这样，欧几里得距离就是 L_2 范数，L_1 范数常被称为曼哈坦(Manhattan)距离或城区(city bloc distance)距离。

例 4.2：具有 4 维属性的样本 $X_1=\{1, 0, 1, 0\}$ 和 $X_2=\{2, 1, -3, -1\}$，它们的距离度量标准是 $L_1(X_1, X_2)=1+1+4+1=7$，$L_2(X_1, X_2)=(1+1+16+1)^{1/2}=4.36$ 以及 $L_3(X_1, X_2)=(1+1+64+1)^{1/3}=4.06$。

欧氏 d 维空间模型不仅给出了欧几里得距离，而且还给出了另外的相似度度量标准，余弦相关(cosine-correlation)就是其中之一。有兴趣的读者可以参见相关文献。

2）聚类分析中的数据类型

已经知道，聚类结果的质量是基于样本间的相似度来评估的，样本可以用于度量物理对象(如一台计算机)或度量抽象概念(如一种写作风格)，这些样本常常是由多维属性表示的，例如"重量"和"颜色"是被使用的两个属性，那么(20，黑色)表示一个重量为 20 单位的黑色对象。因此两个样本之间的相似性计算还可能涉及它们的各属性值的组合。

样本间的距离函数是常用的相似度度量标准，然而属性的数据类型不同，其距离函数定义则不同。相似度计算常常要求对多种类型的属性数据进行计算，包括区间标度变量、二元变量、标称变量、序数型变量、比例标度变量或者这些变量类型的组合。类型不同相似度的计算方法也有所差异，上一小节介绍的是基本的距离度量标准，下面再对区间标度遍历、二元变量、标称变量、序数型变量等进行更详细的介绍。

(1) 区间标度变量(interval-valued variables)。区间标度变量是一个粗略线性标度的连续度量，例如：重量和高度、经度和纬度坐标、大气温度等。区间标度变量相似度度量最常用的距离方法是前面提到的欧几里得距离、曼哈坦距离、明考斯基距离等。但需要注意的是，在实际应用中存在几个问题：

① 在许多应用中样本的各个属性常常不具有可比性，如对网站访问用户进行聚类时，

如何能够将用户访问页面的停留时间和用户访问页面序列的频率等进行比较。

② 度量单位的选用会直接影响聚类分析的结果，如对网站访问用户进行聚类时，用户访问页面的停留时间的单位采用秒还是毫秒。一般而言，所用的度量单位越小，可能的值域就越大，对聚类结果的影响也越大。

③ 如何处理样本中的各个属性代表不同物理意义的样本。

一般不存在通用的方法来解答这些问题，但为了避免对度量单位选择的依赖，需要对数据进行规格化，引入额外的信息赋予这些操作的物理意义。规格化度量值使得所有的属性具有相同的权重。当没有关于数据的先验知识时，这样做十分有用。但是，在一些应用中，用户可能会给某些属性较大的权重，如对篮球运动员挑选进行聚类时，将会给高度属性较大的权重。

下面介绍一种将度量值转换为无单位的值以实现度量值规格化的方法。

给定一个变量 f 的度量值，可以进行如下的变换：

① 计算平均的绝对偏差(mean absolute deviation)S_f：

$$S_f = \frac{1}{n}(|x_{1f} - m_f| + |x_{2f} - m_f| + \cdots + |x_{nf} - m_f|) \tag{4-5}$$

$$m_f = \frac{1}{n}(x_{1f} + x_{2f} + \cdots + x_{nf}) \tag{4-6}$$

其中 x_{1f}，…，x_{nf}是 f 的 n 个度量值，m_f是 f 的平均值。

② 计算规格化的度量值(standardized measurement z-score)：

$$z_{if} = \frac{x_{if} - m_f}{s_f} \tag{4-7}$$

在计算平均绝对偏差时，度量值与平均值的偏差(即$|x_{if} - m_f|$)没有被平方，在一定程度上减少了对孤立点的影响，因此使用平均的绝对偏差 S_f比标准差σ_f对孤立点具有更好的鲁棒性。当然，不同的应用中，数据的规格化是否有必要，需要用户根据应用的特点自己选择。

(2) 二元变量(binary variables)。二元变量只有两个状态：0 或 1，0 表示变量为空，1 表示变量非空。如果采用处理区间标度变量的方法来处理二元变量则会误导聚类的结果，因此针对二元变量要求用特定的方法来计算相似度。

计算由 d 个二元变量组成的样本 X_i和 X_j间的距离的常规方法是借助样本 X_i和 X_j的 2×2 列联表(表 4-2)。表 4-2 中 $n_{1.1}$是对于样本 X_i和样本 X_j值都为 1 的属性的数目，$n_{1.0}$是对于样本 X_i值为 1 而样本 X_j值为 0 的属性的数目，$n_{0.1}$是对于样本 X_i值为 0 而样本 X_j值为 1 的属性的数目，$n_{0.0}$是对于样本 X_i和样本 X_j值都为 0 的属性的数目。属性总数是 d，$d = n_{1.1} + n_{1.0} + n_{0.1} + n_{0.0}$。

表 4-2 样本 X_i 和 X_j 的 2×2 列联表

		样本 X_j	
		1	0
样本 X_i	1	$n_{1,1}$	$n_{1,0}$
	0	$n_{0,1}$	$n_{0,0}$

① 对称的二元变量描述的样本间的相似度。具有同等价值且相同权重的两个状态的二元变量是对称的(symmetric),即两个取值 0 或 1 没有优先权。例如,属性"性别"具有两个值:"女性"和"男性"。

基于对称二元变量的相似度称为恒定的相似度,即当一些或全部二元变量编码改变时,计算结果不会发生变化。用简单匹配系数(simple matching coefficient,SMC)评价这样的样本 X_i 和样本 X_j 之间的相似度(两个样本取相同值的变量数占总变量数的比例):

$$S_{smc}(X_i, X_j) = \frac{n_{1.1} + n_{0.0}}{n_{1.1} + n_{1.0} + n_{0.1} + n_{0.0}} \tag{4-8}$$

② 非对称的二元变量描述的样本间的相似度。如果两个状态的输出不是同等重要,则该二元变量是非对称的(asymmetric)。如一个疾病检查的结果:{阳性,阴性}。一般的,将比较重要的输出结果(通常是出现概率较小的结果)编码为 1,而另一种编码为 0。给定两个非对称的二元变量,两个都取值 1 的情况(正匹配)被认为比两个都取值为 0 的情况(负匹配)更有意义。因此,这样的二元变量被认为好像只有一个状态。

基于非对称的二元变量的相似度称为非恒定的相似度。评价系数是 Jaccard 系数(计算时,忽略负匹配的数目,因为负匹配数目认为是不重要的)。

$$S_{jc}(X_i, X_j) = \frac{n_{1.1}}{n_{1.1} + n_{1.0} + n_{0.1}} \tag{4-9}$$

例 4.3: 样本 X_i 和样本 X_j 具有 8 个二元类型变量:

$X_i=\{0, 0, 1, 1, 0, 1, 0, 1\}$ 和 $X_j=\{0, 1, 1, 0, 0, 1, 0, 0\}$,则 $n_{1.1}=2$, $n_{1.0}=2$, $n_{0.1}=1$, $n_{0.0}=3$,根据式 3-8、式 3-9,计算得:

$S_{smc}(X_i, X_j) = 5/8$, $S_{jc}(X_i, X_j) = 2/5$。

当对称的和非对称的二元变量出现在同一个数据集中,可以使用下面将要描述的混合变量方法计算样本间的相似性。

(3) 标称变量。标称变量是二元变量的推广,它可以具有多于两个的状态值。例如肤色是一个标称变量,可能具有黄色、白色、黑色和棕色等几种状态。

假设一个标称变量的状态数目是 M,这些状态可以用字母、符号或者一组整数(如 1, 2, …, M)来表示(这些整数只是用于数据处理,并不代表任何特定的顺序)。这样,具有 n

个标称变量的样本 X_i 和 X_j 的相似度可以用简单匹配的方法来计算：

$$d(X_i, X_j) = \frac{d-m}{d} \tag{4-10}$$

其中，m 是匹配的数目，即对样本 X_i 和 X_j 取值相同的变量的数目，n 是全部变量的数目，可以通过赋权重来增加 m 的影响，或者赋给有较多状态的变量匹配以更大的权重。

另一个方法是通过为每个标称状态创建一个新的二元变量，用非对称的二元变量来编码标称变量，对一个有特定状态值的对象，对应于该状态值的二元变量值置为 1，而其余的二元变量值置为 0。例如，为了对标称变量"肤色"进行编码，对应于上面所列四种颜色分别建立一个二元变量，如果一个样本是"黄色"，那么"黄色"变量被赋值为 1，其余三个变量被赋值为 0，再对这种形式的编码，采用计算二元变量相似度的方法来计算标称变量的相似度。

(4) 序数型变量。一个离散的序数型变量类似于标称变量，不同之处在于序数型变量的 M 个状态是以有意义的顺序排列的。序数型变量针对记录那些难以客观度量的主观评价非常有用，例如比赛的名次，经常按金牌、银牌、铜牌顺序排列，其值的大小并不重要，但它们的相对顺序却是必要的。区间标度变量也可以通过对其值域进行区间划分以离散化而转换为序数型变量。

3) 其他相似度度量

简单的距离度量如欧氏距离常可用于反映两个样本间的相似性，而其他相似性度量常用于特征化样本间的概念上的相似性。

考虑周围或邻近点的其他距离度量，这些近邻点称为上下文(context)，在给定上下文的情况下，两个样本 X_i 和 X_j 的相似性定义为

$$s(X_i, X_j) = f(X_i, X_j, \mathscr{E}) \tag{4-11}$$

其中 $\mathscr{E}$ 是 context(近邻点的集合)，相似性用相互间近邻距离(mutual neighbor distance，MND)来度量，定义如下：

$$MND(X_i, X_j) = NN(X_i, X_j) + NN(X_j, X_i) \tag{4-12}$$

其中 $NN(X_i, X_j)$ 是 X_j 对于 X_i 的近邻数目。如果 X_i 是离 X_j 最近的点，那么 $NN(X_i, X_j)$ 等于 1，如果它是第二近的点，$NN(X_i, X_j)$ 等于 2，以此类推。

图 4-1 和图 4-2 给出了有关 MND 度量的例子。图 4-1 中，A 是 B 的最近邻点，B 的最近邻点是 A。因此 $NN(A, B)=NN(B, A)=1$，$MND(A, B)=2$。而 $NN(B, C)=1$，$NN(C, B)=2$，因此 $MND(B, C)=3$。图 4-2 表示增加三个新的数据样本点 D，E 和 F 后的情况，此时 $MND(B, C)$ 仍等于 3，而 $NN(A, B)=1$，$NN(B, A)=4$，此时 $MND(A, B)=5$。虽然 A 和 B 的位置没有改变，但由于引入额外的点，使得 A，B 间的 MND 度量值增加了。

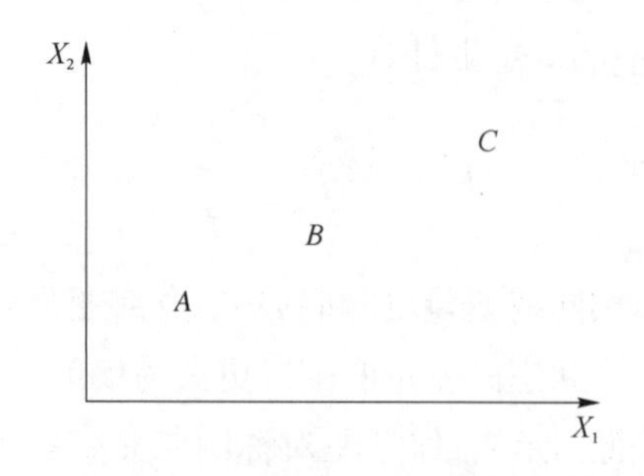

图 4-1 A和B比A和C更为相似

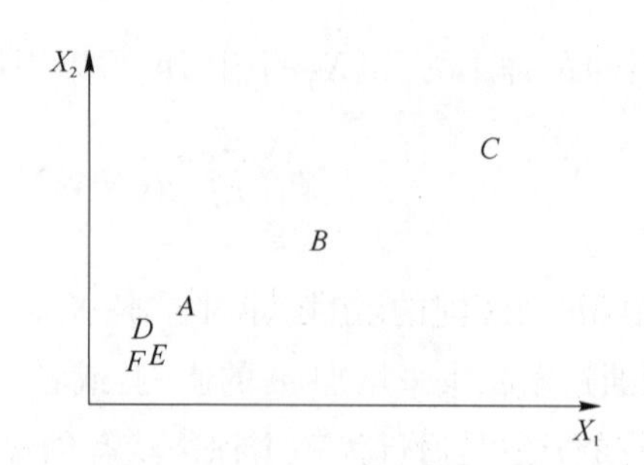

图 4-2 环境改变后,B和C比B和A更为相似

由于 MND 不满足三角不等式,所以它不是标准度量,但尽管如此,MND 度量也被成功用于一些聚类应用中,这也表明相似度度量不一定需要是标准度量。

4) 衡量聚类的准则函数

前面讨论了如何衡量相似性的问题,现在来考虑第二个重要概念：用于衡量样本集划分好坏的准则函数。通过定义准则函数,聚类问题可以转化为找到一种划分使得准则函数最优的问题。衡量所获得簇的结果意味着证实所得的簇和聚类分析的初始目标是一致的,即满足内部聚合(相似样本在同一个簇中)和外部分离(相异样本不在同一个簇中)的原则。

(1) 误差平方和准则(sum-of-squared-error criterion)：误差平方和准则试图使生成的结果簇尽可能地紧凑和独立,是一种简单而且应用广泛的准则。误差平方和准则函数定义如下：

$$J_e = \sum_{i=1}^{k} \sum_{X \in C_i} |X - m_i|^2 \text{(其中 } X \in C_i,\ m_i \text{是 } C_i \text{的质心)} \tag{4-13}$$

式中,J_e是所有样本的误差平方和。

J_e的值取决于簇的数目和样本的分布情况,最优划分是使得 J_e最小的划分,即对任何一个簇 C_i,要使得簇 C_i中误差$(X-m_i)$平方和为最小,则样本均值 m_i最能代表C_i中所有样本。因此,J_e衡量的是用k 个样本均值m_1, …, m_k分别代表n 类样本X_1, …, X_n产生的平方和误差。

在数据样本能划分成易于区分的几个簇,且簇内数据又很密的情况下采用 J_e比较适合,但 J_e准则存在一个潜在的问题是当不同簇所包含的样本个数相差较大时,如孤立点出现时,将一个大的簇分割开反而可能具有更小的误差平方和,造成最小化 J_e的结果并不理想,此时,这些孤立点也应该被综合起来构成一个更好的准则函数。

(2) 相关的最小方差准则：经过一些简单的代数操作,可以从 J_e的表达式(式 4-13)中去掉均值向量,得到一个等价的表达式：

$$J_e = \frac{1}{2} \sum_{i=1}^{k} n_i \bar{s_i} \tag{4-14}$$

其中

$$\bar{s_i}=\frac{1}{n_i^2}\sum\sum|X-X'|^2(X\in C_i, X'\in C_j) \tag{4-15}$$

$\bar{s_i}$ 是第 i 个簇中的点与点距离平方的平均值，最小误差平方和准则用欧几里得距离作为相似性度量的。

同样的，还可以构造其他准则函数。比如将 $\bar{s_i}$ 替换为第 i 个簇中点与点距离的平均值、中值或最大值。更一般地，可以引入一个合适的相似性函数 $s(X, X')$按照下面的方式替换 $\bar{s_i}$ ：

$$\bar{s_i}=\frac{1}{n_i^2}\sum_{X\in C_i}\sum_{X'\in C_i}s(X, X') \tag{4-16}$$

或

$$\bar{s_i}=\min_{X, X'\in C_i}s(X, X') \tag{4-17}$$

此时，定义最优划分就是使得准则函数取极值的划分。

除了以上介绍的两个准则外，还有诸如散布准则等其他的准则函数。

评价聚类过程质量的另一个必不可少的标准是簇间距离度量标准，常用于簇 C_i 和簇 C_j 之间的距离度量标准是：

① 最小距离：$D_{\min}(C_i, C_j)=\min|X_i-X_j|(X_i\in C_i \text{ 和 } X_j\in C_j)$ (4-18)

② 最大距离：$D_{\max}(C_i, C_j)=\max|X_i-X_j|(X_i\in C_i \text{ 和 } X_j\in C_j)$ (4-19)

③ 中间距离：$D_{mean}(C_i, C_j)=|m_i-m_j|$ (4-20)

(m_i和m_j是C_i和C_j的质心)

④ 平均距离：$D_{avg}(C_i, C_j)=\frac{1}{n_in_j}\sum\sum|X_i-X_j|$ (4-21)

($X_i\in C_i$和$X_j\in C_j$，且 n_i和n_j是类C_i和C_j间的样本数)

5) 聚类分析过程

聚类分析的输入是一组样本集 χ 和一个度量两个样本间相似性度量 s(或相异度 d)，可以用一组有序数对(χ, s)(或(χ, d))表示，聚类分析的输出是样本集的 k 个簇，表示为$\{C_1, C_2, \cdots, C_k\}$，每一个簇 C_i通过一些属性描述，因此，聚类分析的一个附加结果可以是对每个簇的综合描述，这种结果对于更进一步深入分析数据集的特性是很重要的。

聚类分析过程可以分为以下几个步骤(图 4-3)：

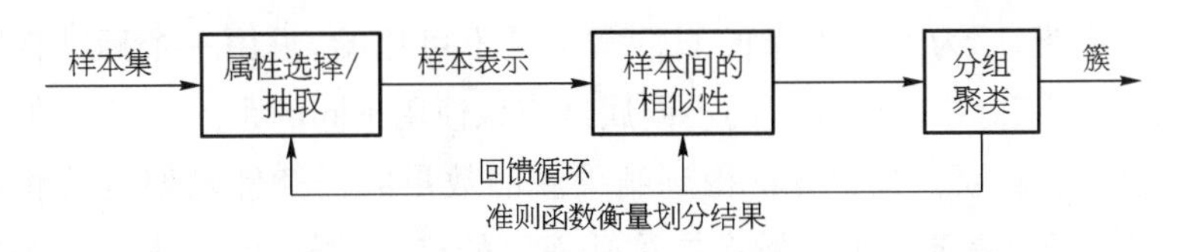

图 4-3 聚类分析步骤

步骤一：收集数据样本、可用样本数量、相应属性、属性数量、类型、簇的数量，其中一些信息可能是不可控(或预先未知)的。

步骤二：属性选择或属性抽取：

① 属性的选择，从原始属性中选取用于聚类的更有效的属性子集。

② 属性的抽取，利用对输入属性的一次或多次转换产生新的更显著的属性。

步骤三：产生一个相似度矩阵：

样本的相似性是由定义在样本对的距离函数度量的。

定义4.5(相似度矩阵，similarity matrix)：用于存储 n 个样本两两间的相似性，表现形式是一个 $n\times n$ 维的矩阵：

$$\begin{bmatrix} 0 & & & \\ d(X_2, X_1) & 0 & & \\ d(X_3, X_1) & d(X_3, X_2) & 0 & \\ & \cdots\cdots & & \\ d(X_n, X_1) & d(X_n, X_2) & \cdots & 0 \end{bmatrix} \tag{4-22}$$

其中 $d(X_i, X_j)$ 是样本 X_i 和样本 X_j 之间相似性的量化表示。

步骤四：确定目标划分的簇的数目或聚类划分的某个终止条件及每一个簇的相应定义。

该步可由多种聚类算法实现。

步骤五：实施聚类分析，产生结果。

在以上聚类分析过程中，需要注意一些最基本但又最重要的对聚类分析结果将产生较大影响的问题：

(1) 相似性(或距离)度量的选择。相似性(或距离)度量的选择是聚类分析面临的一个关键问题。

聚类分析算法先定义一个合适的相似性度量，然后计算任意两个样本之间的距离。如果该距离确实反映了样本之间的相似性，则希望同一簇中样本之间的距离比不同簇之间样本间的距离小，因此，当两个样本之间的距离小于某个距离阈值 d_0 时，这两个样本就可被认为属于同一类。而这个距离阈值 d_0 将影响簇的数量和大小，选择 d_0 非常关键，d_0 越小，每个簇就越小，簇的数目就越多。如果 d_0 太大，则所有样本将会被分为同一簇；如果 d_0 太小，每个样本又会单独聚成一类。

另一方面，对于包含部分或全部不连续属性的样本，选择计算样本间的距离或相似度的度量标准更加困难，因为不同类型的属性常常是不可比的，只用一个标准作为度量可能是不合适的。因此，实际中对于样本的不同属性应该使用不同的距离度量标准。

(2) 簇的数量的选取。聚类分析得到结果簇的数量的任意性是聚类过程中的主要问题。如图4-4a所示，表示一组分散在二维平面上的点(二维空间样本)，簇个数 k 事先未知，图4-4b给出了以虚线为边界的簇 C_1、C_2 和 C_3。由于簇的数量没有预先给出，还可以另外得到如图4-4c所示的分成四个簇的分区，和图4-4b一样简单。

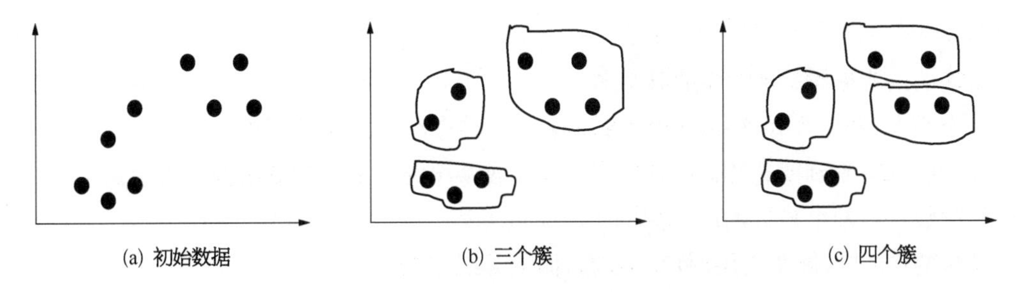

图 4-4 簇的数量的选取

选择正确的簇个数非常重要,获得尽可能同质的组需要增加簇的个数,而简约表示则需要减少簇的个数,这两者之间需要一个折中。

(3) 属性的选取。属性的选取会影响聚类分析的最终结果,选取时需要考虑能满足所要求目标的所有相关方面,使用不重要的属性将使得结果较差。通常令人满意的情况应该是聚类结果对所使用属性集的微小变化不会太敏感。

(4) 算法的选择(如 k-means)。目前已存在大量的聚类算法,主要的聚类算法大体上有基于划分的方法(partitioning method)、基于层次的方法(hierarchical method)、基于密度的方法(density-based method)、基于网格的方法(grid-based method)以及基于模型的方法(model-based method)等几类(图 4-5),这些算法有早期出现的传统算法,也有针对数据挖掘特殊要求的大规模数据的可伸缩性等标准的改进算法。还有一些聚类算法集成了多种聚类方法的思想,因此难以将某个给定的算法划分为某类聚类方法。此外,某些应用可能有特定的聚类标准,要求综合多种聚类技术。总之,算法的选择取决于样本集的数据类型、聚类目的和应用等。

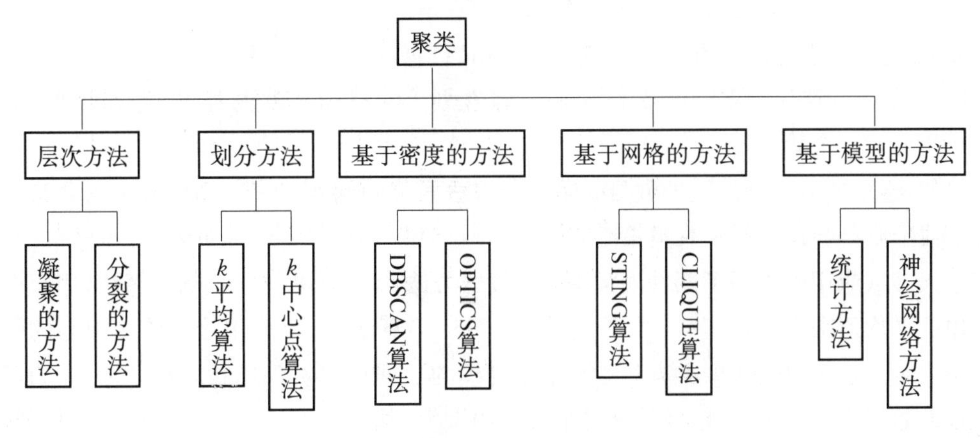

图 4-5 聚类方法及相应算法概览

① 层次方法。层次聚类方法将给定数据样本组成一棵聚类的树,并进行层次的分解。根据层次分解是自底向上还是自顶向下形成,又可分为凝聚的层次聚类 AGNES (AGglomerative NESting)和分裂的层次聚类 DIANA(DIvisive ANAlysis)。在凝聚或分裂层次聚类方法中,用户能定义希望得到的簇的数目或其他条件等作为聚类结束

条件。

凝聚的层次聚类采用自底向上策略，首先将所有样本分成 n 个原子簇，每个原子簇仅含有一个样本，然后合并这些原子簇形成越来越大的簇，减少簇的数目，先是 $n-1$ 个簇，接着是 $n-2$ 个簇，直到所有样本都在一个簇中，或某个终结条件被满足，例如达到了某个希望的簇的数目或两个最近的簇之间的距离超过了某个阈值。簇的数目 $k(k=n-i+1)$ 对应层次结构的第 i 层，即第1层对应 n 个簇，而第 n 层对应一个簇。

分裂的层次聚类采用自顶向下策略，首先将所有样本置于一个簇中，然后逐渐细分为越来越小的簇，增加簇的数目，直到每个样本自成一个簇，或者达到某个终结条件，例如达到了某个希望的簇的数目或两个最近的簇之间的距离超过了某个阈值。

层次聚类虽然比较简单，但是在选择凝聚或者分裂点的时候经常会遇到一些困难，这是非常关键的，因为一旦样本被凝聚或分裂以后，下一步的工作是建立在新形成的簇的基础之上的。因此，如果其中任何一步没有做好，则会影响最终聚类的结果。

层次方法的聚类质量的改进方向是将层次聚类和其他的聚类结合起来，这样的代表算法有 BIRCH、CURE、ROCK 和 Chameleon 等。

② 划分方法。基于划分的聚类方法得到的是数据的一个划分，而不同于通过层次聚类方法生成的树状图结构。

划分方法的基本思想是，给定一个包含 n 个样本的数据集，划分方法将数据划分为 k 个划分 $(k \leqslant n)$，每个划分表示一个簇，同时满足：

a. 每个簇至少包含一个样本；

b. 每个样本必须属于且仅属于一个簇。

划分方法的一般过程：

a. 给定要构建的划分的数目 k，创建一个初始划分；

b. 采用一种迭代的重定位技术，通过对象在划分间移动来改进划分，优化准则函数把数据集划分成 k 个簇。

显然，选取期望得到的簇的数目 k 是划分方法面临的问题，另外，划分方法需要某些度量标准或准则函数用于衡量聚类策略。

绝大多数应用中采用了两种最常用的启发式方法：k-平均(k-means)算法，用每个簇中对象的平均值来表示该簇；k-中心点(k-medoids)算法，每个簇用接近该簇中心的一个样本来表示。这些启发式聚类方法对在中小规模的数据集中发现球状簇很适用，但为了对大规模的数据集进行聚类，以及处理复杂形状的聚类，基于划分的方法需要进一步扩展，如采用基于选择的方法 CLARA(Clustering Large Applications)算法以及改进后的 CLARANS(Clustering Large Application based upon RANdomized Search)算法等。

③ 基于密度的方法。基于密度的方法克服了基于距离算法只能发现球状簇的缺点，可以发现任意形状的簇，还可用来过滤孤立点数据。

基于密度的聚类方法的主要思想是只要一个区域中的点的密度(样本的数目)超过某

个阈值则继续聚类。也就是对于给定簇中的每个样本，在一个给定范围的区域中必须至少包含一定数目的样本。代表算法有：DBSCAN 算法、OPTICS 算法、DENCLUE 算法等。

④ 基于网格的方法。基于网格的方法是把样本空间量化为有限数目的单元(cell)的网格结构，所有的聚类操作都以单个单元为对象，即在这个网格结构上进行。基于网格方法的突出优点是处理速度快，处理时间与目标数据库中样本个数无关，只与把样本空间分为多少个单元有关。代表算法有：STING 算法、CLIQUE 算法、WAVE - CLUSTER 算法(后两种是既基于网格，又基于密度的)等。

⑤ 基于模型的方法。基于模型的方法基本思想是，为每个簇假定一个模型，寻找数据对给定模型的最佳拟合。该方法试图优化给定的数据和某些数学模型之间的适应性。它基于以下假设：数据是根据潜在的概率分布生成。基于模型的方法主要有两类：统计学方法和神经网络方法。

4.2 聚类分析的基础算法

上一节介绍了各种聚类方法的基本思想，下面给出各类聚类方法相应的典型算法，包括基于层次的最近邻算法、BIRCH 算法，基于划分的 k - means 算法、k - medoids 算法，基于密度的 OPTICS 算法等。

4.2.1 层次的方法——单连接算法、BIRCH 算法

凝聚的层次聚类方法一般包括以下几个步骤：

(1) 初始化：计算包含每对样本间距离(如欧氏距离)的相似矩阵，把每个样本作为一个簇。

(2) 选择：使用相似矩阵查找最相似的两个簇(计算两个簇间的距离的规则和方法参见 4.2.4 小节中式 4 - 11～式 4 - 14)。

(3) 更新：将两个簇合并为一个簇，簇的个数通过合并被更新；同时更新相似矩阵，将两个簇的两行(两列)距离用 1 行(1 列)距离替换反映合并操作。

(4) 重复：执行步骤 2 和步骤 3。

(5) 结束：当所有样本都合并成一个簇或满足指定的簇的数目时，整个过程结束。

实际上，步骤(2)关于两个簇间距离如何计算的选择是各种层次聚类方法不同的关键之一，有些方法只需要距离矩阵，如单连接方法(最近邻方法)、全连接方法(最远邻方法)和平均连接方法等；有些需要距离矩阵和原始的数据矩阵，如重心法和 Ward 法等。

下面介绍单连接聚类算法的详细过程，这是一个简单的层次聚类方法。

1) **单连接算法(single-linkage)**

算法基本思想：两个簇之间的距离用从两个簇中抽取的每对样本的最小距离 $D_{\min}(C_i, C_j)$（式4-11）作为距离度量，一旦最近的两个簇的距离超过某个给定的阈值或满足指定的簇的数目，算法结束（图4-6）。

单连接算法中需要调用最小生成树（minimum spanning tree，MST）过程，根据输入的距离相似度矩阵生成最小生成树（图4-7a），当两个簇合并时，将其在树中的距离置为 ∞，用一个节点代替两个节点及其边。

```
算法 4.1 (单连接算法)
输入：样本集χ{X1, X2, …, Xn}，距离相似度矩阵 A
输出：树图 DE
步骤：
1) d = 0; //d 表示簇间距离
2) k = n; //k 表示簇的个数
3) C ={{X1},{X2},…,{Xn}};
4) DE = <d, k, C>; //初始化树图,每个簇中含有一个样本
5) M = MST(A); //根据输入距离相似度矩阵 A 生成最小生成树
6) repeat
7) oldk = k;
8) Ci, Cj = 最小生成树中最近的两个簇;
9) C = C-{Ci}-{Cj}∪{Ci∪Cj}
10) k = oldk-1;
11) d = dist(Ci, Cj); //dist 簇间距离计算函数
12) DE = DE ∪ <d, k, C>; //树图中加入新的簇的集合
13) dist(Ci, Cj) = ∞;
14) until k = 1
```

图4-6 单连接算法

下面用一个例子来展示单连接算法过程。

例4.4：五个样本间的距离如图4-7所示，用单连接算法进行聚类分析并画出树形图。

分析及解：先将五个样本都分别看成是一个簇，图中可以看出，最靠近的两个簇是3和4，因为他们具有最小的簇间距离 dist(3,4)=5.0。

第一步：合并簇3和4，得到新簇集合1,2,(34),5,并更新距离矩阵：

dist[1, (34)]=min[dist(1, 3), dist(1, 4)]=min(20.6, 22.4)=20.6

dist[2, (34)]=min[dist(2, 3), dist(2, 4)]=min(14.1, 11.2)=11.2

dist[5, (34)]=min[dist(3, 5), dist(4, 5)]=min(25.0, 25.5)=25.0

原有簇1,2,5间的距离不变，修改后的距离矩阵如图4-7b所示，在四个簇1,2,(34),5中，最靠近的两个簇是1和5，它们具有最小簇间距离 dist(1,5)=7.07。

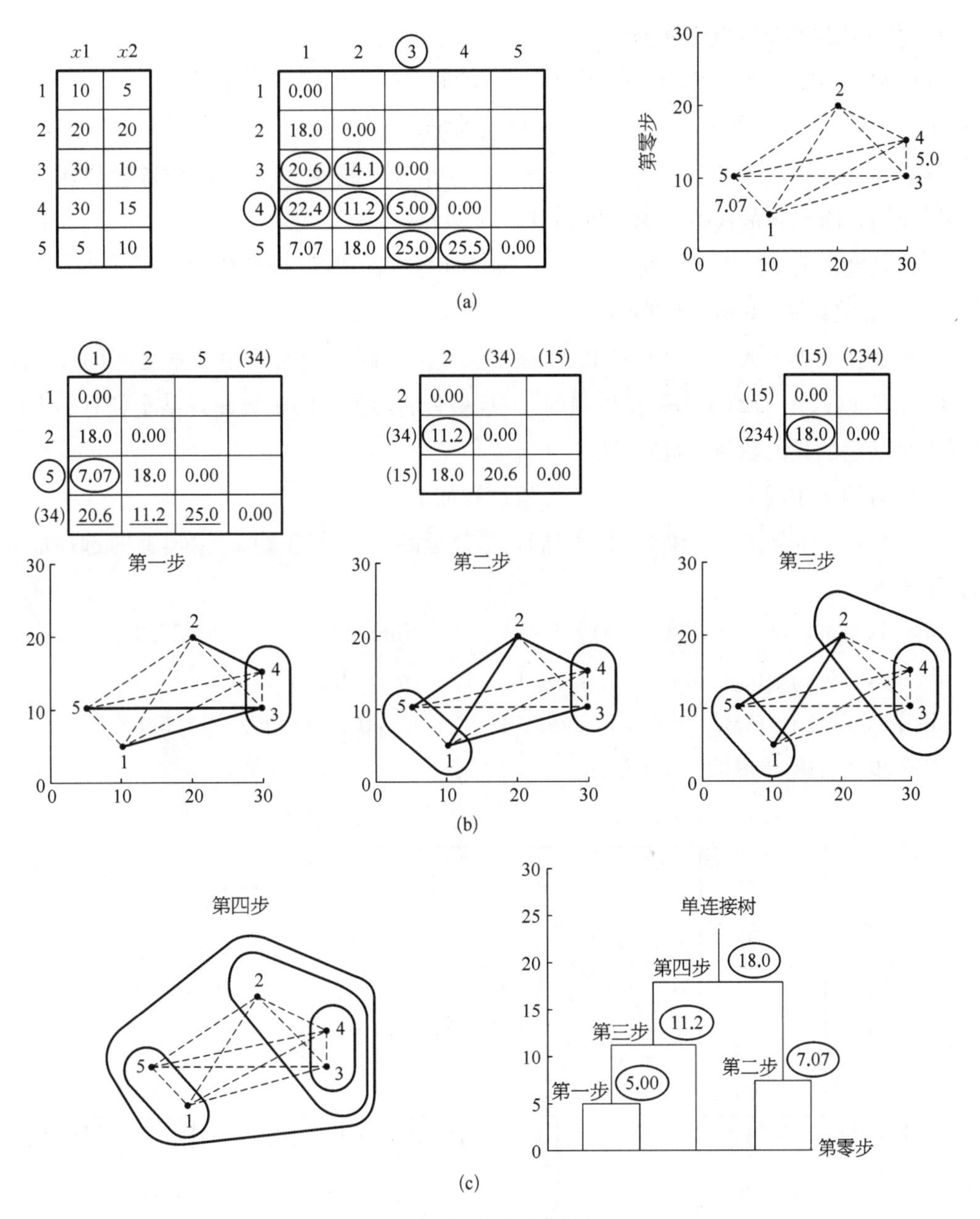

图 4-7 单连接算法

第二步：合并簇 1 和 5，得到新簇集合 2，(34)，(15)，并更新距离矩阵：

dist[2, (15)]=min[dist(1, 2), dist(2, 5)]=min(18.0, 18.0)=18.0

dist[(15), (34)]=min[dist(1, 3), dist(1, 4), dist(3, 5), dist(4, 5)]=min(20.6, 22.4, 25.0, 25.5)=20.6

第三步：上一步中，dist[2, (34)]=11.2 最小，因此合并簇 2 和(34)得到新簇集合(15)，(234)，并更新距离矩阵：

dist[(15),(234)]=min[dist(1, 2), dist(1, 3), dist(1, 4), dist(2, 5), dist(3, 5), dist(4，5)]=min(18.0，20.6，22.4，25.0，25.5)=18.0

此时只有两个不同的簇(15)和(234)，它们的距离是 18.0。

最后再将(15)和(234)合并成一个簇，由此完成了整个聚类过程。

注：这里的终止条件是所有样本被合并为一个簇。此外，也可以指定簇数目或两个簇的距离超过某个给定的阈值作为终止条件。

相应的树形图如图 4-7c 所示。

2）全连接算法(complete-linkage)

与单连接聚类方式相同，所不同的是簇与簇之间的距离用两簇中样本之间的最大距离 $D_{\max}(C_i, C_j)$（式 4-12)作为距离度量时，一旦最近的两个类的距离超过某个任意给定的阈值或满足指定的簇的数目，算法结束。

同样对例 4.4 用全连接算法聚类，分析过程如下：

第一步：同样合并簇 3 和 4，因为它们是最靠近的，然后修正距离矩阵，此时选择最大距离为距离度量。

dist[1，(34)]=max[dist(1，3)，dist(1，4)]=max(20.6，22.4)=22.4

dist[2，(34)]=max[dist(2，3)，dist(2，4)]=max(14.1，11.2)=14.1

dist[5，(34)]=max[dist(3，5)，dist(4，5)]=max(25.0，25.5)=25.5

其余步骤省略，如图 4-8 中所示。

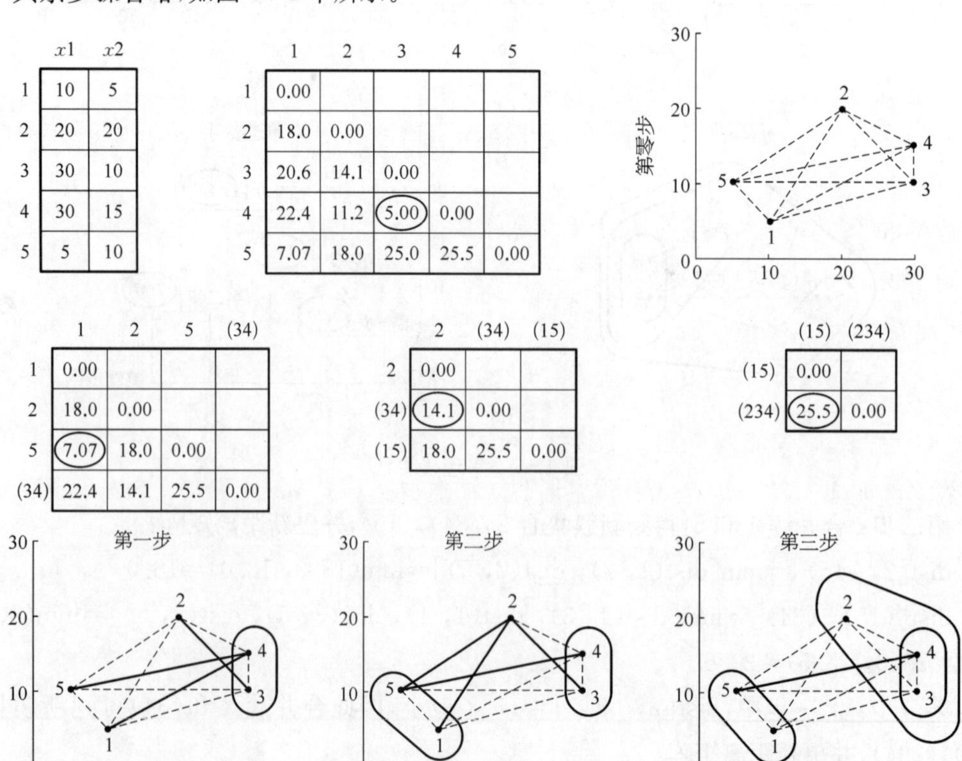

	x1	x2
1	10	5
2	20	20
3	30	10
4	30	15
5	5	10

	1	2	3	4	5
1	0.00				
2	18.0	0.00			
3	20.6	14.1	0.00		
4	22.4	11.2	5.00	0.00	
5	7.07	18.0	25.0	25.5	0.00

	1	2	5	(34)
1	0.00			
2	18.0	0.00		
5	7.07	18.0	0.00	
(34)	22.4	14.1	25.5	0.00

	2	(34)	(15)
2	0.00		
(34)	14.1	0.00	
(15)	18.0	25.5	0.00

	(15)	(234)
(15)	0.00	
(234)	25.5	0.00

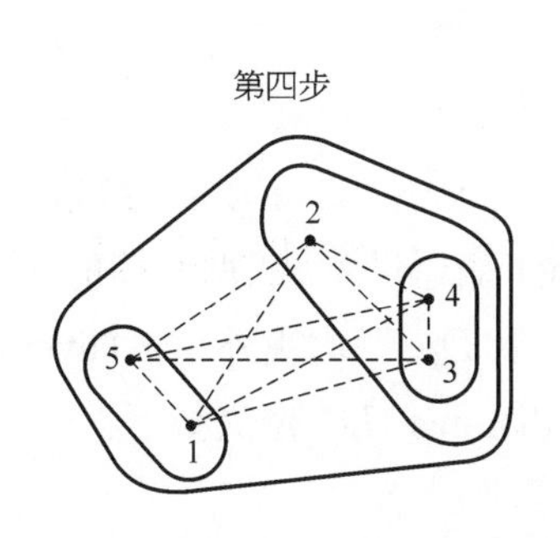

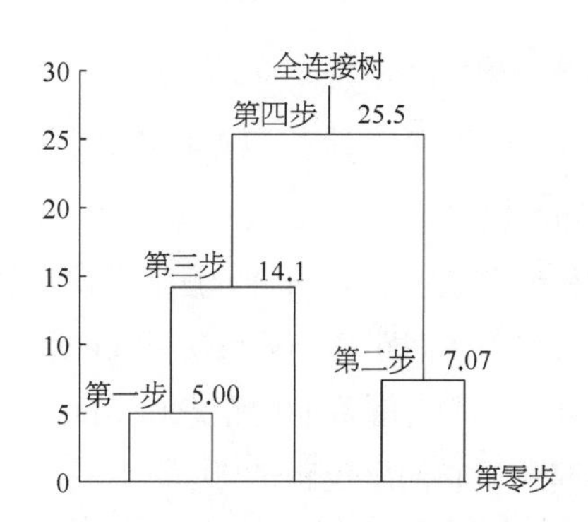

图 4-8 全连接算法

从上面两种算法及实例进一步表明，在实际情况中簇的数目一般根据实际问题来决定，没有一种方法对于任何类型的数据都能得到最佳结果，可以针对不同的可选方法进行试验，并根据选定的准则比较这些算法。

分裂的层次聚类算法通常很少用于日常的应用，因为它们计算复杂度较高。但是，尽管直接应用分裂的层次聚类法在第一次迭代中需要 n^2 次距离计算，但随后分裂的距离个数就较少。

3）BIRCH 算法

BIRCH 算法是一个综合的层次聚类方法，基本思想是建立一棵树，这棵树能够捕获进行聚类所必需的信息，然后聚类仅在这棵树上进行。其中树中的节点的标记包含了计算距离值所必需的信息。

它引入两个概念用于概括簇描述：簇特征（CF）和簇特征树（CF 树）。

对应 4.1.2 中的定义，先来看一些与 BIRCH 算法相关概念和符号说明，后面将详细讨论 CF 树结构。

符号说明 4.3（一个簇中的 N 个 d 维数据样本）：$\{\overrightarrow{X_i}\}(i=1, 2, \cdots, N)$。

符号说明 4.4（簇的质心 $\overrightarrow{C_0}$）：

$$\overrightarrow{C_0}=\frac{\sum_{i=1}^{N}\overrightarrow{X_i}}{N} \tag{4-23}$$

簇内紧密度（tightness）度量：半径 R 和直径 D。

符号说明 4.5（半径 R）：数据点到质心的平均距离。

$$R=\left(\frac{\sum_{i=1}^{N}(\overrightarrow{X_i}-\overrightarrow{C_0})^2}{N}\right)^{\frac{1}{2}} \tag{4-24}$$

符号说明 4.6（直径 D）：簇内的两两样本间距离的平均值。

$$D=\left(\frac{\sum_{i=1}^{N}\sum_{j=1}^{N}(\overrightarrow{X_i}-\overrightarrow{X_j})^2}{N(N-1)}\right)^{\frac{1}{2}} \tag{4-25}$$

给定两个簇 C_1 和 C_2：

簇 C_1 具有 N_1 个 d 维的数据样本：$\{\overrightarrow{X_i}\}(i=1,2,\cdots,N_1)$，质心为 $\overrightarrow{C_{01}}$；簇 C2 具有 N_2 个 d 维的数据样本：$\{\overrightarrow{X_j}\}(j=N_1+1,N_1+2,\cdots,N_1+N_2)$，质心为 $\overrightarrow{C_{02}}$。

两个簇的接近度(closeness)度量：两个簇的质心的欧氏距离 D_0、两个簇的质心的曼哈顿距离 D_1、平均簇间距离(average inter-cluster distance) D_2、平均簇外距离(average intra-cluster distance) D_3、偏差平均距离(variance increase distance) D_4，定义如下：

两个簇的质心的欧氏距离 D_0：

$$D_0=((\overrightarrow{C_{01}}-\overrightarrow{C_{02}})^2)^{\frac{1}{2}} \tag{4-26}$$

两个簇的质心的曼哈顿距离 D_1：

$$D_1=|\overrightarrow{C_{01}}-\overrightarrow{C_{02}}|=\sum_{i=1}^{d}|\overrightarrow{C_{01}}^{(i)}-\overrightarrow{C_{02}}^{(i)}| \tag{4-27}$$

平均簇间距离 D_2：

$$D_2=\left(\frac{\sum_{i=1}^{N_1}\sum_{j=N_1+1}^{N_1+N_2}(\overrightarrow{X_i}-\overrightarrow{X_j})^2}{N_1N_2}\right)^{\frac{1}{2}} \tag{4-28}$$

平均簇外距离 D_3：

$$D_3=\left(\frac{\sum_{i=1}^{N_1}\sum_{j=N_1+1}^{N_1+N_2}(\overrightarrow{X_i}-\overrightarrow{X_j})^2}{(N_1+N_2)(N_1+N_2-1)}\right)^{\frac{1}{2}} \tag{4-29}$$

偏差平均距离 D_4：

$$D_4=\sum_{k=1}^{N_1+N_2}\left(\overrightarrow{X_k}-\frac{\sum_{l=1}^{N_1+N_2}\overrightarrow{X_l}}{N_1+N_2}\right)^2-\sum_{i=1}^{N_1}\left(\overrightarrow{X_i}-\frac{\sum_{l=1}^{N_1}\overrightarrow{X_l}}{N_1}\right)^2-\sum_{j=N_1+1}^{N_1+N_2}\left(\overrightarrow{X_j}-\frac{\sum_{l=1}^{N_1+N_2}\overrightarrow{X_l}}{N_2}\right)^2 \tag{4-30}$$

不难看出，D_3 实际是两个簇合并后的直径 D。

定义 4.6(簇特征 CF)元组：是包含簇信息的三元组(N, LS, SS)，N：簇的数据点的数量；LS：所有数据点的线性和，即 $\sum_{i=1}^{N}\overrightarrow{X_i}$；$SS$：所有数据点的平方和，即 $\sum_{i=1}^{N}\overrightarrow{X_i}^2$。

定理 4.1(CF 迭加性)：假设 $CF_1=(N_1,LS_1,SS_1)$，$CF_2=(N_2,LS_2,SS_2)$是两个不相交子集的 CF 向量。这两个簇合并后形成的簇的 CF 元组为：

$$CF_1+CF_2=(N_1+N_2,LS_1+LS_2,SS_1+SS_2)。$$

从 CF 的定义和迭加性定理可以看出，簇特征 CF 是对给定子簇的统计汇总，记录了计算簇和有效利用存储的关键度量，并随着簇的合并进行增量式的计算。

CF 向量存储效率高，它占用的空间远远小于簇的所有的数据点，保存了足够的信息可以用于计算所需的任何度量：$\overrightarrow{C_0}$，R，D，D_0，D_1，D_2，D_3，D_4，以及常用的质量度量(如，簇的加权总/平均直径)等。

定义 4.7(CF 树)：是一棵高度平衡树，其节点是 CF 元组，具有两个参数：平衡因子 B 和阈值 T。每个非叶节点最多包含 B 个元组[CF_i，child_i](其中 $i=1, 2, \cdots, B$)，child_i是指向第 i 个子节点的指针，CF_i是这个子节点代表的子簇的 CF 向量。即一个非叶节点实际上由所有元组代表的子簇组成。每个叶节点包含了最多 L 个元组，形式为[CF_i]，$i=1, 2, \cdots, L$。每个叶节点有两个指针：prev 和 next，通过这两个指针把所有的叶节点连接在一起，以提高搜索效率。叶结点代表的簇由所有元组代表的子簇组成。一个叶结点的所有元组必须满足阈值 T：直径(或半径)必须小于 T。

树的大小是一个关于 T 的函数。T 越大，树越小。这是因为 T 越大，反映了簇的松散程度越大，每个簇所包含的数据点就越多，从而整个数据集上的簇的数目就越少，结果 CF 树的结点减少，所以树就越小。

另外，算法要求每个节点占用的内存空间为一个页面，大小为 P。一旦给定了数据空间的维数 d，非叶节点和叶节点的元组的大小就可以确定，也就是说 B 和 L 由 P 确定，可以根据性能调节 P 的大小。

CF 树可以随着新数据的插入而动态创建。它的创建方法与 B+树很相似。

把一个新数据(entry)插入 CF 树的算法步骤如下(给定数据为“Ent”)：

(1) 识别合适的叶节点：从根节点开始，自上而下，根据给定的距离函数度量(如，定义的 D_0，D_1，D_2，D_3，D_4)选择最近的子节点。

(2) 修改叶节点。当到达某个叶节点时，找到最近的叶子元组，假设为 L_i。检验：L_i能否吸收“Ent”并且不违反阈值 T 的规定。如果符合阈值的要求，则更新 L_i的 CF 向量；否则，为“Ent”新建一个元组，插入叶节点。如果叶节点中没有足够的空间，则分裂叶节点。叶节点分裂时，将最远的一对元组作为种子，按最邻近标准分配剩下的元组。

(3) 修改根节点到叶子节点的路径。把元组插入叶节点后，必须更新根节点到叶节点路径上的所有非叶节点的 CF 信息。如果不存在分裂，则只需把“Ent”的值添加到 CF 向量中即可。如果存在分裂，则在父节点中加入一个新的非叶子节点元组。如果父节点有足够的空间可以容纳新元组，则只需更新 CF 向量以反映“Ent”的值，一般地，必须分割父节点直到遇到根节点。如果根节点存在分裂，则树的高度增加 1。

(4) 合并精化。分裂由页面大小决定，而与数据的聚类属性无关。这将影响聚类的质量，也会减少空间的利用。

简单的附加合并步骤有助于改善以下问题：

假设有一个叶节点存在分裂，分裂在某个非叶节点 N_j停止生长。扫描节点 N_j以找到两个最近的 entry，如果它们不是关于分裂的点对，则将其与两个相应的子节点合并。如果合并子节点后的所有 entry 一个页面不能装载，那么就需要重新分裂合并的节点。

在重新分裂过程中，假使一个种子 entry 能"吸纳"足够多的 entry 填满一个页面，就把剩下的 entry 放到另一个种子"吸纳"的页面中。总之，如果合并的那些 entry 能被一个页面容纳下，则释放一个 entry 空间以备后用，这样可以增加空间利用度，且可以延迟以后的分裂；否则的话，进行重新分裂操作，这样也可以改善在两个最近子节点中的 entry 分布性能。

BIRCH 聚类算法的基本步骤包括：数据载入、*CF*-树的压缩(可选)、全局聚类以及聚类精华(可选)等四部分(图 4-9)。

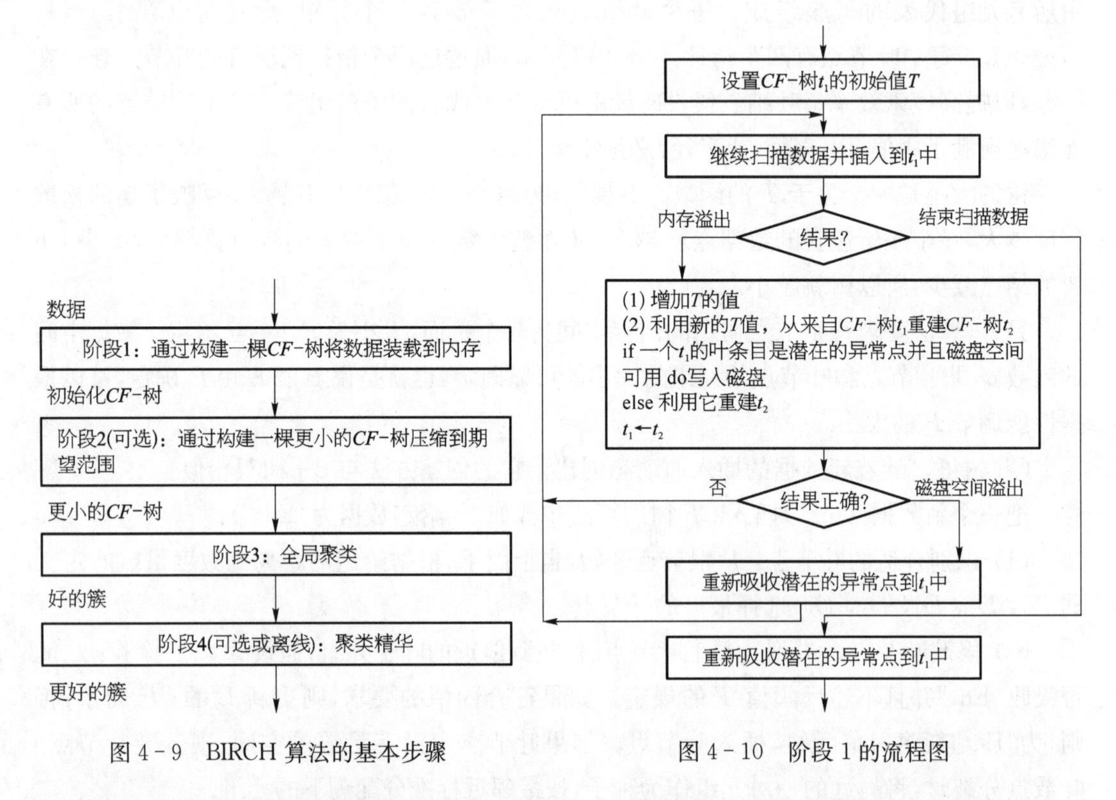

图 4-9 BIRCH 算法的基本步骤　　图 4-10 阶段 1 的流程图

阶段 1 扫描数据，根据给定的内存和磁盘回收空间建立初始 *CF* 树，放入内存。

下面用图 4-10 显示阶段 1 的细节。从一个初始阈值开始，扫描数据，把数据点插入 *CF* 树。如果内存不足，则提高阈值，把旧树的叶节点插入新树，重新构建一个较小的 *CF* 树。原来的叶节点被重新插入后，从数据打断处继续扫描数据(并插入到新树中)。

重建较小的 *CF* 树的过程如下：

假设在 *CF* 树 T_i 的每个结点中，其中的 entry 都连续从 0 到 N_k-1 进行标号，其中 N_k 是该结点中的 entry 数目。那么一条从根结点中的 entry(第一层)到叶结点(第 h 层)的 Path 可以唯一地表示成(I_1, I_2, …, I_{h-1})，其中 I_j($j=1$, …, $h-1$)是那条路径上的第 j 层 entry 的标号。所以，Path($I_1^{(1)}$, $I_2^{(1)}$, …, $I_{h-1}^{(1)}$)称是 before(或者称是＜)Path($I_1^{(2)}$, $I_2^{(2)}$, …, $I_{h-1}^{(2)}$)的，如果满足 $I_1^{(1)}=I_1^{(2)}$, …, $I_{j-1}^{(1)}=I_{j-1}^{(2)}$，并且 $I^{(1)}{}_j<I^{(2)}{}_j$ $(0\leqslant j\leqslant h-1)$。很明显，一个叶子结点对应一条唯一的 Path。有了这个 Path 的定义，可以一条一条 Path 扫描

和释放旧树，同时，创建通过一条一条 Path 创建新树。新树从 NULL 开始，而旧的当前 Path“OldCurrentPath”从旧树的最左边的 Path 开始。重建算法：

在新树中创建一条“NewCurrentPath”：加到新树中的结点就如旧树中的一样。

把“OldCurrentPath”中的叶子结点中的 entry 插入到新树中：根据现有的阈值 T，在“OldCurrentPath”中的叶子结点中的 entry 测试能不能被在新树中的某条路径“NewClosetPath”所“吸收”（根据最近邻原则），如果“NewClosetPath”<“NewCurrentPath”，它就插入到“NewClosetPath”中，在“NewCurrentPath”中的空间就可以备后用；否则的话，它就插入到“NewCurrentPath”中。

释放在“OldCurrentPath”中和“NewCurrentPath”中的空间：一旦在“OldCurrentPath”中的所有叶子中的 entry 都处理完了，沿“OldCurrentPath”中不必要的结点就释放掉。同样，有可能在沿“NewCurrentPath”中一些结点是空的，因为最初对应这 Path 的叶子结点中的 entry 现在被“推前了”（被 before 中的路径给“吸收”了）。在这种情况下，空结点可以被释放掉。

“OldCurrentPath”设置成下一条路径（如果有的话），转到 1 进行重复操作。

阶段 2 是可选的。目的是尽量缩小在第 1 阶段的结果和第 3 阶段的输入之间存在的差异。因为，第 3 阶段采用的全局或半全局聚类算法在速度和质量上对输入都有着不同的要求。阶段 2 的工作和阶段 1 相似，扫描初始 CF 树，移除孤立点，合并密度较大的簇，从而建立一个更小的 CF 树。

阶段 3：输入顺序引起的不确定情况和页面大小限制引起的分裂对聚类结果的准确性将造成影响，阶段 3 使用某个全局或半全局聚类算法对叶结点的元组进行聚类，解决这个问题。因为数据点和子簇都可以通过 CF 向量来描述，目前用于数据点聚类的算法经修改后，可以用于子簇的聚类。例如，已知 CF 向量，最简单的方法是把中心点作为子簇的代表，把每个子簇作为单个数据点，现有的算法不需要进行任何改动；更精确的方法是把一个具有 n 个数据点的子簇作为中心点的 n 次重复，只需要在已有算法中把数量考虑进来即可；考虑到算法的普遍性和精确性，可以把现有的算法直接用于子簇上，因为它们的 CF 向量已经提供了足够的信息，可以任意计算距离和质量度量。

阶段 4 是可选的，它的作用是进一步精化聚类的准确性。阶段 4 把阶段 3 得到的所有簇的中心点作为种子，把数据点重新分配到最近的中心点上。它保证了相等的数据一定被分配到同一个簇中，而且允许属于同一簇的点可以进行迁移。还可以在阶段 4 进行孤立点的移除工作。

这些结构辅助聚类方法在大规模数据集中取得较高的速度和可伸缩性。BIRCH 算法采用多阶段聚类技术，对增量或动态聚类也非常有效。算法的计算复杂度是 $O(n)$，其中 n 表示样本的数目，算法具有对样本数目的线性伸缩性，及较好的聚类质量。但是其缺点在于如果簇不是球形的，BIRCH 不能很好的工作，因为 BIRCH 用了半径或直径的概念来控制聚类的边界。

4.2.2 划分的方法——k-means 和 k-medoids 算法

已经知道，给定一个包含 n 个样本的数据集，划分方法是将数据分为 k 个划分($k \leqslant n$)，每个划分表示一个簇，同时满足：

① 每个簇至少包含一个样本。

② 每个样本必须属于且仅属于一个簇。

下面详细介绍两种最常用的启发式方法：k-平均(k-means)算法和 k-中心点(k-medoids)算法。

1) 基于质心的 k-means 聚类算法

k-means 算法(图 4-11)是基于质心的方法，即相似度计算是根据一个簇中对象的平均值(簇的质心)进行的，目标是找到数据的 k 个划分使得准则函数(见 3.2.4)收敛(k-means 算法中簇的数量 k 是在算法运行前确定的)。具体步骤如下：

① 选择一个含有随机样本的 k 个簇的初始划分，计算这些簇的质心。

② 根据欧氏距离把剩余的每个样本分配到距离它最近的簇质心的一个簇。

③ 计算被分配到每个簇的样本的平均值，作为新的簇的质心。

④ 重复步骤②和③，直到 k 个簇的质心点不再发生变化或准则函数收敛。

```
算法 3.2  k-means 算法
输入：样本集合χ={X1, X2, …, Xn}，期望的簇的数量 k
输出：k 个簇的集合{C1, C2, …, Ck}步骤：
1) for l=1, …, k 设 rl 为从χ中随机选取的一个对象；
    2) repeat
        3) 形成簇；
        4) for i=1, …, k do
            5) Ci = {X∈χ|d(ri, X)≤d(rj, X) 对所有 j=1, …, k, j ≠ i}；
            6) 计算新的簇的质心；
        7) for i=1, …, k do
            8) ri = Ci 内点的均值向量(质心)
    9) until 准则函数收敛
```

图 4-11 k-means 算法

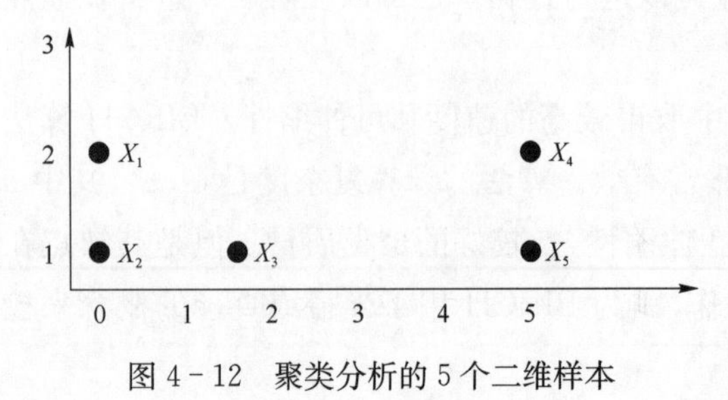

图 4-12 聚类分析的 5 个二维样本

例 4.5： 如图 4-12 所示，坐标表示 5 个点 $\{X_1, X_2, X_3, X_4, X_5\}$ 作为一个聚类分析的二维样本：$X_1=(0, 2)$，$X_2=(0, 0)$，$X_3=(1.5, 0)$，$X_4=(5, 0)$，$X_5=(5, 2)$。假设要求的簇的数量 $k=2$，选用平方误差准则作为衡量聚类划分准则。

第 1 步，由样本的随机分布形成两个簇：

$C_1=\{X_1, X_2, X_4\}$和$C_2=\{X_3, X_5\}$；

这两个簇的质心M_1和M_2是：

$M_1=\{(0+0+5)/3, (2+0+0)/3\}=\{1.66, 0.66\}$；

$M_2=\{(1.5+5)/2, (0+2)/2\}=\{3.25, 1.00\}$；

样本初始随机分布之后，方差是：

$e_1^2=[(0-1.66)^2+(2-0.66)^2]+[(0-1.66)^2+(0-0.66)^2]+[(5-1.66)^2+(0-0.66)^2]=19.36$；

$e_2^2=[(1.5-3.25)^2+(0-1)^2]+[(5-3.25)^2+(2-1)^2]=8.12$；

误差平方和是：$E^2=e_1^2+e_2^2=19.36+8.12=27.48$

第 2 步，取距离其中一个质心(M_1或M_2)最小的距离分配所有样本，簇内样本的重新分布如下：

$d(M_1, X_1)=(1.66^2+1.34^2)^{1/2}=2.14$ 和 $d(M_2, X_1)=3.40 \Rightarrow X_1 \in C_1$；

$d(M_1, X_2)=1.79$ 和 $d(M_2, X_2)=3.40 \Rightarrow X_2 \in C_1$

$d(M_1, X_3)=0.83$ 和 $d(M_2, X_3)=2.01 \Rightarrow X_3 \in C_1$

$d(M_1, X_4)=3.41$ 和 $d(M_2, X_4)=2.01 \Rightarrow X_4 \in C_2$

$d(M_1, X_5)=3.60$ 和 $d(M_2, X_5)=2.01 \Rightarrow X_5 \in C_2$

新簇$C_1=\{X_1, X_2, X_3\}$和$C_2=\{X_4, X_5\}$

第 3 步，计算新的质心：

$M_1=\{0.5, 0.67\}$；　$M_2=\{5.0, 1.0\}$。

相应的类内方差及误差平方和分别是：

$e_1^2=4.17$；　$e_2^2=2.00$；　$E=6.17$；

可以看出第一次迭代后，误差平方和显著减小(从值 27.48 到 6.17)。在这个简单的例子中，第一次迭代同时也是最后一次迭代，因为如果继续分析新中心和样本间的距离，样本将会全部分给同样的簇，不将重新分配，算法停止。

(1) k - means 算法时间和空间复杂度。

① 时间复杂度与数据集的大小是线性关系：$O(nkl)$，其中 n 是样本数量，k 是簇的数量，l 是算法收敛时已迭代的次数(通常 k 和 l 预先给定)。

② 空间复杂度是 $O(k+n)$。

③ 算法不依赖样本顺序：给定一个初始簇分布，无论样本顺序如何，聚类结束后生成的簇都一样。

(2) k - means 算法的局限性。

① 在使用迭代的划分聚类算法时，缺少一个有关可应用于选择初始划分的最佳方向、更新分区、调整簇数和停止准则等方面的指导，因此，k - means 算法要求用户必须事先给出要生成的簇的数目。

② 由于 k - means 算法通过计算簇的平均值来使准则函数最小化，算法只有在簇的平均值被定义的情况下才能使用，这可能不适用于某些应用，如涉及有类别属性的数据。

③ k - means 算法对噪声和异常点非常敏感，因为即使是少数这样的数据对平均值的影响也相当大，因此算法必须在预处理时清除异常点，另外需要进行后处理，包括合并相互接近的簇、清除小的簇（因为它们可能表示异常点的集合）、分割可能导致错误的松散的簇。

(3) k - means 算法的变体（k - modes，k - prototypes）。为克服 k - means 算法的局限性，提出了许多 k - means 算法的变体，这些变体的不同在于初始 k 均值的选择、相似度的计算和簇均值的计算策略等方面。

① 初始点的选择不同聚类的结果也不相同（图 4 - 13），因此，在初始点选取上有很多变体算法。

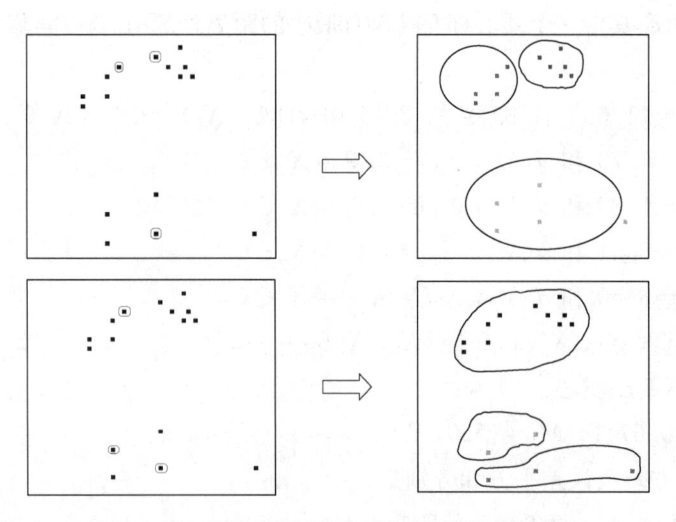

图 4 - 13　初始点的选择不同对聚类结果的不同

② 基于误差准则在许多应用中不适用，如：大小很不相同的簇或具有凹状的簇。

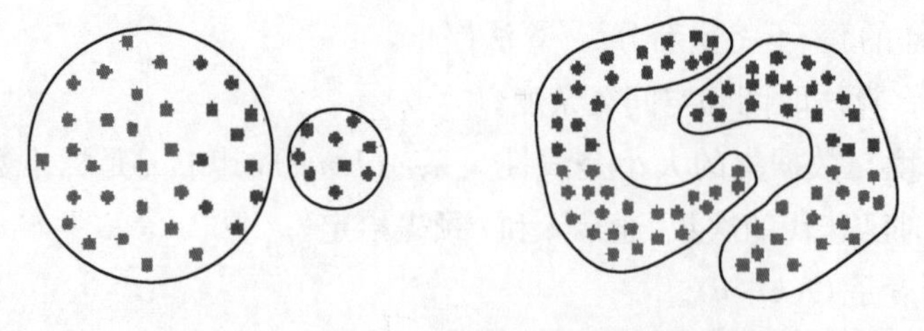

图 4 - 14　误差准则不同处理不同形状的簇

③ k - means 被限定在欧氏空间中，但 k - means 的变体可被用于其他类型的数据。

k - means 算法使用的限制条件常常是针对数值型数据。它的一个变体 k - prototypes 算法可以针对数值与离散两种混合类型的数据进行聚类，在 k - prototypes 算法中定义了一个对数值和离散两种属性都计算的相异度度量：$s_n + \gamma s_c$（s_n是在数值属性上由欧几里得距离的平方定义的相似度度量，s_c是在离散属性上由两个样本之间离散数据的不匹配数量所定义的相似度度量，γ是一个避免两个属性失衡的权重）。

k - modes 方法是 k - prototypes 算法的一个简化，用于对离散属性数据聚类的快速聚类算法，在保留了 k - means 算法效率的同时将 k - means 的应用范围扩大到离散数据，算法用簇的模替代 k - means 算法中的均值，采用基于频率的方法来修改簇的模，使用新的相异度度量处理样本，由于不存在 s_c，因此在 k - modes 算法中权重 γ 不再需要。该算法的最大优点是对大数据集具有扩充性。

2）基于有代表性的对象的 k -中心点（k - medoids）方法

针对 k - means 算法对孤立点敏感这一缺陷，提出了 k -中心点方法。它不是采用簇中样本的平均值为簇的代表，而是选用簇中位置最中心的样本对象，即中心点（medoids）为簇的代表。因此，k -中心点方法对于噪声和异常点没有 k - means 方法敏感，且它与样本访问的顺序无关，而且不会随着数据点的平移和正交变换改变，适用于距离相似度且没有欧氏空间的限制。

k - medoids 聚类算法的基本策略：不采用簇中样本的平均值作为参照点，选用簇中位置最中心的样本——中心点作为参照点。原则是基于最小化所有样本与其参照点之间的相似度之和。

k - medoids 具体步骤：

① 为每个簇随意选择一个代表样本 O_j。

② 根据剩余样本与代表样本的距离将剩余样本分配给最近的一个簇。

③ 反复地用非代表样本 O_{random} 来替代代表样本，以改进聚类的质量。聚类结果的质量用代价函数来估算（代价函数是一个用来度量样本与其参照样本之间的平均相似度的度量函数）。

判定一个非代表样本 O_{random} 是否是当前一个代表样本 O_j 的好的替代，考虑以下四种情况：

PAM 算法：
1）随机选择 k 个代表对象作为初始的中心点.
2）计算所有 O_i，O_h 对的 TC_{ih}，O_i 是当前选择的代表对象，而 O_h 是非代表对象.
3）选择 TC_{ih} 值最小的对 O_i，O_h，若该 TC_{ih} 值是负数，则用 O_h 代替 O_i，返回第 2 步.
4）若该 TC_{ih} 值非负，则为每个非代表对象找出与之最相似的代表对象. 算法停止.

图 4 - 15 非代表样本 O_{random} 是否是当前一个代表样本 O_j 的好的替代四种情况

对于每一个非中心对象 p，

第一种情况：p 当前隶属于中心对象 O_j。如果 O_j 被 O_{random} 所代替作为中心点，且 p 离一个 O_i 最近，$i \neq j$，那么 p 被重新分配给 O_i；

第二种情况：p 当前隶属于中心对象 O_j。如果 O_j 被 O_{random} 所代替作为中心点，且 p 离 O_{random} 最近，那么 p 被重新分配给 O_{random}；

第三种情况：p 当前隶属于中心对象 O_i，$i \neq j$。如果 O_j 被 O_{random} 所代替作为中心点，而 p 仍然离 O_i 最近，那么对象的隶属不发生变化；

第四种情况：p 当前隶属于中心对象 O_i，$i \neq j$。如果 O_j 被 O_{random} 所代替作为中心点，且 p 离 O_{random} 最近，那么 p 被重新分配给 O_{random}。

下面介绍一种典型的 k-中心点算法 PAM(Partitioning Around Medoids——围绕中心点划分)。

(1) PAM 算法基本步骤：

① 为找到 k 个簇，PAM 方法为每个簇选择一个代表样本，即中心点。

② 选定中心点后，其余样本被分配给与它最相似的中心点，更确切地说，若 O_j 是非代表对象，而 O_i 是一个中心点，若 $d(O_j, O_i) = \min_{O_e} d(O_j, O_e)$，则 O_j 属于 O_i 所代表的簇，这里 $d(O_j, O_i)$ 表示样本 O_j 和 O_i 的距离，$\min_{O_e}$ 表示与所有中心点 O_e 的最小距离。

③ 簇的质量用样本与簇的中心点的平均距离来度量。

为了寻找 k 个中心点，PAM 首先任意选择 k 个样本，然后每次用非代表样本 O_h 来代替代表对象 O_i 以改进聚类的质量。为了计算替代的效果，PAM 将为所有非代表样本 O_j 计算 C_{jih}，根据 O_j 属于的簇，C_{jih} 由下面等式中的一个决定：

第一种情况：假设 O_j 当前属于 O_i 所代表的簇。$O_{j,2}$ 是离 O_j 第二相似的中心点。而且，与 O_h 相比 O_j 与 $O_{j,2}$ 更相似，即 $d(O_j, O_h) \geqslant d(O_j, O_{j,2})$。因此，若 O_h 代替 O_i 成了中心点，O_j 将属于由 $O_{j,2}$ 代表的簇。那么，关于 O_j 的交换代价为：

$$C_{jih} = d(O_j, O_{j,2}) - d(O_j, O_i) \quad (4-31)$$

这个等式将得到一个非负的 C_{jih}，表示用 O_h 代替 O_i 是一个非负的代价。

第二种情况：假设 O_j 当前属于 O_i 所代表的簇。但是与 O_h 相比，O_j 与 $O_{j,2}$ 相似度要小，即 $d(O_j, O_h) < d(O_j, O_{j,2})$，因此，若 O_h 代替 O_i 成了中心点，O_j 将属于由 O_h 代表的簇。那么，关于 O_j 的交换代价为：

$$C_{jih} = d(O_j, O_h) - d(O_j, O_i) \quad (4-32)$$

与式 3-29 不同的是，C_{jih} 可以是正的也可以是负的，这要看 O_i 与 O_h 相比，哪个与 O_j 更相似。

第三种情况：假设 O_j 当前不属于 O_i 所代表的簇，而是属于由 $O_{j,2}$ 代表的簇。而且，与 O_h 相比，O_j 与 $O_{j,2}$ 更相似，即 $d(O_j, O_h) \geqslant d(O_j, O_{j,2})$。因此，若 O_h 代替 O_i 成了中心点，O_j 将留在由 $O_{j,2}$ 代表的簇。即交换代价为：

$$C_{jih} = 0 \quad (4-33)$$

第四种情况：假设 O_j 当前属于由 $O_{j,2}$ 代表的簇。但是与 O_h 相比，O_j 与 $O_{j,2}$ 相似度要小，即 $d(O_j, O_h) < d(O_j, O_{j,2})$。因此，若 O_h 代替 O_i 成了中心点，O_j 将属于由 O_h 代表的簇。那么，关于 O_j 的交换代价为：

$$C_{jih} = d(O_j, O_h) - d(O_j, O_{j,2}) \tag{4-34}$$

这个等式得到的值总是负数。

综合以上四种情况,用O_h代替O_i总的代价和TC_{ih}为:

$$TC_{ih} = \sum_j C_{jih} \tag{4-35}$$

(2) PAM算法评价:PAM算法对小的数据集合非常有效,但对中等和大数据集没有良好的可伸缩性。在算法的第2,3步中,共有$k \times (n-k)$对O_i, O_h。每一对计算TC_{ih}时,需要检查$(n-k)$个非代表对象。那么第2,3步的时间复杂度为$O(k(n-k)^2)$,而这只是一次循环的时间复杂度。因此,明显可以看出若n和k很大的话,PAM的代价将非常大。为了处理较大的数据集合,于是出现了CLARA算法作为PAM算法的补充。

CLARA不像PAM算法那样为整个数据集找出代表对象,而是选择数据集的一小部分作为数据的样本,然后对这些数据样本应用PAM方法来找到样本的中心点。如果样本是以非常随机的方式选取的,那么从这些样本中得出的中心点很可能与从整个数据集合中得到的中心点非常相似。为了得到更好的近似,CLARA将抽取数据集合的多个样本,对每个样本应用PAM算法,返回最好的聚类结果作为输出。在这里,评价聚类质量的度量是计算整个数据集中所有对象的平均相异度,而不仅是样本中的对象。

CLARA算法处理大数据集的执行结果是令人满意的。PAM每次循环的时间复杂度是$O(k(n-k)^2)$,而CLARA是对样本应用PAM算法,每次循环的时间复杂度为$O(k(40+k)^2+k(n-k))$。由此可以看出,处理大数据集时,CLARA算法比PAM算法迅速。

4.2.3 基于密度的方法——OPTICS算法

基于距离的聚类方法限于发现球状簇,为克服这一不足,研究者提出了基于密度的聚类方法,它的主要思想是只要一个区域中的点的密度(样本的数目)超过某个阈值则继续聚类。

给定数据对象集合D,下面首先给出基于密度聚类的相关定义:

定义4.8(对象p的ε-邻域):一个对象p的ε-邻域记为$N_\varepsilon(p)$,定义为:$N_\varepsilon(p)=\{q\in \mathrm{D} \mid \mathrm{dist}(p, q)\leqslant\varepsilon\}$,即给定对象半径ε内的区域称为该对象的ε-邻域。

定义4.9(核心对象,core point):如果一个对象p的ε-邻域至少包含最小数目(MinPts)个对象,则称对象p为核心对象。此外,如果一个对象p的ε-邻域包含对象数目少于最小数目(MinPts)个对象,称对象p为边界对象(border point)。

定义4.10(直接密度可达,directly density-reachable):如果一个对象p是在另一对象q的ε-邻域内,且q是一个核心对象,则对象p从对象q出发是直接密度可达的。

也就是说,一个对象p是从另一对象q出发,关于ε, MinPts直接可达的,要求满足以下条件：

(1) $p \in N_\varepsilon(q)$。

(2) $|N_\varepsilon(q)| \geqslant \text{MinPts}$ （核心对象条件）。

直接密度可达对于一对核心对象而言具有对称性，但如果其中一个对象是核心对象，而另一个是边界对象，则不具备对称性。图 4-16 显示了非对称情形。

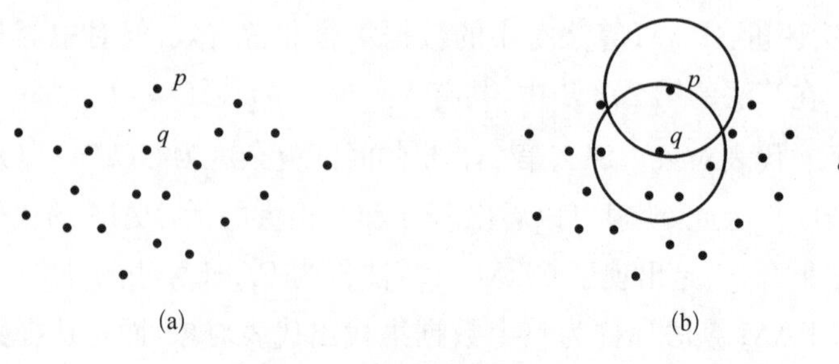

图 4-16 核心对象与边界对象

定义 4.11(密度可达，density-reachable)：如果存在一个对象链 $p_1, p_2, \cdots, p_n$，$p_1 = q$，$p_n = p$，对 $p_i \in D$ $(1 \leqslant i \leqslant n)$，$p_{i+1}$是从 p_i关于 ε 和 MinPts 直接密度可达的，则对象 p 是从对象 q 关于 ε 和 MinPts 密度可达的。

密度可达性是直接密度可达性的一个扩展，这个关系具有传递性，但不一定是对称的(当两个均为核心对象时，这个关系是对称的)。同一个簇 C 中的两个边界点可能相互不是密度可达的，因为核心点条件对它们不成立，但是，应该存在 C 中的一个核心点，这两个边界点都是从它密度可达的。

定义 4.12(密度相连，density-connected)：如果对象集合 D 中存在一个对象 o，使得对象 p 和 q 是从 o 关于 ε 和 MinPts 密度可达的，那么对象 p 和 q 是关于 ε 和 MinPts 密度相连的。

密度相连性是一个对称关系，图 4-17、图 4-18 解释了定义 4.11 和定义 4.12，这是一个二维向量空间中的样本数据点集。注：以上定义仅要求一个距离度量，所以可以应用于来自任何距离空间的数据点。

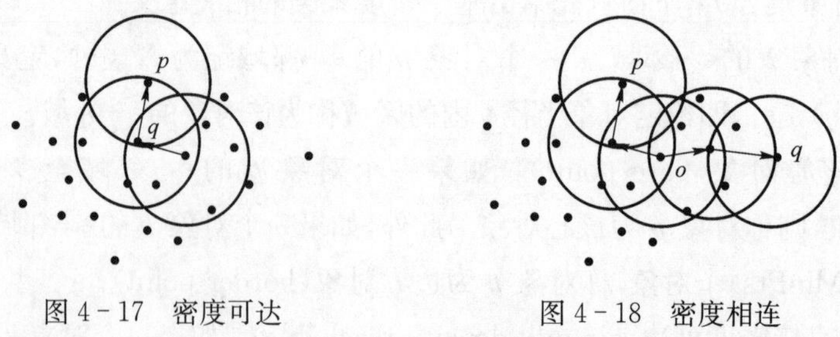

图 4-17 密度可达　　　　图 4-18 密度相连

例 4.6：如图 4-17、图 4-18 所示，给定 ε 为圆的半径，MinPts=3。根据以上定义：

(1) 在被标记的点中，o_1，q，o_2及 r 在 ε-邻域内至少包含了三个点，所以它们都是核心对象。

(2) p 是从 o_1 直接密度可达的。o_1 是从 q 直接密度可达的，反之亦然。

(3) 因为 p 是从 o_1 直接密度可达的，o_1 是从 q 直接密度可达的，所以 p 是从 q 间接密度可达的。但由于 p 不是一个核心对象，所以 q 并不是从 p 密度可达的。同理，r 和 s 是从 o_2 密度可达的，而 o_2 是从 r 密度可达的。

(4) o_2，r 和 s 是密度相连的。

直观地讲，一个簇是相对于密度可达性达到最大值的一个密度相连的点集，而噪声则相对一簇来定义，即为数据集中那些不属于任何簇的数据点集。下面给出它们的定义：

定义 4.13(基于密度的簇，cluster)：设 D 是存储对象的数据库，关于 ε 和 MinPts 的簇 C 是满足下列条件的 D 的非空子集：

(1) $\forall p, q$：如果 $p \in C$ 且对象 q 是从对象 p 关于 ε 和 MinPts 密度可达，则 $q \in C$。(最大性)

(2) $\forall p, q \in C$：对象 p 和对象 q 关于 ε 和 MinPts 密度相连。

根据上面的条件，一个基于密度的簇即是基于密度可达性的最大的密度相连对象的集合。

需要注意的是，一个簇不仅包含核心对象，也包含不满足核心对象条件的边界对象，这些对象至少是从簇中的一个核心对象直接可达的(否则就是噪声对象)。

定义 4.14(噪声，noise)：设 C_1，C_2，…，C_k 是数据库 D 关于 ε_i 和 MinPts_i 的簇，不属于任何簇 C_i 的数据库中点集称为噪声。

下面按照以上定义及符号，详细介绍两种基于密度的聚类算法：DBSCAN 和 OPTICS。

1) 基于高密度连接区域的聚类方法：DBSCAN(density-based spatial clustering of application with noise)[4]

DBSCAN 算法是最基本的基于密度的聚类算法，算法通过递归地进行最近邻搜索，来检索直接密度可达的对象，即检查数据库中每个对象的 ε-邻域，如果一个点 p 的 ε-邻域 $N_\varepsilon(p)$ 包含多于 MinPts 个点，则创建一个以 p 作为核心对象的新簇 C；然后，检查 C 中每个未被处理过的点 q 的 ε-邻域，如果 $N_\varepsilon(q)$ 包含多于 MinPts 个对象，那么 q 的邻域中所有未在 C 中的对象被加到簇 C 中来，并且下一步检查它们的 ε-邻域 N；循环这个过程直到不再有新的对象点能被加到当前的簇 C 中，过程结束。

DBSCAN 算法将具有足够高密度的区域划分为簇，并可以在含有噪声的空间数据库中发现任意形状的簇。

2) 通过对象排序识别聚类结构的聚类方法：OPTICS(ordering points to identify the clustering structure)(基于密度的簇排序)

给定参数 ε 和 MinPts，DBSCAN 可以对数据集中的对象进行聚类，但它却仍然依赖于用户对这些参数的选择，使得发现的簇是可接受的。同样，在其他许多聚类算法中也存在类似的问题。特别是在高维的现实数据上，这些参数是很难设置的，所以许多算法对这些参数是比较敏感的，参数的轻微变化会导致簇结构发生很大的变化。此外，高维数据集的分布通常也是偏斜的，因此，内在的簇结构也很难用一个全局的密度参数来刻画。

为了解决这些难题，提出了不考虑参数说明的 OPTICS 聚类分析方法，OPTICS 算法并不显式地产生一个数据集合簇，而是生成代表数据的基于密度的簇结构的一个簇排序(cluster ordering)，算法最后对每个对象给出两个值：核心距离和可达距离。

引入 OPTICS 来给出基于密度的簇的排序，基于这样一个观察：对一个恒定的 MinPts 值，相对较高密度(即邻域半径 ε 值较小)的簇包含在相对较低密度(即 ε 值较大)的密度相连的集合内。如图 4-19 所示，这里 C_1 和 C_2 是相对于 $\varepsilon_2(\varepsilon_2<\varepsilon_1)$ 的基于密度的簇，C 是相对于 ε_1 的基于密度的簇，C 完全包含了 C_1 和 C_2，那么可以先选择相对于最小的 ε 的密度可达的对象，来保证先发现密度高的簇(ε 值较小)。

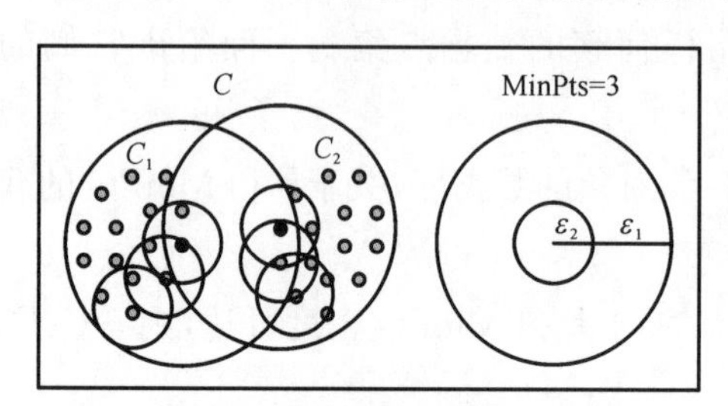

图 4-19 基于密度的簇的解释

定义 4.15(核心距离，core distance)：设 p 是数据集 D 中的一个对象，$N_\varepsilon(p)$ 是 p 的 ε-邻域，MinPts 是一个自然数，且 MinPts_distance(p)是从 p 到其 MinPts 个邻居的距离，对象 p 的核心距离是使得 p 成为核心对象的最小的 ε。如果 p 不是核心对象，则 p 的核心距离无定义。

即 p 的核心距离 core_distance$_{\varepsilon,\ \text{MinPts}}(p)$ = UNDEFINED，当 Card($N_\varepsilon(p)$)<MinPts；MinPts_distance(p)，其他。

定义 4.16(可达距离，reachable distance)：设 p 和 o 是数据集 D 中的对象，$N_\varepsilon(o)$是 o 的 ε-邻域，MinPts 是一个自然数，一个对象 p 关于另一个对象 o 的可达距离是 o 的核心距离和 o 与 p 的欧几里得距离之间的较大值。如果 o 不是一个核心对象，o 和 p 之间的可达距离无定义。

即 p 关于 o 的可达距离 reachable_distance$_{\varepsilon,\ \text{MinPts}}(p,\ o)$ = UNDEFINED，当 $N_\varepsilon(o)$<MinPts；max(core_distance(o)，distance(o, p))，其他核心距离与可达距离如图 4-20 所示。

由以上定义，给出 OPTICS 算法的主要步骤(详细伪代码如图 4-21 所示)：

OPTICS 算法的基本思想是生成代表数据的基于密度的簇结构的一个簇排序，并存储每个对象的核心距离和可达距离，依据这些信息从排序中提取关于距离 ε′(ε′ 小于距离 ε)的簇。

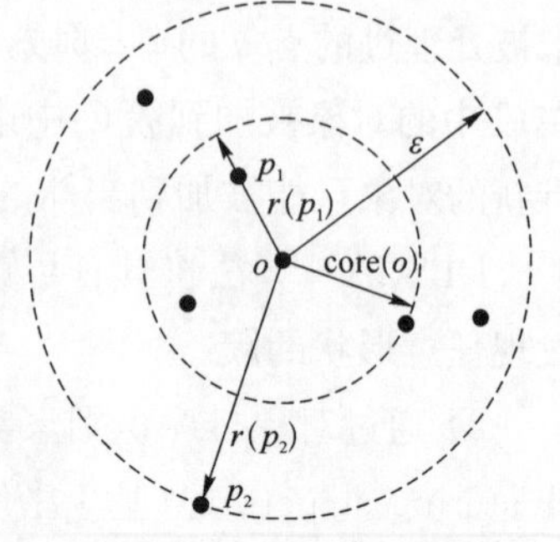

图 4-20 核心距离与可达距离定义的解释

OPTICS 得到每个点的核心距离和可达距离的过程如下：

从任意一个点 o 开始，搜索所有关于 ε 和 MinPts 从 o 可达的点，如果 o 是核心点，则给出这些从 o 可达的点的核心距离和可达距离；如果 o 是边界点，则没有点从 o 密度可达，OPTICS 处理其他点。

过程 ExpandClusterOrder 如图 4－21b 所示：

方法 OrderSeeds：：Update(neighbour，centerobject) 如图 4－21c 所示：

```
算法 3.3  OPTICS 算法主循环
1) OPTICS (SetOfObjects, ε, MinPts, OrderedFile)
    2) OrderedFile.open( ); //打开排序文件(OrderedFile)以写入信息
        //对于数据库 SetOfObjects 中的每个对象,若对象未被处理,则将该对象
        传递给过程 ExpandClusterOrder.
3) FOR i FROM 1 TO SetOfObjects.size DO
        4) Object: = SetOfObjects.get(i);
        5) IF NOT Object.Processed THEN
            6) ExpandClusterOrder(SetOfObjects,Object, ε, MinPts, OrderedFile)
    7) OrderedFile.close( ); //循环结束后关闭文件(OrderedFile)
8) END; //OPTICS
```

(a) OPTICS 算法主循环

```
    //取出从主循环 OPTICS 传来的对象 Object 的 ε 邻域,设定其可达距离为 UNDEFINED,并确定核心
距离,然后将对象写入文件 OrderFile 中.
1) ExpandClusterOrder(SetOfObjects,Object,ε,MinPts,OrderedFile);
    2) neighbors: = SetOfObjects.neighbors(Object,ε);
      //计算对象 object 的 ε 邻域 Nε(o)
    3) Object.Processed: = TRUE;
    4) Object.reachability_distance: = UNDEFINED;
      //设定对象 object 的可达距离为 UNDEFINED
    5) Object.setCoreDistance(neighbors, ε, MinPts);
      //确定对象 object 的核心距离
    6) OrderedFile.write(Object); //对象写入文件中
    7) IF Object.core_distance <> UNDEFINED THEN  //检查 o 是否为核心点
        8) OrderSeeds.update(neighbors,Object);
          //对种子列表的插入和对可达距离的处理
        9) WHILE NOT OrderSeeds.empty( ) DO
            10) currentObject: = OrderSeeds.next( );
              //具有最小可达距离的对象为当前对象
            11) neighbors: = SetOfObjects.neighbors(currentObject,ε);
            12) currentObject.Processed: = TRUE;
            13) currentObject.setCoreDistance(neighbors,ε,MinPts);
            14) OrderedFile.write(currentObject);
            15) IF currentObject.core_distance<>UNDEFINED THEN
                16) OrderSeeds.update(neighbors, currentObject);
17) END; //ExpandClusterOrder
```

(b) OPTICS 算法之过程 ExpandClusterOrder

```
算法 3.4  ExtractDBSCAN - Clustering
步骤:
1) ExtractDBSCAN - Clustering (ClusterOrderedObjs,ε´,MinPts)
     //Precondition: ε´≤ generating dist ε for ClusterOrderedObjs
   2) ClusterId: = NOISE;
   3) FOR i FROM 1 TO ClusterOrderedObjs. size DO
        4) Object: = ClusterOrderedObjs. get(i);
        5) IF Object. reachability_distance>ε´ THEN
         //UNDEFINED>ε
             6) IF Object. core_distance ≤ε´ THEN
                  7) ClusterId: = nextId(ClusterId);
                  8) Object. ClusterId: = ClusterId;
             9) ELSE
                  10) Object. ClusterId: = NOISE;
        11) ELSE  //Object. reachability_distance ≤ε´
             12) Object. ClusterId: = ClusterId;
13)END;  //ExtractDBSCAN - Clustering
```

(c) OPTICS算法之方法 OrderSeeds:: Update

图 4 - 21 OPTICS算法

为让读者更清楚了解算法过程,下面进一步详细解释说明过程 ExpandClusterOrder 和方法 OrderSeeds:: Update。

(1) 过程 ExpandClusterOrder: IF Object. core_distance <> UNDEFINED 条件检查对象 Object 是否为核心对象,如果对象 Object 不是生成距离 ε 的核心对象,则返回算法 OPTICS 主循环体,选择数据库中下一个未被处理的对象;如果对象 Object 是关于距离小于等于 ε 的核心对象,则收集关于 ε 和 MinPts 的直接密度可达对象。从当前核心对象直接密度可达的对象插入种子列表 OrderSeeds 中[处理由方法 OrderSeeds:: Update (neighbour,centerobject)进行],用于进一步扩展。OrderSeeds 中的对象按照其直接密度可达的最近的核心对象的可达距离排序。

While 循环的每一步,方法 OrderSeeds: next( )选择种子列表中具有最小可达距离的对象为当前对象 currentObject,再确定该对象的 ε 邻域及核心距离,并将该对象及其核心距离和可达距离写入文件 OrderFile 中。如果 currentObjecct 是核心对象,则进一步扩展更多的候选对象插入到种子列表 OrderSeeds 中。

(2) 方法 OrderSeeds:: Update: 邻域中的每一个对象的可达距离由中心对象 Centerobject 决定。未包含在种子列表 OrderSeeds 中的对象仅插入该对象及其可达距离;对于已经存在于列表中的对象,若该对象的可达距离小于其当前可达距离,则将其向列表更顶端移动。

上述算法 OPTICS 的各步骤生成了关于 ε 和 MinPts 的数据库参数化簇排序,此后可以通过扫描簇排序,以及依据对象的可达距离和核心距离指定簇的隶属关系,从排序中提取任意关于 MinPts 和簇距离 $\varepsilon'(\varepsilon' \leqslant \varepsilon)$ 的基于密度的簇。下述算法 ExtractDBSCAN - Clustering(图 4 - 22)描述了这一任务的实现：

```
//用于对种子列表的插入和对可达距离的处理
1) OrderSeeds:: update(neighbors, Centerobject);
    2) c_dist: = Centerobject. core_distance;
    3) FOR ALL Object FROM neighbors DO
        4) IF NOT Object. Processed THEN
           //未包含在种子列表中的对象仅插入该对象及其可达距离
          5) new_r_dist: = max(c_dist,Centerobject. dist(Object));
          6) IF Object. reachability_distance = UNDEFINED THEN
              7) Object. reachability_distance: = new_r_dist;
              8) insert (Object,new_r_dist);
          9) ELSE //已在种子列表中的对象
              10) IF new_r_dist<Object. reachability_distance THEN
                     //该对象的可达距离是否小于其当前可达距离
                     //若小于将对象向列表顶端移动
                         11) Object. reachability_distance: = new_r_dist;
                         12) decrease(Object, new_r_dist);
13) END; //OrderSeeds:: update
```

图 4 - 22 ExtractDBSCAN - Clustering 算法

算法中，首先检查当前对象 Object 的可达距离是否大于簇距离 ε'，该情况下，簇排序中位于当前对象之前的任何对象都不是关于 ε' 和 MinPts 密度可达的，因为如果对象 Object 从簇排序中的前一个对象是关于 ε' 和 MinPts 密度可达的，则其可达距离至多设置为 ε'。因此，如果对象的可达距离大于 ε'，观察对象的核心距离，若 Object 是关于 ε' 和 MinPts 的核心对象，则开始一个新的簇；否则 Object 被指定为"噪声"(注意，在簇排序中的第一个对象的可达距离通常是 UNDEFINED，且假定 UNDEFINED 比任何一个已定义的距离大)；如果对象的可达距离小于 ε'，则将该对象分配到当前簇中，因为它从簇排序中的前一个核心对象是关于 ε' 和 MinPts 密度可达的。

4.3 聚类分析的进阶方法

4.3.1 Density Peaks 算法 (AA 算法) [5]

在 4.2.2 小节提到的 k - means 和 k -中心点算法中，簇被定义为距离簇质心(中心)最近距离的数据对象形成的集合，但是，这种方法不能发现非球面的簇。在 4.2.3 小节中，指出基于密度的聚类方法能够检测含有任意形状的簇，然而，这样的方法通常需要用户选择一个密度阈值，而这个阈值的选择是不容易的。本节介绍一种类似于 k-中心的方法，能够发现非球状簇，并能自动发现簇的数量[1]。该算法的核心思想在于对簇中心的描述，认为簇中心同时具有下述特点：

(1) 簇中心本身密度大，即它被密度均不超过它的邻居包围。

(2) 与其他密度更大的数据点之间的距离相对更大。

该算法假设簇中心被局部低密度的相邻数据对象(数据点)所围绕，并且距离局部高密度的数据点相对较远。

设需要聚类的数据集 $X=\{x_i\}(i=1, 2, \cdots, N)$，$d_{ij}=\text{dist}(x_i, x_j)$ 表示数据点 x_i 和 x_j 之间的(某种)距离。

对于数据集 X 中的任何一个数据对象 x_i，可以定义两个量(这两个量分别用于对前面提及的簇中心的两个特点进行刻画)：该数据点的局部密度 ρ_i 和该数据点距离高密度点的距离 δ_i。这两个值仅仅取决于数据对象间的距离 d_{ij}，并且假设这些数据对象满足三角不等式。

(1) 数据点的局部密度 ρ_i：包括 Cut-off Kernel 和 Gaussian Kernel 两种计算方式。

① Cut-off Kernel：

$$\rho_i=\sum_j \chi(d_{ij}-d_c)$$

其中函数：

$$\chi(x)=\begin{cases}1, & x<0;\\ 0, & x\geqslant 0\end{cases}$$

参数 d_c 是截断距离(cut-off distance)，需事先指定(后面会对参数 d_c 进行说明)。

由上述定义可知，ρ_i 表示的是 X 中与 x_i 之间的距离小于 d_c 的数据点的个数(注意，这里不考虑 x_i 本身)。

② Gaussian Kernel：

$$\rho_i=\sum e^{-(dij/dc)2}$$

对比 Gaussian Kernel 定义和 Cut-off Kernel 定义，Cut-off Kernel 为离散值，Gaussian Kernel 为连续值，因此，相对来说，后者产生冲突(即不同的数据点具有相同的局部密度值)的概率更小。此外，对于 Gaussian Kernel 仍有“与 x_i 的距离小于 d_c 的数据点越多，ρ_i 的值越大”成立。

---

① 论文作者认为，簇中心的个数是可以自动确定的，但是从作者提供的 Matlab 示例代码，以及其他数据集上的决策图看，其判定过程仍然需要人工干预，作者也给出了确定簇中心个数的一个可用的方法，即计算 p 值和 g 值得综合量 $r_i=p_i g_i$。有兴趣的读者，可以去 science 网站查看该论文的补充材料以及对应该论文下载 matlab 源码，进行实验。

(2) 距离 δ_i：通过计算点 x_i 和任意其他高密度点的最短距离：

$$\delta_i = \min_{j:\, \rho_j > \rho_i} (d_{ij})$$

注意，δ_i 是比那些一般的最近相邻点的距离更大一些，这些相邻点要满足为局部或是全体最大密度值的点。因此，簇中心被视为值不同寻常的大的数据点。

下面以图 4－23 为例说明该算法(找到簇中心点)①的主要思想。

图 4－23a 显示二维空间中的 28 个数据点。可以看到数据点 1 和数据点 10 是密度最大的点，因为它们同时具有较大的 ρ 值和 δ 值，它们被作为数据集的两个簇的中心。

图 4－23b 显示 δ_i 和 ρ_i 关系的函数，对确定簇中心具有决定性作用。因此，将这种由 (ρ_i，δ_i)对应的图称为决策图(decision graph)。数据点 9 和数据点 10 虽然具有相似的 ρ 值，但是其对应的 δ 值却不同：数据点 9 隶属于数据点 1 的簇，其他有着更高 ρ 值的数据点和它十分接近，然而，离数据点 10 最近的并且有着更高密度邻近点在另一个簇中。因此，正如所预期的一样，只有同时具有相对较高的 ρ 值和高的 δ 是簇的中心。此外，数据点 26、数据点 27 和数据点 28 这三个数据点在数据集中被看作是“离群点”。他们在图 4－23b 中也很有特点：其 δ 值很大，但 ρ 值很小。

簇中心被发现后，每个剩余的点被分配到有着更高密度最近邻近点所在的簇。簇分配只需要一个步骤就可以完成，不像其他聚类算法需要目标函数不断的优化。对于非簇中心的数据点聚类时，是按照 ρ 值从大到小的顺序进行遍历的，即先处理 ρ 值大的数据点，然后再考虑其他数据点。

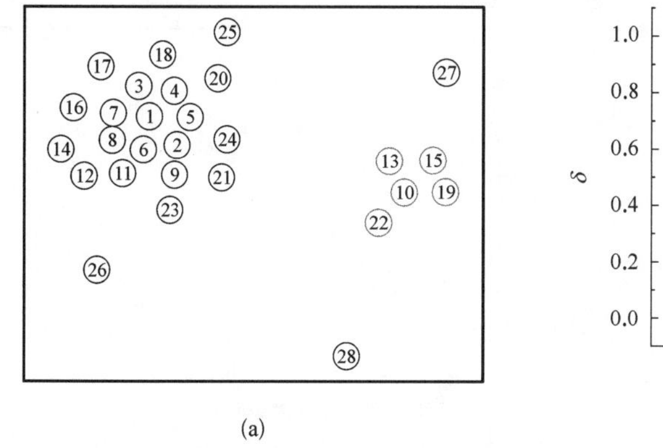

(a)

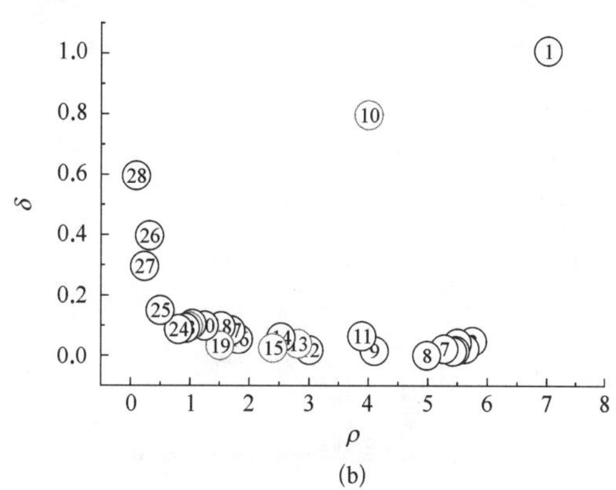

(b)

图 4－23 算法示例图

(a) 数据点的分布，数据点以密度递减的次序排列；(b) (a)图中数据点所构成的决策图，不同的颜色对应不同的簇

算法首先找到每个簇的边界区域(border region)，这个边界区域是由这样的数据点构

① 该论文的主要是给出了一个簇中心的选取方法，这是聚类问题的首要步骤。论文关于接下来的聚类算法并没有进行更具体的描述。

成的：它们本身属于这个簇，但在与其距离不超过 d_c 的范围内，存在属于其他簇的数据点。利用边界区域，为簇计算出平均局部密度 ρ_b，该局部密度用来作为区分 cluster core 和 cluster halo(簇的边际)的分割。簇中密度高于该 ρ_b 的点作为簇内的一部分。其他点被作为簇的边际。

关于参数 d_c 的选取，算法使用了一个可选参数 t 用于确定 d_c。即，使得每个数据点的平均邻居个数约为数据点总数的 1%～2%[①]。

图 4-24 是该算法的一个实验。这些数据点是由非球面概率分布和强重叠峰值所绘制成的(图 4-24a)。在图 4-24b 和图 4-24c，分别含有 4 000 和 1 000 数据点，其分布在图 4-24a 中。在对应的决策图(图 4-24d 和图 4-24e)，可以看到只有 5 个点拥有大的 δ 值和一定规模的密度。这些点在图中用大的实心圆代表，它们对应簇中心。中心被选择出来后，每一个点被分配到簇或边界。

另外，该算法还在一个衡量机器学习算法常用的脸部图像数据集上进行了验证，有兴趣的读者可以查看原文。

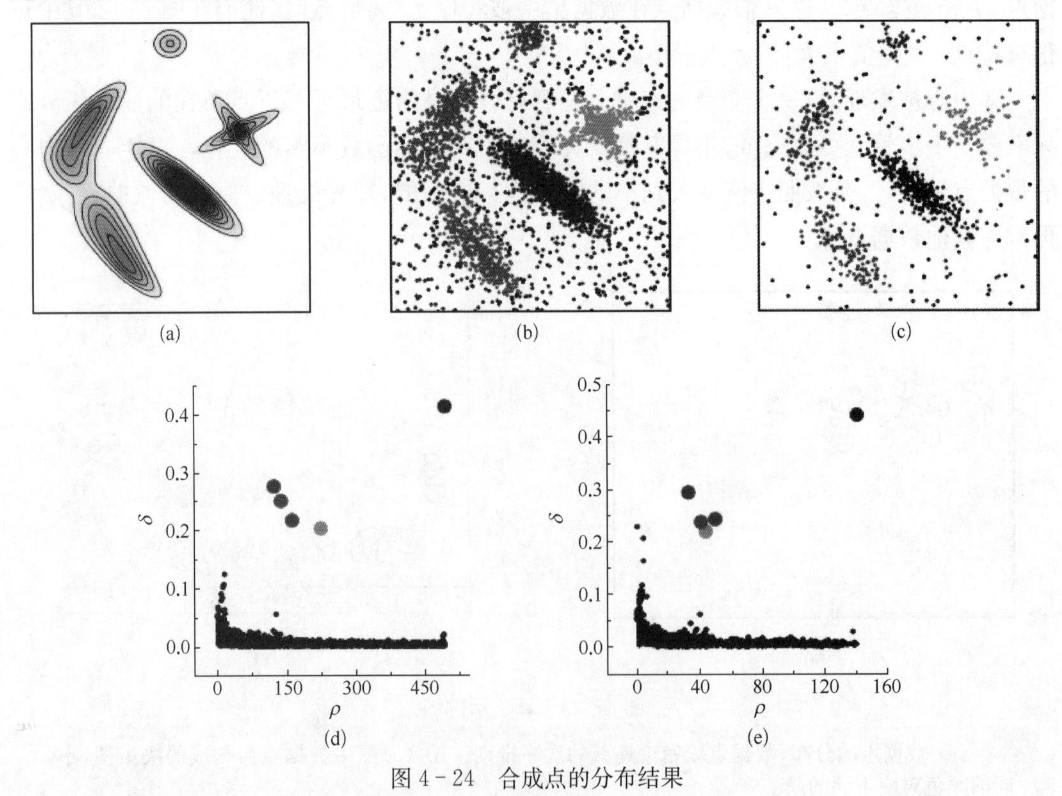

图 4-24 合成点的分布结果

(a) 数据点的概率分布，最低强度的区域对应 20%的背景均匀概率；(b) 含有 4 000 个点的数据点样本的数据分布。(c) 含有 1 000 个点的数据样本的数据分布；(d) 对应图 4-24b 的决策图；(e) 对应图 4-24c 的决策图

① 作者通过比例 t 来确定 dc，将 t 的范围设定为 1%～2%。

4.3.2 *k* - means ||：基于 MapReduce 的 *k* - means 算法[6]

为方便说明，下面回顾 *k* - means 算法的一些说明：

$X=\{x_1, \cdots, x_n\}$是 d 维欧几里得空间中的一组点集，k 是指定的簇数量。$||x_i-x_j||$ 代表 x_i 和 x_j 的欧几里得距离。对一个点 x 和一个点子集 $Y\subseteq X$，距离 $d(x,Y)=\text{Min}_{y\in Y}||x-y||$。对于点子集 $Y\subseteq X$，其簇中心为

$$\text{centroid}(Y)=\frac{1}{|Y|}\sum_{y\in Y}y$$

$C=\{c_1, \cdots, c_k\}$是一组点集，对于 $Y\subseteq X$，我们定义 Y 对于 C 的损失是

$$\Phi_Y(C)=\sum_{y\in Y}d^2(y,C)=\sum_{y\in Y}\min_{i=1,\cdots,k}||y-ci||^2$$

k - means 聚类的目标是选取一组 k 个中心的 C 使得 $\Phi_Y(C)$最小(简称为 Φ)。将 *k* - means 聚类的最优解记为 Φ^*，找到 Φ^* 是 NP 难问题[15]。如果 $\Phi_X(C)\leqslant\alpha\Phi^*$，则称中心点集 C 是对 *k* - means 的 α 近似。第 i 个簇是数据集 X 中所有距离 C_i 比其他 C_j 更近的点的集合 $(j\neq x)$。

k - means 算法的优势在于它很简单：随机地选取一些数据点(k 个)作为初始簇中心点，重复地把每一个点分配给离它最近的中心(质心)，再根据新的分配方案重新计算簇中心。这个过程被称为 Lloyd 迭代过程，这种局部搜索方法不断迭代直到连续两轮内解都没有改变才停止。

尽管数据集的规模不断增大，*k* - means 算法依然流行①。因为其简单迭代的性质，大规模数据下的 *k* - means 算法相对容易实现。对于给定的一组簇中心，每一个点都可以独立地判断出哪个簇中心离它最近，从而分配给相应的簇。通过计算这些点的均值即可得到最优的簇中心。事实上，并行化的 *k* - means 算法的实现已经可以很容易地得到了(例如，参见 cwiki. apache. org/MAHOUT/*k* - means-clustering. html)。然而，从理论上说，*k* - means 算法在效率和质量上都不是一个好的算法：运行时间在最差情况下是指数级的[8,9]，并且最终结果是局部最优解，有可能和全局最优解差别很大(即使进行了重复随机初始化)②。

初始化的过程决定了 *k* - means 算法最终是否能取得好的结果。已有研究者关注初始化过程改进，即更好地初始化簇中心可以在结果和收敛性质上都大幅改善 Lloyd 迭代过程。在这一研究方向上的一个很大突破是由 Ostro-vsky 等[10] 和 Arthur and Vassilvitskii[7] 提出的。他们提出了一种简单的方法，既可以在理论上保证结果的质量，又可以借助于初始化结果来改进 Lloyd 迭代过程的运行时间。这种被称为 *k* - means＋＋的算法只从数据集

---

① 尽管 *k* - Means 算法已经问世了大半个世纪，它依然是最流行的数据分析算法之一[5]，并且它也已经被认为是数据挖掘的十大算法之一[14]。

② 实际应用中，*k* - Means 的速度和简单性无可替代。

中均匀随机地选取第一个簇中心，随后的每一个簇中心都依照它对前一轮选择下总误差的贡献值，以一定的概率比例被选取。直观上，这一初始化算法的依据是："一个好的聚类结果相对来说更分散，因此在选择新的簇中心时应当倾向于选择那些远离之前簇中心的点"。k-means++初始化可以证明是对最优解的$O(\log k)$近似[7]，或者当已知数据是可以被很好地聚类时是线性近似于最优解的。对k-means++以及后续改进[11, 12, 13]的实验评估结果表明，当不仅希望在理论上，而且是在实际应用中取得一个好的解时，初始化结果对Lloyd迭代过程由决定性的作用。

k-means++算法可以得到一组被证明和最优解十分接近的初始簇中心集合，然而，k-means++（初始化）算法最大的不足之处在于它固有的顺序迭代性质，这限制了它在大规模数据上的应用，因为必须在数据上迭代k轮才能得到好的初始簇中心集合。即，在R^d空间内对n个点进行k-聚类时，尽管该算法的总运行时间是$O(nkd)$，和简单Lloyd迭代过程一样，但它并不是可以很显然地并行化的。某个点被选取为第i个簇中心的概率严格地依赖于之前$i-1$个簇中心的挑选（之前的选择决定了哪些点离目前的中心最远）。k-means++原始实现需要对数据迭代k次来挑选初始簇中心点集。这一缺陷在大规模数据的使用场景中更为严重。首先，当数据集增大，簇的数量也随之增大。例如，将上百万的数据点聚类到$k=100$或是$k=1000$是很常见的，而k-means++初始化在这些情形下非常慢。当算法的剩余部分（例如Lloyd迭代过程）都可以在并行化环境下运行，例如MapReduce[13]，这种速度的降低就更为不利了。很多应用都需要一个既可以和k-means++一样有理论保证，又可以有效并行化的算法。

算法的主要思想是以可控的方式一个接一个地选择簇中心，当前选好的簇中心点集会随机地影响对下一个中心选择（算法1）。k-means++算法的优势在于该初始化过程本身就能确保对Φ^*有(8logk)的近似期望（在此基础上进行Lloyd迭代过程只能改进结果，但不能得到保证）。从可扩展性的角度来看，k-means++有一个明显缺陷，那就是它固有的顺序迭代性质：下一个簇中心的选取依赖于当前中心点集。

```
算法1 k-means++(k)初始化
1: C←从X中均匀随机选取一个点
2: 当|C|<k时:
3:     以概率 d²(x, C)/Φ_X(C) 从X中选取x
4:     C←C∪{x}
5: 结束循环
```

本小节介绍一种并行化地实现算法k-means||，该算法大幅地减少了迭代过程，并且，该算法和主流的并行化k-means的一些工作不同，那些工作更关注于k-means初始化之后的阶段。文献[6]指出，算法k-means||可以在对数级别的迭代次数内取得接近最优的解，并且在实际应用中，常数级别的迭代次数已经足够。在真实大规模数据上的实验评估

结果也表明了 k - means||在顺序和并行两种处理过程下都比 k - means++表现更好。

以下对算法的原理进行描述。可以很容易地把随机初始化和 k - means++初始化认为是两种解决问题的方式。前者以一种特定的概率一次性选择 k 个中心,采用的概率分布是均匀分布。后者进行 k 轮迭代,每一轮都以非均匀分布的概率选择一个新的点(也就是在每一个簇中心选择好之后不断地更新)。相比随机初始化,可以证明 k - means++在不断进行非均匀选择的过程中结果会越来越好。理想上,希望汲取两种方法的优势: 发现一种既能减少迭代次数,每一轮都以非均匀地概率选择不止一个点,同时又能得到可以证明的近似保证。k - means||算法正是根据这一想法,通过规定迭代次数和非均匀分布概率,找到了最佳情形(即两者的最佳取舍)。尽管以上想法看上去很简单,想要找到一种可证明的解决方法(就像 k - means++)存在很多挑战,其中的一些在对算法的分析中有直接的显现。现在,对算法进行描述。

尽管 k - means||算法很大程度上受到 k - means++的启发,不同之处在于,k - means||算法采用了一个采样因子 $l = \Omega(k)$。在算法中,首先选取一个初始簇中心(均匀随机选择),然后计算选定后的初始聚类代价 Ψ。接着进行 $\log\Psi$ 轮迭代,在每一轮迭代中,对于当前的簇中心集 C,以 $ld^2(x, C)/\Phi_X(C)$ 的概率选取每一个点。被选取的点加入到 C,更新 $\Phi_X(C)$ 的值,结束该轮迭代。接下去会看到,每一轮迭代选取的点的期望数量是 l,且迭代过程结束后,C 中点的期望数量是 $l\log\Psi$,通常要大于 k。为了减少簇中心数量,算法第 7 步将权重赋给 C 中的每个点,第 8 步将这些带权重的点重新聚类得到 k 个中心。算法的细节在算法 2 中进行描述。

算法 2 k - means||(k, l)初始化
1: $C\leftarrow$从 X 中均匀随机选取一个点
2: $\Psi\leftarrow\Phi_X(C)$
3: 迭代 $O(\log\Psi)$次:
4: $C'\leftarrow$对于每一个 $x\in X$, 以 $p_x = \dfrac{l * d^2(x, C)}{\Phi X(C)}$ 的概率独立地进行选取
5: $C\leftarrow C\cup C'$
6: 迭代结束
7: 对每一个 $c\in C$,定义每一个点的权重 w_x 为 X 中距离 x 比距离 C 中其他任意点近的点的数量
8: 对 C 中带权重的点重新聚类成 k 个类

请注意 C 的规模要比初始输入的点集规模小得多,因此,可以很快完成重新聚类的过程。例如,在 MapReduce 中,因为中心点的规模很小所以可以在单个机器上运行,任何已证明可以近似的算法(例如 k - means++)都可以用来重新聚类成 k 个中心。算法 2 的一种 MapReduce 实现在后面讨论。

因为算法非常简单,并且可以很自然地并行化实现(在 $\log\Psi$ 轮迭代内),最具挑战的部分就是要证明其具备近似保证(证明请参见原文[6])。

下面讨论 k - means||算法在 MapReduce 计算框架下的并行实现(假设读者已经熟悉 MapReduce 模型了,并推荐各位阅读文献[16]来了解更多细节)。正如之前提到的,Lloyd

迭代可以很容易地在 MapReduce 下并行，因而，只需要关注算法 2 中的第 1～7 步。第 4 步在 MapReduce 下很简单：每一个 mapper 都可以独立取样。对于给定的一组簇中心集合 C，第 7 步同样很简单。给定一组（小规模）簇中心集合 C，很容易计算 $\Phi_X(C)$：每一个 mapper 在一组输入点的划分 $X' \subseteq X$ 上计算 $\Phi'_X(C)$，然后 reducer 可以很容易地将所有 mapper 得到的值相加，计算出 $\Phi_X(C)$。这就帮助了第 2 步的计算，并且更新了第 3～6 步迭代过程所需要用到的 $\Phi_X(C)$。

请注意，这里默认假设了簇中心点集 C 足够小，可以存储在内存中或是在所有 mapper 中分布存储。在大多数实际应用中这一假设可以满足，就算没有这个假设，上述过程也是可以在 MapReduce 中实现的。每一个 mapper 都拥有一组子集 $X' \subseteq X$ 和 $C' \subseteq C$，它可以输出一组元祖 $< x; \mathrm{argMin}_{c \in C'} d(x, c) >$，其中 $x \in X'$ 是键。由此，reducer 可以很容易地计算出的 (d, C) 还有 $\Phi_X(C)$。（注：在这一过程中减少 mapper 的中间输出数量是一个很值得研究的方向。）

4.4 小结

聚类分析是研究如何在没有训练的条件下把数据样本划分为若干个簇，本章给出了它的相关定义及其分析过程和原理，并介绍了几个常用的聚类算法和进阶的聚类算法。

聚类分析不但需要用户深刻了解所用的技术，而且还要知道数据收集过程中的细节以及拥有应用领域的专家知识，用户对可用数据了解得越多，用户越能成功地评估它的真实结构。此外，新的数据类型、高维的数据集的处理等是对聚类分析技术的挑战。其中相似性问题是聚类的关键，每个领域、每个问题、每个用户对数据对象是否相似的理解都是有差异的[17]，因此，相似性理论研究也是一个一直在研究的课题。关于聚类有很多综述，有兴趣的读者可以查阅这些文献，对聚类算法做更多、更深入的掌握，有代表性的如 Yufei Tao 等证明了著名的 DBSCAN 算法原始论文存在错误（该错误从论文发表至今 17 年并没有被人提出）[17]，并给出了一个聚类算法。

◇参◇考◇文◇献◇

[1] Zhang T, Ramakrishnan R, Livny M. BIRCH: an efficient data clustering method for very large

databases. Proceedings of the 1996 ACM SIGMOD international conference on Management of data. SIGMOD，1996：103－114.

[2] Jain A K，Murty M N，Flynn P J. Data clustering：A review. ACM Computing Surveys，1999，31：264－323.

[3] Ankerst M，Breunig M M，Kriegel H P，et al. OPTICS：Ordering Points To Identify the Clustering Structure. ACM SIGMOD international conference on Management of data. ACM Press. 1999：49－60.

[4] Ester M，Kriegel H P，Sander J，et al. A Density-based algorithm for discovering clusters in large spatial databases with noise. Proceedings of the Second International Conference on Knowledge Discovery and Data Mining（KDD－96）. AAAI Press，1996：226－231.

[5] Alex Rodriguez，Alessandro Laio. Clustering by fast search and find of Density peak. Science 344，1492，2014.

[6] Bahmani B，Moseley B，Vattani A，et al. Proceedings of the VLDB Endowment（PVLDB），2012，5(7)：622－633 .

[7] Arthur D，Vassilvitskii S. k－means＋＋：The advantages of careful seeding. In SODA，2007：1027－1035.

[8] Vattani A. k－means requires exponentially many iterations even in the plane. DCG，2011，45(4)：596－616.

[9] Arthur D，Vassilvitskii S. How slow is the k－means method? In SOCG，2006：144－153.

[10] Ostrovsky R，Rabani Y，Schulman L J，et al. The effectiveness of Lloyd-type methods for the k－means problem. In FOCS，2006：165－176.

[11] Ackermann M R，Lammersen C，Martens M，et al. Stream KM＋＋：A clustering algorithm for data streams. In ALENEX，2010：173－187.

[12] Ailon N，Jaiswal R，Monteleoni C. StreaMing k－means approximation. In NIPS，2009：10－18.

[13] Ene A，Im S，Moseley B. Fast clustering using MapReduce. In KDD，2011：681－689.

[14] Wu Xindong，Kumar V，Quinlan J R，et al. Top 10 algorithms in data Mining. Knowledge and Information Systems. 2008，14(1)：1－37.

[15] Aloise D，Deshpande A，Hansen P，et al. NP-hardness of Euclidean sum-of-squares clustering. Machine Learning，2009，75(2)：245－248.

[16] Dean J，Ghemawat S. MapReduce：Simplified data processing on large clusters. In OSDI，2004：137－150.

[17] Gan Junhao，Tao Yufei. DBSCAN Revisited：Mis-Claim，Un-Fixability，and Approximation. SIGMOD Conference，2015：519－530.

第5章

分类分析

"啤酒尿布"的故事启发销售商采用关联分析了解客户的购买习惯,进而选择更优的营销方案,但仅由这种技术来制定营销方案仍然是不够的,销售商还要考虑需要对哪些客户采用哪种营销方案,这需要分类技术,将诸如客户或营销方案等分门别类,为各类客户提供个性化方案。分类技术已经在各个行业得到了广泛应用。例如,在医疗诊断中,当遇到一个病例时,分类分析可用于辅助判断从哪类药品着手更好;在信用卡发卡应用中,用分类预测申请者的信用等级等。

本章首先介绍分类分析的基本概念及其原理,包括分类模型的构造过程、评价分类模型的尺度;然后详细描述三类主要的分类算法:基于决策树的分类算法、基于统计的分类算法和基于神经网络的分类算法;最后给出一个深度学习开创性标志算法。

5.1 分类分析的基本概念

分类是根据已有数据样本集的特点建立一个能够把数据集中的数据项映射到某一个给定类别的分类函数或构造一个分类模型(或分类器,classifier)的技术,从而对未知类别的样本赋予类别,以更好的辅助决策。

定义5.1(分类,classify):给定一个数据样本集 $D=\{X_1, X_2, \cdots, X_n\}$,样本 $X_i \subseteq D$,类的集合 $C=\{C_1, C_2, \cdots, C_m\}$,分类是从数据样本集到类集合的映射 $f: D \rightarrow C$,即数据集中的样本 X_i 分配到某个类 C_j 中,有 $C_j=\{X_i \mid f(X_i)=C_j, 1 \leqslant i \leqslant n, 1 \leqslant j \leqslant m$,且 $X_i \subseteq D\}$。

构造分类器的过程一般分为模型训练和测试两个阶段。具体过程如下:

(1) 模型训练阶段:分析输入数据,通过在训练数据集中的数据表现出来的特性,为每一个类找到一种准确的描述或模型。通常学习模型用分类规则、决策树或数学公式的形式提供。

(2) 测试阶段:使用模型分类的阶段,利用类别的描述或模型对测试数据进行分类。首先用测试数据评估分类模型的效果(如准确率),如果模型的效果是可以接受的,则模型可用于对类标号未知的新的数据样本进行分类。

一般来说,测试阶段的代价远远低于训练阶段。

定义5.2(训练数据集):给定一个数据样本集和一组具有不同特征的类,数据样本集中为建立模型而被分析的数据样本的集合称为训练数据集。每个样本属于一个预定义的类,由一个称作类别属性(类标号属性)的属性确定。

定义5.3(训练样本):训练数据集中的单个样本称为训练样本,训练样本随机地由数据样本集选取，每个训练样本有一个类别标记。一个具体样本的形式可记为：(v_1，v_2，…，v_n；C)，其中 v_i 表示属性值，C 表示类别。

5.2 分类模型

常见的分类模型的构造方法有决策树方法、统计方法、神经网络方法等。决策树方法对应的表示为决策树；统计方法包括贝叶斯方法和非参数方法（近邻学习或基于事例的学习），对应的知识表示为判别函数和原型事例；神经网络方法主要是 BP 算法，它的模型表示是前向反馈神经网络模型（由代表神经元的节点和代表连接权值的边组成的一种体系结构），BP 算法本质上是一种非线性判别函数；另外，还有粗糙集（rough set）方法，其知识表示是产生式规则。

不同的分类模型有不同的特点，数据样本分类的结果也不同，评价分类模型的尺度主要有：

(1) 预测准确度：分类模型正确预测新的未知类别数据样本的类标号的能力，方法如保持方法和交叉有效性验证方法等。

(2) 计算复杂度：依赖于具体的实现细节和硬件环境，在数据挖掘中，由于操作对象是大规模数据集，因此空间和时间的复杂度问题是非常重要的一个环节。

(3) 模型描述的简洁度：对于描述型的分类任务，模型描述应尽量简洁，例如，采用规则表示的分类器构造法易于理解，而神经网络方法产生的结果却难以理解。

分类的效果还与数据的特点有关，如噪声大、存在空缺值、样本分布稀疏、属性间的相关性强、存在离散值属性或连续值属性或混合式的属性等。但目前并不存在某种方法能适合于各种特点的数据。

5.3 分类分析的原理

5.3.1 决策树

决策树方法是一种较为通用的分类方法，决策树模型简单易于理解，且决策树转变为 SQL 语句很容易，能有效地访问数据库，特别地，很多情况下，决策树分类器的准确度与其他分类方法相似甚至更好。目前已形成了多种决策树算法，如 ID3、CART、C4.5、SLIQ、SPRINT 等。本节主要介绍决策树定义及算法原理。

1）决策树结构

决策树是一种树性结构，基本组成部分包括根节点、叶节点、分割点(split point)、分支(split)。树的最顶层节点是根节点，是整个决策树的开始；叶节点代表类或类的分布，对应一个类别属性 C 的值；非叶节点对应一个分割点，表示对一个或多个属性的测试，用于决定数据样本的分支，每个分割点都有一个分支判断规则(splitting predicate)：对连续属性 A，分支判断规则形式是 value(A)$<x$(x 是属性 A 值域中的一个值)；而对离散属性 A，分支判断规则形式则为 value(A)$\in x[x\subset$domain(A)]。每个分支代表一个测试输出，要么是一个新的分割点，要么是树的结尾(叶节点)。

例 5.1：图 5－1a 是一个不同年龄客户购买车的风险评估的数据样本集，图 5－1b 是图 5－1a 中训练样本的一个决策树。其中，(年龄<25)和(车类型 in {sports})是两个分割点，它们把数据样本分成高风险和低风险两类。利用这个决策树，可以鉴别未来保险申请人的类别：高风险类或低风险类。

记录号	年龄	拥有车的类型	风险类别
0	23	Family	高
1	17	Sports	高
2	43	Sports	高
3	68	Family	低
4	32	Truck	低
5	20	Family	高

(a) 训练数据集

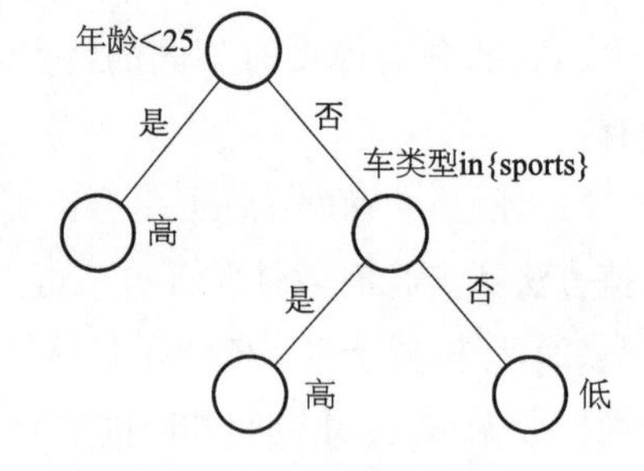

(b) 对应的决策树

图 5－1 数据集及对应的构造树

定义 5.4(决策树，decision tree)：给定一个数据样本集 $D=\{X_1, X_2, \cdots, X_n\}$，数据集中的属性有$\{A_1, A_2, \cdots, A_h\}$，其中 $X_i=<x_{i1}, x_{i2}, \cdots, x_{ih}>(1\leqslant i\leqslant n)$，类集合 $C=\{C_1, C_2, \cdots, C_m\}$，与数据样本集 D 相关的决策树具有如下性质：

(1) 每个非叶节点选用一个属性 $A_k(1\leqslant k\leqslant h)$ 进行分割。

(2) 每个分支是一个测试输出。

(3) 每个叶节点表示一个类分布，由一个类 $C_j(1\leqslant j\leqslant m)$ 标记。

根据决策树的各种不同属性，决策树主要有以下几种：

(1) 决策树的非叶节点的测试属性是单变量的，即每个非叶结点只包含一个属性；或是多变量的，即存在包含多个属性的节点。

(2) 根据测试属性的不同属性值的个数，使得每个非叶节点有两个或多个分支。如果每个非叶节点只有两个分支称为二叉决策树；允许节点含有多于两个子节点的树称为多叉树。

(3) 每个属性值的类型可能是数值类型，也可能是离散类型的。

(4) 分类结果既可能是两类又可能是多类，如果二叉树的结果只能有两类，则称为布尔决策树。

2）决策树分类算法原理

使用决策树解决分类问题包括两个主要步骤：

(1) 使用训练数据集构造决策树。

(2) 对数据集中的每个待预测数据利用决策树决定其所属类别。

决策树模型构造快且简单易于理解，但在决策树构造过程中将面临如下一些主要问题：

(1) 训练数据集的大小。生成的决策树的结构取决于训练数据集的大小。如果训练数据集太小，那么生成的决策树可能不够详细，导致难以适应更一般的数据；而如果训练数据集太大，可能导致生成的树过适应(或过学习)。

定义 5.5(过学习)：推出过多的假设与训练数据集相一致而导致所做出的假设泛化能力过差称为过学习(或过适应)。

因此，过学习造成所建立的决策树对历史数据样本可能非常准确，但一旦应用到新的数据样本时准确性却急剧下降。后面会给出尽可能避免过学习的剪枝策略。

(2) 属性选择度量(最佳分支属性、分支属性顺序及分支数量的选择)。如何找到节点测试的分割点、找到分割点后如何划分数据是决策树构造算法的关键，目前几种常用的属性选择方法，如信息增益标准 Gain、最小 Gini 指标(lowest Gini index)方法等，对应前者的算法有 ID3、C4.5 等，后者有 CART、SLIQ 和 SPRINT 等。这些算法要求计算每个属性的信息增益，然后选择具有最高信息增益的属性作为当前节点的测试属性，对该属性的每个值创建分支，据此划分样本，这个属性使得对结果划分中的样本分类所需的信息量小，且对一个对象分类所需的期望测试数目最小。

分支数量：属性的值域越小则分支的数量相对较小，如性别属性；然而如果值域是连续值或具有大量的离散值，则分支的数量会难以决定。

(3) 树的结构。一些算法仅建立二叉树、层次少的平衡树，但常常需要复杂的具有多路分支的决策树。这要求根据具体问题的需求进行选择权衡。

(4) 停止的标准。为防止树的过大生长(如树的大小、高度、叶节点个数等)，需要在决策树构造过程中设定一定的停止标准以较早停止树的增长，防止过适应。

(5) 剪枝。为避免过学习，需要通过删除部分节点和子树，对决策树进行剪枝。

3）决策树分类的详细过程

(1) 建立决策树，利用训练样本以自顶向下递归的方式构造决策树。初始情况下，数据都在根节点，然后递归的进行数据切分，每次切分对应一个节点以及一个测试判断，对每个切分都要求分成的组之间的“差异”最大。

具体步骤如下：创建节点，若样本都在同一个类，则该节点为叶节点，并用该类类标号标记；否则选择具有最高信息增益的属性作为当前节点的测试属性，对测试属性的每个已知的值，创建一个分支，并据此划分样本。以此递归形成每个划分上的样本决策树，直到以下情况之一出现，则停止划分：给定节点的所有样本属于同一类(这样的节点有时被称为纯节点);没有剩余属性可以用来进一步划分样本(则以样本中的多数所在的类标记它);分支属性没有样本(则以样本中的多数类创建一个叶节点)。

为使读者更加清楚这个过程,下面给出决策树生成算法的伪代码(图5-2):

```
算法5.1  (决策树生成算法)building_tree
输入: 训练数据集 S;属性集合(包含类标号属性)
输出: 决策树 T
步骤:
1) 建立节点 R;
2) If (S 中所有的数据样本在同一个类 C 中)
3) then R 为叶节点,以类 C 作为该叶节点标号;
4) If (没有剩余属性)
5) then  R 为叶节点,以样本中的多数所在类标号标记 R;
6) 计算每个属性 A 的属性选择度量(Gain 或 Gini 指标等),确定分割属性 A_split;
7) 将属性 A_split 作为节点 R 的分割属性;
8) for each A_split 中的属性值 a_i //用不同的方法处理属性值为离散或连续的情况,这里
                                    给出离散值时的方法,连续情况后面将会提到
9) 由节点 R 分割一个条件为 S_split = a_i 的分支;
10) 设 S_i 是样本集 S 中 S_split = a_i 的样本子集
11) if S_i 为空
12) 增加一个叶节点,将其标记为 S 中最多的类;
13) else 增加一个由 building_tree(S_i,去除分割属性 A_split 的属性集)返回的节点;
```

图5-2 决策树生成算法

(2) 简化决策树。

① 简化决策树的原因。由于决策树是利用训练数据集创建的,其创建过程涉及训练数据集的大部分样本,在构造时,许多分支可能反映的是训练数据集中的噪声或孤立点,需要检测并剪去这种分支,以提高在未知类别数据(待预测数据)上分类的准确性。

对最终的决策树来说,在建立过程中生长太大的决策树将降低树的可理解性和可用性。决策树过于复杂,节点个数过多,则每个叶节点所包含的训练样本个数就越少(即支持每个叶节点假设的样本个数越少),这可能导致决策树在未知测试集上的分类错误率的增加,因此需要修剪决策树,以剪去包含样本过少的叶节点;另外生长过大的决策树也可能导致决策树本身对历史数据的依赖性增大,即出现过学习情况,为了使得到的决策树所蕴含的规则具有普遍意义,防止树的过大生长,需要提早停止树的增长,以防止过学习,同时减少训练的时间。

但需要注意的是,并不是节点越小错误率就越低,并不能使得决策树过小,因为决策树过小也会导致错误率上升。

因此要在树的大小与正确率之间寻找平衡,应在保证正确率的前提下尽量构造简单的决策树。

② 决策树过大的原因。

a. 表示不当。决策树的大小与描述语言有关,选择正确的描述语言可以大大减少决策

树的复杂程度。

b. 数据有噪声。数据的噪声包括属性噪声(不恰当的属性)和属性值噪声(数据的属性值有错误)。决策树无法区分正确的数据与错误的数据,既对正确的数据建模又对错误的数据建模,而正确数据本身的规律性被噪声所覆盖,导致决策树随噪声的存在而变大。

c. 重复的子树。产生过大的决策树可能是因为有完全相同的子树。

③ 控制树的大小。常采用剪枝的方法控制树的大小,包括:预剪枝法、后剪枝法和组合式剪枝法。

a. 预剪枝法:提前使节点成为叶节点停止树的构造,对树剪枝。

在树生成的过程中设定一定的准则来决定是否继续生长树,例如设定决策树的最大高度(层数)来限制树的生长,或设定每个节点必须包含的最少样本数,当节点中样本的个数小于某个数值时就停止分割;也可在构造树时,用如统计意义下的 X^2、信息增益等度量评估分割的优良性,如果在一个节点划分样本将导致低于预定阈值的分支,则停止进一步划分给定的子集。然而适当的阈值的选取是困难的,较高的阈值可能导致过分简化树,较低的阈值可能使得树的化简太少,需要根据专门应用领域的知识或经过多次测试评估得到。

b. 后剪枝法:与设置停止增长条件相对应,是待决策树完全生成以后再进行剪枝。

先允许树尽量生长,然后通过删除节点的分支剪除树的节点,把树修剪到较小的尺寸。当然在修剪的同时要求尽量保持决策树的准确度不要下降太多。后剪枝方法所需的计算比预剪枝方法多,但通常产生更可靠的树。

c. 组合式剪枝法:可以交叉使用预剪枝和后剪枝,形成组合方法。

具体的剪枝算法有:基于代价复杂度修剪(cost-complexity pruning, CCP)、悲观修剪(pessimistic pruning)和最小描述长度修剪(minimum description length pruning, MDL)等。

基于代价复杂度修剪方法是根据计算各个节点的期望错误率进行评估是否剪去子树(如果剪去该节点将导致较高的错误期望率,则保留该子树,否则剪去该子树);MDL 修剪方法是根据编码所需的二进位位数,评估是否对树进行修剪(最佳剪枝树是使得编码所需的二进位位数最少的)。后面将会详细介绍 MDL 修剪方法,其余的不做详细描述。

剪枝数据集的选择要考虑以下两个方面:

a. 选择与构造决策树数据集不同的数据进行剪枝。基于代价复杂度修剪方法使用独立的样本集用于决策树的修剪,即与用于树的构造过程中使用的样本集不同。例如使用训练集 2/3 的数据生成树,另外 1/3 的数据用于剪枝。但是当训练数据集比较小时,容易导致过学习。

b. 选择与生成决策树数据集相同的数据进行剪枝。悲观修剪将所有的训练样本都用于树的构建与修剪,虽然计算复杂性不高,但容易导致生成过大的树,并且有时精确度不高,而错误率较高。

(3) 评估生成的决策树模型。决策树之所以重要,并非因为它归纳了已经知道的信息(训练集),而是因为它能把新的案例进行正确的分类,因此当构造分类模型时,应该既有训练数据构造模型，又有测试数据检验这个模型的工作准确性。

由于过学习问题产生的可能性，因此在由训练数据样本集导出决策树后，需要评估所得决策树对未来的数据(即未经决策树处理的数据)正确标号的准确率。目前常用的评估方法有：

① 保持方法：这种评估方法只有一部分初始数据用于导出的分类模型。该方法将给定数据随机地划分成两个独立的集合：训练集和测试集。通常，三分之二的数据分配到训练集，其余三分之一分配到测试集，使用训练集导出决策树模型，其准确率用测试集评估。

② 交叉有效性方法：将训练数据集 S 分为互不相交且大小相等的 k 个子集 S_1，S_2，…，S_k，对于任意子集 S_i，用 $S-S_i$ 训练决策树，用 S_i 对生成的决策树进行测试，得到错误率 e_i，然后估计整个算法的错误率 e：

$$e=\frac{1}{k}\sum_{i=1}^{k}e_i$$

随着 k 的增加，所生成的树的数目也随之增加，算法的复杂度也会变大。

(4) 使用模型分类。如果认为决策树的准确率是可以接受的，则用构造的决策树对类标号未知的数据样本进行分类。

(5) 由决策树提取分类规则。决策树所表示的知识可以 IF-THEN 形式的分类规则表示。由决策树提取分类规则的过程是对从根到树叶的每条路径创建一个规则，沿着给定路径上的每个“属性-值”对形成规则前件(“IF”)部分的一个合取项，叶节点包含类预测，形成规则(“THEN”)部分。

例 5.2(如图 5-1b 的决策树)： 沿着由根节点到叶节点的路径，可转换 IF-THEN 分类规则，提取的规则如下：

IF age<25 THEN Risk=“High”

IF age>25 AND CarType in {sports} THEN Risk=“High”

IF age>25 AND CarType not in {sports} THEN Risk=“low”

4) 决策树归纳分类小结

决策树具有生成的规则易于理解、计算量相对不大、可处理连续和离散属性且明确显示哪些属性更为重要等多方面优点。但决策树也存在不足，主要表现在对连续性的属性比较难预测；对有时间顺序的数据，需要很多预处理的工作；当类别太多时，错误可能增加较快。

需要引起读者注意的是，在实际中应用的决策树可能非常复杂，例如，利用历史数据建立一个包含几百个属性、十几种输出类的决策树，这样的一棵树可能太复杂，但每一条从根结点到叶节点的路径所描述的含义仍然是可以理解的。决策树的这种易理解性对数据挖掘的使用者来说是一个显著的优点。然而决策树的这种明确性可能带来误导，如决策树每个节点对应分割的定义都是非常明确毫不含糊的，但在实际应用中这种明确可能带来麻烦，例如，可能出现这样的情况：年收入 40 001 元的人具有较小的信用风险而 40 000 元的人却不具有。这些特殊情况都需要使用者在实际应用中注意权衡。

5.3.2 基于统计的方法

已经知道,分类分析是根据数据值及其他约束条件,将未知类别的数据样本划分到某个类别中。对于分类问题,除了前面介绍的确定性分类问题(即其输入样本唯一对应着一个类别)外,还有另一类分类问题是可能出现类别的重叠现象的分类,即来自不同类别的样本从外观特征上具有极大的相似性,此时,只能说某一样本属于某一类别的概率是多大,也就是说,预测给定样本属于一个特定类的概率,对于这类分类问题可以采用基于统计学的贝叶斯分类方法。

本小节主要介绍两种常用的贝叶斯分类算法的基本原理:朴素贝叶斯(naïve Bayes Classifier)和贝叶斯网络(Bayes network)。贝叶斯分类以贝叶斯定理为基础,下面先回顾相关的基本概念及贝叶斯定理。

1) 基本概念

(1) 先验概率:是指根据历史的资料或主观判断所确定的各事件发生的概率,这一类概率没能经过实验证实,属于检验前的概率。先验概率一般分为两类:一是客观先验概率,是指利用过去的历史资料计算得到的概率;二是主观先验概率,是指在无历史资料或历史资料不全的时候,只能凭借人们的主观经验来判断取得的概率。

(2) 后验概率:是指利用贝叶斯公式,结合调查等方式获取了新的附加信息,对先验概率进行修正后得到的更符合实际的概率。

(3) 联合概率:是指两个任意事件的乘积的概率,或称之为交事件的概率。

(4) 全概率公式:如果影响事件 A 的所有因素 $B_1, B_2, \cdots, B_n$,满足 $B_i \cap B_j = \varnothing (i \neq j)$,且 $P(UB_i) = 1$, $P(B_i) > 0$, $i = 1, 2, \cdots, n$,则必有:

$$P(A) = \sum P(B_i)P(A \mid B_i)$$

(5) 贝叶斯定理(公式)(后验概率公式):设先验概率为 $P(B_i)$,调查所获的新附加信息为 $P(A_j \mid B_i)$,其中 $i=1, 2, \cdots, n$, $j=1, 2, \cdots, m$。则贝叶斯公式计算的后验概率为:

$$P(B_i \mid A_j) = \frac{P(B_i)P(A_j \mid B_i)}{\sum_{k=1}^{m} P(B_i)P(A_k \mid B_i)} \tag{5-1}$$

上面的概念和公式应用于分类分析时,可以设 X 是类标号未知的数据样本,H 为某种假设,如数据样本 X 属于某特定的类 C。对于分类问题需要确定给定观测数据样本 X,假定 H 成立的概率,即后验概率 $P(H \mid X)$。

根据贝叶斯定理,可以根据 X 的先验概率 $P(X)$,H 的先验概率 $P(H)$和条件 H 下 X 的后验概率 $P(X \mid H)$ 计算条件 X 下 H 的后验概率 $P(\mid X)$:

$$P(H \mid X) = \frac{P(X \mid H)P(H)}{P(X)} \tag{5-2}$$

2）朴素贝叶斯分类

朴素贝叶斯分类假定一个属性值对给定类的影响独立于其他属性的值。借助贝叶斯定理，朴素贝叶斯分类的基本思想是：

(1) 设样本有 n 个属性($A_1, A_2, \cdots, A_n$)，每个样本可看作是 n 维空间的一个点 $X = (x_1, x_2, \cdots, x_n)$。

(2) 假定有 m 个不同的类别，$C_1, C_2, \cdots, C_m$。X 是一个未知类别的样本。朴素贝叶斯分类算法预测 X 的类别为后验概率最大的那个类别，即算法将未知类别的样本 X 归属到类别 C_i，当且仅当

$P(C_i \mid X) > P(C_j \mid X)$，对于所有的 j 成立 ($1 \leqslant j \leqslant m, j \neq i$) 即 $P(C_i \mid X)$ 最大。

根据贝叶斯定理得知：

$$P(C_i \mid X) = P(X \mid C_i)P(C_i)/P(X)$$

(3) 显然 $P(X)$对于所有类为常数，因此只需 $P(X \mid C_i)P(C_i)$ 取最大即可。如果类的先验概率未知，那么通常假定这些类是等概率的，即 $P(C_1) = P(C_2) = \cdots = P(C_m)$，据此只需对 $P(X \mid C_i)$ 最大化；否则，最大化 $P(X \mid C_i)P(C_i)$。

类的先验概率 $P(C_i)$一般可通过 $P(C_i) = s_i/s$ 估算，其中 s_i 为训练样本中属于类别 C_i 的样本个数，s 为全部训练样本的样本个数。

(4) 对于具有许多属性的数据集，计算 $P(X \mid C_i)$ 的开销可能很大，为降低 $P(X \mid C_i)$ 的开销，做类条件独立的朴素假定，假设各类别相互独立，即各属性的取值相互独立，属性间不存在依赖关系，从而有

$$P(X \mid C_i) = P(x_1 \mid C_i)P(x_2 \mid C_i)\cdots P(x_n \mid C_i)$$

可由训练样本估算 $P(x_1 \mid C_i)$，$P(x_2 \mid C_i)$，$\cdots$，$P(x_n \mid C_i)$ 的值，其中：

① 如果 A_k是分类属性，则 $P(x_k \mid C_i) = s_{ik}/s_i$($s_{ik}$ 是在属性 A_k上具有值 x_k的类 C_i的训练样本数，s_i是 C_i中的训练样本数)。

② 如果 A_k是连续值属性，则通常假设该属性服从高斯分布。因此，

$$P(x_k \mid C_i) = g(x_k, \mu_{ci}, \sigma_{ci}) = \frac{1}{\sqrt{2\pi}\sigma_{c_i}} e^{\frac{(x-\mu_{c_i})^2}{2\sigma_{c_i}^2}}$$

其中，给定类 C_i的训练样本属性 A_k的值，$g(x_k, \mu_{ci}, \sigma_{ci})$是属性 A_k的高斯密度函数，而 μ_{ci}，σ_{ci}分别为平均值和标准差。

(5) 对未知样本 X 分类，对每个类 C_i，计算 $P(X \mid C_i)P(C_i)$。样本 X 被指派到类 C_i，当且仅当：

$$P(X \mid C_i)P(C_i) > P(X \mid C_j)P(C_j) \ (1 \leqslant j \leqslant m, j \neq i)$$

即 X 被指派到其 $P(X \mid C_i)P(C_i)$ 最大的类 C_i。

例 5.3： 如表 5-1 中的训练样本数据集，用朴素贝叶斯分类模型预测下面一个新的未知样本的类标号(适合运动，不适合运动)。

(天气＝晴朗，温度＝凉，湿度＝高，风况＝强)

表 5-1 打网球的天气条件训练数据表

天 气	温 度	湿 度	风 况	运 动
晴朗	暖	高	无	不适合
晴朗	暖	高	有	不适合
多云	暖	高	无	适合
有雨	凉	高	无	适合
有雨	凉	高	无	适合
有雨	凉	低	有	不适合
多云	凉	低	有	适合
晴朗	暖	高	无	不适合
晴朗	凉	低	无	适合
有雨	暖	高	无	适合
晴朗	暖	低	有	适合
多云	暖	高	有	适合
多云	暖	低	无	适合
有雨	暖	高	有	不适合

先计算每个类的先验概率 $P(C_i)$：

P(打网球＝适合)＝9/14 ＝0.64

P(打网球＝不适合)＝5/14＝0.36

然后估计出条件概率，例如对于风况＝强，有：

P(风况＝强|打网球＝适合)＝3/9 ＝0.33

P(风况＝强|打网球＝不适合)＝3/5 ＝0.60

同理得出所有条件概率，此处略。

使用以上概率，得到：

P(适合)P(晴朗|适合)P(凉|适合)P(高|适合)P(强|适合)＝v_1

P(不适合)P(晴朗|不适合)P(凉|不适合)P(高|不适合)P(强|不适合)＝v_2

如果 $v_1 < v_2$，那么朴素贝叶斯分类器将此样本赋以目标值“打网球＝不适合”。

3）贝叶斯网络

朴素贝叶斯分类在分类性能上与决策树和神经网络都是可比的，但朴素贝叶斯分类方法假定属性 A_1, A_2, …, A_n的值在给定目标值 v 下是条件独立的，这一假定显著地减少了目标函数学习的计算复杂度。当此条件成立时，朴素贝叶斯分类方法可得到最优贝叶斯分类。然而，在许多情形下，变量之间的依赖可能存在，条件独立假定明显过于严格。

(1) 贝叶斯网络模型。贝叶斯网络描述的是一组变量所遵从的概率分布，它通过一组条件概率来指定一组条件独立性假定。朴素贝叶斯方法假定所有变量在给定目标变量值时为条件独立的。与此不同，贝叶斯网络中允许在变量的子集上定义类条件独立性。因此，贝叶斯网络提供了一种折中的方法，它比朴素贝叶斯分类方法中条件独立性的全局假定的限制更少，又比在所有变量中计算条件依赖更可行。

定义 5.6(贝叶斯网络)：给定一个随机变量集 $X=\{X_1, X_2, \cdots, X_n\}$，其中 X_i是一个 m 维向量。贝叶斯网络由两部分定义：

第一部分有向无环图。网络中每个节点对应于随机变量集 X 中的一个随机变量 X_i，变量可以是离散的或连续值。每条弧代表一个概率依赖。如果一条弧由节点(变量) X_i 到结点(变量) X_j，则 X_i 是 X_j 的双亲或直接前驱，而 X_j 是 X_i 的后继。每个变量在给定其直接前驱时条件独立于其非后继。在有向图中的 X_i所有双亲(或直接前驱)变量用集合 Parents(X_i)表示，图 5-3 中，节点“平时成绩”和节点“家庭鼓励”就是节点“是否希望上大学”的双亲节点。

第二部分每个变量(节点)有一个条件概率表(CPT，conditional probability table)，描述了该变量在给定其直接前驱时的概率分布，即此节点相对于双亲节点的所有可能的条件概率。对网络变量的元组 $\langle X_1, \cdots, X_n \rangle$ 赋以所希望的值 $(x_1, \cdots, x_n)$ 的联合概率，由下面的公式计算：

$$P(x_1, \cdots, x_n)=\prod_{i=1}^{n} P(x_i \mid \text{Parents}(X_i)) \tag{5-3}$$

其中，Parents(X_i)表示网络中 X_i的直接前驱集合。$P(x_i \mid \text{Parent}(X_i))$的值等于与结点 X_i关联的条件概率表中的值。

贝叶斯网络又称贝叶斯信念网络(Bayesian belief network)，在很多情况下，变量之间的直接依赖关系表示的是变量之间的因果关系，因此，有时贝叶斯网络也被称为贝叶斯因果网络(causal network)。

贝叶斯网络表示一组变量的联合概率分布，它将联合概率分布分解保存在有向无环图中，并同时表示了变量之间的条件依赖和条件独立关系。贝叶斯网络内节点可选作输出节点，代表类标号属性。可以有多个输出节点。分类过程不返回单个类标号，而是返回类标号属性的概率分布，即预测每个类的概率。

下面用一个简单的例子来描述贝叶斯网络模型。

例 5.4：在对某学校的学生进行调查后，对学生的学习情况进行评估，现有以下几个变量因素：家庭鼓励 S(yes，no)，平时成绩 G(good，bad)，家庭经济 E(rich，poor)，是否希望上大学 C(yes，no)。得到如图 5-3 所示的贝叶斯网络，表示了在以上各个变量上的联合概率分布。

图 5-3b 的 CPT 表示：$P(C=\text{yes}\mid S=\text{yes},G=\text{good})=0.9$，$P(C=\text{no}\mid S=\text{yes},G=\text{good})=0.1$，$P(C=\text{no}\mid S=\text{no},G=\text{good})=0.8$ 等。

(2) 贝叶斯网络的推理。一旦构造了贝叶斯网络(包括网络结构以及网络节点上的各个参数)，则需要基于该模型计算所需要的其他的概率。贝叶斯网络本身是一种分解存储联合概率分布的方法，于是可以利用式 5-3 得到联合概率，进而利用式 5-4 求出各种不同的边缘分布(marginal distribution)，再利用条件概率公式以及贝叶斯公式，可以得到任何条件概率。

$$P(x,\ z)=\sum_{y\in Y}P(x,\ y,\ z) \tag{5-4}$$

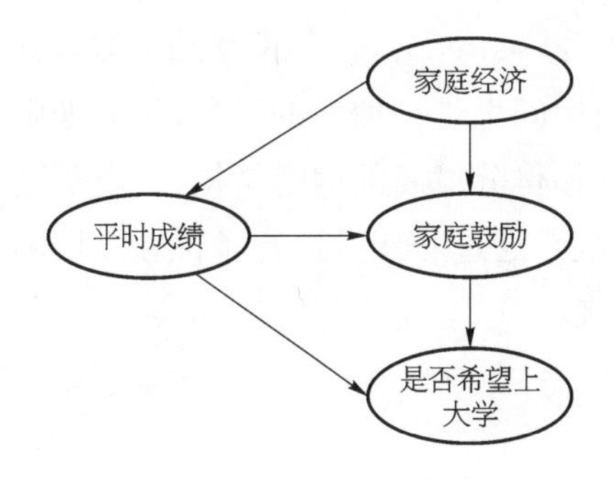

(a) 一个简单的贝叶斯网络

	S,G	$S,\neg G$	$\neg S,G$	$\neg S,\neg G$
C	0.9	0.6	0.8	0.2
$\neg C$	0.1	0.4	0.2	0.8

(b) 变量是否上大学(C)值的条件概率表，其双亲节点家庭鼓励(S)和平时成绩(G)的每个可能值组合的条件概率

图 5-3 贝叶斯网络模型

如上例中，可以通过已知的“家庭鼓励”、“平时成绩”、“家庭经济”来推断该学生“是否希望上大学”，即 C 的值。

$$P(C\mid S,\ G,\ E)=\frac{P(C,\ S,\ G,\ E)}{P(S,\ G,\ E)}=\frac{P(C,\ S,\ G,\ E)}{\sum_{C}P(C,\ S,\ G,\ E)}$$

但这种推理是 NP 难问题，基于这个问题已经有很多为降低时间复杂度而牺牲精度的近似推理等各种推理方法，这里不做详细介绍。

(3) 贝叶斯网络的学习。贝叶斯网络的学习是找出一个能够最真实地反映现有数据集中各个数据变量之间的依赖关系的贝叶斯网络模型。

已经知道，贝叶斯网络包括模型结构和模型参数两个部分，贝叶斯网络的学习同样也主要分为学习参数和学习网络结构两个部分。由于在学习网络时，可能会遇到以下情况：

网络结构预先给定或是由数据导出;网络变量是可见的或隐藏在所有或某些训练样本中。因此,贝叶斯网络的学习过程需要解决两个主要问题,一个是结构问题,一个是CPT(条件概率表)问题,包括下面几个情况:

① 已知贝叶斯网络结构,学习CPT:

a. 如果网络结构已知,并且变量是可见的,贝叶斯信念网络的学习过程由计算条件概率表中的项组成。

b. 如果网络结构已知,而某些变量具有空缺值或具有不完全数据时,可以使用梯度下降方法训练贝叶斯网络。目标是学习条件概率表项的值。

② 贝叶斯网络未知时,必须学习它的结构和CPT。学习网络结构,实际上是从所有可能的网络结构候选空间中,挑选出一个好的结构,或者是挑选出多个好的结构,然后再基于这个(或这些)好的结构进行推理或预测。前者称为模型选择(model selection),最终学习得到一个好的网络结构;后者称为选择模型平均(selective model averaging),最终可能学习得到多个较好的网络结构,再利用这些结构共同参与预测。

学习贝叶斯网络,基本有两大类方法,一类是基于得分(score-based)的网络结构搜索方法,这类方法是基于一个对网络的得分函数,在可选网络空间里进行搜索的过程,得分准则可以是最小描述长度(MDL),在所有候选网络结构中选择得分最高的网络结构;一类是基于约束(constraint-based)的网络构造方法,这类方法一般是通过对变量进行条件独立性测试,然后依据得到的条件独立性来构造变量之间的边连接。

5.3.3 基于神经网络的方法

神经网络是分类分析中的重要技术之一,基于神经网络的分类方法可以通过提供的训练样本及样本所属的类别对神经网络的权值进行调整,从而使该神经网络具有能够预测输入样本的正确类标号以进行分类的能力。

神经网络是一组连接的输入/输出单元,其中每个连接都与一个权相连。

在神经网络中,前馈神经网络是一个重要的组成部分。图5-4展示了一个简单的三层神经网络,它是一个多层前馈(multilayer feed-forward)神经网络,包含输入层(input layer)、隐藏层(hidden layer)和输出层(output layer),层之间的连接线表示这三层通过可修改的权相连接。输入对应于对每个训练样本度量的属性,提供给输入层的单元;这些单元的加权输出依次提供给称为隐藏层的单元(第二层);该隐藏层加权输出输入到另一隐藏层;如此下去;隐藏层的数量是任意的,最后一个隐藏层的加权输出作为构成输出层的单元的输入。输出层发布给定样本的网络预测。隐藏层和

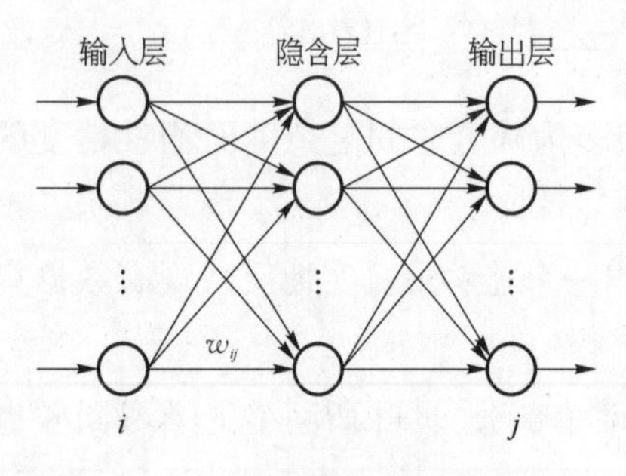

图5-4 一个简单的三层神经网络

输出层的单元,可称为输出单元。图 5-4 中所示的多层神经网络具有两层输出单元,称为两层神经网络;包含两个隐藏层的网络称为三层神经网络,等等。该图中因为权都不回送到输入单元或前一层的输出单元,称此网络是前馈的。若每个单元都向下一层的每个单元提供输入,则称网络是全连接的。

神经网络模型主要由三方面的要素决定:一是神经元的计算特性;二是网络的拓扑结构;三是连接权值的学习规则。

1) 神经元模型

神经元是神经网络的基本计算单元,是用人工方法模拟生物神经元而形成的模型,是对生物神经元的模拟与简化。它一般是多输入、单输出的非线性单元(如图 5-5 是一个完整的神经元结构)。

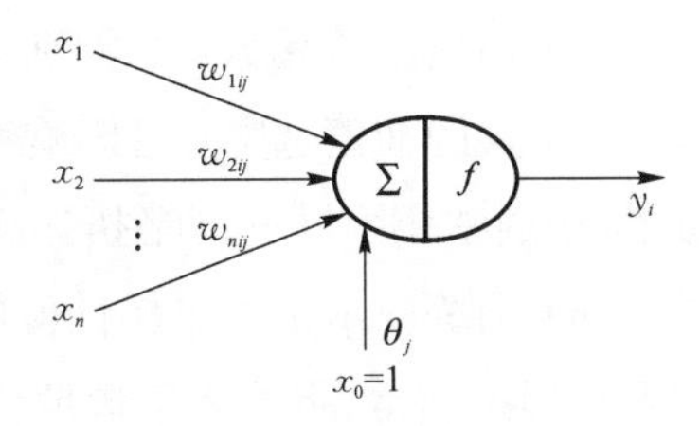

图 5-5 神经元模型

神经元模型可以描述为:

$$\begin{cases} x_j = \sum_{i=1}^{n} w_{ij} x_i - \theta_j \\ y_j = f(x_j) \end{cases}$$

其中,$x_j(j=1, 2, \cdots, n)$ 为输入信号(从其他神经元传来的输入信号),θ_j 是该神经元的阈值,w_{ij} 表示从神经元 i 到神经元 j 的连接权值。

神经元的输出是各个输入的加权和的函数 $f(x_i)$,这一函数被称为神经元的激活函数(activation function)。激活函数用符号表现单元代表的神经元的激活功能,将一个较大的输入值域到较小的区间 0 和 1。常用的三种非线性激活函数有中心限幅、阶跃函数和 Sigmoid 函数等。

如:$f(x)$为阶跃函数,则 $f(x) = \begin{cases} 1, & x \geqslant 0 \\ 0, & x < 0 \end{cases}$

S 型函数,通常是在(0, 1)或(−1, 1)内连续取值的单调可微分函数,常用指数等一类曲线表示:$f(x) = \dfrac{1}{1+\mathrm{e}^{-x}}$

2) 神经网络拓扑

神经网络是由大量的神经元连接而成的网络,神经网络拓扑结构形式多样,主要可以分为以下几类:

(1) 前向神经网络。神经元分层排列,各个神经元只接受前一层的输入,并输出到下一层,没有反馈,如图 5-4 所示。

(2) 反馈神经网络。神经元具有广泛的反馈连接,系统通过一个动态过程达到希望的状态。

(3) 自组织网络。神经元按照某种次序排列,通过相邻神经元的互相作用完成一定的功能,也称为竞争神经网络。

在开始训练神经网络之前，需要确定网络拓扑，必须处理以下几个主要问题：

（1）输入层单元数（属性个数）：类似于决定某个属性为分支属性问题。

（2）隐藏层个数：最简单情况下，常常只有一个隐藏层。

（3）隐藏层单元数：使用神经网络算法时，隐藏层的最佳单元数的选择是非常困难的，也没有明确的规则。如果隐藏层单元个数太少，可能无法学习目标函数；如果隐藏层单元个数太多，可能出现过适应问题。神经网络的结构设计是一个不断试错的过程。

（4）输出层单元数：与类别个数有关。

（5）权的初值选择：将影响结果的准确性。一旦网络经过训练，并且其准确率不能被接受，则通常用不同的网络拓扑或使用不同的初始权值，重复训练过程。

（6）训练样本中每个属性值的处理：对训练样本中每个属性值进行规范化有助于加快学习过程。通常，将输入值规范化，使得其值落入0.0和1.0之间。离散值属性可以重新编码，使得每个域值对应一个输入单元。例如，属性 A 的定义域为(a_0, a_1, a_2)，则可以分配三个输入单元表示 A，即用 I_0、I_1、I_2 作为输入单元。每个单元初始化为0。如果 $A = a_0$，则置 I_0 为1；如果 $A = a_1$，则置 I_1 为1；如此下去。一个输出单元可以用来表示两个类（值1代表一个类，值0代表一个类）。但如果类别多于两个时，则每个类使用一个输出单元。

3）网络权值

神经网络的连接权值的确定一般有两种方式：一是通过设计计算确定，即所谓的死记式学习；二是网络按一定的规则通过学习（训练）得到。大多数神经网络使用后一种方法确定其网络权值。

5.4 分类分析的基础算法

本节详细介绍几种主要分类算法的基本思想以及算法过程，包括基于决策树的ID3[1]、C4.5[2]和SLIQ[3]算法以及基于神经网络的后向传播算法[4]等。

5.4.1 ID3和C4.5算法：基于决策树的分类算法

前面一小节对决策树的基本原理和过程做了详细的介绍，这一小节介绍两种经典的决策树构造算法：ID3算法和C4.5算法。

给定一个训练样本集，每个样本具有相同的结构，由若干个成对的“属性-值”对构成。

例5.5：考察影响打高尔夫球的天气条件的记录，类别属性表示“是否适合运动”。非类别属性有：天气、温度、湿度及风况（表5-2）。

表 5-2 打高尔夫球的天气条件属性

属 性	可 能 的 取 值
天 气	晴朗、多云、有雨
温 度	连续值
湿 度	连续值
风 况	有,无

训练数据如下(表 5-3):

表 5-3 打高尔夫球的天气条件训练数据

天 气	温 度	湿 度	风 况	运 动
晴朗	85	85	无	不适合
晴朗	80	90	有	不适合
多云	83	78	无	适合
有雨	70	96	无	适合
有雨	68	80	无	适合
有雨	65	70	有	不适合
多云	64	65	有	适合
晴朗	72	95	无	不适合
晴朗	69	70	无	适合
有雨	75	80	无	适合
晴朗	75	70	有	适合
多云	72	90	有	适合
多云	81	75	无	适合
有雨	71	80	有	不适合

1) ID3 算法

ID3 算法的核心问题是选取在树的每个节点要测试的属性。所选的属性应该是最有助于分类数据的属性，ID3 算法使用信息增益标准从候选属性中选择属性。

ID3 算法基于信息论,下面给出一些信息论的相关概念:

定义 5.6(自信息量):根据人们的实践经验,一个事件给予人们信息量的多少,与这一事件发生的概率大小有关:一个小概率事件的发生,给予人们的信息量多;相反,一个大概率事件的出现,给予人们的信息量少。用 $I(A)=-\log_2 p$ (p 表示事件 A 发生的概率)来度量事件 A 给出的信息量,称为事件 A 的自信息量。

熵是信息论中广泛使用的一个度量标准,刻画了任意样本的纯度(purity),用于度量样本的均一性。

定义 5.7(信息熵)：若一次试验有 n 个可能结果(事件)，它们出现的概率分布 $P=(p_1, p_2, \cdots, p_n)$，用 Entropy($P$)信息熵度量一次试验所给出的平均信息量，计算公式为

$$\text{Entropy}(P) = -[p_1 \log_2(p_1) + p_2 \log_2(p_2) + \cdots + p_n \log_2(p_n)] \quad (5-5)$$

例如，若 P 为(0.5,0.5)，则 Entropy(P)等于 1；若 P 为(0.67, 0.33)，则 Entropy(P)为 0.92；若 P 为(1,0)，则 Entropy(P)为 0。

定义 5.8(给定的样本分类所需的期望信息)：设 S 是 s 个数据样本的集合，假定类别属性具有 m 个不同值，定义 m 个不同类 $C_i(i=1, 2, \cdots, m)$，s_i 是类 C_i 中的样本数(即 $|C_i|$)，p_i 是任意样本属于 C_i 的概率，并用 s_i/s 估计，对一个给定的样本分类所需的期望信息由式 5-6 给出：

$$\text{Entropy}(s_1, s_2, \cdots, s_m) = -\sum_{i=1}^{m} p_i \log_2(p_i) \quad (5-6)$$

例 5.5 中，类别属性“运动”分割成 C_1“适合”与 C_2“不适合”两个不相交且不遗漏的类，根据式 5-2，可计算得：Entropy(s_1, s_2) = Entropy(9/14,5/14) = 0.94。

定义 5.9(由 A 划分成子集的熵)：设非类别属性 A 具有 v 个不同值 $\{a_1, a_2, \cdots, a_v\}$，利用非类别属性 A 将 S 划分为 v 个子集 $\{S_1, S_2, \cdots, S_v\}$；其中 S_j 包含 S 中在 A 上具有值 a_j 的样本。若 A 选作测试属性，则这些子集对应于由包含集合 S 的节点生长出来的分支。设 s_{ij} 是子集 S_j 中类 $C_i(i=1, 2, \cdots, m)$ 的样本数，由 A 划分成子集的熵(或期望信息)由式 5-7 给出：

$$\text{Entropy}(A) = \sum_{j=1}^{v} \frac{s_{1j} + \cdots + s_{mj}}{s} \text{Entropy}(s_{ij}, \cdots, s_{mj}) \quad (i=1, 2, \cdots, m) \quad (5-7)$$

其中，项 $\left(\dfrac{s_{1j} + \cdots + s_{mj}}{s}\right)$ 表示第 j 个子集(即 A 值为 a_j 的子集)中的权，等于子集中的样本个数除以 S 中的样本总数。

对于给定的子集 S_j，$\text{Entropy}(s_{1j}, s_{2j}, \cdots, s_{mj}) = -\sum_{i=1}^{m} p_{ij} \log_2(p_{ij})$ (5-8)

其中，$p_{ij} = \dfrac{s_{ij}}{|S_j|}$ 是 S_j 中的样本属于类 C_i 的概率。

例 5.5 中，对于属性“天气”有：

$$\begin{aligned}\text{Entropy}(\text{天气}) &= \frac{5}{14} \times \text{Entropy}\left(\frac{2}{5}, \frac{3}{5}\right) + \frac{4}{14} \times \text{Entropy}\left(\frac{4}{4}, 0\right) + \\ &\quad \frac{5}{14} \times \text{Entropy}\left(\frac{3}{5}, \frac{2}{5}\right) \\ &= 0.694\end{aligned}$$

定义 5.10(信息增益)：是指两个信息量之间的差值，其中一个信息量是识别一个 S 的元素所需信息量，另一个信息量是属性 A 的值已经得到以后识别一个 S 的元素所需信息量，即信息增益与属性 A 相关。信息增益定义为：

$$\text{Gain}(A, S) = \text{Entropy}(s_1, s_2, \cdots, s_m) - \text{Entropy}(A) \tag{5-9}$$

例 5.5 中，对于属性“天气”，有：

$$\text{Gain}(\text{天气}, S) = \text{Entropy}(s_1, s_2) - \text{Entropy}(\text{天气}) = 0.94 - 0.694 = 0.246$$

如果改为考虑属性“风况”，计算 Entropy(风况)值为 0.892，Gain(风况，S)＝Entropy(s_1, s_2)－Entropy(风况)＝0.048，因此属性天气比属性风向提供了更高的信息收益，取得的信息量更大。

ID3 的基本思想：构造决策树，决策树的每个节点对应一个非类别属性，每条边对应该属性的每个可能值。以信息熵的下降速度作为选取测试属性的标准，即所选的测试属性是从根到当前节点的路径上尚未被考虑的具有最高信息增益的属性。对于非终端的后继节点，用相同的过程选择一个新的属性分割训练样本，直到满足以下两个条件中的任一个：

(1) 所有的属性已经被这条路径包括。

(2) 与这节点关联的所有训练样本都具有相同的目标属性值。

ID3 算法的代码如图 5-6 所示。

下面给出一个 ID3 算法的例子：

类别属性“运动”有两个不同值(即{适合，不适合})，得到两个不同的类(m=2)。设类

```
算法 5.2  ID3 算法
输入: 非类别属性 C1, C2, …, Cn,类别属性 C,训练集 S 的所有样本.
输出: 决策树
步骤:
1) function ID3 (R: 一个非类别属性集, C: 类别属性, S: 一个训练集)
2)          returns 一棵决策树;
3) begin
4) If S 为空
5)          return 一个值为 Failure 的节点;
6) If S 由纯粹是相同种类属性值的样本构成
7)          return 一个该值构成的节点;
8) If R 为空
9)          return 一个节点,值为 S 中所有样本的类别属性中最频繁出现的值;
10)                //有的记录被不正确的分类,所以这里会出现错误
11)          A = R 中 Gain(D, S)最高的属性;
12)          {dj | j = 1, 2, …, m} = A 的属性值;
13)          {Sj | j = 1, 2, …, m} = S 的子集,Sj 的所有记录的属性 D 的值为 dj
14)          返回一棵树,根节点标记为 D,弧标记为 d1, d2, …, dm,弧对应的子树分别
为 ID3(R - {D}, C, S1), ID3(R - {D}, C, S2), …, ID3(R - {D}, C, Sm);
15) end ID3;
```

图 5-6 用于建立决策树模型的 ID3 算法。

C_1对应于(适合),类C_2对应于(不适合)。类C_1有9个样本,类C_2有5个样本。利用式5-2:$\text{Entropy}(s_1, s_2, \cdots, s_m) = -\sum_{i=1}^{m} p_i \log_2(p_i)$,计算对给定样本分类所需的期望信息:

$$\text{Entropy}(s_1, s_2) = \text{Entropy}(9, 5) = -\frac{9}{14}\log_2\frac{9}{14} - \frac{5}{14}\log_2\frac{5}{14} = 0.940$$

下一步计算每个属性的熵。从属性“天气”开始,观察“天气”的每个样本值的“适合”和“不适合”分布。对每个分布计算期望信息。

对于天气为“晴朗”:$s_{11} = 2 \quad s_{21} = 3 \quad \text{Entropy}(s_{11}, s_{21}) = 0.971$

对于天气为“多云”:$s_{12} = 4 \quad s_{22} = 0 \quad \text{Entropy}(s_{12}, s_{22}) = 0$

对于天气为“有雨”:$s_{13} = 3 \quad s_{23} = 2 \quad \text{Entropy}(s_{13}, s_{23}) = 0.971$

应用式5-3:$\text{Entropy}(A) = \sum_{j=1}^{v} \frac{s_{1j} + \cdots + s_{mj}}{s} I(s_{ij}, \cdots, s_{mj})$计算得,

$$\begin{aligned}\text{Entropy}(天气) = &\frac{5}{14} \times \text{Entropy}(s_{11}, s_{11}) + \frac{4}{14} \times \text{Entropy}(s_{12}, s_{22}) + \\ &\frac{5}{14} \times I(s_{13}, s_{23}) = \frac{5}{14} \times \text{Entropy}\left(\frac{2}{5}, \frac{3}{5}\right) + \frac{4}{14} \times \\ &\text{Entropy}\left(\frac{4}{4}, 0\right) + \frac{5}{14} \times \text{Entropy}\left(\frac{3}{5}, \frac{2}{5}\right) \\ = &\ 0.694\end{aligned}$$

因此,这种划分的信息增益是

$$\text{Gain}(天气, S) = \text{Entropy}(s_1, s_2) - \text{Entropy}(天气) = 0.94 - 0.694 = 0.246$$

类似的,Gain(风况,S)=0.048,Gain(温度) =0.029,Gain(湿度) =0.151。

得到如图5-7所示的决策树:

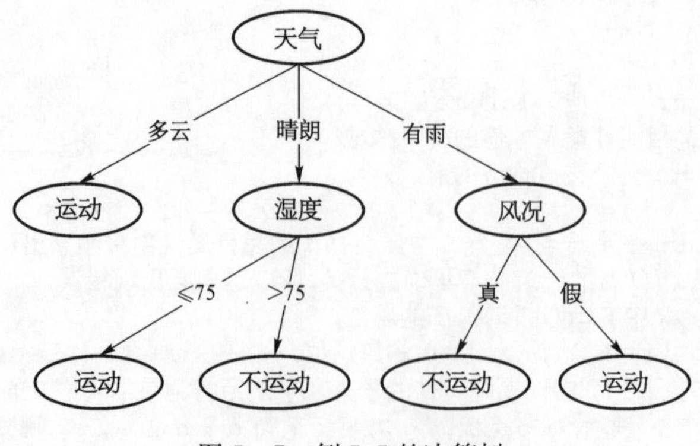

图5-7 例5.5的决策树

2) C4.5算法

ID3算法被限制为取离散值的属性:学习到的决策树要预测的目标属性必须是离散

的;树的决策结点的属性也必须是离散的。C4.5 算法对原始的 ID3 算法进行了扩充,它除了拥有 ID3 算法的功能外,还增加了:

① 使用增益比率的概念。

② 合并具有连续值的属性。

③ 处理缺少属性值的训练样本。

④ 通过使用不同的修剪技术以避免树的不平衡。

⑤ k 次迭代交叉验证。

⑥ 规则的产生。

下面主要介绍以下三个部分:

(1) 使用增益比率(gain ratio)。信息增益偏袒具有较多值的属性,太多的可能值必然把训练样本分割成非常小的空间,相对训练样本,将会有非常高的信息增益,特别地,当属性的每条记录的值都不一样,那么 Entropy(A, S)=0, 于是 Gain(A, S)最大。例如,考虑属性'日期'(Date),它有大量的可能值(如 2004 年 11 月 10 日),如果把该属性加到例 5.5 的表 5-3 中,则它在所有属性中将具有最大的信息增益,因为单独的 Date 属性就可以完全预测训练数据的目标属性,于是这个属性会被选作树的根结点的决策属性,生成一棵深度为 1 但却非常宽的树,这棵树可以理想地分类训练数据,但这个决策树对分析后来的数据性能将相当差,这样的决策树不是一个好的分类器。

为了避免这个不足的情况,选用其他度量而不是信息增益来选择决策属性。一个可选的度量标准是增益比率。增益比率通过加入分裂信息(split information)来惩罚类似 Date 的具有较多值的属性。

定义 5.11(分裂信息):分裂信息是数据样本集合 S 关于属性 A 的各值的熵,用于衡量属性分裂数据的广度和均匀性,由式 5-10 计算:

$$\text{SplitInformation}(A,\ S) = -\sum_{i=1}^{c} \frac{|S_i|}{|S|} \log_2 \frac{|S_i|}{|S|} \tag{5-10}$$

其中,S_1 到 S_c 是含有 c 个值的属性 A 分割 S 而形成的 c 个样本子集。

定义 5.12(增益比率):增益比率度量由信息增益和分裂信息度量共同定义,由式 5-11 计算:

$$\text{GainRatio}(A,\ S) = \frac{\text{Gain}(A,\ S)}{\text{SplitInformation}(A,\ S)} \tag{5-11}$$

分裂信息 SplitInformation(A, S)是根据类别属性 A 的值分隔 S 的信息量,它阻碍选择值均匀分布的属性,例如,考虑一个含有 n 个样本的集合被属性 A 彻底分割,则分裂信息值为 $\log_2 n$;一个布尔属性 B 分割同样的 n 个实例,如果恰好平分两半,那么分裂信息是 1。如果属性 A 和 B 产生同样的信息增益,那么根据增益比率度量,显然属性 B 具有更高的增益比率。

在例 5.5 中,由式 5-6 计算得,SplitInformation(天气,S)为:

$$-\frac{5}{14}\log_2\frac{5}{14}-\frac{4}{14}\log_2\frac{4}{14}-\frac{5}{14}\log_2\frac{5}{14}=1.577$$

因此,属性天气的增益比率为 0.246/1.577=0.156。

而 SplitInfo(风况,S)为:

$$-\frac{6}{14}\log_2\frac{6}{14}-\frac{8}{14}\log_2\frac{8}{14}=6/14\times 0.1.222+8/14\times 0.807=0.985$$

因此,属性风况的增益比率为 $0.048/0.985=0.049$。

使用增益比率代替增益来选择属性时,产生的一个实际问题是,如果某个属性对于 S 的所有样本有几乎同样的值,使 $|S_i|\approx|S|$,则分母分裂信息值可能为 0 或非常小,将导致增益比率无定义或增益比率非常大。为避免选择这种属性,可以采用一些启发式规则,比如先计算每个属性的增益,然后仅对增益高于平均值的属性应用增益比率测试。

(2) 处理连续值属性。ID3 算法最初的定义假设属性值是离散值,但在实际环境中,存在大量连续型属性,可以按下面的方法处理连续范围属性:

① 把连续值属性的值域分割为离散的区间集合。例如,对于连续值的属性 A,可创建一个新的基于阈值的布尔属性 A_{Bool},如果 $A<c$,那么 A_{Bool} 为真,否则为假。

但这里存在的问题是如何选取最佳阈值 c,下面介绍一种最简单的合适阈值选取方法——候选阈值是相应的连续属性 A 值之间的中间值。

在表 5-4 中,对于连续值属性"温度",候选的阈值可以是:(48+60)/2 和(80+90)/2,然后计算候选属性(温度>54)和(温度>85)的信息增益,选择最好的,如(温度>54)。

表 5-4 阈值选取方法

温度	40	48	60	72	80	90
运动	不适合	不适合	适合	适合	适合	不适合

③ 假设属性 A 有连续的属性值,考察训练集上这个属性的值,依照升序排列依次为 $v_1, v_2, \cdots, v_m$。对于每个值 $v_j(j=1, 2, \cdots, m)$,将 A 的记录值划分为两部分:一部分落入在 v_j 的范围内(小于或等于 v_j),另一部分则大于 v_j。针对每个划分分别计算增益或增益率,然后选择出最大化增益的分块方式。

在例 5.5 中,对于湿度属性,通过考察每个划分的信息,发现最佳分割点是 75,因此这个属性的划分定为 $\{\leqslant 75, >75\}$。

(3) 处理缺少属性值的训练样本。在某些情况下,数据集中的数据还可能缺少某些属性的某些值。例如,在医学领域希望根据多项化验指标分析患者的结果,然而可能仅有部分患者具有验血结果,而部分患者缺少验血结果,这种情况下,经常需要根据此属性(验血结果)值已知的其他实例来估计缺少的属性值。

下面介绍处理缺少属性值的训练样本的几个策略:

假定<x, $C(x)$>是 S 中的一个训练样本，并且属性 A 的值 $A(x)$ 未知。处理缺少属性值的一种策略是赋给它节点 n 的训练样本中该属性的最常见值，或赋给它节点 n 的被分裂为 $C(x)$ 的训练样本中该属性最常见的值。

另一种复杂的策略是为属性 A 的每个可能值赋予一个概率，而不是简单地将最常见的值赋给 $A(x)$。例如，给定一个布尔属性 A，如果节点 n 包含 6 个已知 $A=1$ 和 4 个 $A=0$ 的样本，那么 $A(x)=1$ 的概率是 0.6，$A(x)=0$ 的概率是 0.4。于是，实例 x 的 60%被分配到 $A=1$ 的分支，40%被分配另一个分支。这些片段样本(fractional examples)的目的是计算信息增益。另外，如果有第二个缺少值的属性必须被测试，这些样本可以在后继的树分支中进一步细分。

在例 5.5 中，设共有 14 个训练样本集，其中一个样本的天气属性有未知值。已知天气属性的其他 13 个样本分布如表 5-5 所示：

表 5-5 训练样本集

天 气	适合运动	不适合运动	合 计
晴 朗	2	3	5
多 云	3	0	3
有雨	3	2	5
合 计	8	5	13

未知值的样本概率在其属性值对应 P(晴朗)为 5/13，P(多云)为 3/13，P(有雨)为 5/13。沿着路径往下传递的样本数量为：天气=晴朗是 5+5/13，天气=多云是 3+3/13，天气=有雨是 5+3/13，它的分类样本为 5+5/13+3+3/13+5+5/13=14。

3) 两种算法的评价

ID3 算法是经典的决策树分类算法，C4.5 对 ID3 进行了一定程度的扩展，增加了对连续性属性的支持，降低了对训练样本数据质量的要求。但两者的局限性也是明显的，ID3 和 C4.5 算法中，由于每个离散型属性必须分成多叉树，每个子节点表示一个属性值，这使得属性被过度细分，不能表现出精确的分类结果；此外，C4.5 算法对于连续属性值简单地一分为二的处理方式，也显得不够细致，例如，如果连续属性在某几个区间呈现出聚集特性，C4.5 算法无法精确识别。同时，ID3/C4.5 不具备良好的可伸缩性，当数据量较小时，他们是很有效的，但是当算法用于处理大规模训练集(例如上百万条样本数据)时，决策树的构造过程将会慢得无法忍受，算法的有效性和可伸缩性成为瓶颈。

5.4.2 SLIQ：一种高速可伸缩的基于决策树的分类算法

SLIQ 算法是一种决策树分类器，它采用预排序技术，解决了当训练集数据量巨大、无法全部放入内存时，如何高速准确生成决策树的问题，并能同时处理离散和连续属性。

例 5.6：表 5-6 为样本集，每个样本具有两个非类别属性(age，salary)和一个类别属性(class)，该类别属性具有两个值(G, B)。

表 5-6 SLIQ 算法示例 5.6 样本集

age	salary	class
40	7 182	B
34	9 473	G
56	6 374	B
18	1 240	G
26	5 593	G
35	5 047	G
19	7 341	G
38	4 610	B
21	1 040	B
28	4 111	G
55	7 504	G

1) Gini 指标(Gini index)

ID3 和 C4.5 算法构造的决策树过程中，使用信息量作为评价节点分割质量的参数，SLIQ 算法使用 Gini 指标代替信息量。

定义 5.13(数据集 S 的 Gini 指标，Gini index)：若数据样本集 S 含有来自 m 个类的样本，P_j 是 S 中第 j 类数据的相对频率，则数据集 S 的 Gini 指标定义为：

$$\text{Gini}(S) = 1 - \sum P_j^2 \tag{5-8}$$

容易看出，Gini 指标越小，信息增益量越大，节点分割质量越好。

当将 S 分裂为两个子集 S_1 和 S_2 时，基尼指数计算方法如式 5-9 所示：

$$\text{Gini}_{\text{split}}(S) = \frac{n_1}{n}\text{Gini}(S_1) + \frac{n_2}{n}\text{Gini}(S_2) \tag{5-9}$$

其中，n 为数据样本集 S 中的总样本数，n_1 为 S_1 中所含的样本数，n_2 为 S_2 中所含的样本数。

从 Gini 指数的计算可以看出，其优点是只需知道每种分割的类分布数。下面给一个例子说明 Gini 指标的计算方法：

例 5.7：对图 5-1a 中的训练样本按年龄升序排序结果见表 5-7，计算 $\text{Gini}_{\text{split}}(27.5)$、$\text{Gini}_{\text{split}}(18.5)$ 和 $\text{Gini}_{\text{split}}(37.5)$。

表 5-7 排序结果

年龄	风险类别
17	高
20	高
23	高
32	低
43	高
68	低

$$\mathrm{Gini}(S_1 < 27.5) = 1 - \left(\frac{3}{3}\right)^2 = 0$$

同理：

$$\mathrm{Gini}_{\mathrm{split}}(18.5) = 0.4 \qquad \mathrm{Gini}_{\mathrm{split}}(37.5) = 0.417$$

2）属性的分割方法

SLIQ 算法构造决策树时，先对每个节点计算最佳分割策略，然后执行分割。

(1) 对于数值型连续属性分裂形式为 $A <= v$：先对数值型属性排序，假设排序后的结果为 v_1，v_2，…，v_n，因为分割只会发生在两个节点之间，所以分割点有 $n-1$ 种可能性，通常取中点 $(v_i + v_{i+1})/2$ 作为分割值，然后从小到大依次取不同的分割点，取信息增益指标最大(Gini 最小)的一个作为分割点。

这个方法中，需要对每个节点进行排序，所以操作的代价极大，于是降低排序成本成为一个重要的问题，为解决这个问题，SLIQ 算法对数值型属性采用预排序策略，即在树生长阶段的开始对每个数值型属性排序一次，而不需要在决策树的每个节点都进行排序，关于预排序的数据结构和方法下面会有更详细的介绍。

(2) 对于离散型属性：设 $V(A)$为 A 的所有可能的值，分裂测试将要取遍 V 的所有子集 V'。寻找当分裂成 V'和 $V-V'$两部分时的 Gini 指标，取到 Gini 最小的时候，就是最佳分裂方法。这是一个对集合 V 的所有子集进行遍历的过程，代价将是很大的。算法采用贪心算法对此进行优化：从空子集 V'开始，再向 V'中加入能得到最佳分裂的 V 中的元素，重复执行这个过程，直到分裂值没有变化停止。需要注意的是，当该离散属性所有可能值的个数不超过一定阈值(一般取 10)时，可以直接计算，不需要贪心算法。

3）数据结构

SLIQ 在树的构建阶段使用预排序(pre-sorting)技术以减少计算数值型连续属性的代价。实现预排序需要的主要数据结构包括：属性表(attribute list)、类表(class list)以及树节点。

定义 5.14(属性表)：对训练数据的每个属性生成一个单独的表(list)，称为属性表。属性表有两个字段：属性值和指向类表的索引。

属性值	指向类表的索引

例如：

age	class list index
18	4
19	7
21	9
26	5
28	10
34	2
35	6
38	8
40	1
55	11
56	3

age list

定义 5.15(类表)：类表有两个字段：类标号及决策树叶节点的指针。类表中的第 i 个值对应训练数据中的第 i 个样本。决策树中的每一个叶节点代表训练数据中的一个划分。该划分依赖于从节点到根的路径。类表在任何时间都可以找到样本所属的划分。

类标号	决策树叶节点的指针

例如：

class	leaf
B	*N*1
G	*N*1
B	*N*1
G	*N*1
G	*N*1
G	*N*1
G	*N*1
B	*N*1
B	*N*1
G	*N*1
G	*N*1

class list

仅有一张类表，必需常驻内存。属性表在必要时可写回磁盘。

4) 数据初始化

算法的输入是训练样本集。训练集输入之后，分成一个一个的属性表。

所有类标识存入类表，类表中的 leaf 字段指向该记录对应的决策树的叶子，初始状态下，所有记录指向树根。

对属性表进行内部排序，交换属性值 v_i，同时交换 i，生成有序的属性表序列，这是 SLIQ 算法中对属性进行的唯一一次排序。

排序完成后，属性表中的 i 是属性值指向类表的指针，如图 5-8 所示。

训练样本 =====> 预排序完成

age	salary	class
40	7 182	*B*
34	9 473	*G*
56	6 374	*B*
18	1 240	*G*
26	5 593	*G*
35	5 047	*G*
19	7 341	*G*
38	4 610	*B*
21	1 040	*B*
28	4 111	*G*
55	7 504	*G*

class list

age	index
18	4
19	7
21	9
26	5
28	10
34	2
35	6
38	8
40	1
55	11
56	3

salary list

salary	index
1 040	9
1 240	4
4 111	10
4 610	8
5 047	6
5 593	5
6 374	3
7 182	1
7 341	7
7 504	11
9 473	2

class	leaf
B	*N*1
G	*N*1
B	*N*1
G	*N*1
G	*N*1
G	*N*1
G	*N*1
B	*N*1
B	*N*1
G	*N*1
G	*N*1

图 5-8 预排序示例 初始时根结点为 N1

5) 计算最佳分裂

最佳分裂指标计算阶段将通过一次对所有属性表的遍历，找出所有叶节点的最佳分裂方案。算法如图 5-9 所示。

计算最佳分裂阶段有一个重要的结构：类直方图(class histogram)。它位于决策树的每个顶点内，存放每个节点当前的类信息——左、右子树的每个类各拥有多少节点。图 5-10中，L 值表示满足测试的样本分布，R 表示不满足测试的样本分布。

(1) 当前属性 A 是数值型时，每次作遍历时，类直方图亦随之改变，随时记录以当前属性 A 的当前值 v 为阈值的节点分裂方式对叶节点 L 的分裂状况。由类直方图即可算出某个分裂方案的 Gini index。完成对 A 的遍历后，Gini index 最低的(信息增益最高的)A 的值就是用属性 A 分裂的最佳阈值。新方案存入决策树节点。

(2) 当前属性 A 是离散型时，在遍历过程中，记录每个属性值对应的类的个数。遍历完成后，得到信息增益最高的 A 的子集，即为所求的用 A 的分裂方案。新方案存入决策树节点。

```
EvaluateSplits( )
1) for 每个属性 A  do
2)  遍历 A 的属性表
3)  for 属性表中的每个值 v  do
4)    在类表中找到相应的位置,即找到对应的类及叶节点(如 l)
5)    更新叶节点 l 的类直方图
6)    If A 是连续属性 then
7)       对叶节点 l 的测试(A≤v)利用类直方图中信息计算分裂指标寻找最佳分裂点
8)  if A 是离散属性 then
9)     for 树中的每个叶节点  do
10)       找到具有最佳分割的 A 的子集
```

图 5-9 计算最佳分裂的算法

对整个属性表的每个属性进行一次完全的遍历之后,对每个节点而言,已经得到它的最佳分裂方案,包括用哪个属性进行分类以及分类的阈值是什么,并且存放在决策树的节点内。

图 5-10 是一个计算最佳分裂方案的例子。

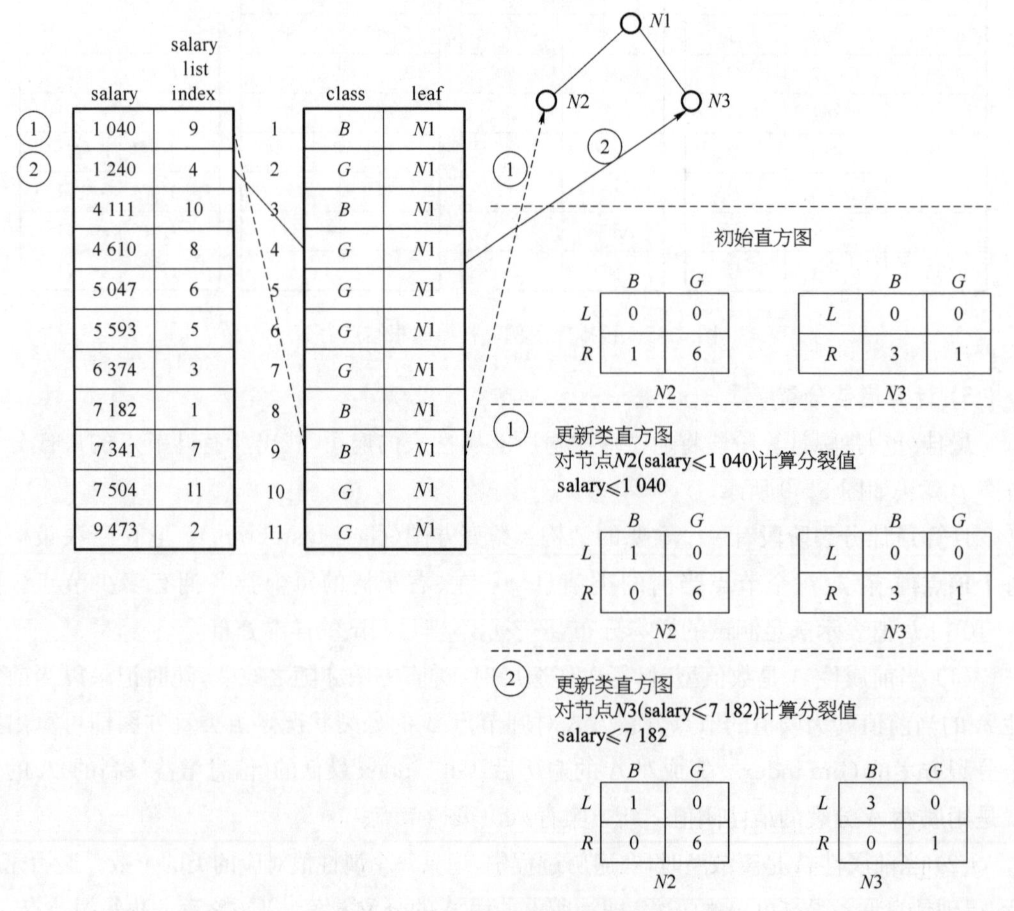

图 5-10 计算分裂指标的例子

假设之前已经使用分割点 age≤35 处理了属性"age",当前待分裂属性为"salary"。右边为类直方图的变化过程。salary 属性表从上往下扫描,这时,叶子队列里面的节点有 *N*2、*N*3。属性表中的第一个值属于节点 *N*2,因此第一个分裂计算是对 *N*2 节点的分裂(salary≤1 041),分裂之后,相应的样本(salary 1 041,类指针为 9)满足左边分支,其余的属于右分支,于是 *N*2 的类直方图被更新。接下来,计算对 *N*3 节点的分裂(salary≤7 182),分裂之后,相应的样本(salary 7 182,类指针为 1)属于左分支,*N*3 的类直方图被更新。

6) 更新类表

当最佳分裂参数已经存放在节点中之后,算法(图 5-11)的下一步是为每个叶节点创建子节点、更新类表(执行节点分裂)。

```
Updatelabels( )
1) for 分支中的每个属性 A do
2)     遍历 A 的属性表
3)     for 属性表中的每个值 v do
4)         找到类表对应的位置(如 e)
5)         通过在从 e 指向的节点上进行分支测试找到 v 所属的新类 c
6)     将 e 的类标号更新为 c
7)     将 e 中被指向的节点更新为对应类 c 的子节点
```

图 5-11 执行分裂某个叶节点的算法

如图 5-12 表示在 salary 属性上分割 *N*2 和 *N*3 后被更新的类表。遍历 salary 属性表,对应 salary 的值为 7 182 的类表(指针为 1)位置被更新。首先,类表位置为 1 的叶指针用于找到样本应该属于的节点(现在为节点 *N*3),然后,在节点 *N*3 被选择的分裂用于发现样本应该所属的新的子节点(节点 *N*6),为反映这个变化,在类表中位置 1 的 *N*3 被更新为 *N*6。最后,节点 *N*3 分裂成 *N*6、*N*7,*N*3 转为内部节点。

7) 终止条件

在树的构造过程中,重复执行最佳分裂计算和类表更新两个步骤,直到每个叶节点成为纯节点(即包含仅属于一个类的样本)且不需要更多分裂结束。

8) 剪枝

SLIQ 的剪枝算法 MDL 属于后剪枝方法,它的目标是生成一棵描述长度最小的决策树。

由于训练数据中的"噪声"影响而造成的错误的分支将导致利用模型时的分类错误。剪枝就是去除那些导致错误的分支,在可能的子树中挑选错误率最小的子树。

决策树中应用最小描述长度准则的 MDL[5] 修剪算法对树进行剪枝,该方法根据编码所需的二进位位数,而不是根据期望错误率,并且不需要独立的样本集。

对同样的数据可以采用不同的模型,最小描述长度 MDL 给出了一种选择模型的依据。

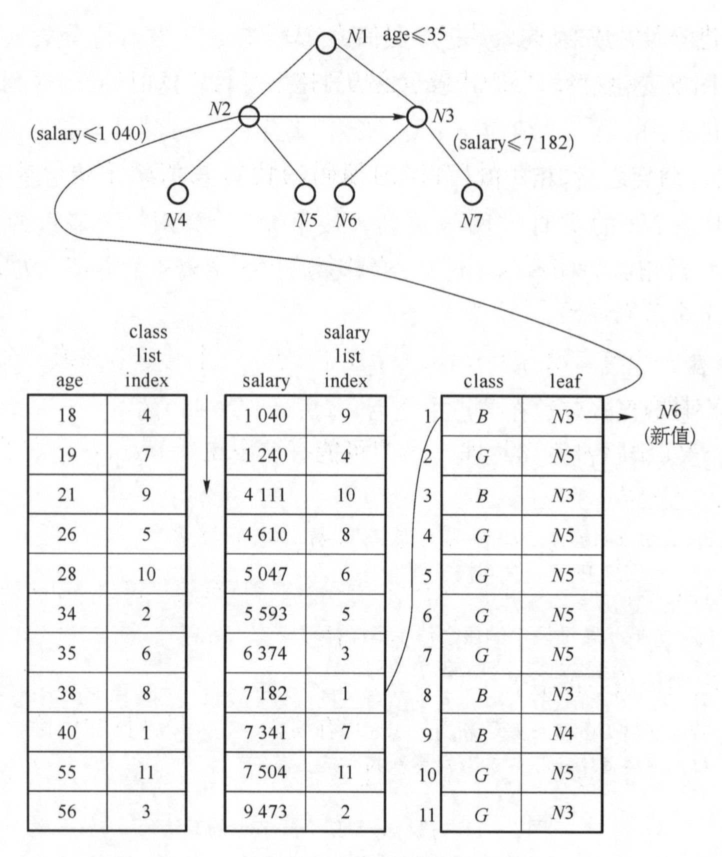

age	class list index
18	4
19	7
21	9
26	5
28	10
34	2
35	6
38	8
40	1
55	11
56	3

salary	salary list index
1 040	9
1 240	4
4 111	10
4 610	8
5 047	6
5 593	5
6 374	3
7 182	1
7 341	7
7 504	11
9 473	2

	class	leaf
1	*B*	*N*3
2	*G*	*N*5
3	*B*	*N*3
4	*G*	*N*5
5	*G*	*N*5
6	*G*	*N*5
7	*G*	*N*5
8	*B*	*N*3
9	*B*	*N*4
10	*G*	*N*5
11	*G*	*N*3

图 5-12 更新类表

MDL 基本思想是找出一个模型，使得模型的算法复杂度与该模型相适应的训练数据的描述长度的和最小，即对数据编码的最好模型是使依据模型描述数据代价的总和最小及描述模型的代价最小。MDL 倾向于选择最简单的模型。

如果模型 M 对数据 D 编码的一个模型，那么编码的总代价 $\text{cost}(M, D)$ 定义为：

$$\text{cost}(M, D) = \text{cost}(D \mid M) + \text{cost}(M)$$

其中，$\text{cost}(D \mid M)$ 代价表示给定模型 M 后对数据编码的比特数；$\text{cost}(M)$ 表示描述模型本身所需的编码代价。在决策树方法中，模型是指剪枝初始决策树时得到的一系列子树。

MDL 修剪算法目标是寻求一种合理且较小的树，使得训练样本的大多数数据符合这棵树，把样本中不符合的数据作为例外编码，使得下面两项最小：编码决策树（不一定是完全正确的）所需的比特；编码样本空间中与决策树不符的实例所需要的比特。即生成一棵描述长度最小的决策树。

MDL 修剪算法分为两部分：编码模式判断对数据编码及对模型编码的代价。

（1）数据编码。如果由决策树产生的分类与样本原来的类标号不一致，则此样本的分类是错误的。由决策树对训练集编码的代价定义为所有分类错误个数之和。分类错误的计算是在树构建阶段完成的，因此数据编码代价并不高。

（2）模型编码。对模型编码的代价包括描述树本身的代价与描述用于树中每一个内部节点测试的代价。

① 树编码。给定一个决策树，对树的编码的比特数依赖于树结构。有以下三种方案：

a. $code_1$：一个节点或者没有子节点，或者有两个子节点。共有两种可能性，只需使用一位比特对每一个节点编码。

b. $code_2$：每一个节点没有子节点、一个左子节点、一个右子节点或两个子节点四种情况，需两位比特对四种情况编码。

c. $code_3$：只需编码内部节点，此时节点可能有一个左子节点、一个右子节点或两个子节点。需 $\log_2 3$ 位比特。

② 分支编码。对分支的编码依赖于对分支测试的属性类型：

a. 连续属性：若形如 $A \leqslant v$ 的分支，v 是一个实数，对这个测试的编码的代价只是对 v 编码的最大值，比如是 P。虽然 P 的值可以在决策树中对每一个这种测试进行判断，但一般的仍给出由经验值决定的值 l。

b. 离散属性：对形如 $A \in S$，S 是 A 的所有可能子集，需计算的代价分为两部分，一部分是用于树中这种测试的数量，即每个属性 A_i 其数量为 nA_i；另一部分按 $\ln nA_i$ 计算的代价。

L_{test} 记为在内部节点上的任意测试的编码代价。

MDL 修剪算法对决策树的每一个节点的代码长度进行计算以判断是否将节点转变为叶节点、修剪左子节点、修剪右子节点或保持节点不动。

对于上述任何选择，一个节点 t 的代码长度 $C(t)$ 的计算方法如下：

$$C_{leaf}(t) = L(t) + Errors_t，若\ t\ 是一个叶节点； \quad (5-10)$$

$$C_{both}(t) = L(t) + L_{test}(t_1) + C(t_1) + C(t_2)，若\ t\ 有两个子节点； \quad (5-11)$$

$$C_{left}(t) = L(t) + L_{test}(t_1) + C(t_1) + C'(t_2)，若\ t\ 只有子节点\ t_1； \quad (5-12)$$

$$C_{right}(t) = L(t) + L_{test}(t_1) + C'(t_1) + C(t_2)，若\ t\ 只有子节点\ t_2； \quad (5-13)$$

$C'(t_i)$ 代表对使用父节点统计数编码子节点的代价，其他数值自设定。在部分剪枝情况下，修剪 t_1 或 t_2 时，落入已剪枝树枝的样本用父节点的统计数编码。

剪枝策略共有三种：

（1）完全剪枝（full）：只考虑式 5-10 和式 5-11 的情况，对一个节点 t 如果 $C_{leaf}(t)$ 计算代价比 $C_{both}(t)$ 小，则将这两个子节点修剪，并将该节点变为叶节点，树的编码代价就只用一个比特（$code_1$）。

（2）部分剪枝（partial）：考虑四种情况，比较四种计算代价的大小，选择代价最小的作为修剪的方法。树的编码代价需要两个比特($code_2$)。

(3) 混合剪枝(hybrid):修剪树包含两个阶段,第一步先用完全剪枝策略得到一个比较小的树,然后再考虑式5-11、式5-12、式5-13后三种计算方式来修剪树。

经过对三种策略算法比较实验证明,部分剪枝策略将生成更小的决策树,但分类准确率相对较低;混合剪枝策略具有与完全剪枝相同的准确率,同时生成的决策树平均较小,因此一般认为混合剪枝是较好的策略。

9) SLIQ算法总流程

```
算法 5.3  SLIQ算法总流程
输入:训练数据集,配置信息(决策树大小);
输出:用线性方式表示的二分决策树.
步骤:
1)  创建根节点 node(root);
2)  为数据建立属性表和类表;
3)  Enter queue(root); //队列存放当前的所有叶节点
4)  While (not empty (queue) ) do //队列为空,说明所有的叶节点已被处理
5)    EvaluateSplits( ); //计算属性分割度量
6)    for 队列中的所有叶节点 do
7)          Update Labels( );
8)    从队列中删除新的内部节点以及纯叶节点;
9)    新的叶节点输入队列中;
10)  MDL pruning(root); //利用MDL算法进行剪枝
```

图5-13 SLIQ算法总流程

算法的控制结构是一个队列,该队列存放当前的所有叶节点,是为了控制广度优先搜索的结束。当队列空时,说明所有的叶节点都已被处理过,这时建树算法结束。第10步是利用MDL算法进行裁剪。

需要说明的是,这里给的终止条件是当叶子节点为纯节点时,在实际应用中,可以考虑前面提到的三种终止条件,如没有继续可用的属性(这需要在SLIQ算法中进行调整,如ID3中,曾使用的属性去除,此时可用多数投票方法决定类,但是这样可能会带来较大的错误率,需要权衡)。

10) 其他问题

当某叶子是纯节点时,它将停止分裂。以后,这些节点将不参与运算。所以,这时可以将属性表中叶节点包含的记录全部删去。这样可以压缩属性表规模,降低换入换出磁盘时的I/O负荷。

11) SLIQ算法的优点

(1) 运算速度快,对属性值只作一次排序。

(2) 利用整个训练集的所有数据,不做取样处理,不丧失精确度。

(3) 轻松处理磁盘常驻的大型训练集，适合处理数据仓库的海量历史数据。

(4) 更快的，更小的目标树。

(5) 低代价的 MDL 剪枝算法。

5.4.3 后向传播算法 BP 算法 [4]：基于神经网络的分类算法

前馈神经网络是神经元（单元）以层次方式排列而成的神经网络，每层由多个节点（神经元）组成，同层之间的节点（神经元）互不相连，相邻两层的节点（神经元）之间两两相连，前一层节点（神经元）的输出即为后一层节点（神经元）的输入。这种网络最初被称为多层感知器网络，之后，研究者提出了在这种网络上修改权值的 BP 算法（后向传播，back propagation）。BP 算法成为前馈神经网络学习算法中最常用的一种算法。

BP 神经网络模型的特点是：各层神经元仅与相邻层神经元之间有连接；各层内神经元之间无任何连接；各层神经元之间无反馈连接。

后向传播学习算法的基本思想是，通过不断处理训练样本集，并计算输出层的结果及其与期望结果（每个样本已知类别）之间的误差，对于每个训练样本，不断修改权重以使网络输出与实际类别之间的均方差最小。将该误差向输入层逐层逆向传播给各节点，依次计算出各连接节点的参考误差，并据此调节各连接权值，使网络适应输出端误差到连接权值的映射。

具体步骤如下：

(1) 初始化权：将可调参数（网络的权和阈值）初始化为较小的随机数（例如，由 -1.0 到 1.0，或由 -0.5 到 0.5）。

(2) 对每个输入样本 X 作如下计算：

① 向前传播输入：计算隐藏层和输出层每个单元 j 的净输入和输出。

首先，训练样本提供给网络的输入层。对于输入层的单元 j 的输出 O_j 等于它的输入 I_j，即 $O_j = I_j$。然后根据单元的输入是连接它的前一层单元的输出，隐藏层和输出层的每个单元的净输入用其输入的线性组合计算。

对给定隐藏层或输出层单元 j，到单元 j 的净输入 I_j 是连接该单元的每个输入乘以其对应的权，然后求和，即

$$I_j = \sum_i w_{ij} O_i + \theta_j$$

其中，w_{ij} 是由上一层的单元 i 到单元 j 的连接权重；O_i 是上一层的单元 i 的输出；而 θ_j 是单元 j 的偏差值。偏差值作为一个阈值，用来控制相应单元的活动程度。

隐藏层和输出层的每个单元接受一个净输入，然后利用一个激活函数对它进行运算。

给定单元 j，它的净输入为 I_j，则单元 j 的输出 O_j 用下式计算：

$$O_j = 1/(1+e^{-I_j}) \tag{5-18}$$

② 计算后向传播误差：通过更新权和偏置以反映网络预测的误差，向后传播误差。

对于输出层单元 j，误差 Err_j 用式 5-19 计算：

$$\mathrm{Err}_j = O_j(1-O_j)(T_j-O_j) \tag{5-19}$$

其中，O_j 是单元 j 的实际输出，而 T_j 是 j 基于给定训练样本的已知类标号的真正输出，$O_j(1-O_j)$ 是 logistic 函数的导数。

为计算隐藏层单元 j 的误差，考虑下一层中连接 j 的单元的误差加权和，隐藏层单元 j 的误差是 $\mathrm{Err}_j = O_j(1-O_j)\sum_k \mathrm{Err}_k \times w_{kj}$

其中，w_{kj} 是由下一较高层中单元 k 到单元 j 的连接权，而 Err_k 是单元 k 的误差。

③ 权值修正。权值修正目的是反映传播的误差，修正按如下公式：

$$\Delta w_{ij} = (l)\mathrm{Err}_j O_i$$

$$w_{ij} = w_{ij} + \Delta w_{ij}$$

其中，Δw_{ij} 是权 w_{ij} 的变化，l 是学习率，取值范围通常在 0 和 1 之间，一个经验规则是间学习率设置为 $1/t$（t 是已经对训练样本集迭代的次数）。

偏置由下式更新：

$$\Delta \theta_j = (l)\mathrm{Err}_j$$

$$\theta_j = \theta_j + \Delta \theta_j$$

权值修正可以是每处理一个样本就更新，也可以是在处理完训练集中的所有样本之后再修正，通常前者产生的结果更准确，在实践中也应用更常用。

(3) 判断误差是否收敛到所要求的精度，若满足，则结束，否则输入下一轮样本，转向(2)继续学习。

后向传播具体算法如图 5-14 所示：

```
后向传播算法
输入：训练样本 samples，学习速率 l，一个多层前馈网络 network
输出：一个经过训练可进行样本分类的神经网络
算法：
1)  初始化 network 中所有权值和偏差；
2)  while 停止条件不满足时{
3)      for samples 中的每个训练样本 X{
4)          for 每个隐藏层和输出层{ //输入向前传播
5)              I = ∑_i w_ij O_j + θ_j; O_j = 1(1 + e^(-I_j));
```

```
6)            }
7)            for 每个输出单元 j //向后传播误差
8)                Err_j = O_j(1-O_j)(T_j-O_j);
9)            for 每个隐藏单元 j //从最后一层到第一层隐藏层
10)               Err_j = O_j(1-O_j)∑_k Err_k w_jk;
11)            for network 中每个权重 w_ij{
12)                Δw_ij = l Err_j O_i; w_ij = w_ij + Δw_ij;
13)            }
14)            for network 中每个偏差 θj{
15)                Δθ_j = l Err_j; v_j = θj + Δθ_j
16)            }
17)        }
18)  }
```

图 5-14 后向传播算法

说明：算法停止条件可以是：在批处理方式时，所获得的所有 ΔW_{ij} 小于指定的阈值；被错误分类的样本占总样本数的比例小于指定的阈值；执行了指定次数的处理循环。

例 5.8： 一个多层前馈神经网络，通过后向传播算法学习的样本计算。设学习率为 0.9。表 5-8 给出网络的初始权值和偏置值以及第一个训练样本 $X=\{1, 0, 1\}$(类标号为 1)。

表 5-8 一个多层前馈神经网络例以及示例网络的初始权值和偏差

x_1	x_2	x_3	w_{14}	w_{15}	w_{24}	w_{25}	w_{34}	w_{35}	w_{46}	w_{56}	θ_4	θ_5	θ_6
1	0	1	0.2	−0.3	0.4	0.1	−0.5	0.2	−0.3	−0.2	−0.4	0.2	0.1

首先将样本提供给网络，计算每个单元的净输入和输出(表 5-9)：

单元 4：纯输入 $I_4 = (w_{14}\times 1 + w_{24}\times 0 + w_{34}\times 1) + (-0.4) = (0.2-0.5) + (-0.4) = -0.7$，输出 $O_4 = 1/(1+e^{-0.7}) = 0.322$；

单元 5：纯输入 $I_5 = -0.3+0+0.2+0.2 = 0.1$，输出 $O_4 = 1/(1+e^{-0.1}) = 0.525$；

单元 6：纯输入 $I_6 = (-0.3\times 0.33) + (-0.2\times 0.52) + 0.1 = -0.105$，输出 $O_6 = 1/(1+e^{0.105}) = 0.474$

然后计算每个单元的误差，并后向传播(表 5-10)。

单元 6：误差 $\mathrm{Err}_6 = O_6\times(1-O_6)\times(T_6-O_6) = 0.474\times(1-0.474)\times(1-0.474) = 0.1311$

单元 5：误差 $\mathrm{Err}_5 = O_5\times(1-O_5)\times[(\mathrm{Err}_6\times w_{56})] = 0.525\times(1-0.525)\times[(0.1311\times -0.2)] = -0.0065$

单元 4：误差 $\mathrm{Err}_4 = O_4\times(1-O_4)\times[(\mathrm{Err}_6\times w_{46})] = 0.322\times(1-0.322)\times[(0.1311\times -0.3)] = -0.0087$

表 5－9　净输入和输出的计算表

单元 j	净输入 I_j	输出 O_j
4	−0. 7	0. 322
5	0. 1	0. 525
6	−0. 105	0. 474

表 5－10　计算每个节点的误差

单元 j	Err_j
6	0. 131 1
5	−0. 006 5
4	−0. 008 7

权和偏置的更新见表 5－11。

$$\Delta w_{46} = l \times \mathrm{Err}_6 \times O_4 = 0.9 \times 0.1311 \times 0.322 = 0.03799$$

$$w_{46} = w_{46} + \Delta w_{46} = -0.3 + 0.03799 = -0.26201$$

同理求得 w_{56}，w_{14}，…

$$\Delta\theta_6 = l \times \mathrm{Err}_6 = 0.9 \times 0.1311 = 0.11799$$

$$\theta_6 = \theta_6 + \Delta\theta_6 = 0.1 + 0.11799 = 0.21799$$

同理求得 θ_4，θ_5。

表 5－11　计算权和偏置的更新

权 或 偏 置	新　　值
w_{46}	−0. 262
w_{56}	−0. 138
w_{14}	0. 192
w_{15}	−0. 306
w_{24}	0. 4
w_{25}	0. 1
w_{34}	−0. 508
w_{35}	0. 194
θ_6	0. 218
θ_5	0. 194
θ_4	−0. 408

神经网络的主要缺点是用加权链接单元的网络表示的知识很难被人理解。在经过神经网络构造和训练得到一个好的神经网络后，为将神经网络中隐藏的知识以一种易于理解的方式明确表达出来，一个重要的工作是从神经网络中抽取规则。

由神经网络提取规则的第一步通常是网络剪枝。通过剪去对训练网络影响最小的加权链简化网络结构，例如，如果删除一个加权链不导致网络的分类精确度下降，则应当删除该加权链。一旦训练网络已被剪枝，然后可以使用一些方法进行链、单元或激活值的聚类。例如，使用聚类发现给定训练的两层神经网络中每个隐藏单元的共同激活值集合(图 5-15)。分析每个隐藏单元的这些激活值，导出涉及这些激活值与对应输出单元值组合的规则。类似地，研究输入值和激活值的集合，导出描述输入和隐藏单元层联系的规则。最后，两个规则的集合可以结合在一起，形成 IF-THEN 规则。其他算法可能导出其他形式的规则，包括 M-of-N 规则，具有 M-of-N 测试的判定树、模糊规则和有穷自动机等。

神经网络规则提取算法
1) 通过对每个节点活跃值的聚类，使活跃值离散化.
　　i. 取 $\varepsilon \in (0, 1)$，设 D 是隐藏层节点的活跃值集合中的元素数目，设 $\delta 1$ 是训练集中隐藏节点的第一个激活值，令 $H(1) = \delta 1$, count(1) = 1, sum(1) = $\delta 1$, $D = 1$.
　　ii. 对训练集中的样本 i 进行训练，$i = 2, 3, \cdots$
　　　令 δ 是当前节点的激活值
　　　如果存在 x 使得 $|\delta - H(x)| = \min|\delta - H(j)|$，其中 $j \in \{1, 2, \cdots, D\}$
　　　并且 $|\delta - H(x)| <= \varepsilon$
　　　那么 count(x) = count(x) + 1, sum(x) = sum(x) + δ
　　　否则 $D = D + 1$, $H(D) = \delta$, count(D) = 1, sum(D) = δ
　　iii. 用激活值聚类的平均值做簇的中心值.
　　　$H(j)$ = sum(j) / count(j)，其中 $j \in \{1, 2, \cdots, D\}$
　　iv. 对于特定的节点，用每个激活值 δ_i 所在的簇中心值 δ_j 代替 δ_i 计算神经网络的分类精度.
　　v. 如果网络的分类精度下降，那么降低 ε，重复步骤 1.
2) 组合所有隐藏层节点的激活值，并计算网络的分类输出，进而统计出隐藏层到输出层的规则.
3) 对于步骤 2 得到的规律中出现的各隐藏层节点活跃值，分析输入层到隐藏层的规则.
4) 合并步骤 2 和步骤 3 得到的规则，从而得到神经网络的输入层到输出层的规则.

图 5-15　隐藏单元的共同激活值集合

下面给出一个例子，作为规则提取算法过程的解释。

通过对每个隐藏层节点的激活值通过聚类做离散化，得到每个隐藏层节点的激活值(cluster activation values)集合：

对节点 H_1，簇的数量：3，对应的簇激活值：(-1, 0, 1)
对节点 H_2，簇的数量：2，对应的簇激活值：(0, 1)
对节点 H_3，簇的数量：3，对应的簇激活值：(-1, 0.24, 1)

即各隐藏层的节点数目分别是 3,2,3，计算每个组合情况，得到 18 种输出，见表 5-12。

表 5-12 输出组合

H_1(激活值)	H_2(激活值)	H_3(激活值)	O_1	O_2
−1	1	−1	0.92	0.08
−1	1	1	0.00	1.00
−1	1	0.24	0.01	0.99
−1	0	−1	1.00	0.00
−1	0	1	0.11	0.89
−1	0	0.24	0.93	0.07
1	1	−1	0.00	1.00
1	1	1	0.00	1.00
1	1	0.24	0.00	1.00
1	0	−1	0.89	0.11
1	0	1	0.00	1.00
1	0	0.24	0.00	1.00
0	1	−1	0.18	0.82
0	1	1	0.00	1.00
0	1	0.24	0.00	1.00
0	0	−1	1.00	0.00
0	0	1	0.00	1.00
0	0	0.24	0.18	0.82

结合表 5-12,可得到隐藏层到输出层的规则:

R_{11}: $H_2 = 0,\ H_3 = -1 \Rightarrow C_1 = 1,\ C_2 = 0$

R_{12}: $H_1 = -1,\ H_2 = 1,\ H_3 = -1 \Rightarrow C_1 = 1,\ C_2 = 0$

R_{13}: $H_1 = -1,\ H_2 = 0,\ H_3 = 0.24 \Rightarrow C_1 = 1,\ C_2 = 0$

其余情况 $C_1 = 0,\ C_2 = 1$

求输入层到隐藏层的规则:

从隐藏层到输出层的规则结果集看出,对于隐藏层节点 1,只出现了激活值 1,没有出现 0 和 −1 的情况,

R_{21}: $I_5 = 1 \Rightarrow H_1 = -1$

R_{22}: $I_1 = I_5 = I_6 = 0,\ I_7 = 1 \Rightarrow H_1 = -1$

对于隐藏层节点 2,只出现了激活值 0,1

R_{23}：$I_2 = 1 \Rightarrow H_2 = 1$

R_{24}：$I_7 = 1 \Rightarrow H_2 = 1$

R_{25}：$I_2 = I_7 = 0 \Rightarrow H_2 = 0$

对于隐藏层节点3，只出现了激活值−1，0.24，没有出现1

R_{26}：$I_5 = 0 \Rightarrow H_3 = -1$

R_{27}：$I_4 = I_6 = 1 \Rightarrow H_3 = -1$

R_{28}：$I_3 = I_5 = 1,\ I_7 = 0 \Rightarrow H_3 = 0.24$

R_{29}：$I_4 = 0,\ I_5 = I_6 = 1 \Rightarrow H_3 = 0.24$

由输入层到隐藏层的规则以及隐藏层到输出层的规则，可以求出神经网络对应的分类规则：

用R_{25}，R_{26}，R_{27}代替R_{11}有

$I_2 = I_7 = 0,\ I_5 = 0 \Rightarrow C_1 = 1,\ C_2 = 0$

$I_2 = I_7 = 0,\ I_4 = I_6 = 1 \Rightarrow C_1 = 1,\ C_2 = 0$

用R_{21}，R_{22}，R_{23}，R_{24}，R_{26}，R_{27}代替R_{12}有

$I_4 = I_5 = I_6 = 1 \Rightarrow C_1 = 1,\ C_2 = 0$

$I_1 = I_5 = I_6 = 0,\ I_7 = 1 \Rightarrow C_1 = 1,\ C_2 = 0$

用R_{21}，R_{22}，R_{25}，R_{28}，R_{29}代替R_{13}有

$I_2 = I_7 = 0,\ I_3 = I_5 = 1 \Rightarrow C_1 = 1,\ C_2 = 0$

图5-16表示用IF-THEN-ELSE表示的神经网络提取的规则：

导出与输出节点O_j的共同激活值相关的规则：
IF($H_2 = 0$ AND $H_3 = -1$) OR
($H_1 = -1$ AND $H_2 = 1$ AND $H_3 = -1$) OR
($H_1 = -1$ AND $H_2 = 0$ AND $H_3 = 0.24$)
THEN $O_1 = 1$，$O_2 = 0$
ELSE $O_1 = 0$，$O_2 = 1$

导出与输入节点I_j到输出节点O_j相关的规则：
IF($I_2 = 0$ AND $I_7 = 0$) THEN $H_2 = 0$
IF($I_4 = 1$ AND $I_6 = 1$) THEN $H_3 = -1$
IF($I_5 = 0$) THEN $H_3 = -1$
……

得到关于输入和输出类的规则：
IF($I_2 = 0$ AND $I_7 = 0$ AND $I_4 = 1$ AND $I_6 = 1$)
THEN class = 1
IF($I_2 = 0$ AND $I_7 = 0$ AND $I_5 = 0$)
THEN class = 1

图5-16 由训练神经网络提取规则

5.5 分类分析的进阶方法①[6]

本节介绍一种训练多层神经网络的高维数据降维方法，是主成分分析(principal component analysis，PCA)②的非线性扩展，该方法使得深度自编码网络可以学习低维的编码，并且其效果优于PCA。

该方法的基本思想是：用一个自适应多层的编码网络把高维输入数据转换为低维的编码，并使用一种相似的解码网络从低维编码来重构输入数据。首先，使用随机权重来初始化这两个网络，它们可以利用输入数据和重构数据的误差来同时训练。通过链式法则和误差的反向传播(误差首先通过解码网络，再通过编码网络)，可以获取训练所需要的梯度，这个系统被称为“自动编码器”。

在有多个隐藏层的非线性自动编码器网络中，权重的优化是很困难的。如果初始化权重取值偏大，自动编码器通常会找到目标函数的一个较差的局部最小值；如果初始化权重取值偏小，那么在前几层的梯度就会过小，使得训练多个隐藏层的自动编码器很困难。如果初始化权重接近一个较好的解，那么梯度下降法才会有效。

一个二进制向量的集合(例如图像)可以使用两层网络来建模，这种网络叫做限制性玻尔兹曼机(restricted Boltzmann machine，RBM)[7,8]，通过使用对称权重，随机二进制像素连接随机二进制特征检测子(feature detectors)。这些像素点对应RBM的可视层节点(visible units)，因为它们的状态是可观察的；特征检测子对应隐藏层节点(hidden units)。一个可视层节点和隐藏层节点联合的配置(v, h)具有的能量(energy)[9]可以用下面的公式表示：

$$E(v, h) = -\sum_{i \in \text{pixels}} b_i v_i - \sum_{j \in \text{features}} b_j h_j - \sum_{i, j} v_i h_j w_{ij}$$

v_i和h_j是像素i和特征j的状态，b_i和b_j分别是它们的偏置，w_{ij}是它们的连接权重。通过这个能量函数，网络给每张图像分配一个概率③。通过调整权重和偏移，提高一张训练图像的概率以降低这张图像的能量。给定一个训练图像，每个特征检测子j的二进制状态h_j以概率$\sigma(b_j + \sum_i v_i w_{ij})$设置为1，其中，$\sigma(x)$是logist函数$1/[1+\exp(-x)]$，$b_j$是$j$的偏置，$v_i$是像素$i$的状态，$w_{ij}$是$i$和$j$的权重。一旦隐藏层单元的二进制状态确定，一种

① G. E. Hinton提出的deep autoencoder，作为数据降维方法发在《Science》上，原文《Reducing the Dimensionality of Data with Neural Networks》于2006年发表，是深度学习开创性标志算法之一。

② 主成分分析是一种数据降维常用方法，该方法从数据集中找到方差最大的方向，然后用这些方向的坐标来表示原始数据。

③ 参见文献[6]的在线补充资料：www. sciencemag. org/cgi/content/full/313/5786/504/DC1 "confabulation"就产生了，每个 v_i 的状态就以概率 $\sigma\ (b_j + \sum_j h_j w_{ij})$ 设置为 1，其中，b_i 是节点 i 的偏置，隐藏层节点的状态就会再次更新，所以它们表示这种"confabulation"的特征，权重的变化如下式所示：

$$\Delta w_{ij} - \varepsilon(\langle v_i h_j \rangle_{\text{data}} - \langle v_i h_j \rangle_{\text{recon}})$$

其中，ε 是学习率。

一个单层的二进制特征不是建模图像的最好的方法。在学习了一层的特征检测子后，把它们的激活值作为第二层神经网络的输入。第一层的特征检测子变成了两个限制性玻尔兹曼机的可视层节点。这种层对层的学习可以重复多次。只要特征检测子的数量没有减少，并且初始化正确，添加额外的层数可以提高模型对于训练数据的对数概率的下界。如果高层的特征检测子的数量减少，这个下界的性质就不成立了，但是，层对层的训练算法是一种预训练深层自动编码网络的有效方法。每层的特征都捕捉了下一层节点的激活值强而高阶的相关性。

在预训练完多层的特征检测子后，这个模型可以被"unfolded"（图 5－17），来产生一个编码网络和解码网络，这两个网络使用相同的权重。全局的微调阶段，把节点的随机激活值用确定性的实值概率来替代，并使用反向传播算法类微调用于优化重构的权重。

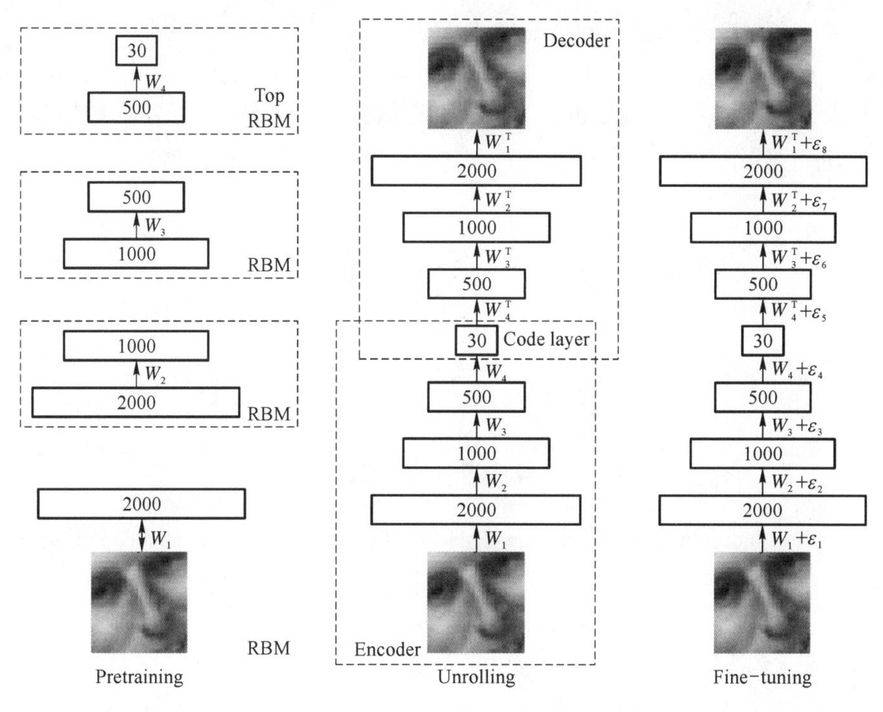

图 5－17 unfolded 模型

对于连续值数据，第一层的 RBM 的隐藏层节点仍然是二进制的，但是可视层节点使用带有高斯噪声的线性单元来替代二进制单元。如果噪声具有单元方差，那么隐藏层节点的随机更新规则保持不变，可视层节点的采样则从单位协方差矩阵和均值为 $b_i+S_j(h_jw_{ij})$ 的高斯分布中得到。预训练和微调的细节、方法在实际数据集上的应用实验可以参考文献[6]的在线补充资料。

5.6 小结

分类是根据数据样本集的特点构造一个分类器，利用分类器对未知类别的样本赋予类别的一种技术。分类器的构造分为模型训练阶段（分析输入数据，通过在训练数据集中的数据表现出来的特性，为每一个类找到一种准确的描述或模型）和测试阶段（使用模型分类的阶段，利用类别的描述或模型对测试数据进行分类）。

本章主要介绍分类分析的原理性内容以及几种常用的分类分析的基本算法。分类算法还有很多，如 SPRINT、SVM 等，这里没有更进一步的介绍。这些基础有助于读者提出具有更好性能的新的分类算法，以及如何在应用时对算法进行选择和使用。

深度学习是大数据分析的一个热点，因此，本章也介绍了一个开创性的深度学习的代表方法供读者学习和参考，也建议读者参考 Hinton 等 2015 年发表在《Nature》上的《Deep Learning》一文[10]。

此外，大数据环境下，分类分析方法还面临着数据更加稀疏、有标签的数据难以获得等挑战，因此，非平衡分类问题[11]、少类分类问题[12]也是值得关注的问题。

◇参◇考◇文◇献◇

[1] Quinlan J R. Induction of Decision Trees. Machine Learning, Kluwer Academic Publishers, 1986, 1: 81-106.

[2] Quinlan J R. C4.5: Programs for Machine Learning. Morgan Kaufman, 1993.

[3] Mehta M, Agrawal R, Rissanen J. SLIQ: A fast scalable classifier for data mining Advances in Database Technology (EDBT), 1996, Volume 1057 of the series Lecture Notes in Computer Science, 18-32.

[4] Bishop C M. Neural Networks for Pattern Recognition. Oxford: Oxford University Press, 1995.

[5] Mehta M, Rissanen J, Agrawal R. MDL-based decision tree pruning. In International Conf. on

Knowledge Discovery in Databases and Data Mining (KDD), Montreal, Canada, Aug. 1995.

[6] Hinton G E, Salakhutdinov R R. Reducing the Dimensionality of Data with Neural Networks. Science, 2006, 313: 504.

[7] Smolensky P. Parallel Distributed Processing: Volume 1: Foundations, D. E. Rumelhart, J. L. McClelland, Eds. Cambridge: MIT Press, 1986: 194 - 281.

[8] Hinton G E, Neural Comput. 2002, 14: 1711.

[9] Hopfield J J, Proc. Natl. Acad. Sci. U. S. A. 1982: 79: 2554.

[10] Yann L, Yoshua B; Geoffrey H. Deep learning. Nature, 2015, 521: 436 - 444.

[11] Huang Jian, Bottou L, Giles C L. Learning on the border: Active learning in imbalanced data classification. (CIKM), November 6 - 8, 2007, Lisboa, Portugal.

[12] He Jingrui. Analysis of Rare Categories. Springer-Verlag New York, LLC, November 2011.

第6章

异常分析

前面章节讨论的关联、分类、聚类分析等数据挖掘技术研究的问题主要是针对数据集中的大部分对象,而数据集中小部分明显不同于其他数据的对象(异常对象)常常被人们忽略或作为噪声消除。事实上,一些应用中,这些异常对象可能包含比正常数据更有价值的信息,如信用卡欺诈检测问题中,相对被窃前的使用模式而言,被窃后的使用模式很可能是个异常点,因此可通过识别这个异常点检测信用卡是否被窃。异常分析已成为数据挖掘中的一个重要方面,它是在诸如信用卡使用模式这样的大量数据中发现明显不同于其他数据的异常对象的技术。

6.1 异常分析的基本概念

一个数据集中往往包含一些特别的数据,其行为和模式与一般的数据不同,这些数据称为"异常"。对"异常"数据的分析称为"异常分析"。它在欺诈甄别、网络入侵检测等领域有着广泛的应用。本节介绍异常、异常分析的基本概念。

6.1.1 异常

关于异常有很多种不同的定义,在给出我们的定义前,回顾几个比较有影响力的定义:

1980 年 Hawkins 给出了异常的本质性定义:异常是数据集中偏差较大的数据,它们的产生机制可能不同于其他数据[1]。

聚类算法中将异常定义为:异常是簇嵌于其中的背景噪声。

目前的大多数异常分析算法中将异常定义为:异常是既不属于簇也不属于背景噪声的点,他们的行为与正常的行为有很大不同。

定义 6.1(异常,outlier):一个数据集中包含的一些特别的数据称为"异常",它们的行为和模式与一般的数据不同,它们不同于聚类算法中定义的"噪声",不依赖于是否存在簇。

6.1.2 异常分析

定义 6.2(异常分析,outlier analysis):发现数据集中明显不同于其他数据的对象的过程。可被分为两个子问题:

(1) 在给定数据集合中定义什么样的数据可以被认为是异常。

(2) 找到一个有效的方法来挖掘这样的异常。

大多数聚类算法(如 DBSCAN、BIRCH 等),都具有一定的噪声处理能力,在一定程度上可以检测异常数据。但聚类算法定义中的"噪声"和本章提到的"异常"在意义上是不同的:"噪声"是定义在簇的基础上,是不隶属于任何簇的数据;而异常分析中定义的"异常"是不依赖于是否存在簇。聚类算法中具有处理噪声能力的出发点和目的是优化簇,在生成结果簇时,噪声是可以容忍或忽略的。

6.2 异常分析的原理

异常分析算法主要包括基于统计的异常分析方法、基于偏差的异常分析方法、基于距离的异常分析方法及基于密度的异常分析方法等。下面介绍各种异常分析方法的基本原理,在 6.3 节中将给出几种异常分析算法的详细过程。

6.2.1 基于统计的异常分析方法

自 20 世纪 80 年代以来,异常分析问题就在统计学领域里得到了研究。通常,用户用某个统计分布(如正态分布、泊松分布等),对数据点进行建模,然后用不一致检验(discordancy test)来确定异常。因此使用基于统计的异常分析方法要求预先得到关于数据集合参数的知识,如分布模型(如假设的数据分布)、分布参数(如平均值和方差)、预期的异常数目和异常数据类型等,但在许多情况下,数据分布可能是未知的,而且现实数据也往往不符合任何一种理想状态的数学分布,特别地,即使在低维(一维或二维)时的数据分布已知,在高维情况下,估计数据点的分布却是极其困难的。

为解决上述问题,研究者提出了基于深度(depth-based outlier detection)的异常分析方法,根据算法,每一个数据被映射到一个 k 维数据空间上的点,并且每个点被赋予一个特定定义的"深度"。根据不同的深度,数据被划分成不同层次,异常往往存在于较"浅"的层次中,而存在于较"深"层次中的可能性较小。理论上,基于深度的方法可以适用于具有较大值的 k,但由于该算法要求计算 k 维数据空间的凸闭包,复杂度为 $\Omega(N^{\lceil \frac{k}{2} \rceil})$,实际上,仅仅当 $k=2$ 或 3 时,算法性能可以忍受,而当 $k \geqslant 4$ 时,基于深度的算法并不是很有效。

6.2.2 基于偏差的异常分析方法

基于偏差的异常分析(deviation-based outlier detection)不采用统计检验或基于距离的

度量值来确定异常对象，而是通过检查一组对象的主要特征来确定异常。该方法将异常定义为与给出的描述偏离的对象，即“偏差”(deviation)。

基于偏差的异常分析主要有两种技术：

1）序列异常技术：顺序地比较一个集合中的对象

序列异常技术(sequential exception technique)模仿了人类从一系列推测类似的对象中识别异常对象的方式。算法采用这样的机制：通过扫描数据集，当发现一个数据点明显不同于前面的序列，这样的点就被认为是异常数据。

方法中的相异度函数(dissimilarity function)不一定要求是对象之间的距离度量，它可以是满足以下条件的任意函数：当给定一组对象时，如果对象间相似，返回值就较小；对象间的相异度越大，函数返回的值就越大。一个子集的相异度是对应于序列中先于它的子集增量计算的。

给定一个包含 n 个对象的子集合 $\{X_1, \cdots, X_n\}$，可能的一个相异度函数是集合中对象的方差：

$$\frac{1}{n}\sum_{i=1}^{n}(X_i - \bar{X})^2$$

其中 $\bar{X}$ 是集合中 n 个数的平均值。对于字符串，相异度函数可能是模式字符串的形式(例如包含通配符)，它可以用来覆盖目前所见的所有模式。当覆盖 S_{j-1} 中所有字符串的模式不能覆盖在 S_j 中却不在 S_{j-1} 中的任一字符串时，相异度增加。

平滑因子(smoothing factor)：估算从原始数据集中去除一个子集合，带来的相异度的降低程度。

序列异常技术的工作过程是：给定 n 个对象的集合 S，建立一个子集序列 $\{S_1, S_2, \cdots, S_m\}$ $(2 \leqslant m \leqslant n)$，满足 $S_{j-1} \subset S_j$，其中 $S_j \subseteq S$；对每个子集，确定该子集与前序子集的相异度的差；平滑因子值最大的子集是异常集。为减少输入数据的顺序对结果的影响，以上的处理过程可以被重复若干次，每一次采用子集合的一个不同的随机顺序，在所有的迭代中具有最大平滑因子的子集合成为异常集。

这个算法复杂度与数据集大小呈线性关系，获得了很好的计算性能。但是序列异常在概念上有缺陷，遗漏了不少真正的异常数据，对现实复杂数据效果不好。

2）采用 OLAP 数据立方体方法

异常分析的 OLAP 方法是在大规模的多维数据中采用数据立方体来确定异常区域。如果一个立方体的单元值显著地不同于根据统计模型得到的期望值，那么该单元被认为是一个异常，并采用可视化的形式来表示，例如背景颜色反映每个单元的异常程度。用户可以选择对那些标示为异常的单元进行钻取。一个单元的度量值可能反映了发生在立方体更低层次上的异常，这些异常在当前的层次上是不可见的。

6.2.3 基于距离的异常分析方法

尽管异常分析问题已经在统计学领域得到了广泛研究，但是在许多情况下，用户并不知道数据的分布。为解决这个问题，Knorr 和 Ng 提出了基于距离的异常定义[2]：如果数据集中与点 p 的距离小于 d 的点的个数不超过 M，那么就称 p 为相对于 M 和 d 的异常，这里的距离可以是任意的度量距离函数。

基于距离的异常是那些没有“足够多”邻居的对象，这里的邻居是基于距给定对象的距离来定义的。

但在 Knorr 和 Ng 算法中，输入参数 M 和 d 很难确定，并且对于不同参数 M 和 d 对结果的影响有很大不稳定性。这需要用户反复输入 M 和 d 进行测试，以确定一个满意解。这种需要用户拥有相当的领域知识，并且进行人工干预算法的办法也并不理想。Rastogi 和 Ramaswamy 改进了 Knorr 和 Ng 的定义，引入了基于距离异常的新定义：D_n^k 异常[3]，并提出了嵌套-循环、基于索引和基于划分的算法。

6.2.4 基于密度的异常分析方法

一些算法中的异常被认为是二元性质的，即要么在数据集中该对象是异常，要么不是异常，然而在大多数应用中，情况是复杂的；基于距离的异常分析中因为考虑的是整个数据集，找出的异常是全局意义的，因此关于异常的定义只能发现某些类型的异常。而异常这个概念本身具有一定的“局部”性，即某一点异常是指这一点与之邻近的簇相对较远。Breunig 和 Kriegel 引入了局部异常因子的概念[4]，认为异常不应该是对象的二元性质，而是某个度量。

6.3 异常分析的主要算法

上一节介绍了异常分析的方法原理，本节介绍几个常用的异常分析算法，包括基于距离的异常分析算法中的 DB(pct, d)-异常分析算法和 $D_n{}^k$-异常分析算法，以及基于密度的异常分析算法。

6.3.1 基于距离的异常分析算法

1) DB(pct, d)-异常[2]

定义 6.3(DB(pct, d)-异常)：如果数据集 D 中一个对象 p 满足下列性质：数据集 D

中至少有 pct%的对象与 p 的距离大于距离 d，即集合 $\{q \in D \mid d(p, q) \leqslant d\}$ 的基数(集合中点或对象的个数)小于或等于 D 的大小的(1−pct%)，则对象 p 称为相对于 pct 和 d 的异常，简称 DB(pct, d)-异常。

其中 $d(p, q)$表示 p 与 q 间的距离函数。

算法符号说明：设 n 是数据集 D 中的对象的数目，每个对象具有相同的 k 个属性(即数据维数为 k)。M 是一个异常点的 d-邻域内对象的最大数目，即 $M = n(1 - \text{pct}\%)$。

本节介绍三种基于距离的 DB(pct, d)-异常分析算法：基于索引的算法、嵌套-循环的算法和基于单元的算法。

(1) 基于索引的算法(index-based)。算法采用多维索引结构(如 R 树或 k-d 树)，检查每个对象 O 在半径 d 范围内的邻居。当对象 O 的 $M+1$ 个邻居在 d-邻域被发现，则停止搜索，O 被确定为非异常点；否则，O 是异常点。

这个算法在最坏情况下的复杂度为 $O(k \times n^2)$(其中，k 是维数，n 是数据集合中对象的数目)。当 k 增加时，基于索引的算法具有良好的扩展性。但是，复杂度估算分析只考虑了搜索时间，而构造索引的任务本身是计算密集的，在一定程度上限制了基于索引的算法的应用。

(2) 嵌套-循环(nested-loop)算法。嵌套-循环算法(图 6-1)将内存的缓冲空间分为两半，数据集合分为若干个逻辑块，通过选择逻辑块装入每个缓冲区域的顺序，来改善 I/O 的效率。

算法将数据集读入缓冲空间，然后计算每对对象之间的距离，对每一个第一块缓冲区中的对象 t，计算 t 的 d-邻域对象个数 count，直到 count 值超过 M，则停止。算法的详细过程如下：

```
nested-loop 算法
1) 将数据集 D 中的元组块区域装入第一个缓冲区空间(数据集大小的 B/2%).
2) for each 第一个缓冲区间中的元组 t_i do:
   a. count_i ← 0
   b. for each 第一个缓冲区间中的元组 t_j,
        if dist(t_i, t_j) ≤ d  then
             count_i 值增 1.
             if count_i > M,则将 t_i 标记为非异常点,并且处理下一个 t_i.
3) while 剩余元组块与第一个缓冲区间相比,do:
   a. 用另一个元组块填充第二个缓冲区间(未曾放入第一个缓冲区的元组块保存,一般是最后一个).
   b. for each 第一个缓冲区间中未标记的元组 t_i do:
        for each 第二个缓冲区间中元组 t_j do:
        if dist(t_i, t_j) ≤ d then
             count_i 值增 1.
             if count_i > M,则将 t_i 标记为非异常点,并且处理下一个 t_i.
4) 对每一个在第一个缓冲区间未标记的元组 t_i,将其标识为异常点.
5) 如果第二个缓冲区间的任何一个之前都曾作为第一个缓冲区间,则停止;否则,交换第一个和第二
个缓冲区间名,并循环执行第 2 步.
```

图 6-1 嵌套-循环算法

算法举例：假设数据集四个逻辑块记为 A、B、C、D，每块含有数据集的 1/4。根据算

法按照以下顺序装入缓冲区间并进行比较：

① A 与 A，然后与 B、C、D，该过程需读入 4 块数据。

② D 与 D（D 不需再读入），然后与 A（不需再读入）、B、C，该过程需读入 2 块数据。

③ C 与 C，然后与 D、A、B，该过程需读入 2 块数据。

④ B 与 B，然后与 C、A、D，该过程需读入 2 块数据。

因此该例中总共需读入 10 块数据，即需扫描数据集 10/4＝2.5 遍。

嵌套-循环算法和基于索引的算法有相同的计算复杂度 $O(kn^2)$，但它避免了索引结构的构建，并试图最小化 I/O 的次数。

(3) 基于单元(cell-based)的方法。基于单元的算法不是逐个对象地对异常点计数，而是逐个单元地进行计数。

基本思想是把数据空间划分为边长等于 $d/2\sqrt{k}$ 的单元，每个单元有两个包围层，第一层的厚度是一个单元，第二层的厚度是 $d/2\sqrt{k}-1$［其中 d 是相对于 DB(pct, d)-异常定义中的距离 d］。

对一个给定的单元，累计三个计数：单元中对象的数目，单元和第一层中对象的数目(cell_+_1_layer_count)，以及单元和两个层次中的对象的数目(cell_+_2_layer_count)。

然后按照以下方式确定异常点：

① 当 cell_+_1_layer_count$\leqslant M$ 时，在当前单元中的对象 o 被认为是异常点；否则，下一步的考察时，可以排除该单元中的所有对象，因为它们不可能是异常点。

② 当 cell_+_2_layer_count$\leqslant M$ 时，单元中的所有对象都是异常点；否则，单元中的某些对象可能是异常点，为了探测这些异常点，对对象逐个进行处理。对单元中的每个对象 o，检查它第二层中的对象，只有那些 d-邻域内有不超过 M 个点的对象是异常点（一个对象的 d-邻域由这个对象的单元、它第一层的全部和它第二层的部分组成）。

为简便起见，先以二维单元结构和整个数据库驻留内存为例详细介绍算法的设计思想和步骤，然后再推广到 k 维。

数据集中对象为二维情况下单元结构与性质（即 $k=2$ 的情况）：

将数据空间划分为边长 l 等于 $\dfrac{d}{2\sqrt{2}}$ 的单元，行 x 和列 y 的交叉处单元记为 $C_{x,y}$。$C_{x,y}$ 的第一层 L_1 邻域是 $C_{x,y}$ 的最近邻居单元，定义如下：

$$L_1(C_{x,y}) = \{C_{u,v} \mid u = x \pm 1,\ v = y \pm 1,\ C_{u,v} \neq C_{x,y}\}$$

除处于边界的单元外，一般每个单元都有 8 个 L_1 邻域。

以下两个性质是发现异常点非常有用的规则：

性质 6.1：在相同单元内的任何一对对象间的距离最大为 $\dfrac{d}{2}$。

性质 6.2：如果 $C_{u,v}$ 是 $C_{x,y}$ 的一个 L_1 邻域，则任何一个对象 $P \in C_{u,v}$ 与任何一个对象

$Q \in C_{x,y}$ 之间的距离最大为 d。

从性质 6.1 中发现，同一个单元中对角线长度最大，即 $\sqrt{2}l = \sqrt{2}\dfrac{d}{2\sqrt{2}} = \dfrac{d}{2}$；性质 6.2 则说明两个单元中的任意一对对象之间的距离不会超过单元对角线长度的 2 倍。

$C_{x,y}$的第二层 L_2邻域是 $C_{x,y}$的 3 个单元范围内的其他单元，即：

$$L_2(C_{x,y}) = \{C_{u,v} \mid u = x \pm 3, v = y \pm 3, C_{u,v} \neq L_1(C_{x,y}), C_{u,v} \neq C_{x,y}\}$$

一般的，除处于或邻近边界的单元外，每个单元有 $7^2 - 3^2 = 40$ 个 L_2邻域。第一层 L_1的厚度是 1 个单元，第二层 L_2的厚度是 2 个单元。按照该方法选择的 L_2满足性质 6.3：

性质 6.3：如果 $C_{u,v} \neq C_{x,y}$ 既不是 $C_{x,y}$的邻域 L_1也不是邻域 L_2，那么任何一个对象 $P \in C_{u,v}$ 和任何一个对象 $Q \in C_{x,y}$ 之间的距离一定大于 d。

这是因为 L_1和 L_2的总厚度为 3 个单元，P 和 Q 之间的距离必定超过 $3l = \dfrac{3d}{2\sqrt{2}} > d$。

性质 6.4：

(a) 如果在 $C_{x,y}$中对象个数超过 M，则单元 $C_{x,y}$中没有对象是异常点。

(b) 如果在 $C_{x,y} \cup L_1(C_{x,y})$中对象个数超过 M，则单元 $C_{x,y}$中没有对象是异常点。

(c) 如果在 $C_{x,y} \cup L_1(C_{x,y}) \cup L_2(C_{x,y})$中对象个数小于等于 M，则单元 $C_{x,y}$中的每个对象都是异常点。

数据集中对象具有二维属性，且完全驻留内存的数据集中检测 DB(pct, d)-异常的具体算法 FindAllOutsM 如图 6-2 所示：

```
FindAllOutsM 算法
1) for q←1,2, …, m, Count_q←0
2) for each 对象 P,将 P 映射到适当的单元 C_q,并存储 P,使得 Count_q 值增 1.
3) for q←1,2, …, m, if Count_q > M,标记 C_q 为 red.
4) for each red 单元 C_r,将每个 C_r 的未标记为 red 的 L_1 邻域标记为 pink.
5) for each f 非空的 white(即为作任何标记的)单元 C_w,do:
      a. Count_w2 ← Count_w + ∑_{i∈L_1(C_w)} Count_i
      b. If Count_w2 > M,标记 C_w 为 pink
      c. else
            i. Count_w3 ← Count_w2 + ∑_{i∈L_2(C_w)} Count_i
            ii. if Count_w3 >M,标记 C_w 中所有对象为异常点.
            iii. else for each 对象 P C_w,do:
                 ① Count_p ←Count_w2
                 ② for each 对象 QL2(C_w),if dist(P,Q)d then
                 Count_p 增 1,if Count_p > M,then P 不是异常点,转到 5)ciii.
                 ③ 标记 P 为异常.
```

图 6-2 FindAllOutsM 算法

步骤 2) 将每个对象量化到它们相应的单元中；根据性质 6.4(a)，步骤 3) 将包含元组个数大于 M 的所有单元标记为 red；由性质 6.4(b)，步骤 4) 将 red 单元的 L_1 邻域单元标记为 pink，因为它们不包含异常点；步骤 5) b，将其他满足性质 6.4(b)的单元也标记为 pink。最后步骤 5) cii，标识满足性质 6.4(c)的单元。

性质 6.1～6.4 有助于利用基于逐个单元的方法来识别异常点和非异常点，而不是基于逐个对象的方法。对于不满足上述性质 6.4(a)～6.4(c)的单元，需要借助于逐个对象的方法，这些单元记为 white 单元(C_w)。步骤 5)ciii，为判断在对象 $P \in C_w$ 的 d-邻域中有多少个位于 C_w 邻域 L_2 单元中的对象 Q，需要将对象 P 与 Q 进行比较。当 d-邻域中的对象数量大于 M 时，P 被认为是非异常点。在检查完所有的对象 Q 后，如果数量仍小于 M，则 P 被认为是异常点。

二维情况下的复杂度分析：步骤 1)时间复杂度 $O(m)$，其中 m 是单元总数 ($m \ll N$)；步骤 2)和步骤 3)时间复杂度分别是 $O(N)$ 和 $O(m)$；因为出现在 red 单元中的对象最小数目是 $M+1$，因此步骤 4)时间复杂度为 $O[N/(M+1)]$；步骤 5)，在最坏情况下，即前面的步骤中没有单元被标记为 red 或 pink，且每个单元都要执行步骤 5)c，如果没有单元被标记，那么每个单元最多包含 M 个对象，因此步骤 5)c 中，单元中的 $40L_2$ 邻域的每个对象都要求检查 M 个对象，复杂度是 $O(40M^2)$，因此步骤 5)的时间复杂度是 $O(mM^2)$。

根据定义 $M=N(1-p)$，步骤 5)的时间复杂度即 $O[mN^2(1-p)^2]$，实际上，p 是非常接近 1 的数，尤其是对于大数据集，因此复杂度可约估计为 $O(m)$，因此二维情况下算法 FindAllOutsM 的复杂度是 $O(m+N)$。

上面的算法思想和算法都是针对二维情况，下面把它一般化到更高维的情况，即维数 k 由 2 到 $k>2$ 的情况，算法 FindAllOutsM 要求变化到 k 维单元结构，即数据空间需被划分为边长等于 $\dfrac{d}{2\sqrt{k}}$ 的单元以保证性质 6.1 和性质 6.2。每个单元有两个层围绕它。第一层的厚度是一个单元。此时层 1 的定义如下：

$$L_1(C_{x1,\cdots,xk})=\{C_{u1,\cdots,uk} \mid u_i=x_i\pm 1,\ \forall 1\leqslant i\leqslant k\ ,\ C_{u1,\cdots,uk}\neq C_{x1,\cdots,xk}\}$$

为保证性质 6.3，L_2 邻域的定义也被修改以概化到高维。由于 $l=\dfrac{d}{2\sqrt{k}}$，设层 2 厚度为 x，则层 1 和层 2 厚度之后是 $x+1$。为保证性质 6.3，即要求 $(x+1)l>\mathrm{d}$，因此选择 x 为 $|2\sqrt{k}-1|$ 个单元。即第二层的厚度是 $|2\sqrt{k}-1|$ 个单元。$(C_{x1,\cdots,xk})$ 的邻域 L_2 定义为：

$$L_2(C_{x1,\cdots,xk})=\{C_{u1,\cdots,uk} \mid u_i=x_i\pm|2\sqrt{k}|,\ \forall 1\leqslant i\leqslant k\ ,$$
$$C_{u1,\cdots,uk}\neq L_1(C_{x1,\cdots,xk}),\ C_{u1,\cdots,uk}\neq C_{x1,\cdots,xk}\}$$

根据上面的定义保证了高维情况下单元满足上述 4 个性质。

高维情况下算法的思想和步骤同 $k=2$ 时。这里不再赘述。高维情况下复杂度分析：

步骤1)～4)在$k>2$的情况下是相同的,步骤5)的复杂度是$O\{m[2(2\sqrt{k})+1]^k\}$约等于$O(c^k)$,其中c是依赖于单元数目的常数,k是维数。因此算法的复杂度是$O(c^k+N)$,另外,这里介绍的基于单元的算法是简化了的基于数据集驻留内存的算法,关于处理基于数据集驻留磁盘的扩展算法版本,有兴趣的读者请参见相关文献。

在基于DB(pct, d)-异常的算法中,基于单元区域的算法复杂度与n呈线性关系,而与k呈指数关系。基于索引的算法和嵌套-循环的算法复杂度都是$O(kN^2)$。然而基于索引的算法由于建立索引的开销大,因此简单索引算法基本上没有竞争性;当$k\leqslant 4$时,基于单元区域的算法在N越大时优越性越明显。而当$k\geqslant 5$之后,嵌套-循环算法开始显现出优势。基于单元的算法,其复杂度与n线性相关,而与k指数相关[$O(c^k+n)$,其中c是依赖于单元数目的常数]。

基于距离的异常分析算法拓宽了多个标准分布的不一致检验的思想,避免了过多的计算。对于k维数据集的任何k都适用,不同于基于深度的方法,基于距离的异常分析算法不限定于较小的值k。但该方法要求用户设置参数pct和d,寻找这些参数的合适设置可能涉及多次的试探和错误。这种需要用户拥有相当的领域知识,并且进行人工干预算法的方法并不理想,下一小节介绍改进的基于距离的异常分析算法。

2) D_n^k-异常分析算法[3]

上面介绍的方法中,输入参数pct与d很难确定,并且对于不同参数pct和d结果有很大的不稳定性,需要用户反复输入pct和d进行测试,以确定一个满意解。于是一种基于距离异常的新定义D_n^k被提出,下表为D_n^k异常检测算法中所用到的符号及其描述。

D_n^k异常检测算法中的符号及描述表

符　号	描　　述
K	数据集中某个点的最近邻的个数
D^k	点p到第k个最近邻的距离
N	异常点的数目
N	输入点(数据集中点)的数目
δ	维数
M	可用内存数量
dist	点与点间距离
MINDIST	点/MBR与MBR之间的最小距离
MAXDIST	点/MBR与MBR之间的最大距离

用$D^k(p)$表示点p和它的第k个最近邻的距离,对某个点p根据它的$D^k(p)$进行排序,就得到下面的D_n^k异常的定义:

定义6.4(D_n^k异常):给定δ维空间中包含N个点的数据集,参数n和k(自然数),如果

满足 $D^k(p') > D^k(p)$ 的点 p'不超过 $n-1$ 个，即 $|\{p' \in D \mid D^k(p') > D^k(p)\}| \leqslant n-1$，那么称 p 为 D_n^k异常。

如果根据数据点的 $D^k(p)$距离，对数据点进行排序，在该排序中的前 n 个点则被认为是异常。这里两点间距离可以采用任意的 Minkwinski 距离 L_p标准，如 L_1("manhattan")或 L_2("Euclidean")。在其他特定应用领域(如文本文档)，也可以采用其他非标准度量距离函数，这样，D_n^k异常定义更加通用。

该算法使用的一个关键技术是使用一个数据集的最小边界矩形 MBR(minimum bounding rectangle)来近似估计数据点。通过对每个 MBR 中的点 p 计算 $D^k(p)$的上、下边界，可以判定是否包含 D_n^k异常，以及裁剪不可能包含 D_n^k异常的 MBR。

下面将给出两个 MBR 之间的最小和最大距离的定义，用于计算 MBR 边界；给出点和 MBR 之间的最小和最大距离，用于辅助异常分析。

这里使用欧几里得距离的平方代替欧几里得距离作为距离度量标准，以降低计算代价。

$dist(p, q)$表示两数据点 p 和 q 之间的距离，$[p_1, p_2, \cdots, p_\delta]$表示 δ 维空间中的数据点 p，对角线上的两个端点：$r=[r_1, r_2, \cdots, r_\delta]$ 和 $r'=[r_1, r_2, \cdots, r'_\delta]$ 表示 δ 维矩形 R(其中 $r_i \leqslant r'_i$，对任意 $1 \leqslant i \leqslant \delta$)，MINDIST($p$, R)来表示点 p 和矩形 R 的最小距离，即 R 中的每一个点与 p 的距离至少为 MINDIST(p, R)，如图 6-3 所示。

定义 6.5：$\text{MINDIST}(p, R) = \sum_{i=1}^{\delta} x_i^2$，其中

$$x_i = \begin{cases} r_i - p_i & \text{如果 } p_i < r_i \\ p_i - r'_i & \text{如果 } r'_i < p_i \\ 0 & \text{否则} \end{cases}$$

用 MAXDIST(p, R)表示点 p 到矩形 R 之间的最大距离，即 R 中的点与 p 的距离不超过超过 MAXDIST(p, R)的距离，MAXDIST(p, R)可以计算如下：

定义 6.6：$\text{MAXDIST}(p, R) = \sum_{i=1}^{\delta} x_i^2$，其中

$$x_i = \begin{cases} r'_i - p_i & \text{如果 } p_i < (r_i + r'_i)/2 \\ p_i - r_i & \text{否则} \end{cases}$$

设 R 与 S 是两个 MBR，其主对角线的端点分别是 r、r'及 s、s'，下面定义两个矩形 $R(r, r')$和 $S(s, s')$之间的最大和最小距离。

R 与 S 之间的最小距离定义为 MINDIST(R, S)，R 中的每个点至少在从 S 中任何一个点到 MINDIST(R, S)的距离之内。

定义 6.7：$\text{MINDIST}(R, S) = \sum_{i=1}^{\delta} x_i^2$，其中

$$x_i = \begin{cases} r_i - s'_i & \text{如果 } s'_i < r_i \\ s_i - r'_i & \text{如果 } r'_i < s_i \\ 0 & \text{否则} \end{cases}$$

两个MBR(*R*和*S*)间的最大距离：

定义6.8：$\text{MAXDIST}(R, S) = \sum_{i=1}^{\delta} x_i^2$，其中 $x_i = \max\{|s'_i - r_i|, |r'_i - s_i|\}$。

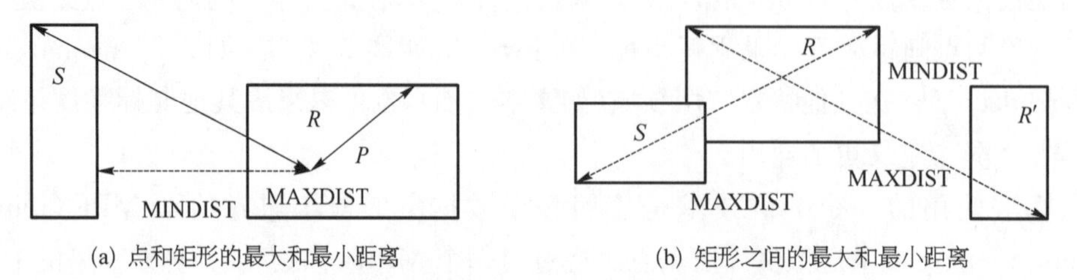

(a) 点和矩形的最大和最小距离　　(b) 矩形之间的最大和最小距离

图6-3　点和矩形O以及矩形之间的距离

(1) 嵌套-循环连接(nested-loop join)。循环嵌套算法的思想比较简单，对每个数据点p，计算它第k个最近邻的距离$D^k(p)$，把具有极大D^k值的前n个点作为异常。在计算$D^k(p)$时，算法扫描整个数据库，可以先设置一个链表存放p的k个最近邻，然后对数据库中的每个点q计算dist(p, q)，如果dist(p, q)小于p与链表中某个最近邻的距离，那么就把p放入链表(如果链表中的数据点超过k个，则把与p距离最远的那个点删除)。

算法每次处理一个点p需要扫描数据库N次(N为数据点数)。可以在对数据库进行一遍扫描时同时处理p_1, …, p_m点，同时计算它们的$D^k(p)$值以降低I/O负载，每次从磁盘读入点q时，可以同时对p_1, …, p_m作上面的检测，此时只需扫描数据库N/m次。

(2) 基于索引连接(index-based Join)。即使利用I/O优化，循环嵌套方法的计算代价仍是昂贵的，特别是在数据点的维数较大时尤其如此。通过使用空间索引如R^*-树可使距离计算工作量大大减少。

通过一些修剪简化减少计算点之间的距离：假设已经从整个数据集的一个子集中计算了点p的$D^k(p)$，这个值显然是p真正的$D^k(p)$的上界，如果R^*-树上一个点的MBR和p的距离超过当前的$D^k(p)$，那么以这个点为根节点的子树里所有的点不可能是p的k最近邻。这个过程修剪了所有包含与p的k最近邻无关的点的子树。

另外，根据定义只计算前n个异常，还可以利用以下的修剪规则来优化计算$D^k(p)$。假设在基于索引算法中的每一步，都保存已计算好的前n个异常(暂时的)，记D_{nmin}为这些异常的D_k值的最小值。如果在计算某个点p的$D^k(p)$值时，发现$D^k(p)$小于D_{nmin}，则可以判定p不是异常，这是因为$D^k(p)$是随着检查的点数的增加而递减的，因此p不可能是前n个异常。在下面的nested-loop算法中将应用到该优化过程。

图6-4是用于计算D_n^k异常的算法computOutliersIndex。该算法调用过程getKthNeighborDist(图6-5)作为子过程。

算法computOutliersIndex中第一步和第二步，首先将点插入到R^*-树索引中(除R^*-树外，其他索引结构也可使用)。R^*-树用于计算每个点的k最近邻。此外，堆outHeap用于保存具有最大D^k值的n个点，并以升序排列以保证具有最小D^k值的点在堆的顶部，然后

```
Procedure coumputOutliersIndex(k, n)
1) begin
2) for each 数据集中的对象点 p do {
3)    insertIntoIndex(Tree, p)
4)    outHeap: = ϕ
5)    minDkDist: = 0
6)    for each 数据集中点 p do{
7)      getKthNeighborDist(Tree. Root, p, k, minDkDist)
8)      if(p. DkDist> minDkDist){
9)          outHeap. insert(p)
10)         if(outHeap. numPoints( )> n) outHeap. deleteTop( )
11)             if(outHeap. numPoints( ) = n)
12)                    minDkDist: = outHeap. top( ). DkDist
13)      }
14) }
15) return outHeap
16) end
```

图 6-4 computOutliersIndex 算法

```
Procedure getKthNeighborDist(Root, p, k, minDkDist)
1) begin
2) nodeList: = {Root}
3) p. Dkdist: = ∞
4) nearHeap: = ϕ
5) while nodeList 非空 do{
6)   从 nodeList 中删除第一个节点元素
7)   if(Node 是叶节点){
8)       for each 节点中的对象点 p do
9)         if(dist(p, q)<p. DkDist){
10)           nearHeap. insert(q)
11)           if(nearHeap. numPoints( )> k) nearHeap. deleteTop( )
12)           if(nearHeap. numPoints( ) = k)
13)               p. DkDist: = dist(p, nearHeap. top( ))
14)           if(p. DkDist ≤ minDkDist) return
15)         }
16)   }
17)   else{
18)     将节点 Node 的子节点插入 nodeList 中
19)     按照 MINDIST 排序 nodeList
20)   }
21)   for each 在 nodeList 中的节点 Node do
22)       if(p. Dkdist MINDIST(p, Node))
23)         从 nodeList 中删除 Node 节点
24) }
25) end
```

图 6-5 getKthNeighborDist 过程

将具有最小 D^k 值的点(即堆顶部的点)保存到变量 minDkDist 中,作为 getKthNeighborDist 子过程的参数。算法中将 outHeap 初始化为空,minDkDist 置 0。

第 6 至 14 步的循环调用 getKthNeighborDist 子过程。如果输入点的 D^k 值在前 n 个值中,将该点插入 outHeap 中。如果堆的大小超过 n,则删除具有最小 D^k 值的点,并且更新 minDkDist 值。

过程 getKthNeighborDist 建立链表结构 nodeList(初始时为 R^*-树的根节点 root)用于计算 R^*-树中的点 p 的 $D^k(p)$。链表 nodeList 中的节点以到 p 的 MINDIST 的升序存储。每次迭代(5～24 步循环)中,检查节点链表中的首节点。

如果节点为叶节点,算法处理叶节点中的对象点的过程时,借助堆 nearHeap 存储在被检查点中 p 的 k 最近邻点,并以降序排列。p. DkDist 存储 p 到被检查点的 D^k 值(当 k 个点都被检查,p. DkDist 值为 ∞)。第 9～10 步,如果任意一点 q 到 p 的距离小于 p. DkDist,则将 q 插入 nearHeap 中。如果 nearHeap 中点的个数大于 k,则删除 nearHeap 顶端的首节点,更新 p. DkDist。如果 p. Dkdist 值小于 minDkDist,则 p 不是异常点。因此,过程 getKthNeighborDist 第 13 步终止 p 的 D^k 值计算,并且返回。通过这种方法,getKthNeighborDist 避免了不必要的非候选异常点的计算。

另一方面,如果在 nodeList 链表的首节点是内部节点,则将该节点的子节点添加到 nodeList 中。第 18～19 步,根据 MINDIST 值对 nodeList 排序。最后的 21～23 步,删除与 p 的距离超过 p. DkDist 的节点。包含在这些节点中的对象点显然是不在 p 的 k 最近邻中,可以被忽略。

(3) 基于划分(Partition-Based)的算法。上述两种算法的缺陷是计算代价高,因为必须对每个点 p 来计算 $D^k(p)$,但异常检测的主要目标是找到前 n 个异常,而一般这个 n 值是比较小的,所以应该尽量避免计算其他那些点的 $D^k(p)$。

基于划分的算法的基本思想是:如果某个点的 $D^k(p)$ 比较小的话,那么不可能是 D^k_n 异常。算法先对原始数据集进行划分,然后估计每个划分的 $D^k(p)$ 的上、下界,如果能判定某个划分不可能包含异常,则可以直接把其删除;然后再从剩下的划分(候选划分)来计算异常。

下面是基于划分算法的基本步骤:

① 利用聚类算法划分数据集。

② 计算每个划分上、下界。

③ 判定候选划分是否包含异常。

④ 从候选划分的点中计算异常。

这里的第一步是划分数据集,将数据空间划分为单元(cell)然后将每个单元作为一个划分对于高维空间是不实际的,因为随着维数增加,单元的数量呈指数增长,对于 4 维以上的空间该方法效率很低。为使得相对较近的数据点分配在单独的划分中,采用聚类算法对数据集进行划分,每一个簇作为单独的一个划分。现有的许多聚类算法可以用来划分数据集,如 BIRCH。然后用数据点的最小边界矩形来表示该划分,且最小边界矩形可能互相重叠。

需要注意的是,这里使用的聚类算法目的是为了高效地获得期望划分的启发式算法,而并不是用于计算异常。已经知道大多数聚类算法(包括 BIRCH)也能执行异常检测,然而用聚类算法进行异常检测的异常并不精确,而更多的是在聚类过程中认为需要标识出来的孤立点。

第二步计算每个划分 P 中点的 D^k值的上、下界。为了识别候选划分,需要计算划分 P 的 D^k上下界 $P.lower$ 和 $P.upper$,满足下列性质:对 P 中的每个点 $p \in P$, $P.lower \leqslant D^k(p) \leqslant P.upper$。划分 P 的上下界 $P.lower/P.upper$ 的计算可通过查找具有 MINDIST/MAXDIST 的划分 P 的最近的 l 个划分 P_1, …, P_l,且 l 个划分中的点的数目至少是 k。

具体的算法如下:过程 computeLowerUpper 用于计算划分 P 的 $P.lower$ 和 $P.upper$(图 6-6)。输入参数是包含所有划分的索引结构的根节点和 minDkDist。该过程被计算候选划分的 computCandidatePartitions(图 6-7)调用。过程 computCandidatePartitions 的思想是如果划分 P 的 $P.upper$ 小于 minDkDist(异常点 D^k的下界),则该划分不包含异常,对该划分 P 的边界计算可以立即停止。

```
Procedure computeLowerUpper(Root, P, k ,minDkDist)
begin
1) nodeList: = {Root}
2) P.lower: = P.upper: = ∞
3) lowerHeap: = upperHeap: = ϕ
4) while nodeList is not empty do {
5)   从 nodeList 删除第一个节点元素
6)   if (Node 是叶节点) {
7)     for each 在节点 Node 中的划分 Q {
8)       if (MINDIST(P, Q)<P.lower) {
9)         lowerHeap.insert(Q)
10)          while lowerHeap.numPoints( ) -
11)                lowerHeap.top( ).numPoints( ) ≥ k do
12)                lowerHeap.deleteTop( )
13)          if (lowerHeap.numPoints( ) ≥ k)
14)            P.lower: = MINDIST(P, lowerHeap.top( ))
15)        }
16)        if (MAXDIST(P, Q) <P.upper) {
17)          upperHeap.insert(Q)
18)          while upperHeap.numPoints( ) -
19)                upperHeap.top( ).numPoints( )  ≥ k do
20)                upperHeap.deleteTop( )
21)          if (upperHeap.numPoints( )≥ k)
22)            P.upper: = MAXDIST(P , upperHeap.top( ))
23)          if (P.upper ≤ minDkDist) return
24)        }
```

```
25)     }
26)  }
27)  else {
28)  将 Node 的子节点插入 nodeList 中
29)  按照 MINDIST 排序 nodeList
30)  }
31)  for each nodeList 中节点 Node do
32)  if (P.upper≤MAXDIST(P,Node) and
33)  P.lower ≤MINDIST(P,Node)
34)  从 nodeList 删除节点 Node
35) }
end
```

图 6-6 计算划分的 Lower、Upper Bounds

```
Procedure computeCandidatePartitions(PSet,k,n)
begin
1) for each 划分集合 Pset 中的划分 P do
2)    insertIntoIndex(Tree, P )
3) partHeap: = ϕ
4) minDkDist: = 0
5) for each Pset 中的划分 P do {
6)       computeLowerUpper(Tree.Root, P, k, minDkDist)
7)       if (P.lower> minDkDist) {
8)           partHeap.insert(P)
9)       while partHeap.numPoints( ) -
10)           partHeap.top( ).numPoints( ) ≥ n do
11)           partHeap.deleteTop( )
12)        if (partHeap.numPoints( )≥ n)
13)           minDkDist: = partHeap.top( ).lower
14)        }
15) }
16) candSet: = ϕ
17) for each Pset 中的划分 P do
18)        if (P.upper≥minDkDist){
19)          candSet: = candSet ∪ {P}
20)          P.neighbors: =
21)            {Q: Q∈PSet and MINDIST(P,Q)≤P.upper}
22) }
23) return candSet
end
```

图 6-7 在划分集合 PSet 中计算候选划分的过程

过程 computeLowerUpper 与基于索引算法中的得到 k -最近邻的过程 getKthNeighborDist 类似。把划分存储在两个堆 lowerHeap 和 upperHeap 中，分别以与 P 的 MINDIST 和 MAXDIST 的距离递减顺序存储，即 MINDIST 和 MAXDIST 值大的在堆

的上面。

第三步是基于划分的算法中最重要的一步，确定可能包含异常的候选划分，把其余的划分删除。首先利用前一步计算的解来估计 minDkDist 异常的 D^k 值的下界，如果划分 P 满足 P. upper≥minDkDist，P 就成为候选划分。下界 minDkDist 使用划分的 P. lower 值用以下方法计算：假设 P_1，…，P_l为 P. lower 最大的几个划分，并且至少包含 n 个数据点，那么 minDkDist=min{P_i. lower：$1 \leqslant i \leqslant l$}为异常的 D^k 的下界。

图 6-7 给出了在划分集合 PSet 中计算候选划分的过程。这些分区存放在主存索引中，调用过程 computeLowerUpper 计算每个分区的上下界。但是，该过程并不是在计算所有分区的上下界后计算 minDkDist 值，而是计算在堆 partHeap 中存储的具有最大 P. lower 且包含至少 n 个对象点的分区。这些分区是以 P. lower 值的升序存储在 partHeap 堆中的，因此 minDkDist 即为 partHeap 堆中的顶端 P. lower 值。然后将 minDkDist 值作为参数传递给子过程 computeLowerUpper(如图 6-7 第 6 步)，这样，当分区 P 的 P. upper 值小于 minDkDist 时，即可提前停止 P 边界的计算。如果分区 P 的 P. lower 值比当前 minDkDist 值大时，将 P 插入堆 partHeap 中，并更新相应的 minDkDist 值(第 8～13 步)。

在循环的第 17～22 步，计算候选分区集合 candSet。对于每个候选分区 P，可能包含分区 P 中某个对象点的 k 个最近邻的分区 Q 插入到 P. neighbors 中(注意 P. neighbors 包含 P)。

最后一步从候选划分中计算异常，如果划分中的所有数据点和它们的邻域能放入主存，那么可以把所有点装入主存空间索引。然后利用前面的基于索引的算法来计算异常。

但是当上面的条件不成立时，必须批处理来处理候选划分。在每一个批处理任务中，选取可以放入主存的一些划分和它们的邻域来处理。

最后的过程就是利用 D_n^k 异常定义得到最后的结果——D_n^k 异常。

6.3.2 基于密度的异常分析算法[4]

基于距离的异常的定义只能检测到某些异常，因为这个定义从全局来看数据集，这些异常也就被看作全局的异常。但是对许多现实数据集而言，它们存在非常复杂的结构，很难用一个全局参数来得到所有有意义的异常，即还存在其他类的异常——相对于它们的局部邻域(特别是相对于它们的邻域的密度)的异常。这些异常被认为是“局部”(local)异常。

下面用一个例子来解释这类局部的异常(图 6-8)。

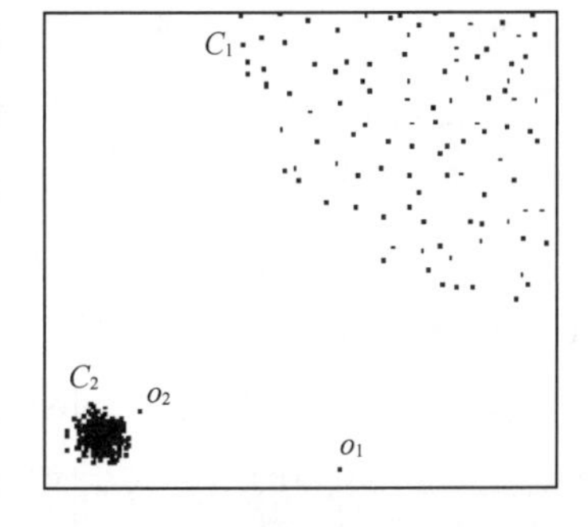

图 6-8 全局参数异常的缺陷

例 6.1：一个含有 502 个对象的简单二维数据集 D。其中，400 个对象属于第一个簇 C_1，100 个对象属于第二个簇 C_2，还有两个额外的对象 o_1、o_2。在这个例子中，C_2所形

成的簇的密度高于 C_1，根据 Hawkins 的异常定义（异常是数据集中偏差较大的数据，它们的产生机制可能不同于其他数据），o_1 和 o_2 都被认为是异常，但 C_1 和 C_2 中的对象则认为它们不是异常。但是根据基于距离的 DB(pct, d)-异常定义，只有 o_1 是一个“合理”的 DB(pct, d)-异常。因为如果 C_1 中的每一个对象 q 与它的最近邻居的距离大于 o_2 和 C_2 的距离，即 $d(o_2, C_2)$，那么可以断定没有合适的 pct 和 d，使得 o_2 是 DB(pct, d)-异常，而 C_1 中的对象不是。

原因如下，如果 d 的值小于 $d(o_2, C_2)$，则所有 501 个对象（pct=100×501/502）到 o_2 的距离都大于 d，但是同样的结果也出现在 C_1 中的任一个对象 q 上。因此，o_2 和 C_1 中所有的对象都是 DB(pct, d)-异常。

否则，如果 d 的值大于 $d(o_2, C_2)$，那么显然有：如果 o_2 是一个 DB(pct, d)-异常，那么 C_1 中的许多对象 q 也是 DB(pct, d)-异常。这是因为集合 $\{p \in D \mid d(p, o_2) \leqslant d\}$ 的基数总是大于集合 $\{p \in D \mid d(p, q) \leqslant d\}$ 的基数。因此，如果 o_2 是一个 DB(pct, d)-异常，那么 C_1 中的许多对象 q 同样也是 DB(pct, d)异常。更坏的情形是，这里存在 pct 和 d 的值使得 o_2 不是异常，而 C_1 中的某些对象 q 却成为异常。

1) 局部异常的形式化定义

以上的例子表明，从全局角度考察 DB(pct, d)-异常，在某些情况下是有意义和充分的，但是通常情况下簇的密度是不同的，当各种密度的簇存在时，这种方法将不再适用。与前述异常定义不同，这里的异常不被认为是二元性质，而是为每一个对象指定一个异常因子（outlier factor），以此作为这个对象被判断是否为异常的度量。

符号说明及定义：

① D：表示数据集。

② o, p, q：表示数据集中的对象。

③ $d(p, q)$：表示对象 p, q 之间的距离。

④ C：表示一组对象（有时 C 形成一个簇）。

⑤ $d(p, C)$：表示 p 和 C 中的对象 q 之间的最小距离，即 $d(p, C) = \min\{d(p, q) \mid q \in C\}$。

定义 6.9[对象 p 的 k-距离，k-distance(p)]：对于任意正整数 k，定义对象 p 的 k-距离为 p 和某个对象 $o(o \in D)$ 之间的距离 $d(p, o)$，并且这里的 o 满足：

① 至少存在 k 个对象 o'，使得 $d(p, o') \leqslant d(p, o)$，其中 $o' \in D \setminus \{p\}$。

② 至多存在 $k-1$ 个对象 o'，使得 $d(p, o') < d(p, o)$，其中 $o' \in D \setminus \{p\}$

定义 6.10[对象 p 的 k-距离邻域，$N_{k\text{-distance}(p)}(p)$]：给定 p 的 k-距离 k-distance(p)，p 的 k-距离邻域包含所有与 p 的距离不超过 k-distance(p)的对象，即 $N_{k\text{-distance}(p)}(p) = \{q \in D \setminus \{p\} \mid d(p, q) \leqslant k\text{-distance}(p)\}$，这些对象 q 称为 p 的 k-最近邻域（k-nearest neighbors）。简单起见，用 $N_k(p)$ 表示 $N_{k\text{-distance}(p)}(p)$。

注意在定义 6.9 中，k-distance(p)能够适用于任何正整数 k，尽管对象 o 可能并不唯一。此时，$N_k(p)$的基数大于 k。假设有：1 个到 p 为 1 个距离单位的对象；2 个到 p 为 2 个距离单位的对象；3 个到 p 为 3 个距离单位的对象。那么，2-distance(p)与3-distance

(p)是一样的,并且有 3 个到 p 为 4 - distance(p)的对象,此时,$N_4(p)$的基数等于 6,而不是 4。

定义 6.11[对象 p 相对于 o 的可达距离,reach-dist$_k(p, o)$]:给定自然数 k,对象 p 相对于对象 o 的可达距离定义为:reach-dist$_k(p, o) = \max\{k - \text{distance}(o), d(p, o)\}$。

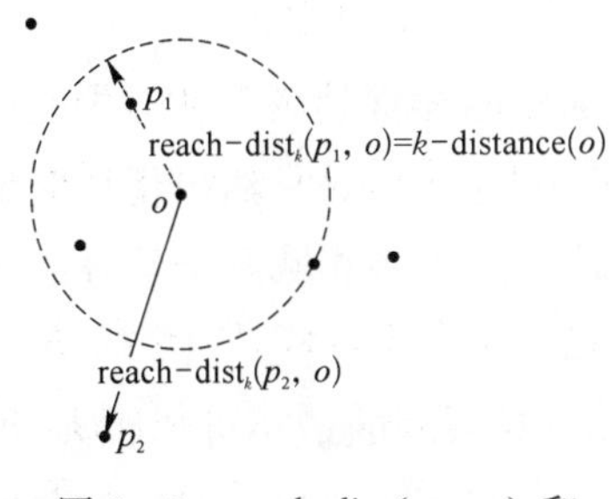

图 6-9 reach-dist(p_1, o) 和 reach-dist(p_2, o), $k = 4$

图 6-9 给出了 $k = 4$ 时对可达距离的描述。如果对象 p 距离 o 较远(例如 p_2),则用两者之间的实际距离作为可达距离;如果它们距离很近(例如 p_1),则用对象 o 的 k-距离替代它们的实际距离。这样做使得那些靠近 o 的对象 p 到它的距离 $d(p, o)$不会变化太大,参数 k 用于控制平滑的效果。k 值越大,具有相同邻居的对象越可能有相近的可达距离。

在典型的基于密度的聚类算法中,大都使用了两个参数对密度进行定义:

① 参数 MintPts 表示对象的最少数目。

② 另一个参数表示容量(volume)。

这两个参数定义了聚类算法的密度阈值。如果某些对象或区域的邻居密度超出了某个给定的阈值,则认为它们是相互连接的。要检测基于密度的异常,必须比较不同对象集合之间的密度,必须动态地确定这些对象的密度。因此,将 MinPts 作为唯一的参数,并且使用 reach-dist$_{MinPts}(p, o)$、$o \in N_{MinPts}(p)$,作为确定对象 p 邻居的密度的一个度量。

给出了以上定义后,下面给出局部异常因子(local outlier factor, LOF)的定义。

定义 6.12[对象 p 的局部可达密度,$lrd_{MinPts}(p)$]:对象 p 的可达密度定义为:

$$\text{lrd}_{MinPts}(p) = \left[\frac{\sum_{o \in N_{MinPts}(p)} \text{reach-dist}_{MinPts}(p, o)}{|N_{MinPts}(p)|} \right]^{-1}$$

也即,对象 p 的局部可达密度是对象 p 与它的 MinPts -邻域(MinPts-nearest neighbors)的平均可达距离的倒数。当所有可达距离的和为 0 时,局部密度将会接近∞。(如果至少有 MinPts 个对象不同于 p,但它们具有相同的空间坐标时,即数据集中 p 至少有 MinPts 个重复值,则会出现上述情形。)在此假设不会出现重复值,所以不必进行处理。(如果要处理重复值,可以提出 k-唯一距离邻居的概念,它与定义 6.9 中 k-距离的概念类似,只需要添加一个条件,要求至少 k 个对象具有不同的空间坐标)。

定义 6.13[对象 p 的局部异常因子,LOF$_{MinPts}(p)$]:对象 p 的局部异常因子定义为:

$$\text{LOF}_{MinPts}(p) = \frac{\sum_{o \in N_{MinPts}(p)} \frac{\text{lrd}_{MinPts}(o)}{\text{lrd}_{MinPts}(p)}}{|N_{MinPts}(p)|}$$

对象 p 的异常因子能够描述对象 p 的异常程度，它是 p 的 MinPts-邻域与 p 的局部可达密度的比值。从定义可知，如果 p 的局部可达密度越低，p 的 MinPts-邻域的局部可达密度越高，则 p 的局部异常因子的值越大，就更可能认为它为异常；反之则可能性小。为简明起见，使用 reach-dist、lrd 和 LOF 分别表示 $\text{reach-dist}_{\text{MinPts}}(p, o)$、$\text{lrd}_{\text{MinPts}}(p)$和 $\text{LOF}_{\text{MinPts}}(p)$。

2）局部异常因子的性质

下面给出局部异常因子的性质，分析局部异常因子与所期望的异常的联系。首先是对簇中对象的异常因子的讨论，并证明这些对象的局部异常因子接近于 1；另外给出任意对象的局部异常因子的上下界；并考虑这个界是否是紧致的；最后讨论哪些邻域属于重叠的多个簇的对象的局部异常因子的界。

引理 6.1：令 C 为一个对象集合，reach-dist-min 表示 C 中对象间的最小可达距离，即 $\text{reach-dist-min}=\min\{\text{reach-dist}(p, q) \mid p, q \in C\}$；类似的，reach-dist-max 表示 C 中对象的最大可达距离；ε 定义为(reach-dist-max/reach-dist-min)−1。那么对所有满足以下条件 C 中的对象 p：

① p 的所有 MinPts-邻域中的对象 q 都在 C 中。

② q 的所有 MinPts-邻域中的对象 o 也都在 C 中。

下式成立：$1/(1+\varepsilon) \leqslant \text{LOF}(p) \leqslant (1+\varepsilon)$

证明：由①以及 $\text{reach-dist}_{\text{MinPts}}(p, q)$的定义，对 p 的 MinPts-邻域中对象 q，有：$\text{reach-dist-min} \leqslant \text{reach-dist}_{\text{MinPts}}(p, q) \leqslant \text{reach-dist-max}$

因此，

$$\text{reach-dist-min} \leqslant 1/\text{lrd}_{\text{MinPts}}(p) = \frac{\sum_{q \in N_{\text{MinPts}}(p)} \text{reach-dist}_{\text{MinPts}}(p, q)}{|N_{\text{MinPts}}(p)|} \leqslant \text{reach-dist-max}$$

另外有②和 $\text{reach-dist}_{\text{MinPts}}(q, o)$的定义，对 q 的 MinPts-邻域中的对象 o，有：

$$\text{reach-dist-min} \leqslant \text{reach-dist}_{\text{MinPts}}(q, o) \leqslant \text{reach-dist-max}$$

因此，

$$1/\text{reach-dist-max} \leqslant \text{lrd}_{\text{MinPts}}(q) = \left[\frac{\sum_{o \in N_{\text{MinPts}}(q)} \text{reach-dist}_{\text{MinPts}}(q, o)}{|N_{\text{MinPts}}(q)|}\right]^{-1} \leqslant 1/\text{reach-dist-max}$$

所以，对象 p 的局部异常因子满足：

$$1/(1+\varepsilon) = \text{reach-dist-min} / \text{reach-dist-max} \leqslant \text{LOF}_{\text{MinPts}}(p) = \frac{\sum_{q \in N_{\text{MinPts}}(p)} \frac{\text{lrd}_{\text{MinPts}}(q)}{\text{lrd}_{\text{MinPts}}(p)}}{|N_{\text{MinPts}}(p)|}$$

$$\leqslant \text{reach-dist-max}/\text{reach-dist-min} = (1+\varepsilon)。$$

引理 6.1 说明簇内靠近核心点的对象的 LOF 接近于 1，不应该被认为是局部异常。对于那些处于簇的边缘或是簇的外面的对象，如图 6－9 中的对象 o_1，下面的定理 6.1 回答了这些问题，给出了任意对象 p 的 LOF 值的上下界。

3）对象 p 的 LOF 值的上下界

对任意对象 p，记 $\text{direct}_{\min}(p)$ 为 p 相对于 p 的 MinPts－邻域中点的最小可达距离，即：

$$\text{direct}_{\min}(p) = \min\{\text{reach-dist}_{\text{MinPts}}(p, q) \mid q \in N_{\text{minPts}}(p)\}$$

同样，$\text{direct}_{\max}(p)$ 为 p 相对于 p 的 MinPts－邻域中点的最大可达距离，即：

$$\text{direct}_{\max}(p) = \max\{\text{reach-dist}_{\text{MinPts}}(p, q) \mid q \in N_{\text{minPts}}(p)\}$$

另外，推广这些定义到 p 的 MinPts－邻域上的点 q，记 $\text{indirect}_{\min}(p)$ 为 q 相对于 q 的 MinPts－邻域的最小可达距离，即：

$$\text{indirect}_{\min}(p) = \min\{\text{reach-dist}_{\text{MinPts}}(q, o) \mid q \in N_{\text{minPts}}(p) \text{ 且 } o \in N_{\text{minPts}}(q)\}$$

同样，$\text{indirect}_{\max}(p)$ 表示 q 相对于 q 的 MinPts－邻域的最大可达距离，即：

$$\text{indirect}_{\max}(p) = \max\{\text{reach-dist}_{\text{MinPts}}(q, o) \mid q \in N_{\text{minPts}}(p) \text{ 且 } o \in N_{\text{minPts}}(q)\}$$

定理 6.1：令 p 是数据集 D 中的一个对象，且 $1 \leqslant \text{MinPts} \leqslant |D|$，那么有如下不等式成立：

$$\frac{\text{direct}_{\min}(p)}{\text{indirect}_{\max}(p)} \leqslant \text{LOF}(p) \leqslant \frac{\text{direct}_{\max}(p)}{\text{indirect}_{\min}(p)}$$

证明：(a) 先证左边的不等式：$\dfrac{\text{direct}_{\min}(p)}{\text{indirect}_{\max}(p)} \leqslant \text{LOF}(p)$

对任意 $o \in N_{\text{MinPts}}(p)$：$\text{reach-dist}(p, o) \geqslant \text{direct}_{\min}(p)$，由 $\text{direct}_{\min}(p)$ 的定义可知

$$\Rightarrow \left[\frac{\sum_{o \in N_{\text{MinPts}}(p)} \text{reach-dist}_{\text{MinPts}}(p, o)}{|N_{\text{MinPts}}(p)|}\right]^{-1} \leqslant \frac{1}{\text{direct}_{\min}(p)}$$

即 $\text{lrd}(p) \geqslant \dfrac{1}{\text{direct}_{\min}(p)}$

对任意 $q \in N_{\text{MinPts}}(o)$：$\text{reach-dist}(o, q) \leqslant \text{indirect}_{\max}(p)$，由 $\text{indirect}_{\max}(p)$ 的定义可知

$$\Rightarrow \left[\frac{\sum_{q \in N_{\text{MinPts}}(o)} \text{reach-dist}_{\text{MinPts}}(o, q)}{|N_{\text{MinPts}}(o)|}\right]^{-1} \geqslant \frac{1}{\text{indirect}_{\max}(p)}$$

即 $\text{lrd}(o) \geqslant \dfrac{1}{\text{indirect}_{\max}(p)}$

因此，可以得出

$$\mathrm{LOF}(p)=\frac{\sum_{o\in N_{\mathrm{MinPts}}(p)}\frac{\mathrm{lrd}(o)}{\mathrm{lrd}(p)}}{|N_{\mathrm{MinPts}}(p)|}\geqslant\frac{\sum_{o\in N_{\mathrm{MinPts}}(p)}\frac{\left(\frac{1}{\mathrm{indirect}_{\max}(p)}\right)}{\left(\frac{1}{\mathrm{direct}_{\min}(p)}\right)}}{|N_{\mathrm{MinPts}}(p)|}=\frac{\mathrm{direct}_{\min}(p)}{\mathrm{indirect}_{\max}(p)}$$

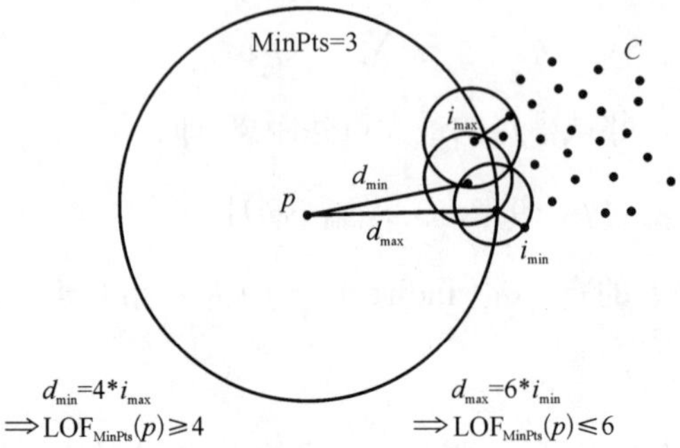

（b）$\mathrm{LOF}(p)\leqslant\frac{\mathrm{direct}_{\max}(p)}{\mathrm{indirect}_{\min}(p)}$ 同理可证。

MinPts=3
C
i_{max}
d_{min}
p
d_{max}
i_{min}
$d_{min}=4*i_{max}$
$\Rightarrow \mathrm{LOF}_{\mathrm{MinPts}}(p)\geqslant 4$
$d_{max}=6*i_{min}$
$\Rightarrow \mathrm{LOF}_{\mathrm{MinPts}}(p)\leqslant 6$

图 6 - 10 定理 6.1 的图示

图 6 - 10 是定理 6.1 的一个例子，这里 MinPts=3，$d_{\min}$、$d_{\max}$、$i_{\min}$、$i_{\max}$分别表示上面的 $\mathrm{direct}_{\min}$、$\mathrm{direct}_{\max}$、$\mathrm{indirect}_{\min}$和 $\mathrm{indirect}_{\max}$。

假设 $d_{\min}=4\times i_{\max}$，$d_{\max}=6\times i_{\min}$。根据定理 6.1，有 $4\leqslant\mathrm{LOF}(p)\leqslant 6$，即 p 的 LOF 在 4 和 6 之间。

4）边界的紧凑性

定理 6.1 给出了任意对象 p 的 LOF 值的上下界，但是这两个界是否具有紧凑性呢？即如果记 $\mathrm{LOF}_{\max}$为上界 $\mathrm{direct}_{\max}/\mathrm{indirect}_{\min}$，记 $\mathrm{LOF}_{\min}$为下边界 $\mathrm{direct}_{\min}/\mathrm{indirect}_{\max}$，那么 $\mathrm{LOF}_{\max}$和 $\mathrm{LOF}_{\min}$之间的差距是多大呢？一个主要的结论是 $\mathrm{LOF}_{\max}$ 和 $\mathrm{LOF}_{\min}$ 的间距与 direct/indirect 的比值有关。在某些情况下，该间距比较小，另一些情形则会产生较大的间距。

给定 $\mathrm{direct}_{\min}(p)$和 $\mathrm{indirect}_{\max}(p)$，用 direct($p$)表示它们的均值。类似的，indirect($p$)表示 $\mathrm{indirect}_{\min}(p)$ 和 $\mathrm{indirect}_{\max}(p)$的均值。用 direct 替代 direct($p$)。

作如下假设：$(\mathrm{direct}_{\max}-\mathrm{direct}_{\min})/\mathrm{direct}=(\mathrm{indirect}_{\max}-\mathrm{indirect}_{\min})/\mathrm{indirect}$

再另外引入一个变量 pct，pct 满足 $\mathrm{direct}_{\max}=\mathrm{direct}\times(1+\mathrm{pct}\%)$，$\mathrm{direct}_{\min}=\mathrm{direct}\times(1-\mathrm{pct}\%)$和 $\mathrm{indirect}_{\max}=\mathrm{indirect}\times(1+\mathrm{pct}\%)$，$\mathrm{indirect}_{\min}=\mathrm{indirect}\times(1-\mathrm{pct}\%)$。那么可以得到如下结论：

$$\frac{\mathrm{LOF}_{\max}-\mathrm{LOF}_{\min}}{\frac{\mathrm{direct}}{\mathrm{indirect}}}=\frac{\mathrm{indirect}}{\mathrm{direct}}\times\left(\frac{\mathrm{direct}+\frac{\mathrm{direct}\times\mathrm{pct}}{100}}{\mathrm{indirect}-\frac{\mathrm{indirect}\times\mathrm{pct}}{100}}-\frac{\mathrm{direct}-\frac{\mathrm{direct}\times\mathrm{pct}}{100}}{\mathrm{indirect}+\frac{\mathrm{indirect}\times\mathrm{pct}}{100}}\right)$$

$$=\left(\frac{1+\frac{\mathrm{pct}}{100}}{1-\frac{\mathrm{pct}}{100}}-\frac{1-\frac{\mathrm{pct}}{100}}{1+\frac{\mathrm{pct}}{100}}\right)=\frac{4\times\frac{\mathrm{pct}}{100}}{1-\left(\frac{\mathrm{pct}}{100}\right)^2}$$

即$(\mathrm{LOF}_{\max}-\mathrm{LOF}_{\min})/(\mathrm{direct}/\mathrm{indirect})$仅依赖于 pct 值，上面的关系可以用图 6 - 11 解

释。如果把上式坐标看作是 pct%为自变量的函数，不妨记为 $f(x) = 4x/(1-x^2)$，那么 $f(x)$的导数为：

$$f'(x) = \frac{4+x^2}{(1-x^2)^2} > 0$$

所以 $f(x)$为 x 的单调递增函数，即等式左边根据 pct 的增加而增加。

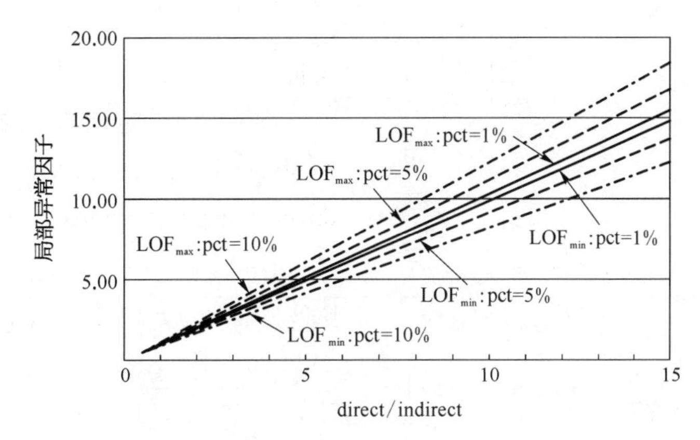

图 6-11 LOF 的上下界之差与 direct/indirect 依赖于 pct

给出了上面的结论后，还留下这样一个问题：什么时候这些界就不再是紧凑的？下面的定理 6.2 给出了那些 MinPts-邻域属于多个簇的对象 p 的局部异常因子的上下界，定理中首先对 p 的 MinPts-邻域进行了划分。

定理 6.2：令 p 是数据库中的一个对象，$1 \leqslant \text{MinPts} \leqslant |D|$，且 $C_1, C_2, \cdots, C_n$ 是 $N_{\text{MinPts}}(p)$的一个划分，即 $N_{\text{MinPts}}(p) = C_1 \cup C_2 \cup \cdots \cup C_n \cup \{p\}$，其中 $C_i \cap C_j = \phi$, $C_i \neq \phi$ $1 \leqslant i, j \leqslant n, i \neq j$。令 $\xi_i = |C_i| / |N_{\text{MinPts}}(p)|$，表示 C_i中的点在 $N_{\text{MinPts}}(p)$中的百分比。符号 $\text{direct}^i_{\min}(p)$，$\text{direct}^i_{\max}(p)$，$\text{indirect}^i_{\min}(p)$ 和 $\text{indirect}^i_{\max}(p)$ 的定义分别类似于 $\text{direct}_{\min}(p)$，$\text{direct}_{\max}(p)$，$\text{indirect}_{\min}(p)$ 和 $\text{indirect}_{\max}(p)$，只是需要限制在簇 C_i中。则下面不等式成立：

(a) $\text{LOF}(p) \geqslant \left(\sum_{i=1}^{n} \xi_i \times \text{direct}^i_{\min}(p)\right) \cdot \left(\sum_{i=1}^{n} \frac{\xi_i}{\text{indirect}^i_{\max}(p)}\right)$

(b) $\text{LOF}(p) \leqslant \left(\sum_{i=1}^{n} \xi_i \times \text{direct}^i_{\max}(p)\right) \cdot \left(\sum_{i=1}^{n} \frac{\xi_i}{\text{indirect}^i_{\min}(p)}\right)$

证明：这里证明第一个不等式，第二个同理可得。

由 $\text{direct}^i_{\min}(p)$的定义可得：

$\text{reach-dist}_{\text{MinPts}}(p, o) \geqslant \text{direct}^i_{\min}(p)$，对任意的 $o \in C_i$。

则有：

$$\frac{1}{\text{lrd}_{\text{MinPts}}(p)} = \frac{\sum_{o \in N_{\text{MinPts}}(p)} \text{reach-dist}_{\text{MinPts}}(p,o)}{|N_{\text{MinPts}}(p)|} = \sum_{i=1}^{n} \sum_{o \in C_i} \frac{\text{reach-dist}^i_{\min}(p,o)}{|N_{\text{MinPts}}(p)|}$$

$$\geqslant \sum_{i=1}^{n} \frac{|C_i|}{|N_{MinPts}(p)|} \cdot \mathrm{direct}^{i}_{\min}(p) = \sum_{i=1}^{n} \xi_i \cdot \mathrm{direct}^{i}_{\min}(p)$$

又由 $\mathrm{indrect}'_{\max}(p)$的定义可得：

$\text{reach-dist}_{MinPts}(o,\ q) \leqslant \mathrm{indirect}^{i}_{\max}(p)$，对任意的 $q \in N_{MinPts}(o)$。

则有：

$$\mathrm{lrd}_{MinPts}(o) = 1 / \frac{\sum_{q \in N_{MinPts}(o)} \text{reach-dist}_{MinPts}(o,q)}{|N_{MinPts}(o)|} \geqslant \frac{1}{\mathrm{indirect}^{i}_{\max}(p)}$$

所以，

$$\begin{aligned}
\mathrm{LOF}(p) &= \frac{\sum_{o \in N_{MinPts}(p)} \frac{\mathrm{lrd}_{MinPts}(o)}{\mathrm{lrd}_{MinPts}(p)}}{|N_{MinPts}(p)|} = \frac{1}{\mathrm{lrd}_{MinPts}(p)} \sum_{o \in N_{MinPts}(p)} \frac{\mathrm{lrd}_{MinPts}(o)}{|N_{MinPts}(p)|} \\
&\geqslant \left(\sum_{i=1}^{n} \xi_i \cdot \mathrm{direct}^{i}_{\min}(p)\right) \cdot \left(\sum_{i=1}^{n} \sum_{o \in C_i} \frac{\mathrm{lrd}_{MinPts}(o)}{|N_{MinPts}(p)|}\right) \\
&\geqslant \left(\sum_{i=1}^{n} \xi_i \cdot \mathrm{direct}^{i}_{\min}(p)\right) \cdot \left(\sum_{i=1}^{n} \frac{|C_i|}{|N_{MinPts}(p)|} \cdot \frac{1}{\mathrm{indirect}^{i}_{\max}(p)}\right) \\
&= \left(\sum_{i=1}^{n} \xi_i \cdot \mathrm{direct}^{i}_{\min}(p)\right) \cdot \left(\sum_{i=1}^{n} \frac{\xi_i}{\mathrm{indirect}^{i}_{\max}(p)}\right)
\end{aligned}$$

第二个不等式同理可证。

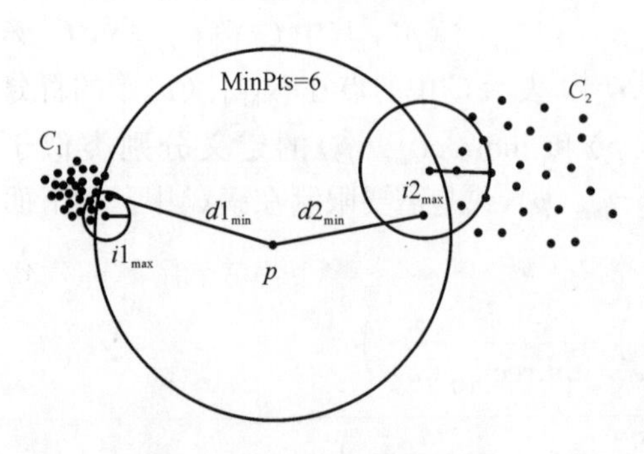

图 6－12 定理 6.2 的图示

图 6－12 解释了定理 6.2，这里 MinPts＝6，对象 p 的 6－最近邻中有 3 个对象来自簇 C_1，其余 3 个来自簇 C_2。根据定理6.2，$\mathrm{LOF}_{\min} = (0.5 \times d1_{\min} + 0.5 \times d2_{\min}) / (0.5 / i1_{\max} + 0.5 / i2_{\max})$，$d1_{\min}$和 $d2_{\min}$分别表示 p 到 C_1 和 C_2 中 6 个对象的最小可达距离；$i1_{\max}$ 和 $i2_{\max}$ 则表示 q 和 q 的 6－最近邻之间的最大可达距离，q 是 p 到簇 C_1 和 C_2 各自的 6－邻域。出于简化目的，图 6－5 中没有给出 $\mathrm{LOF}_{\max}$ 的示例。

5）参数 MINPTS 的影响

前面分析了 LOF 的特性。对于在一个簇内部深处的对象，其 LOF 接近于 1；对于其他对象，确定了 LOF 的上下边界，这取决于 MinPts－邻域是否来自多个分簇。这些结论都是基于一个已经给定的 MinPts 值，下面讨论不同的 MinPts 对于 LOF 值的影响，并且讨论在计算 LOF 过程中如何选择合适的 MinPts。

试验结果表明，当 MinPts 变化时，LOF 值并不随之线性变化。为 MinPts 定义一个变化区间,用 MinPtsLB 和 MinPtsUB 分别表示这个区间的上下边界。

首先考虑 MinPtsLB。一般,当 MinPtsLB 取值大于 10 时,能够有效地去除那些无用的距离变化值。此外,需要考虑对象 p 和簇 C 中多个对象之间的关系。如果 C 中对象的数目少于 MinPtsLB,则 C 中每一个对象的 MinPts -邻域会包含对象 p,反之亦然。根据定理 6.1,p 和 C 中所有对象的 LOF 值都非常接近,这使得区分 p 与这些对象变得非常困难。另一方面,如果 C 中对象的数目多于 MinPtsLB,则在 C 的内部深处对象的 MinPts -最近邻居将不会包含 p,但是 C 的某些对象却被包含在 p 的邻居中。因此,依赖于 p 到 C 的距离和 C 自身的密度,对象 p 的 LOF 值可能不同于 C 中对象。一般而言 MinPtsLB 被认为是一个簇(如 C)必须包含对象的最小数目,这时的 MinPtsLB 使得其他对象(如 p)相对于这个簇成为局部异常点。这个 MinPtsLB 的取值可能依赖于应用,对于大多数情况,MinPtsLB 取值在 10 到 20 之间比较好。

接下来考虑上界 MinPtsUB。令 C 为一个由"近邻"对象组成的簇,则 MinPtsUB 会被认为是 C 中潜在的局部异常点对象的最大基数。"近邻"的含义是,$direct_{min}$、$direct_{max}$,$indirect_{min}$ 和 $indirect_{max}$ 都非常接近。此时,如果 MinPts 值超过了 MinPtsUB,则定理 1 会使得 C 中所有对象的 LOF 都接近于 1。因此,MinPtsUB 应该选择"近邻"对象的最大数目,这些对象可能是局部异常点。

确定了 MinPtsLB 和 MinPtsUB,可以在这个区间中计算每一个对象的 LOF 值。根据一个特定区间中 LOF 的最大值,可以用启发式的过程排列所有对象。也就是说,对象 p 的排列基于:$\max\{LOFMinPts(p) \mid MinPtsLB \leqslant MinPts \leqslant MinPtsUB\}$。

对该区间中所有对象的 LOF 值排列后,就可以确定有明显异常特征的对象,也可以采用其他的聚集函数如最小值、均值,而不仅仅局限于求最大值。例如利用均值能够平滑对象的异常特征。

6) 局部异常因子(LOF)的计算

前面给出了局部异常因子的定义和性质,下面介绍 LOF 的计算。最简单但时间代价较高的办法是:

第一步:先产生所有点的 MinPts -邻域(同时得到 MinPts -距离),并计算到其中每个点的距离,并把计算的结果存入一个物化的数据库 M 中。

根据数据维数不同,可以采用不同策略:对低维数据,可以利用基于网格的方法来作 kNN 查询,整个计算时间为 $O(n)$;对中维或中高维数据,必须采用索引结构如 X -树、TV -树等,使得作 kNN 查询的时间为 $O(\log n)$,整个计算时间为 $O(n\log n)$;对特高维数据,索引结构不再有效,时间复杂度提高到 $O(n^2)$。

第二步:利用物化的数据库 M,计算每个点的局部异常因子。在该步计算中,需要扫描数据库两次,第一遍扫描,计算每个点的局部可达密度。第二遍计算出每个点的局部异常因子。该步的时间复杂度为 $O(n)$。

6.4 小结

本章介绍了多种异常分析算法：基于统计的方法由于必须事先知道数据的分布特征，因此，限制了它的应用范围；基于偏差的方法中的序列异常技术中的序列异常概念，由于序列异常在概念上仍然有一定缺陷，遗漏了不少的异常数据，而没有得到普遍的认同；基于距离的方法与基于统计的方法相比，不需要用户拥有任何领域知识，与"序列异常"相比，在概念上更加直观，更重要的是，距离异常更接近于 Hawkins 的异常的本质性的定义；基于密度的异常观点比基于距离的异常观点更贴近 Hawkins 的异常的本质性的定义，因此能够挖掘出基于距离异常算法所不能识别的一类异常数据——局部异常，局部异常观点摈弃了以前所有的异常定义中非此即彼的绝对异常观念，更加符合现实生活中的应用。

但异常分析方法还有更多值得关注和研究的方面：

(1) 解释算法所识别出的异常确实是合理的。

(2) 改进现有的异常分析算法的效率。

(3) 不断拓展异常的定义。

(4) 针对高维数据集的异常分析的处理方法。

限于篇幅，这些主题的讨论不在此扩展，有兴趣的读者可以参考相关文献。更多关于异常分析方面的综述请参考文献[5]。

◇参◇考◇文◇献◇

[1] Hawkins D. Identification of outliers. Monographs on Applied Probability and Statistics, 1980.

[2] Knorr E M, Ng R T. Algorithms for mining distance-based outliers in large datasets. In Proceedings of the 24rd International Conference on Very Large Data Bases. Morgan Kaufmann Publishers Inc., 1998: 392 - 403.

[3] Ramaswamy S, Rastogi R, Shim K. Efficient algorithms for mining outliers from large data sets. In Proceedings of the 2000 ACM SIGMOD international conference on Management of data. ACM Press, 2000: 427 - 438.

[4] Breunig M M, Kriegel H P, Ng R T, et al. Lof: identifying density-based local outliers. In Proceedings of 2000 ACM SIGMOD International Conference on Management of Data. ACM Press, 2000: 93 - 104.

[5] Chandola V, Banerjee A, Kumar V. Outlier Detection: A Survey. ACM Computing Surveys, 2009, 41(3): 1 - 58.

第7章

特异群组挖掘

特异群组挖掘在证券金融、医疗保险、智能交通、社会网络和生命科学研究等领域具有重要应用价值。特异群组挖掘与聚类、异常挖掘都属于根据数据对象的相似性来划分数据集的数据挖掘任务，但是，特异群组挖掘在问题定义、算法设计和应用效果方面不同于聚类和异常等挖掘任务。为此，本章系统地阐述了特异群组挖掘任务，分析了特异群组挖掘任务与聚类、异常等任务之间的差异，给出了特异群组挖掘任务的形式化描述及其基础算法，最后，列举了特异群组挖掘的几个重点应用。

7.1 特异群组挖掘的基本概念

挖掘高价值、低密度的数据对象是大数据的一项重要工作，甚至高价值、低密度常常被用于描述大数据的特征[2]。存在这样一类数据挖掘需求：将大数据集中的少部分具有相似性的对象划分到若干个组中，而大部分数据对象不在任何组中，也不和其他对象相似(图7-1)。将这样的群组称为特异群组，实现这一挖掘需求的数据挖掘任务被称为特异群组挖掘，由朱扬勇和熊贇于2009年首次提出[3]。文献[3]中，特异群组英文使用peculiarity groups，意指这些群组具有特殊性、异常性；而后，文献[4]强调这些群组中的对象具有强相似性、紧黏合性(即cohesive)，因此，将特异群组挖掘问题的英文进一步深化，表达为cohesive anomaly mining，意指挖掘的特异群组不仅具有特殊性、异常性，且群组对象是强相似、紧黏合。并且，将这些对象形成的群组的英文改用abnormal groups[4]。

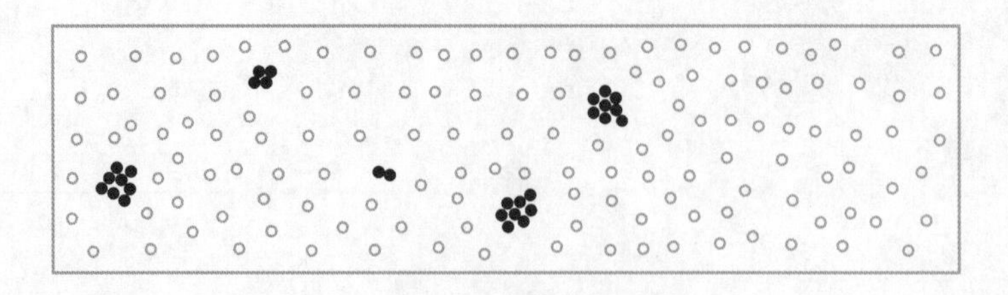

图7-1 大数据集里的特异群组

大数据特异群组挖掘具有广泛应用背景，在证券交易、智能交通、社会保险、生物医疗、银行金融和网络社区等领域都有应用需求，对发挥大数据在诸多领域的应用价值具有重要意义。例如，在证券市场中，特异群组常常表现为合谋操纵(多账户联合操纵)、基金“老鼠仓”等。这些账户以获取不正当利益为目的，集中资金优势或利用信息优势，操纵交易量、交易价格，扰乱市场秩序。其中，合谋操纵的行为模式主要是集中资金优势、持股优势进行市场操纵,通过使用多个账户进行分工交易、分仓持有来合谋操纵市场价格和成交量,以诱导其他投资者;基金"老鼠仓"的行为模式是通过获悉基金即将或正在交易某投资标的,且该笔交易大幅影响投资标的价格的交易信息,以相近时刻、相同买卖方向用个人私有资产同步交易该投资标的,以获取收益。

7.2 特异群组挖掘与聚类和异常检测的关系

特异群组是指由给定大数据集里面少数相似的数据对象组成的、表现出相异于大多数数据对象而形成异常的群组[3, 4],是一种高价值、低密度的数据形态。特异群组挖掘、聚类和异常检测都是根据数据对象间的相似程度来划分数据对象的数据挖掘任务,但它们在问题定义、算法设计和应用效果上存在差异[5]。

1) 与聚类的比较

聚类是根据最大化簇内相似性、最小化簇间相似性的原则,将数据对象集合划分成若干个簇的过程[6]。相似性是定义一个簇的基础,聚类过程的质量取决于簇相似性函数的设计,不同的簇相似性定义将得到不同类别的簇[7]。例如,参考文献[7]给出了几种不同类别的簇:图 7-2a 表示明显分离的簇(每个对象到同一簇中对象的距离比到不同簇中任意对象的距离更近或更相似);图 7-2b 表示基于原型的簇(每个对象到定义该簇的原型的距离比到其他簇的原型的距离更近或更相似);图 7-2c 是基于密度的簇(簇是对象的稠密区域);图 7-2d 表示一种概念簇(簇是有某种共同性质的对象的集合)。可以看出,具有某种共同性质的对象取决于挖掘目标的定义。不同的簇相似性定义得到不同的簇,甚至还有不同形状、不同密度的簇。

图 7-2 不同相似性定义下的各种簇[7]

但不管怎样,传统聚类算法是处理大部分数据对象具有成簇趋势的数据集,将大部分数据对象划分成若干个簇。然而,在一些大数据应用中,大部分数据并不呈现聚类趋势,而仅有少部分数据对象能够形成群组。

特异群组挖掘是在大数据集中发现特异群组,找出的是少部分具有相似性的数据对象。与聚类的共同之处是,特异群组中的对象也具有相似性,并将相似对象划分到若干个组中,这在一定程度上符合传统簇的概念。但是,特异群组之外的对象数目一般远大于特异群组中对象的数目,并且这些对象不属于任何簇,这和聚类的目的是不同的。

2）与异常检测的比较

少部分数据对象的挖掘通常被认为是异常检测任务[8]。在特异群组挖掘问题中，相对于不在任何群组中的大部分数据对象而言，少部分相似对象形成的群组是一种异常。但是，现有的异常检测算法难以直接用于特异群组挖掘。一是目前大多数异常挖掘算法的目标是发现数据集中那些少数不属于任何簇，也不和其他对象相似的异常点（point anomalies）[9]，这和特异群组的目标不同；二是除异常点检测外，存在一些算法用于发现异常点成簇的情况，称为微簇挖掘（micro-cluster 或 clustered anomalies）[10，11]，但是该任务也对剩下的大部分数据有聚类假设，即微簇问题在一个数据集中包含点异常、微簇和簇，这不同于特异群组挖掘；三是集体异常（collective anomalies）挖掘任务也不同于特异群组挖掘，因为集体异常只能出现在数据对象具有相关性的数据集中，其挖掘要求探索数据集中的结构关系[9]。目前集体异常挖掘主要处理序列数据、图数据和空间数据。

3）三者关系

通过上述比较分析可以得到，如果一个数据集中的大部分数据对象都能够归属于某些簇，那么那些不能归属于任何簇的数据对象就是异常对象；如果一个数据集中的大部分数据对象都不属于任何簇，那么那些具有相似性的数据对象所形成的群组就是特异群组。因此，挖掘的需求决定了簇、特异群组、异常点：如果需要找大部分数据对象相似，则是聚类问题；需要找少部分数据对象相似，则为特异群组；如果是找少数不相似的数据对象，则为异常。

综上，特异群组挖掘结合了聚类和异常检测的一些特点，但又具有自身的特性。特异群组挖掘所关注的是一个大数据集中大部分数据对象不相似，而每个特异群组中的对象是相似的。即特异群组对象的群体性和普通对象的个体性不同，群组中的个体对象本身单独而言并不一定特异，只是和群组中的相关对象一起构成了特异群组。

7.3 特异群组挖掘形式化描述[4]

设 F^d 为 d -维特征空间，$D=\{O_1, O_2, \cdots, O_i, \cdots, O_n\}$ 是对象集合，$O_i \in F^d$。两个对象 O_i 和 O_j 间的相似性 f 由相似性函数 $sim(O_i, O_j)$ 计算 $(0 \leqslant f \leqslant 1)$。

定义 7.1（相似对象）：给定一个相似性阈值 δ，对于一个对象 $O_i(O_i \in D)$，如果数据集中至少存在另一个对象 O_j，使得 $\mathrm{sim}(O_i, O_j) \geqslant \delta$。那么对象 O_i 称为对象集合 D 中关于 δ 的相似对象。

在特异群组挖掘问题中，由于大部分数据对象都是不相似的，只有群组中的对象才是相似对象，表现出相异于大部分对象的特性，因此，在特异群组挖掘问题中，相似对象被称为特异对象，特异对象的集合记为 P，剩下不在 P 中的对象记为 $D\backslash P$。相应地，度量数据对象是否为相似对象的相似性函数被称为特异度度量。特异度度量是定义一个特异群组的基础。

对于一个数据集，形成特异群组集合中的数据对象相对整个数据集中的数据对象是少数的。在很多情况下，指定合适的相似性阈值对用户而言是困难的。例如，在证券市场合谋操纵账户挖掘中，多个账户在一定时间段内的多次相同交易行为是价格操纵的基本行为。简单直观地可以用相同交易行为的数量 l 来定义两个账户的相似度，用这个数量作为相似度阈值。然而，在实际实施过程中，这个相似性阈值对用户而言是困难的。

但是，对于特异群组挖掘需求而言，用户更容易知道的是他们希望发现的特异对象的数量，例如，作为证券监管者，更加清楚他们希望发现的涉嫌操纵股价的账户数量。进一步来说，特异群组挖掘问题是挖掘"少量"数据对象构成的特异群组，一般观点认为 20%应该已经很少了，但在许多应用中，如证券市场合谋操纵账户挖掘这个例子中，10%都不是"少量"，操纵账户可能小于 0.2%或更小才是"少量"，这个数量完全由实际问题的用户理解所决定。例如，用户可以根据预算的经费和时间等指定其期望的特异对象数量。同时，这也是用户的直接需求，用户易于理解和指定。于是，对特异群组挖掘问题进行定义。

定义 7.2(τ-特异群组挖掘)：特异群组挖掘是在一个数据集中发现特异群组的过程，这些特异群组形成的集合包含 τ 个数据对象，τ 是一个相对小的值($\tau << n\times 50\%$，n 是数据集中对象总个数)。

性质 7.1(相似性阈值的存在性)：给定一个特异对象的数量的阈值 τ，一个潜在的相似性阈值 δ 存在，对于 τ 个特异对象形成的集合 P 中每一个对象 O，都存在至少有另一个对象 Q 与其相似，$\mathrm{sim}(O, Q)\geqslant\delta$。

性质 7.1 说明了数据集中具有相似性的数据对象(特异对象)的数量 τ 可以反映数据集中对象间的相似性阈值，即选择一个特异对象数量作为代替相似性阈值的方法是合适的。

特异对象的数量 τ 不仅易于用户描述其需求，而且因为 τ 相对较小，算法可以利用 τ 设计剪枝策略，以提高大数据集特异群组挖掘算法的效率。

定义 7.3(对象的特异度评分，特异对象)：一个对象 O_i 的特异度评分 ω 是 O_i 和该数据集中其他对象间的最大相似性值，即 $\omega(O_i)=\max_{1\leqslant j\leqslant n,\, j\neq i}S(O_i, O_j)$，其中 $S(O_i, O_j)$ 表示对象 O_i 和 O_j 的相似性度量值。

给定一个特异度评分阈值 $\delta>0$，当一个对象 O 的特异度评分 $\omega(O_i)>\delta$，则该对象 O 是一个特异对象。用 $\ddot{O}$ 来表示在整个数据集中 θ 特异对象的集合。

在特异度评分定义的基础上，定义特异群组。

定义 7.4(特异群组)：一个特异对象的集合 G 是一个候选特异群组，当且仅当 $|G|\geqslant 2$，并且 G 中的每两个对象都是相似的，即对于 $O_i, O_j\in G$，有 $S(O_i, O_j)|\geqslant\delta$。如果不存在任何一个 G 的超集是一个候选特异群组，那么 G 是一个特异群组。

特异群组的紧致性度量如下：

定义7.5(紧致性):一个特异群组G的紧致性ζ是该群组中所有对象的总体特异度评分之和,即$\zeta = \sum_{i=1}^{|G|} \omega(O_i)(O_i \in G)$。

设$Ç$是特异群组集,$Ç$的紧致度是$Ç$中所有特异群组紧致度之和。

前已述及,特异度评分阈值δ在实际应用中用户是很难设置的。为了克服这个困难,用户可以设置一个特异群组集合的对象总数阈值τ,这对于用户以及特异群组挖掘问题本身而言是一个容易设置和接受的阈值。这两个阈值(τ和δ)间的关系如下:

给定一个相对小的阈值$\tau(\tau \geqslant 2)$(特异群组集合中的对象个数相对较少,因此τ的值相对较小),可以找到具有最高特异度评分的τ个对象。那么,第τ个对象的特异度评分就是相应的特异度评分阈值δ,即这τ个对象具有最高的特异度评分值,并且包含τ个对象的特异群组集$Ç$的紧致度最大。

在对象特异度评分定义基础上,给出进一步深化的特异群组挖掘任务定义。

定义7.6(τ-特异群组挖掘):特异群组挖掘问题是找到数据集中所有的特异群组,满足特异群组集合$Ç$的紧致度最大,且$|Ç| = \tau$,其中$\tau(\tau \geqslant 2)$是一个给定阈值。

7.4 特异群组挖掘框架算法[4]

对于τ-特异群组挖掘问题,传统的聚类算法无法直接使用。因为,聚类算法通常要求用户指定一个相似性阈值(或相关参数),而这样的限制不能保证结果中相似对象的数量满足阈值τ。一种修改是通过多次调用聚类算法调整参数值,终止的条件是当簇中对象的数量满足用户指定的数量τ。但是,由于重复多次的聚类算法调用,造成大量冗余的计算。更糟糕的情况是,当多个参数之间相关时,计算是相当困难的。虽然层次聚类方法看上去能够简单地使用一个对象数量的阈值作为参数提前终止聚类,且易于处理任何形式的相似性,然而,对象间相似性的计算具有相当高的复杂度[12]。

还有一些聚类算法给出如何选择参数阈值的指导,如DBSCAN算法中的MinPts=4[13];或者自动调整参数阈值,如SynC算法[14]。但是,对于一般用户,根据参数阈值指导选择参数仍然是一项困难的工作,并且算法推荐的默认值在很多情况下并不适合,因此用户仍然必须进行许多尝试;而自动参数调整方法在某些应用场景中会显示出局限性,例如当为了满足特异群组中用户指定数量τ对象的情况,自动策略如SynC中的MDL(minimum description length)原则并不适合。此外,Top-c聚类[15]是一种试图将相似性度量阈值转化为簇个数的聚类算法,即将数据集中的数据对象划分到符合簇质量定义的c个簇中,然而,簇的数量c并不能决定对象的数量,即c个簇可能包含数据集中大量的数据对象(如70%)。

因此，简单地修改聚类算法处理 τ-特异群组挖掘问题不是很好的解决方案，本质是因为两者的目的不同。

值得指出的是，Gupta 等提出 bregman bubble clustering(BBC)算法[16]挖掘 c 个密集的簇，包含 τ 个对象，这和特异群组挖掘问题的出发点相似。然而，一方面，BBC 算法需要指定 c 个簇的代表点，然后将对象指定到与代表点相近的对象中，直到 τ 个点被聚类。对于用户而言，指定这样的代表点是困难的；另一方面，BBC 试图同时限制对象的数量和簇的数量 c，因此又遇到了 τ 个对象必须划分到 c 个簇的困境。

考虑到上述问题，下面给出一个特异群组挖掘框架算法。该算法是一个两阶段算法[4]，如图 7-3 所示。第一阶段是找到给定数据集中的最相似的数据对象对，并采用剪枝策略将不可能包含特异对象的对象对删除，然后从候选对象对中计算得到特异对象；第二阶段将对象对划分到特异群组中。

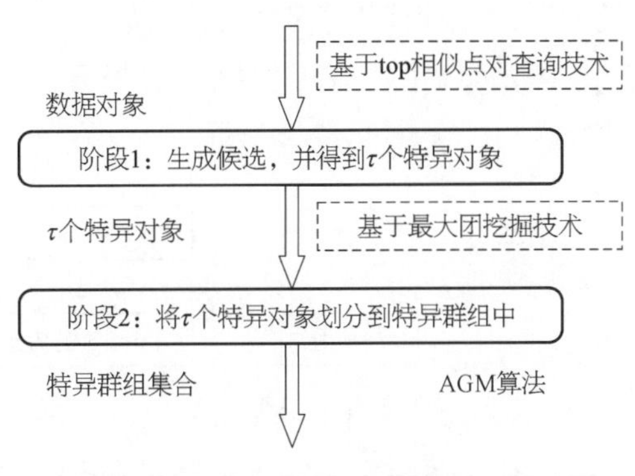

图 7-3 τ-特异群组挖掘算法框架[4]

在第一阶段，采用 top k 相似点对查询策略找到 top k 个相似点对，在这些相似点对中的对象被认为是候选对象。不难证明，k 与 τ 之间的关系为 $k=\tau\times(\tau-1)/2$。因为 τ 是一个相对小的数，对于较小的 k，具有剪枝策略的 top k 相似点对查询算法[17,18,19]有良好的运行效率。其中，即使对于高维数据对象，相似点对查询算法复杂度可以降到 $O((dn/B)^{1.5})$[18](d 为数据对象的维度，n 为数据对象集中对象数，B 为数据集所在外存页字节数)。之后，在获得的 top k 个点对中找到 top τ 个具有最大特异度评分的对象作为特异对象。在第二阶段，根据特异群组定义，特异群组中的每对对象之间必须相似，因此特异群组事实上是一个最大团，采用最大团挖掘算法[20, 21]将所有的 τ 个特异对象划分到相应的特异群组中。最大团挖掘的最糟糕情况时间复杂度为 $O(\tau 3^{\tau/3})$[21](τ 为图的顶点数)，因为特异群组挖掘算法第一阶段的输出为 top τ 个对象，而 τ 是一个相对较小的数，因此，对 τ 个数据对象集发现其最大团而言，特异群组挖掘算法具有较好效率。

7.5 特异群组挖掘应用

行为数据反映了人们的各种行为方式，这些行为通常是个体对象主动的行为(如股票交易、看病就医、通勤出行、购物等)，一般情况下，行为对象具有个体性。因此，如果有两个以上(含两个)的对象长时间存在共同的行为，说明这些对象具有群体组织性，有别于通常大部分对象的个体性，这些群体是异常现象。特异群组挖掘就是在众多行为对象中找到那些少数对象群体，这些行为对象具有一定数量的相同(或相似)行为模式，表现出相异于大多数对象而形成异常的群组，目前已有相当的应用。

1) 证券市场操纵行为挖掘

老鼠仓"马乐案"中，原博时基金经理马乐利用任职优势，与他人共同操作其亲友等开立的一批账户(关系账户自然人赵秋怡、疑似隐匿于银河证券客户信用交易担保证券账户等)，先于或同步于其管理的博时基金多次买入、卖出相同个股(与博时精选基金相关的"众生药业"、"迪威视讯"等多只股票)，如图7-4所示。这些账户隐蔽性强，在过程中没有散发传播虚假消息，也没有可供披露的提升上市公司价值的经营活动等，难以甄别，查处成本高。

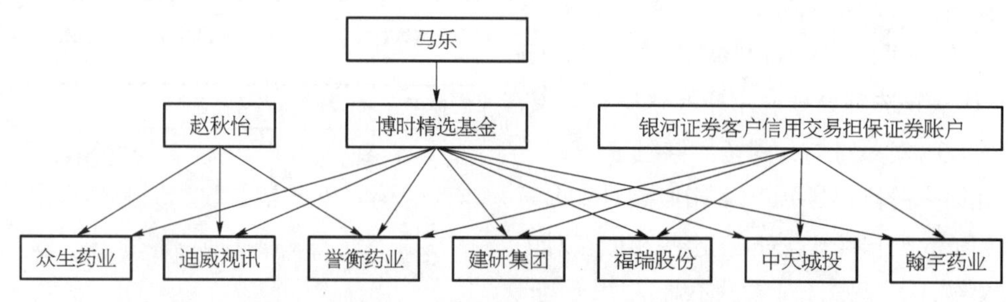

图7-4 "老鼠仓"可疑账户及操纵的股票(数据和图来源于参考文献[22])

然而，这批账户通常在多天具有共同的股票交易行为，且异于其他大多数账户，是一种异常现象，形成特异群组。因此，特异群组挖掘技术将有助于发现这些可疑账户。

2) 医疗保险中的保费欺诈行为挖掘[3]

我国基本医疗保险中，参保人使用医保卡就医发生费用时，由医保基金支付医保范围内的费用，超出医保范围的费用才需要个人现金支付。为保证医保基金的正常安全运转，医保机构对参保人医保消费行为有一定的限制，如参保人只能消费与病情和处方相关的药品，而不允许超范围配药，个人医保费用只允许用于本人就诊、购药等。由于每张医保卡的使用限制，一种典型的用卡欺诈行为是"医保卡套现"，即嫌疑者使用多张医保卡获得尽可能多的药品，然后卖出获取利益。正常情况下，个人使用医保卡就医是个体行为，因此嫌疑者使用一批医保卡(即多个医保卡账户)多天在多个或同一个医院进行刷卡购买药品的行为是一种异常现象。医保监督局希望能够找到这样的欺诈行为账户予以监管。图7-5是特异群组挖掘算法在某医保基金风险防控中的应用展示。图7-5a展示了7个特异群组，并给出了每个特异群组在多少天("群组长度")有一致的行为，"包含卡数"表示该群组中的特异对象；图7-5a的右下方还给出了有特异群组出现的一些医院示例。图7-5b将第一群组中的5个特异对象展开(考虑到隐私，已隐去身份证号，并且医保卡号和姓名也做了一定的脱敏处理)。图7-5b也展示了这些特异群组所持医保卡一般套现的药品名称和费用。

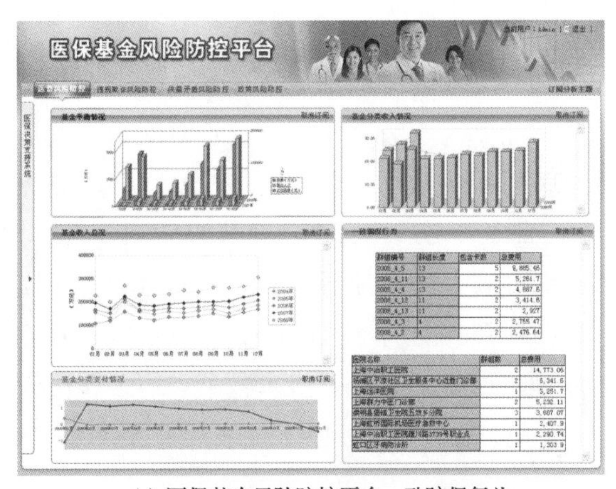

(a) 医保基金风险防控平台一致骗保行为

请选择查询年度：2008 查询季度：4 查询 添加当前条件到收藏夹

群组编号：2008_4_5 群组长度:13 包含卡数:5 总费用:9885.46

卡号	身份证号	姓名	性别	年龄	费用
B0056368x	310xxxxxxxxxxxx	张天奇	男	45	1841.30
P00211053	310xxxxxxxxxxxx	池顺德	男	25	2480.88
P02948710	310xxxxxxxxxxxx	黄月英	女	48	1069.90
P03126866	310xxxxxxxxxxxx	张 明	男	30	1819.31
P07842745	310xxxxxxxxxxxx	张丽鸣	女	26	2724.07

请选择查询年度：2008 查询季度：4 查询 添加当前条件到收藏夹

药品名称	药品单价(元)	总量	药品费用(按总费用由高到底)(元)
哌替啶注射液	1.76	454	799.04
(甲)多巴丝肼片	102.00	6	612.00
(甲)哌替啶注射液	2.63	222	583.00
(甲)头孢呋辛钠针	23.50	12	282.00
(甲)氟桂利嗪胶囊	29.60	6	177.60
格列齐特片	82.70	2	165.40
(乙10%)阿莫西林钠克	1.00	159	159.00
(乙10%)利肺片	19.10	8	152.80
(甲)单硝酸异山梨酯缓	29.50	5	147.50
CR左右肋骨	72.00	2	144.00
(甲)复方丹参滴丸	140.00	1	140.00
(甲)单硝酸异山梨酯	25.00	5	125.00

(b) 一致骗保行为群组1示例

图 7-5　医疗保险中的保费欺诈行为挖掘

3) 智能交通监控应用中的驾车犯罪团伙挖掘

以汽车为作案工具的犯罪案件中，一种常见的情况是多辆汽车共同参与作案。作案车辆为熟悉作案地点和行程，通常会提前准备，在多天内共同出现在多个地点，随着智能交通技术的发展，这些信息都将由高清摄像头识别记录。由于城市道路上的车辆行驶以个体行为为主，因此这种有一批车辆在多天共同出现在多个监控点的行为是一种异常现象。警察机关希望能够从监控数据库中挖掘到这些车辆，为案件侦破提供线索[3]。图 7-6 是特异群组挖掘算法在某公安分局关于跟车行为检测中的应用展示，通过挖掘可以得到在多天共同出现在多个监控点的异常车辆群组(考虑到隐私，图 7-6 中的车牌数据也进行了一定的脱敏处理)。

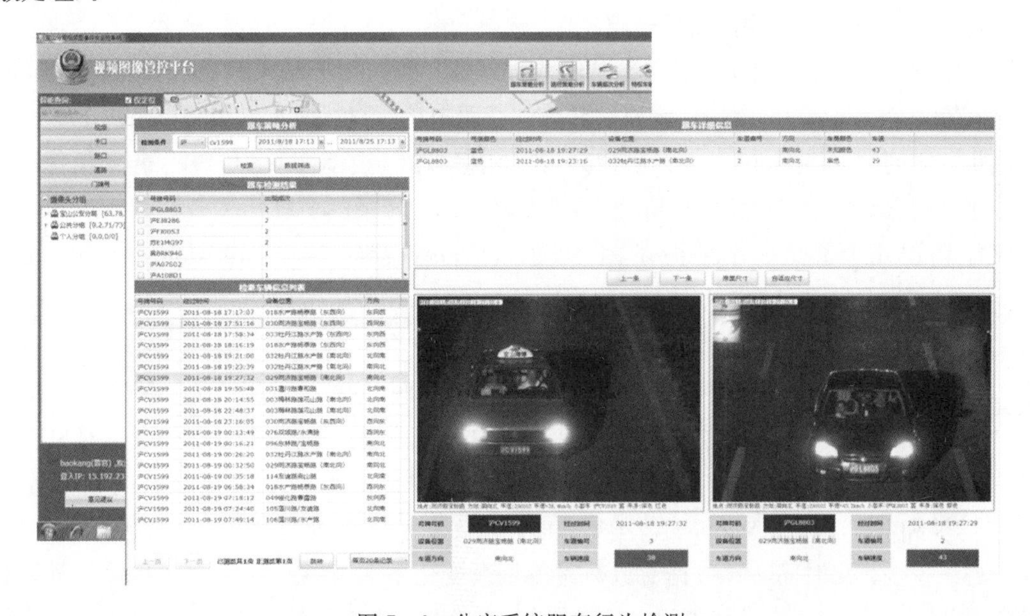

图 7-6　公安系统跟车行为检测

4）电子商务交易中的信誉欺诈挖掘

大多数在线交易平台（如 eBay 和淘宝）都已建立交易双方的信用评分系统。对卖家而言，更高的信用等级将带来更多买家，然而，从低等级到高等级需要经过较长时间积累大量的交易。于是，一些卖家采用“刷信用”方式赚取高等级的信用评分。提供“刷信用”服务的嫌疑者（甚至是专门的“刷信用”公司）通常申请一批账号与所服务卖家事先商定，在不进行实际交易的方式下给出好的信用评分。同时，这批账号又为其他多个卖家“刷信用”。相比所有在线客户，“刷信用”账号数量是相对较少的。因此，如果一组账户总是给大量相同的卖家好的信用评分，那么这组账户是可疑的。发现这些可疑账户将为交易平台信誉欺诈检测提供帮助。

5）社会网络中的小群体发现

Leskovec 等人发现社会网络中，社区变得越大，社区成员的交流却变得更少[23]。因此，在这样庞大的社会网络中识别交流更加密集的小社区变得更有意义，虽然他们仅仅包含非常少的节点，即真正具有成为社区趋势的对象数量相对整个社会网络的节点而言是少部分。在大规模的社会网络中挖掘小社区群体属于特异群组挖掘问题。

6）论文抄袭检测

大多数论文都是不相同的，但是仍然存在一些抄袭的论文。例如，几篇论文抄袭同一篇，或者 A 抄袭 B，B 抄袭 C，甚至出现专门的论文代写公司，这些抄袭的论文事实上构成一系列的特异群组。然而，现有的 similarity join 方法[24]目的只是发现抄袭论文的对象对，而不能发现多篇抄袭论文形成的特异群组。

除了在社会行为科学研究中特异群组挖掘具有广泛的应用背景，科学研究领域（如生命科学研究）产生的科学数据也有着重要的价值。

7）在生命科学研究中的特异群组挖掘

生物学家总是希望对实验收集的基因或蛋白质序列进一步分析，如识别蛋白质序列所属的家族。聚类是常用的方法，然而这些方法总是有大量的假阳性。这是因为，在一些实验收集的序列数据集中，仅仅少部分序列可能是相似的。尽管如此，传统的聚类方法将大部分序列划分到簇中。例如，Zheng 等人指出许多人类转录因子（transcription factor，TF）仅仅能调控几个甚至一个下游基因[25]，如 TF adenosine deaminase domain-containing protein2（ADAD2）仅仅调控下游基因 MUC5AC，而 actin filament-associated protein 1-like 1（AFAP1L1）仅仅调控基因 CAV1。因此，如果一个生物学家收集一个基因表达数据集，大多数下游基因被不同的 TF 调节，而仅仅少部分由相同的 TF 调节。当研究调控机制时，发现少部分被相同 TF 调控的基因形成的簇更为合理，而不是聚类所有的数据对象。文献[4]对特异群组挖掘算法进行了性能评估实验，对比的算法主要是经典的聚类算法 DBSCAN 和 BBC 算法（详细说明请参见文献[4]）。实验结果表明（图 7-7），从效率上看，特异群组挖掘算法时间随着数据对象数量的增长变化不大，具有较高的可伸缩性，而其他算法时间增长较快；在有效性方面，可以看到在相似对象密集的情况下（即 τ 的值越小的情况下)，有效性越高，这进一步说明，特异群组挖掘算法对于高价值、低密度的数据集具有更好的性能。

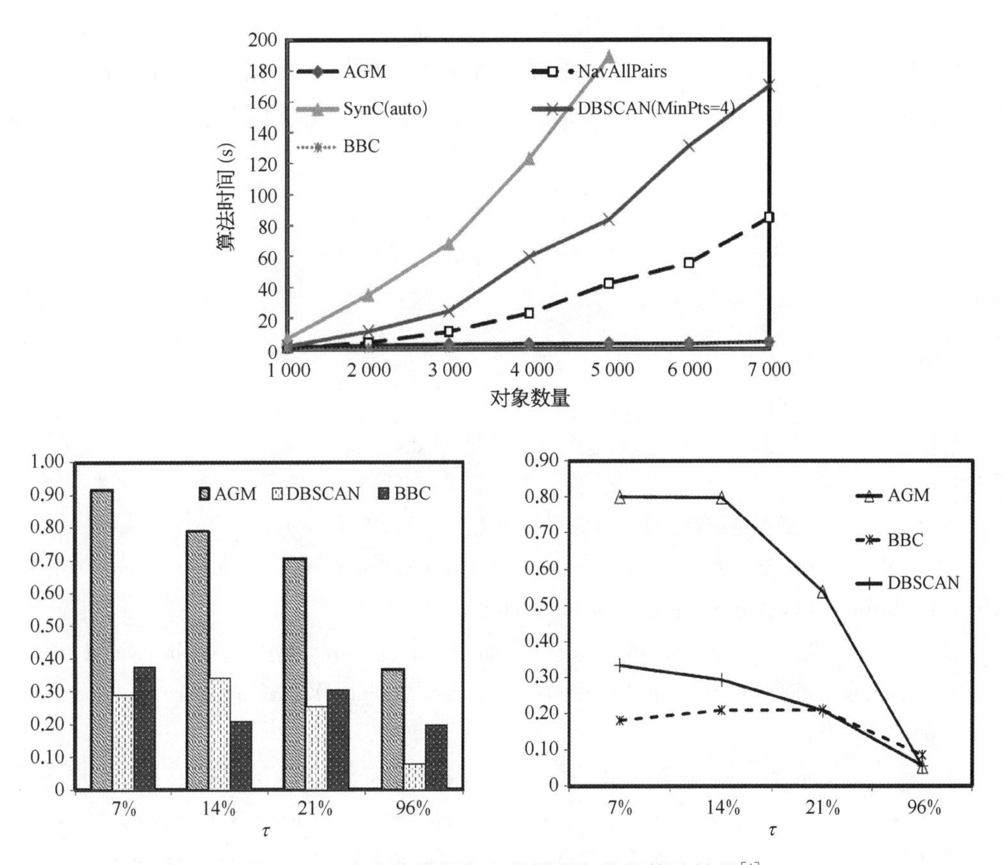

图 7-7 在生物数据集上特异群组挖掘算法性能[4]

此外，在公共安全方面发现突发群体事件，在社交网络大数据中发现影响安全、和谐网络环境的特异群体等都是大数据特异群组挖掘的应用需求。通过对特异群组挖掘与利用，可以减少欺诈行为、提高监管力度、提升公共安全管理和应急响应能力、帮助政府节省开支。

7.6 小结

特异群组挖掘是大数据的一个重要任务。本章讨论了特异群组挖掘任务在问题定义、算法实现和应用等方面与聚类、异常检测之间的差异，指出挖掘的需求决定了簇、特异群组、异常点的本质，表明了相似性理论是大数据挖掘技术研究的基础和关键；给出了一个易于理解和应用的特异群组挖掘任务的形式化描述及其实现算法；描述了特异群组挖掘的一些应用领域，以及如何实现大数据价值[26]。

值得指出的是，聚类、特异群组挖掘、异常检测都是基于数据对象的相似性来挖掘数据对象的。对于给定的数据集和相似性定义，如果相似点的数量远大于孤立点的数量，对应的相似点集是聚类的结果簇，而孤立点是异常检测需要找出的数据对象；如果相似点的数量远小于孤立点的数量，相似点构成的组就是特异群组。相似点集挖掘是未来的一个重要研究方向。

◇参◇考◇文◇献◇

[1] 熊贇，朱扬勇. 特异群组挖掘：框架与应用. 大数据，2015，1(2)：1－12.

[2] Mark B. Gartner says solving 'big data' challenge involves more than just managing volumes of data. http://www.gartner.com/newsroom/id/1731916，2011.

[3] Xiong Yun，Zhu Yangyong. Mining peculiarity groups in day-by-day behavioral datasets. Proceedings of IEEE International Conference on Data Mining (ICDM'09)，Miami，Florida，USA，2009：578－587.

[4] Xiong Yun，Zhu Yangyong，Yu P S，et al. Towards cohesive anomaly mining. Proceedings of the 27th AAAI Conference on Artificial Intelligence (AAAI－13)，Bellevue，Washington，USA，2013.

[5] 朱扬勇，熊贇. 数据挖掘新任务：特异群组挖掘. 中国科技论文在线，http://www.paper.edu.cn/releasepaper/content/201111－463，2011.

[6] Jain A K. Data clustering：50 years beyond k－means. Pattern Recognition Letters，2010，31(8)：651－666.

[7] Tan P N，Steinbach M，Kumar V. Introduction to Data Mining. Boston：Addison-Wesley，2006.

[8] Hawkins D. Identification of Outliers. London：Chapman and Hall，1980：2－26.

[9] Chandola V，Banerjee A，Kumar V. Anomaly detection：a survey. ACM Computing Surveys，2009，41(3)：1－58.

[10] Papadimitriou S，Kitagawa H，Gibbons P B. Loci：fast outlier detection using the local correlation integral. Proceedings of the 19th International Conference on Data Engineering，Bangalore，India，2003：315－327.

[11] Liu F T，Ting K M，Zhou Z H. On detecting clustered anomalies using SCiForest. Proceedings of ECML/PKDD，Barcelona，Spain，2010：274－290.

[12] Dettling M，Buhlmann P. Supervised clustering of genes. Genome Biology，2002，3(12)：129－137.

[13] Ester M，Kriegel H P，Sander J. A density-based algorithm for discovering clusters in large spatial

databases with noise. Proceedings of 4th International Conference on Knowledge Discovery and Data Mining, Portland, USA, 1996: 226 - 231.

[14] Bohm C, Plant C, Shao J. Clustering by synchronization. Proceedings of the 16th ACM SIGKDD International Conference on Knowledge Discovery and Data Mining, Washington, USA, 2010: 583 - 592.

[15] Jiang D X, Pei J, Zhang A D. A general approach to mining quality pattern-based clusters from microarray data. Proceedings of DASFAA, Beijing, China, 2005: 188 - 200.

[16] Gupta G, Ghosh J. Bregman bubble clustering: a robust, scalable framework for locating multiple, dense regions in data. Proceedings of the 6th International Conference on Data Mining, Hong Kong, China, 2008: 232 - 243.

[17] Corral A, Manolopoulos Y, Theodoridis Y. Algorithms for processing k-closest-pair queries in spatial databases. Data & Knowledge Engineering Journal, 2004, 49: 67 - 104.

[18] Tao Y F, Yi K, Sheng C, Kalnis P. Efficient and accurate nearest neighbor and closest pair search in high-dimensional space. ACM Transactions on Database Systems, 2010, 35(3): 1 - 46.

[19] Xiong Yun, Zhu Yangyong, Yu P S. Top-k similarity join in heterogeneous information networks. IEEE Transactions on Knowledge & Data Engineering, 2015, 27(6): 1710 - 1723.

[20] Cheng J, Ke Y P, Fu A W. Finding maximal cliques in massive networks. ACM Transactions on Database Systems, 2011, 36(4): 1 - 34.

[21] Tomita E, Tanaka A, Takahashi H. The worst-case time complexity for generating all maximal cliques and computational experiments. Theor. Comput. Sci., 2006, 363(1): 28 - 42.

[22] 赵迪. 原博时基金经理马乐"老鼠仓"深度调查. 股市动态分析, 2013.

[23] Leskovec J, Lang K J, Mahoney M W. Empirical comparison of algorithms for network community detection. Proceedings of the 19th International World Wide Web Conference, Raleigh, North Carolina, USA, 2010: 631 - 640.

[24] Feng J, Wang J, Li G. Trie-join: a trie-based method for efficient string similarity joins. The VLDB Journal, 2012, 21(4): 437 - 461.

[25] Zheng G Y, Tu K, Yang Q. ITFP: an integrated platform of mammalian transcription factors. Bioinformatics, 2008, 24(20): 2416 - 2417.

[26] 朱扬勇, 熊贇. 大数据是数据、技术, 还是应用. 大数据, 2015, 007.

第8章

演变分析

演变分析(evolution analysis)是一种用于描述对象行为随时间变化的规律或趋势,并对其建模,以预测对象行为的未来形式的技术。例如:通过对股票交易数据的演变分析,可能会得到“89%情况下,股票 X 上涨一周左右后,股票 Y 会上涨”的一条知识。演变分析主要包括因果关系分析、时间序列分析等。

本章介绍演变分析的基本概念,以及因果关系分析中的回归分析预测法、时间序列分析中的时间序列预测、相似搜索、周期分析等方法。

8.1 演变分析的基本概念

描述发展规律和趋势是一种重要的预测形式,演变分析技术已在各个领域得到了良好的应用,如对国民生产总值(GDP)进行预测,以大致了解未来一年内经济发展的总体特征,从而制定相应的政策;企业对其产品在下一年度的销售量进行预测,根据结果制定原材料的采购计划、生产进度计划,调整库存策略以及合理分配销售任务;投资机构与股民对所持股票的涨跌幅度的预测,从而决定投资方向等。

演变分析主要包括因果关系分析、时间序列分析两类。

(1) 因果分析方法是研究当某个或某些因素发生变化时,对其他因素的影响。回归分析是一类重要的因果分析方法,它是从各变量的相互关系出发,通过分析与被预测变量有联系的现象的变动趋势,推算出被预测变量未来状态的一种预测法。回归分析预测法依赖于一个假设,即要预测的变量与其他一个或多个变量之间存在因果关系。

(2) 时间序列分析是通过分析调查收集的已知历史和现状方面的资料,研究其演变规律,据此预测对象的未来发展趋势。使用时间序列分析法基于一个假设,即事物在过去如何随时间变化,那么在今后也会以同样的方式继续变化下去,主要包括时间序列预测、相似搜索和周期分析。

① 时间序列预测方法是考虑变量随时间发展变化的规律,并用该变量以往的统计资料建立数学模型,从而做出预测。

② 相似搜索是通过测量时间序列数据之间的相似度,从历史库中寻找相似的时间序列数据,从而对系统的趋势做出预测。

③ 周期分析是对周期模式的挖掘,即在时序数据库中找出重复出现的模式。

8.2 演变分析的原理

这一节介绍演变分析各种技术的基本原理。

1) 回归分析

回归分析研究某一个变量(因变量)与其他一个或多个变量(自变量)之间的关系。应用回归分析可以从一个或多个自变量的值,去预测因变量将取得的值。由回归分析求出的关系式称为回归模型。在运用回归模型进行预测时,正确判断变量之间的相互关系,选择对预测目标起主要影响的因素作为模型的自变量是至关重要的。

按照不同的标准,回归模型可以有多种分类方法:

① 根据自变量个数的多少。根据模型中自变量的个数,回归模型可以分为一元回归模型和多元回归模型。一元回归模型中只有一个自变量,因变量由这个自变量唯一决定;多元回归模型中含有多个自变量,因变量由这些自变量的某种组合所决定。

② 根据回归模型是否线性。根据模型是否线性,回归模型可以分为线性回归模型和非线性回归模型。线性回归模型是指因变量和自变量之间是线性函数关系;非线性回归模型也被称为多项式回归模型,在这类模型中,因变量和自变量之间是多项式的函数关系。

③ 根据模型是否带有虚拟变量。根据模型是否带有虚拟变量,回归模型可以分为普通回归模型和虚拟变量回归模型。普通回归模型的自变量都是数值型变量,而虚拟变量回归模型的自变量既有数值型变量也有类别型变量,如经济分析中,常遇到的因变量取值为"买与卖"、"盈与亏"等,这些情况需要给予一个虚拟变量并赋以数值代表。

本小节结合①、②两种分类法,主要讨论三种回归分析方法:一元线性回归、多元线性回归和一元多项式回归。

线性回归分析是通过建立变量间的拟合线性相关模型来研究变量与变量之间的线性相关关系。

(1) 一元线性回归分析。一元线性回归分析研究的是一个因变量与一个自变量之间的线性数量关系,是最简单的线性回归分析,其模型具有如下形式:

$$y = a + bx + \varepsilon \quad (8-1)$$

其中,y 称为因变量;x 为自变量,表示对因变量的主要影响因素,属于可控变量;ε 代表各种随机因素对因变量的影响总和,即随机误差项,在实际应用中,通常假定 ε 服从正态分布 $N(0,\sigma^2)$;a 和 b 称为模型的参数,a 称为回归截距,b 称为回归系数。

从式 8-1 可以得出以下结论:

$$E(y) = E(a + bx + \varepsilon) = a + bx \tag{8-2}$$

$$D(y) = D(a + bx + \varepsilon) = \sigma^2 \tag{8-3}$$

由于$\varepsilon \sim N(0,\sigma^2)$，所以$y \sim N(a+bx_i,\sigma^2)$，也就是说$y$服从以$a+bx$为均值，以$\sigma^2$为方差的正态分布，如图8-1所示。

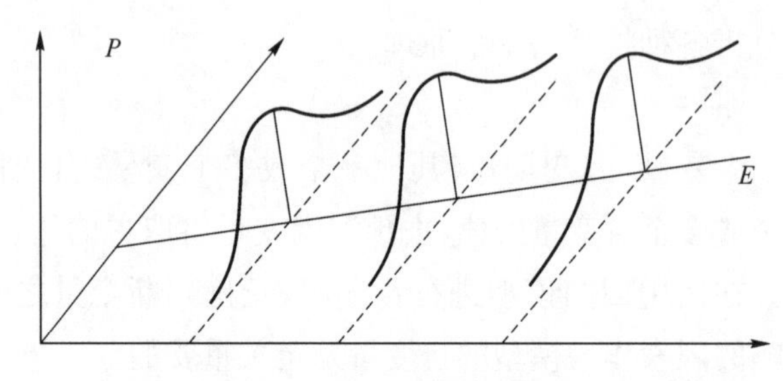

图8-1 Y的分布

在用一元线性回归模型进行预测时，首先必须对参数a和b进行估计。估计参数a和b的方法有多种，一般采用最小二乘法，这也是使用最广泛的一种估计方法。假定(x_1, y_1)，(x_2, y_2)，…，(x_n, y_n)是一组已知的样本数据，采用最小二乘法估计参数a和b的结果如下（具体过程略去）：

$$b = \frac{\sum_{i=1}^{n}(x_i - \bar{x})(y_i - \bar{y})}{\sum_{i=1}^{n}(x_i - \bar{x})^2} \tag{8-4}$$

$$a = \bar{y} - b\bar{x} \tag{8-5}$$

例8.1：取十五组数据（表8-1），自变量x与因变量y的值如表8-1中第二、三列所示。采用上述方法，求得$a=-1.473$，$b=0.062$，可以得到回归模型：$y=0.062x-1.473$。

表8-1 一元线性回归分析原始数据及拟合结果

数据组号	自变量X	因变量Y	因变量Y的拟合值	拟合值误差
1	120.00	6.00	5.967	0.033
2	130.00	6.00	6.587	−0.587
3	140.00	7.00	7.207	−0.207
4	150.00	8.00	7.827	0.173
5	160.00	8.00	8.447	−0.447
6	170.00	9.00	9.067	−0.067
7	180.00	10.00	9.687	0.313

（续表）

数据组号	自变量 X	因变量 Y	因变量 Y 的拟合值	拟合值误差
8	190.00	11.00	10.307	0.693
9	200.00	11.00	10.927	0.073
10	210.00	12.00	11.547	0.453
11	220.00	12.00	12.167	−0.167
12	230.00	13.00	12.787	0.213
13	240.00	14.00	13.407	0.593
14	250.00	12.00	14.027	−2.027
15	260.00	15.00	14.647	0.353

表 8-1 还给出了采用该模型得到的 y 的拟合值(记为 $\hat{y}=a+bx$) 以及拟合值与实际数值之间的误差。在图 8-2 中,描绘了拟合这些数据点的直线。

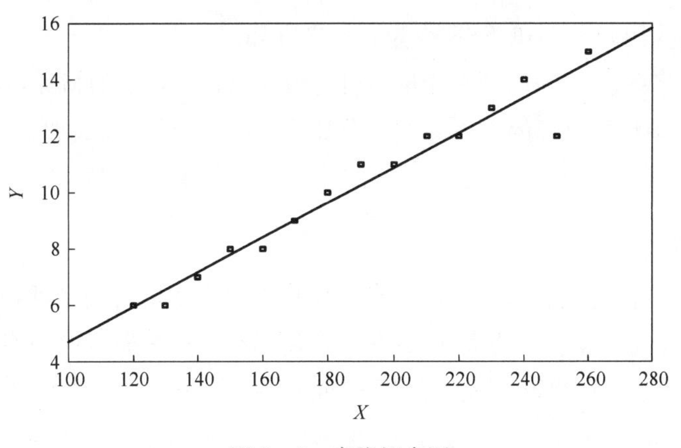

图 8-2 直线拟合图

求得参数 a 和 b 的具体值后,就可以用得到的回归模型进行预测。例如,现在已知一个数据点的 x 值为 280,而 y 值未知,利用上述求得的模型可以预测出 y 的值为 15.887。

为了判断求得的模型是否真实客观地反映了自变量 x 与因变量 y 之间的关系,需要对模型进行检验。一般地,检验主要从两个方面考虑,一是检验样本拟合值对观察值的拟合程度,能反映模型拟合程度的好坏;二是检验自变量 x 与因变量 y 之间究竟能否用线性关系来描述。

考察线性回归模型拟合程度的好坏,一个简单的方法是衡量因变量 y 的拟合值 $\hat{y}$ 与样本观察值 y 之间的差异,差异越大则拟合程度越不好,反之则表明拟合程度优良。

由于 $y \sim N(a+bx, \sigma^2)$,可知

$$\frac{y-\hat{y}}{\sigma} \sim N(0,\ 1)$$

而

$$P\left\{\left|\frac{y-\hat{y}}{\sigma}\right|<2\right\}=0.9544$$

所以，当标准化后的误差落在(−2,2)之内时，有95.44%的把握认为回归模型的拟合程度良好。

为了检验自变量 x 与因变量 y 之间究竟能否用线性关系来描述，可采用判定系数作为衡量指标。

作如下定义：

$$\mathrm{SSR}=\sum_{i=1}^{n}(\hat{y}_i-\bar{y})^2 \tag{8-6}$$

$$\mathrm{SSE}=\sum_{i=1}^{n}(y_i-\hat{y}_i)^2 \tag{8-7}$$

$$\mathrm{SST}=\mathrm{SSR}+\mathrm{SSE} \tag{8-8}$$

其中SSR称为回归平方和，SSE称为剩余平方和。

定义8.1(判定系数)：是衡量因变量与自变量关系密切程度的指标，其值介于0与1之间，并取决于回归模型所解释的 y 方差的百分比，记为 R^2。计算公式如下：

$$R^2=\frac{\mathrm{SSR}}{\mathrm{SST}} \tag{8-9}$$

判定系数 R^2 的值越大表示线性回归直线反映样本中变量的关系越好。当 $R^2=0$ 时，表明变量 x 与 y 之间没有线性关系，此时不适合使用线性回归模型；当 $R^2=1$ 时，表明所有的样本点全部落在回归直线上，变量完全满足线性关系。

(2) 多元线性回归分析。一元线性回归模型预测法研究的是一个因变量和一个自变量之间的线性关系问题，然而客观世界现象之间的联系是复杂的，许多现象的变动都涉及多个变量，这种研究一个因变量和多个自变量之间线性数量关系的理论和方法就称为多元线性回归分析。

多元线性回归模型的形式如下：

$$y=\beta_0+\beta_1x_1+\beta_2x_2+\cdots+\beta_kx_k+\varepsilon \tag{8-10}$$

其中 x_i 为自变量，y 为因变量，β_i 为回归参数，ε 代表各种随机因素对因变量的影响总和，即随机误差项，仍然假定 ε 服从正态分布 $N(0,\sigma^2)$；

从式8-10可以得出以下结论：

$$E(y)=E(\beta_0+\beta_1x_1+\beta_2x_2+\cdots+\beta_kx_k+\varepsilon)=\beta_0+\beta_1x_1+\beta_2x_2+\cdots+\beta_kx_k$$

$$D(y) = D(\beta_0 + \beta_1 x_1 + \beta_2 x_2 + \cdots + \beta_k x_k + \varepsilon) = \sigma^2$$

由于 $\varepsilon \sim N(0,\sigma^2)$，所以 $y \sim N(\beta_0 + \beta_1 x_1 + \cdots + \beta_k x_k, \sigma^2)$，也就是说 y 服从以 $\beta_0 + \beta_1 x_1 + \beta_2 x_2 + \cdots + \beta_k x_k$ 为均值，以 σ^2 为方差的正态分布。

为了使用该模型，要对所有的回归参数 β_i 进行估计，为此进行 n 次独立的实验或观察，取得 n 次样本观测值，这些观测值如下：

$$(y_i,\ x_{i1},\ x_{i2},\ \cdots,\ x_{ik}) \quad i = 1,2,\ \cdots,\ n$$

于是有

$$y_i = \beta_0 + \beta_1 x_{i1} + \beta_2 x_{i2} + \cdots + \beta_k x_{ik} + \varepsilon_i \quad i = 1,2,\ \cdots,\ n \tag{8-11}$$

为了方便起见，采用矩阵方法来表示上述模型，记

$$\boldsymbol{Y} = \begin{bmatrix} y_1 \\ y_2 \\ \vdots \\ y_n \end{bmatrix} \qquad \boldsymbol{X} = \begin{bmatrix} 1 & x_{11} & \cdots & x_{1k} \\ 1 & x_{21} & \cdots & x_{2k} \\ \vdots & \vdots & \vdots & \vdots \\ 1 & x_{n1} & \cdots & x_{nk} \end{bmatrix}$$

$$\boldsymbol{\beta} = \begin{bmatrix} \beta_0 \\ \beta_1 \\ \vdots \\ \beta_k \end{bmatrix} \qquad \boldsymbol{\varepsilon} = \begin{bmatrix} \varepsilon_1 \\ \varepsilon_2 \\ \vdots \\ \varepsilon_n \end{bmatrix}$$

则模型(8-11)可以表示为

$$\boldsymbol{Y} = \boldsymbol{X\beta} + \boldsymbol{\varepsilon} \tag{8-12}$$

其中随机向量 $\boldsymbol{\varepsilon}$ 服从正态分布 $\boldsymbol{N}(\boldsymbol{0}, \sigma^2 \boldsymbol{I}_n)$，这里 0 为 $n \times 1$ 向量，$\boldsymbol{I}_n$ 为 n 阶单位矩阵。由式 8-12 可得

$$E(Y) = E(\boldsymbol{X\beta} + \boldsymbol{\varepsilon}) = \boldsymbol{X\beta}$$

$$D(Y) = D(\boldsymbol{X\beta} + \boldsymbol{\varepsilon}) = \boldsymbol{\sigma}^2 \boldsymbol{I}_n$$

要运用模型(8-4)进行多元线性回归分析就必须要求出向量 $\boldsymbol{\beta}$，SS 假设数据矩阵 X 列满秩，综合运用线性代数和微积分的知识可以得到如下结论(具体计算过程略去)：

$$\boldsymbol{\beta} = (\boldsymbol{X}^T\boldsymbol{X})^{-1}\boldsymbol{X}^T\boldsymbol{Y} \tag{8-13}$$

这样就得到了多元回归模型的所有回归参数，从而可以利用该模型进行预测与估计。

下面来看一个求解多元线性回归模型的例子。

例 8.2：为了简单起见，只取两个自变量，原始数据见表 8-2。

表8-2 一元线性回归分析原始数据

数 据 组 号	自变量 X_1	自变量 X_2	因变量 Y
1	0.150	0.425	2.836
2	0.214	0.439	2.966
3	0.487	0.301	2.687
4	0.509	0.325	2.679
5	0.570	0.371	2.827
6	0.593	0.093	2.442
7	0.640	0.140	2.421
8	0.781	0.406	2.602
9	0.739	0.364	2.556
10	0.832	0.156	2.441
11	0.865	0.247	2.420
12	0.904	0.278	2.439
13	0.942	0.141	2.385
14	1.090	0.289	2.452
15	1.194	0.193	2.351

从表8-2可得数据矩阵 $\boldsymbol{X}$ 与 $\boldsymbol{Y}$：

$$\boldsymbol{X}=\begin{bmatrix}1 & 0.150 & 0.425\\ 1 & 0.214 & 0.439\\ 1 & 0.478 & 0.301\\ 1 & 0.509 & 0.325\\ 1 & 0.570 & 0.371\\ 1 & 0.593 & 0.093\\ 1 & 0.640 & 0.140\\ 1 & 0.781 & 0.406\\ 1 & 0.739 & 0.364\\ 1 & 0.832 & 0.156\\ 1 & 0.865 & 0.247\\ 1 & 0.904 & 0.278\\ 1 & 0.942 & 0.141\\ 1 & 1.090 & 0.289\\ 1 & 1.194 & 0.193\end{bmatrix}\qquad \boldsymbol{Y}=\begin{bmatrix}2.836\\ 2.966\\ 2.687\\ 2.679\\ 2.872\\ 2.442\\ 2.421\\ 2.602\\ 2.556\\ 2.441\\ 2.420\\ 2.439\\ 2.385\\ 2.452\\ 2.351\end{bmatrix}$$

$$X^TX=\begin{bmatrix}15.00 & 10.51 & 4.17\\10.51 & 8.57 & 2.69\\4.17 & 2.69 & 1.34\end{bmatrix}\qquad (X^TX)^{-1}=\begin{bmatrix}1.78 & -1.20 & -3.15\\-1.20 & 1.12 & 1.49\\-3.15 & 1.49 & 7.59\end{bmatrix}$$

$$X^TY=\begin{bmatrix}38.50\\26.32\\10.94\end{bmatrix}$$

于是求得 $\boldsymbol{\beta}=(X^TX)^{-1}X^TY=\begin{bmatrix}2.589\\-0.378\\0.875\end{bmatrix}$

因此,回归模型为 $y=2.589-0.378x_1+0.875x_2$。

多元线性回归模型同样需要进行检验,但多元线性回归模型的检验要比一元的情况复杂得多,既要检验自变量整体与因变量之间的相关程度,也要检验单个自变量与因变量之间的相关程度,还要检验模型本身是否存在自相关。通过检验后,就可以利用模型进行各种估计和预测,方法与一元线性回归模型基本上相同。

以上讨论了变量之间呈线性关系的预测方法,然而在实际应用中,这些因素之间的关系并不是呈线性关系的。下面介绍一种非线性回归分析方法。

(3) 一元多项式回归分析。多项式回归模型是一种非线性回归模型,它在回归分析中占有重要的地位,并且在得到了广泛的应用。多项式回归分析基于如下一个事实:任何一个函数在某一范围内都可以用一个多项式函数任意逼近。因此在实际问题中,无论自变量与因变量的关系有多么复杂,总可以用多项式回归模型进行分析。

本节讨论的是一元多项式回归模型,该模型用于解决如下问题:只有一个自变量与因变量相关,但是它们之间并不是简单的线性关系。该模型的数学表达式如下所示

$$y=\beta_0+\beta_1x+\beta_2x^2+\cdots+\beta_kx^k+\varepsilon \tag{8-14}$$

其中为 x 自变量,y 为因变量,β_0、β_1、β_2、…、β_k 为回归参数,分别叫做截距、一次、二次、…、k 次回归参数。ε 代表各种随机因素对因变量的影响总和,即随机误差项,仍然假定 ε 服从正态分布 $N(0,\sigma^2)$。

从式 8-14 可知:

$$E(y)=E(\beta_0+\beta_1x+\beta_2x^2+\cdots+\beta_kx^k+\varepsilon)=\beta_0+\beta_1x+\beta_2x^2+\cdots+\beta_kx^k$$

为了利用模型(8-14)进行回归分析,需要确定参数 β_0、β_1、β_2、…、β_k,仍然使用最小二乘法,假定 (x_1, y_1)、(x_2, y_2)、…、(x_n, y_n) 是一组已知的样本数据,可以得到如下结论(具体计算过程略去):

$$\boldsymbol{\beta}=(X^TX)^{-1}X^TY \tag{8-15}$$

在这里

$$\boldsymbol{Y}=\begin{bmatrix}y_1\\y_2\\\vdots\\y_n\end{bmatrix}\qquad \boldsymbol{X}=\begin{bmatrix}1&x_1&\cdots&x_1{}^k\\1&x_2&\cdots&x_2{}^k\\\vdots&\vdots&\vdots&\vdots\\1&x_n&\cdots&x_n{}^k\end{bmatrix}\qquad \boldsymbol{\beta}=\begin{bmatrix}\beta_0\\\beta_1\\\vdots\\\beta_k\end{bmatrix}$$

下面来看一个求解一元多项式回归模型的例子。

例 8.3：取模型中的 $k=2$，即要求从表 8-3 中的原始数据拟合一条二次曲线 $y=\beta_0+\beta_1 x+\beta_2 x^2$。

表 8-3 一元多项式回归分析原始数据

数 据 组 号	因变量 Y	自变量 X	X^2
1	1.35	33.00	1 089.00
2	1.00	35.00	1 225.00
3	0.73	37.00	1 369.00
4	0.90	37.00	1 369.00
5	0.81	39.00	1 521.00
6	0.70	39.00	1 521.00
7	0.60	39.00	1 521.00
8	0.50	40.00	1 600.00
9	0.44	40.00	1 600.00
10	0.56	41.00	1 681.00
11	0.30	42.00	1 764.00
12	0.42	43.00	1 849.00
13	0.35	43.00	1 849.00
14	0.40	45.00	2 025.00
15	0.41	47.00	2 209.00
16	0.58	48.00	2 304.00

首先求出将原始数据对应的矩阵，按照上述方法，可以求得回归参数向量的解为 $\boldsymbol{\beta}=(\beta_0,\beta_1,\beta_2)^T=(15.2812,-0.6718,0.0076)T$，因此所得的回归模型为

$$y=15.281\,2-0.671\,8x+0.007\,6x^2$$

图 8-3 是经过拟合之后的结果图，图中的折线为原始数据的连线，曲线则是由原始数

据拟合而来的二次曲线。从图中可以发现，这些数据基本上沿着拟合曲线的形状发生变动。

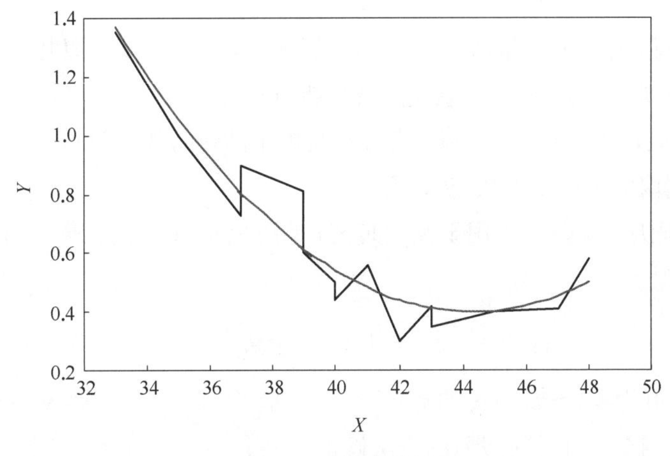

图 8-3 拟合曲线

关于多项式回归分析还有一些更复杂的情形，例如变量数更多、幂次更高等，但是基本的方法和原理都与一元多项式回归分析类似。

回归分析方法考虑了变量之间的因果关系，但无论是使用线性或非线性的回归分析法，都存在一个问题，那就是分析者必须要能发现影响预测目标（即因变量）的主要因素（即自变量）。在实际中，分析问题的复杂性往往使得我们难以找到这些影响预测目标的主要因素。在另外一些情况下，即使找到了这些主要因素，也可能存在无法收集到这些因素相关数据的问题。这时，回归分析预测法就不能使用。

2）时间序列分析

目前，在许多行业数据库中都存储着大量时间序列数据，例如产品销售记录数据、股票价格数据、地区降雨量数据等，时间序列分析已成为演变分析技术中的主要方法之一。与回归分析相比，时间序列分析着眼于数据时间前后的相关性，而回归分析则着眼于自变量与因变量间的相关性。

一般有以下四种主要的变化用于处理时间序列数据：

① 趋势变化（trend movement）：用于反映一般变化方向，表明在较长一段时间间隔内的数据变化，表现为"趋势线"或"趋势曲线"。例如，图 8-4 中的趋势曲线由图中的虚线表示。确定趋势曲线或趋势线的典型方法包括加权移动平均方法和最小二乘法。

② 循环变化（cyclic variation）：趋势线或趋势曲线在长期时间内呈摆动迹象，可以是也可以不是周期性的，这个循环并不遵循基于相等时间的规律，即在等时间间隔之内，循环不需要沿着同样的模式演进。

③ 季节性波动（seasonal variation）：反映每年、每月或每日都重复出现的事件，即指同一或近似同一的模式，在连续几年中的有关月份期间重复出现。例如在新年过后，商品房

的销售量突然增大。

④ 非规则随机变化：反映由于一些突发偶然事件产生的不规则的零星时序变化，如企业内发生人事变动等。

针对以上处理，出现了大量的时间序列分析方法，在这里仅介绍几种较为简单的分析方法，包括时间序列预测法、相似搜索和周期分析方法等。

定义 8.2（时间序列，time series）：指按时间顺序排列的观测值集合。在特定应用领域中，时间序列数据取值可以是整型、实型等。

用 y_t 表示时间序列，ψ_{t-1} 为用于预测时刻 t 的时刻 $t-1$ 的信息集。由此时间序列的一般模型为：

$$y_t = f(\psi_{t-1}) + u_t \tag{8-16}$$

其中，u_t 是均值为零、方差为 σ_u^2 的随机变量序列。不难发现，u_t 是 y_t 在时刻 t 的一步滞后预测误差，即在时刻 t 对时间序列的一次修正。

例 8.4： 变量 y 表示房产市场某一楼盘的每月价，可以看作是时间 t 的函数，记为 $y_t = f(\psi_{t-1}) + u_t$，该函数可以用一个时间序列图（图 8－4）表示。

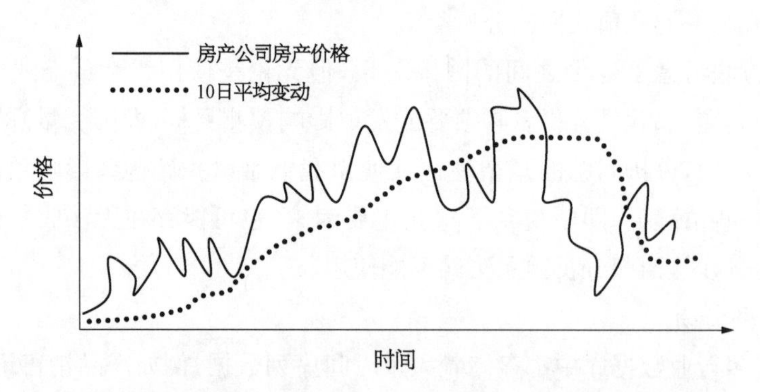

图 8－4 时间序列数据：某房产公司房产价格随时间的变动

(1) 时间序列预测方法。时间序列预测方法是一种考虑变量随时间发展变化规律，并用该变量以往的统计资料建立数学模型，进行类推或延伸，借以预测下一段时间的趋势的方法。该方法所需要的只是序列本身的历史数据，具体方法有博克斯-詹金斯法、移动平均法、指数平滑法、趋势外推法、自适应过滤法等。

ARMA 模型（博克斯-詹金斯）法[1]是一种最通用的时间序列预测方法。它主要试图解决以下两个问题：

(1) 分析时间序列的随机性、平稳性和季节性；

(2) 在对时间序列分析的基础上，选择适当的模型进行预测。

其模型可分为：自回归模型（简称 AR 模型）；滑动平均模型（简称 MA 模型）；自回归滑动平均混合模型（简称 ARMA 模型）。

ARMA 模型法依据的基本思想是：将预测对象随时间推移而形成的数据序列视为一

个随机序列，即除去个别因偶然原因引起的观测值外，时间序列是一组依赖于时间 t 的随机变量。这组随机变量所具有的依存关系或自相关性表征了预测对象发展的延续性，而这种自相关性一旦被相应的数学模型描述出来，就可以从时间序列的过去值及现在值预测其未来的值。

自回归模型的公式为：

$$Y_t = \Phi_1 Y_{t-1} + \Phi_2 Y_{t-2} + \cdots + \Phi_p Y_{t-p} + e_t \tag{8-17}$$

其中，p 为回归模型的阶数；Y_t是时间序列在时间 t 的观测值；e_t是误差或偏差，即不能用模型说明的随机因素。

滑动平均模型的公式为：

$$Y_t = e_t - \theta_1 e_{t-1} - \theta_2 e_{t-2} - \cdots - \theta_q e_{t-q} \tag{8-18}$$

其中，Y_t是预测所用的时间序列在时间 t 的观测值；q 是滑动平均模型的阶数；e_t是时间序列模型在时间 t 的误差或偏差。

自回归模型与滑动平均模型的有效组合，构成了自回归滑动平均混合模型，即：

$$Y_t = \Phi_1 Y_{t-1} + \Phi_2 Y_{t-2} + \cdots + \Phi_p Y_{t-p} + e_t - \theta_1 e_{t-1} - \theta_2 e_{t-2} - \cdots - \theta_q e_{t-q} \tag{8-19}$$

博克斯-詹金斯预测方法把预测问题分为三个阶段：

① 模型识别阶段：这个阶段是预测法中的关键步骤。利用自相关分析和偏自相关分析等方法，分析时间序列的随机性、平稳性及季节性，并选定一个特定的模型拟合所分析的时间序列。

② 模型中参数的估计和模型的检验阶段：用时间序列的数据，估计模型的参数，并进行检验，以判断该模型是否恰当。如果不恰当，则返回第一阶段，重新选定模型。选定一个恰当的模型后，进入第三个阶段。

③ 预测应用阶段：获得一个合适的 ARMA 模型后，对将来的某个时期的数值作出预测。

博克斯-詹金斯法进行预测时，不仅考察预测变量的过去值与当前值，同时对模型同过去值拟合产生的误差也作为重要因素进入模型，有利于提高模型的精确度。

(2) 时间序列平滑预测法。时间序列平滑预测法将预测目标的历史数据按照时间顺序排成序列，然后分析它随着时间的变化趋势，外推预测目标的未来值。

① 简单平均法。简单平均法是一种最简单的时间序列分析方法，该方法以历史数据的算术平均数、加权算术平均数或几何平均数等直接作为预测值。这种预测方法虽然简单，但是准确程度较低，特别是当数据序列呈现某种上升、下降或周期性变化的时候，预测结果就很不可靠。

简单算术平均法假设事物在历史上各个时期的状况对未来的影响程度都是相同的，因此在进行预测时，将反映事物在历史上各个时期状况的数据看成是同等重要的，以历史数据的简单算术平均数作为预测值的预测法。该方法计算预测值的公式如下：

$$\bar{x}=\frac{\sum_{i=1}^{n}x_i}{n} \tag{8-20}$$

其中，n 为历史资料数据的数目，n 值越小则反映速度越快、敏感性越高；n 值越大则反映速度越慢、敏感性越低。

简单算术平均法主要适用于水平变动状态的预测，对上升（或下降）趋势的预测可以先测算平均增长量，然后计算预测值。

加权算术平均法根据不同历史时期的数据对事物未来发展的不同影响程度，对参加平均的历史数据给予不同的权数，并以加权算术平均数作为预测值的方法。该方法计算预测值的公式如下：

$$\bar{x}_w=\frac{\sum_{i=1}^{n}w_ix_i}{\sum_{i=1}^{n}w_i} \tag{8-21}$$

当收集的历史数据呈现出以下两个特点时候，需要使用几何平均法。第一，当一组数据中任何两个相邻数据之比接近于常数，即数据按一定比例关系变化时；第二，当一组数据中存在极端数据，分布呈现偏态时，此时算术平均数不能很好地反映数据的典型情况。几何平均法的计算公式如下：

$$\bar{x}=n\sqrt{\prod_{i=1}^{n}x_i} \tag{8-22}$$

使用几何平均数能消除数据起伏变动，反映事物发展的总体水平。

算术平均数只能说明数据的一般情况，既看不出数据中的高点和低点，也不能反映发展的过程和趋势，采用移动分段平均法能够部分克服这些缺点。

② 移动平均法。实际应用中的很多数据由于受到多种因素的影响，经常发生不规则的波动，但总体趋势仍然较为明显，可能是上升，也可能是下降。针对这种序列，如果采用全部历史数据的平均值进行预测，势必造成较大的系统误差。例如，已知数列 X_t 的观察值依序为自然数列{1，2，4，3，5 7，7，8}，如果以前七个数据的均值来预测序列的第八个观察值时，则预测值是平均数 4.1，与 $x_8=8$ 相差很大，显然这不是最佳预测。若不用全部历史数据，而采用离预测期最近的 n 个观察值的均值做预测值，预测精度就会提高。例如，当 $n=3$ 时，x_8 的预测值为 $(7+7+8)/3=7.3$。

移动平均法假设较远的历史数据对未来基本没有什么影响，有影响的只是近期的数据，该方法能够较好修匀历史数据，消除随机波动的影响，从而使长期趋势显现出来，以便进行长期预测，这在股票分析中经常被使用。

一般来说,已知序列值为 $x_1, x_2, \cdots, x_t$,欲预测 x_{t+1} 的值,则其预测值为:

$$\hat{x}_{t+1} = (x_t + x_{t-1} + \cdots + x_{t-n+1})/n$$

例 8.5: 某市 2002 年 1～6 月份实际税收收入数见表 8-4,试对 4～7 月份税收收入进行预测。

表 8-4 某市 1～6 月份税收收入 (万元)

月 份	实际税收收入	3 个月移动总量	平均数(预测数)
1 月	3 600		
2 月	3 400		
3 月	3 800		
4 月	3 700	(1,2,3 月)10 800	3 600(4 月份预测数)
5 月	4 000	(2,3,4 月)10 900	3 633(5 月份预测数)
6 月	4 200	(3,4,5 月)11 500	3 833(6 月份预测数)
7 月			3 967(7 月份预测数)

取 $n = 3$,将表中 8-4 中的数据代入公式计算如下:

4 月份税收收入预测数=3 600+3 400+3 800/3=3 600(万元)

5 月份税收收入预测数=3 400+3 800+3 700/3≈3 633(万元)

6 月份税收收入预测数=3 800+3 700+4 000/3≈3 833(万元)

7 月份税收收入预测数=3 700+4 000+4 200/3≈3 967(万元)

上面用到的方法称为简单移动平均法,在简单移动平均法的计算公式中,每期数据在平均数中的作用是相同的。但是实际上每期数据所包含的信息量并不一样,近期数据包含更多未来情况的信息,对未来的影响和价值更为重要,因此应考虑各期数据的重要性,对近期数据给予较大的权重,这就是加权移动平均法的基本思想。

加权移动平均法的计算公式如下,式中,w_i 为时间 i 的数据权重。

$$\hat{x}_{t+1} = (w_t x_t + w_{t-1} x_{t-1} + \cdots + w_{t-n+1} x_{t-n+1}) / \sum_{i=t-n+1}^{t} w_i \tag{8-23}$$

在运用加权平均法时,权重的选择是一个应该注意的问题。经验法和试算法是选择权重最简单的方法。一般而言,最近期的数据最能预示未来的情况,因而权重应该大些。例如,根据前一个月的利润和生产能力比起根据前几个月的数据能更好地估测下个月的利润和生产能力。但是如果数据是季节性的(如空调机),则权重也应是季节性的。

使用移动平均法进行预测能平滑数据的突然波动对预测结果的影响,但移动平均法运用时也存在着如下问题:

a. 加大移动平均法的期数(即加大 n 值)会使平滑数据波动的效果更好,但同时会使得预测值对数据的实际变动更不敏感;

b. 移动平均值并不能总是很好地反映出趋势。由于是平均值,预测值总是停留在过去的水平上而无法预计会导致将来更高或更低的波动。

二次移动平均法是对一次移动的平均值再进行移动平均,并根据实际值、一次移动平均值和二次移动平均值之间的滞后关系,建立数学模型进行预测的方法。这种方法可以解决一次移动平均法对于趋势型(即斜坡型)发展的历史数据不适应的局限性。

③ 指数平滑法。所有预测方法中,指数平滑几乎是用得最多的一种。简单平均法是对时间数列过去数据一个不漏地全部加以同等利用(或者给予一定的权重),移动平均法则不考虑较远期的数据,并在加权移动平均法中给予近期数据更大的权重。而指数平滑法则兼容了简单平均法和移动平均法的长处,该方法并不舍弃较远的历史数据,但是给予它们逐渐减弱的影响程度,即随着数据的远离,赋予逐渐收敛为零的权数。限于篇幅,这里仅仅介绍一次指数平滑法,二次指数平滑是对一次指数平滑的再平滑,它适用于具有线性趋势的时间数列,三次指数平滑则是在二次平滑的基础上再次平滑。

一次指数平滑法的基本模型如下:

$$S_t = ay_t + (1-a)S_{t-1} \tag{8-24}$$

模型中的 S_t 为时间 t 的加权平均值,S_{t-1} 为时间 $t-1$ 的加权平均值,y_t 为时间 t 的实际值,a 称为平滑系数。模型采用递归计算的方法,用 S_t 来预测 y_{t+1}。下面来看两个一次指数平滑法的实例。

例 8.6: 某工厂 2003 年 1 月至 7 月的 VCD 产量见表 8-5,现用一次指数平滑法预测 8 月份的产量。

表 8-5 某厂的 VCD 月产量 (万台)

一月	二月	三月	四月	五月	六月	七月
6	6	7	7	8	9	9

现在我们已知一月份到七月份的实际产量 $y_1, y_2, \cdots, y_7$,需要用 S_7 预测 y_8。取 $S_0 = y_1$,令平滑系数 $a = 0.4$,计算过程如下所示:

$$S_1 = ay_1 + (1-a)S_0 = 6.000 \qquad S_2 = ay_2 + (1-a)S_1 = 6.000$$

$$S_3 = ay_3 + (1-a)S_2 = 6.400 \qquad S_4 = ay_4 + (1-a)S_3 = 6.640$$

$$S_5 = ay_5 + (1-a)S_4 = 7.184 \qquad S_6 = ay_6 + (1-a)S_5 = 7.910$$

$$S_7 = ay_7 + (1-a)S_6 = 8.346$$

根据上述计算结果,可以预测该厂在八月份的产量将会是 8.346 万台左右。应用指数平滑法要解决好两个问题，第一是平滑系数 a 的取值，第二是初始值 S_0 的确定。平滑系数 a 的取值越大，近期数据对预测值的影响就越大；反之，则历史数据对预测值的影响越大。一般来说，如果数据序列比较平稳，则 a 的取值为 0.05～0.2；如果数据呈现明显的上升或下降趋势，则 a 的取值应该稍大一些，如 0.3～0.5。

由于指数平滑法是利用时间 t 的实际值和时间 $t-1$ 的加权平均值来计算时间 $t+1$ 的预测值，因此总会要计算初始值 S_0。如果能够找到 y_1 以前的历史资料，那么初始值 S_0 的确定是不成问题的。当数据较少时可用全期平均、移动平均法等；当数据较多时，可用最小二乘法。但是不能使用指数平滑法本身来确定初始值。如果仅有从 y_1 开始的数据，那么初始值 S_0 既可以取数据序列中的第一项，也可以令 S_0 为前几项的平均值，如 $S_0=(y_1+y_2+y_3)/3$ 等。

任何一种预测方法都是建立在一定的假设条件之上的，在预测方法选择上，必须考虑方法的适用条件。

3）相似搜索

时间序列数据的相似搜索是演变分析应用中经常要使用的操作，例如可以通过测量时间序列数据之间的相似度，从历史库中寻找相似的历史时间序列数据，从而对系统的走势做出预测和控制。该技术常用于金融市场的分析（如股票数据分析）、医疗诊断分析（如心电图分析）和科学与工程数据库分析（如能量消耗分析）等。例如对股票走势预测，可以通过衡量当前一段时间股票走势的数据和历史走势的相似度，找出相似的若干个时序历史数据，根据这些历史时序数据的走势判断当前股票的走势。

需要注意的是，通常数据库查询是要找出符合查询的精确数据，而时间序列的相似搜索与之不同，它是找出与给定查询序列最接近的数据序列。关于时间序列相似搜索中的相似匹配可分为两类：

① 整体序列匹配（whole sequence matching）：找出彼此间相似的序列。

② 子序列匹配（subsequence matching）：找出与给定序列相似的所有数据序列。

时间序列相似性搜索算法的研究中，较早采用的是 ARMA 模型和基于离散傅立叶变换（DFT）的相似性比较方法。后者通过 DFT 将时间序列从时域空间映射到频域空间，保留前 k 个傅立叶系数，将序列变为 k-维空间中的点，用 R-树作为索引结构。这些方法在判断序列相似时均采用了欧几里得距离作为序列间的相似性评价函数。即两序列间欧氏距离小于给定阈值时，就认为序列相似。但实际中，由于序列长度不等或取样率不同等问题，使得欧氏距离难以直接应用。

例 8.7： 设序列 $S_1=[20, 20, 21, 21, 20, 20, 23, 23]$ 和 $S_2=[20, 21, 20, 23]$，两序列无法直接比较，但如果将 S_2 沿时间轴拉伸两倍后得到的序列与 S_1 是完全匹配的。这种操作称为时间弯曲（time warping）。

例 8.8： 图 8-5a、图 8-5b 所示序列分别是两支股票连续 15 天的收盘价，两序列并不明显相似，二者的欧氏距离为 11.19。但是如果计算两序列的三天移动平均值，如图 8-5c、

图 8-5d 所示，那么可以发现二者是非常相似的。移动平均值的作用是平滑短期波动和发现隐藏趋势。

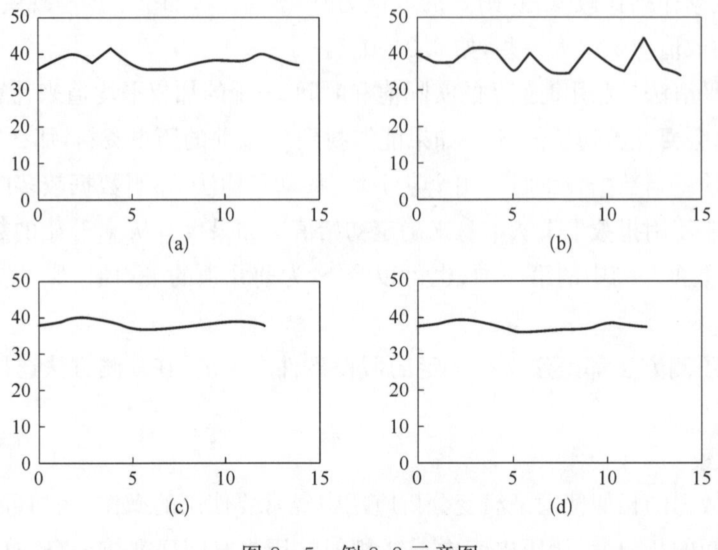

图 8-5 例 8.8 示意图

可见，由于序列本身情况的复杂性和应用领域的差异，导致了相似性定义的复杂性和多样性。在最近的相似性研究中，针对各种序列变换、相似性定义等问题的研究途径有许多。

因此为提高相似搜索算法的适应性，允许对被比较序列进行适当的变换（如时间弯曲）。下面介绍基于序列变换的相似性搜索的一些方法：

(1) 基于规范变换相似性搜索方法[2]。前面已经提到关于序列相似性搜索方法中的基于距离比较方法和基于离散傅里叶变换方法存在一些不足，如离散傅里叶没有考虑序列取值问题，可能存在取值相差很大，而变化趋势却相似，例如，两种股票历史序列数据，一个价格在＄10 附近波动，另一种在＄55 附近波动，为比较两个序列是否相似，之前应该适当做一些偏移变换和幅度调整。针对这种情形，提出了一种新的基于规范变换的快速相似性搜索模型。该模型中被比较序列允许适当的幅度调整变换和平移变换（称为规范变换），还允许忽略不匹配的足够小的噪声区域（称为 gap）。

例 8.9：如图 8-6a 所示序列 S 和序列 T，在序列 S 上如果将 g_1 去掉（图 8-6b），再做相应的平移变换（图 8-6c）和幅度调整（图 8-6d）后，则序列 S 和 T 是相似的。

该模型中相似搜索的基本思想是：如果两个时间序列具有足够长的非重叠的相似子序列，则认为此两时间序列是相似的；判断子序列相似时又可以将子序列看作是由若干相似的原子序列拼接而成的。

用 $S = [s_1, s_2, \cdots, s_n]$ 表示一个长为 n 的序列，length(S)为序列长度函数。

定义 8.3（序列相似）：如果序列 S 和 T 满足下面三个条件：

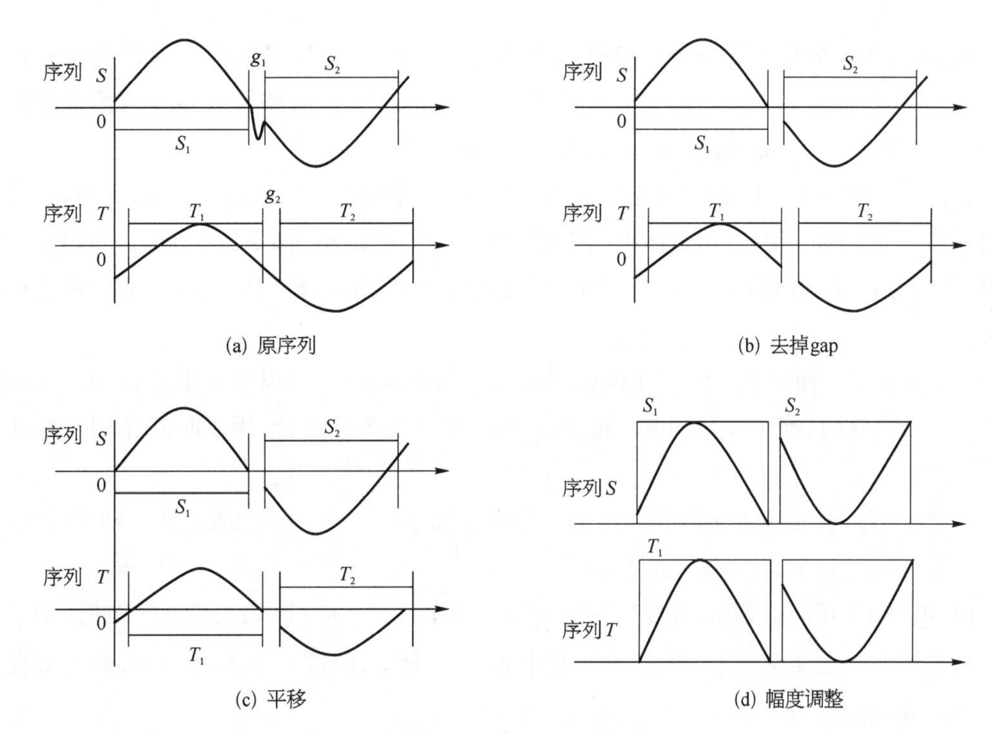

图 8-6 例 8.9 示意图

① S 和 T 分别由若干遵循一定排列顺序的非重叠子序列 S_{s1}，…，S_{sm} 和 T_{s1}，…，T_{sm} 组成，且对任意 $1 \leqslant i \leqslant j \leqslant m$，$S_{si} < S_{sj}$ 与 $T_{si} < T_{sj}$ 成立。

② 存在幅度调整因子 λ 和平移因子 θ，使得下式成立

$$\forall_{i=1}^{m} \theta(\lambda(S_{si})) \approx T_{si} \tag{8-25}$$

其中，$\approx$表示两个子序列相似；$\theta[\lambda(S_{si})]$ 表示对于序列 S_{si} 以 λ 为比例因子进行缩放，按照 θ 进行偏移变换。

③ 两个序列是否相似的评价函数：对给定 $0 < \xi \leqslant 1$，满足

$\dfrac{\sum_{i=1}^{m} \text{length}(S_{si}) + \sum_{i=1}^{m} \text{length}(T_{si})}{\text{length}(S) + \text{length}(T)} \geqslant \xi$，即如果序列 S 和 T 匹配的长度之和与这两个序列的长度之和的比值大于 ξ，则认为序列 S 和 T 是 ξ-相似的，简称 S 和 T 相似。

根据具体应用情况，上述公式需要有适当修改，例如，当比较序列 S、T 长度非常悬殊时，可修改评价函数来评价相似度：

$$\frac{\sum_{i=1}^{m} \text{length}(S_{si}) + \sum_{i=1}^{m} \text{length}(T_{si})}{2 \times \min(\text{length}(S) + \text{length}(T))} \geqslant \xi$$

在上述定义的基础上，模型中把相似性搜索分解成三个子步骤来实现：发现所有相似的原子序列(原子序列匹配)，原子序列拼接得到相似子序列(又称窗口缝合)，子序列排序得到完整的序列。

事实上，子序列排序可与窗口缝合结合执行。此外，经过原子匹配与窗口缝合就找出相似的子序列，通过对子序列排序完成序列的相似查找，对于有些只需要找与给定序列相似的子序列应用中，只需要窗口缝合不需子序列排序步。

该模型不仅可用于序列完全匹配，也适用于子序列匹配。且允许忽略 gap 噪声，允许适当的平移变换和幅度调整，在具体应用中用户可以自行设定实现 ω、ξ、ε 等值。所以该方法具有较强的适应性和灵活性。但与下面介绍的安全变换相比，模型中允许的变换种类相对较少。

(2) 安全变换相似性。仿射变换(affine transformations)可以表示平移(translation)、幅度缩放(scaling)、旋转(rotation)、修剪(shear)变换及变换组合，用于时间序列比较前的变换处理。

如果一个仿射变换将(R^n, R^n)上的 j 轴平行线($j=1, \cdots, n$)仍映射为 j 轴平行线，那么该仿射变换是安全的。

时间序列采用向量表示，如 $\vec{x}$($\vec{x}=[x_t]\ t=(0, 1, \cdots, n-1)$ 为长为 n 的序列。对 $\vec{x}$ 的一个仿射变换 t，如果可表示为($\vec{a}$, $\vec{b}$)，其中 $\vec{a}$, $\vec{b} \in \mathrm{R}^n$，且 $t(\vec{x}) = \vec{a} \times \vec{x} + \vec{b}$，则可以证明该变换是安全的。

例如，m-天移动平均值变换可以表示为：

$$t_{\text{mavg}} = (\vec{a}, \vec{0})\text{，其中，}\vec{a}[\underbrace{\underbrace{w_1, w_2, \cdots, w_m}_{m}, 0, 0, \cdots, 0}_{n}]$$

可见，移动平均值变换是安全变换。在上述安全变换的基础上，衡量相似的距离度量可以定义为：

$$D(\vec{x}, \vec{y}) = \min\begin{cases} D_0(\vec{x}, \vec{y}) \\ \min_{t_1, t_2 \in T}\{\cos t(t_1) + \cos t(t_2) + D[t_1(\vec{x}), t_2(\vec{y})]\} \end{cases}$$

其中，D_0 是欧几里得距离，T 是一组允许的安全变换，$\cos t\ (t)$ 是实施变换 t 的花费。

有了上述基础，可以将相似搜索定义为：给定查询序列 $\vec{q}$、阈值 ε 和一组安全变换 T，在序列集 S 中发现所有满足 $D(t(\vec{s}), \vec{q}) < \varepsilon$ 的序列 $\vec{s}$，其中 $\vec{s} \in S$, $t \in T$。或者，在序列集 S 中，发现所有满足 $D(t(\vec{s}), t(\vec{q})) < \varepsilon$，的任意序列 $\vec{s}$ 和 $\vec{q}$，其中 $\vec{s}, \vec{q} \in S$, $t \in T$。

(3) 基于序列外形特征的相似性搜索。基于序列外形特征的相似性搜索的根据是人们观察时间序列曲线时，通常注意序列曲线外形或关键转折点，对序列进行比较，判断是否相似。所以可以抽象出序列的关键外形特征来进行比较，该途径的优点是简单、直观，关键是选取适当的特征来代表序列。

① B. B. Xia 的形状匹配法。B. B. Xia 提出的基于形状匹配的相似性搜索方法的基本思想是分段线性表示及符号化。按给定的时间粒度(如 24 小时)对序列曲线进行线性模拟，相邻两点用直线段连接。这样就由序列得到折线，将折线上每一直线段用一个代表其

形状(倾斜角度)的符号表示。例如“D”代表下降直线段,“U”代表上升直线段。图 8－7 所示的序列折线就可以用“$DUUD$”表示。当然系统中采用的是较为精确的表示方法,以 5°区间为单位定义符号。如倾斜角度为[10°,15°]的线段用“u_{13}”表示,倾斜角度为[－10°,－15°]的线段用“d_{13}”表示。

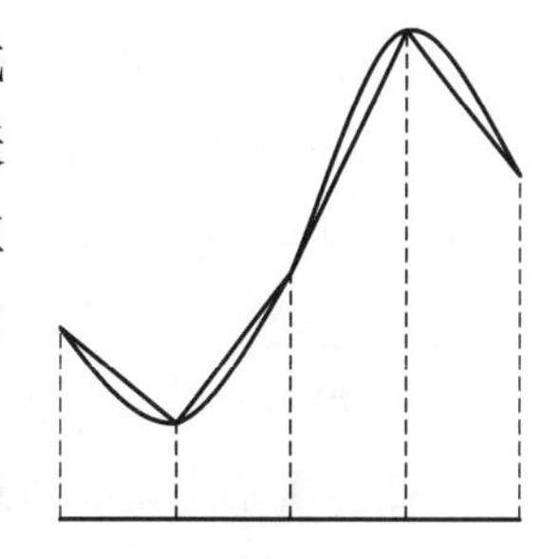
图 8－7 B. B. Xia 的形状匹配法

这样相似序列搜索就变为了字符串匹配查询。关于字符串匹配的度量方法已有许多。如编辑距离和后缀树法等。系统中采用了基于编辑距离的字符串匹配算法。但该方法并未考虑序列变换的问题,因而范围受到限制。

② Landmarks 相似性模型。界标(Landmarks) 是指序列曲线上最重要的点,如极值点、最值点和拐点等都是能够反映序列曲线特征的重要点。界标模型的基本思想就是由原始时间序列得到界标序列,用界标序列代替原始序列作为相似搜索的对象。关键是选择合适的界标和界标数量,使得由界标重构得到的序列与原序列尽量近似,又要保证处理的时间复杂度较低。

在不同的领域中有不同的界标定义。根据经验,对类似股票价格序列等不稳定的序列,比较实用的方式是仅考虑极值点界标。界标重构的序列和用 DFT 重构序列比较可以发现,与 DFT 相比,界标重构序列保留了所有的峰值和谷值。

界标模型中还提出了 MDPP(Minima Distance/ Percentage Principle) 方法处理序列上的噪声。定义如下:给定界标序列(x_1, y_1),…,(x_n, y_n),给定最小距离 D 和最小百分比 P,如果(x_i, y_i) 与 (x_{i+1}, y_{i+1}) 满足条件:$x_{i+1} - x_i < D$ 且

$\frac{|(y_{i+1} - y_i)|}{(|y_i| + |y_{i+1}|)/2} < P$,那么可以将$(x_i, y_i)$ 和 (x_{i+1}, y_{i+1}) 从界标序列上删除。如图 8－8 所示。

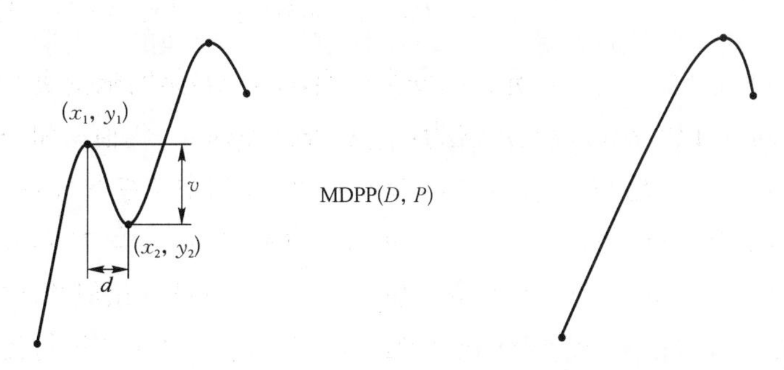

图 8－8 Landmarks 相似性模型

界标模型还允许如平移、幅度缩放、时间弯曲等六种变换。

在时间序列的相似性搜索研究中,目前存在的难点仍然是相似性的定义和算法的时间复杂度。由于相似性含义随着应用领域及查询目标的不同而不同,所以采用何种方法度量相似或不相似(包括距离公式和序列变换的选择等)是算法的关键。相似性搜索是联机操

作，因而新的算法和技术应致力于在不影响有效性的基础之上，追求较小的时间复杂度，提高效率。噪声数据处理问题也是相似性搜索的关键问题，为使噪声数据不影响相似性搜索的结果，必须考虑将噪声消除或对其进行平滑。基于离散小波变换(DWT)的相似性搜索是目前研究的热点。

4）周期分析

周期分析是指对周期模式的挖掘，即在时序数据库中找出重复出现的模式。周期模式可应用于许多重要领域，如季节、潮汐、行星轨道、每日能源消耗、每日交通模式等。

周期模式挖掘的问题大致可以分为三类：

(1) 挖掘全周期模式(full periodic pattern)，这里每一时间点都影响着(精确或近似)时序上的循环行为。如一年中的每一天都对一年中的季节循环起着作用。

(2) 挖掘部分周期模式(partial periodic pattern)，它描述在部分时间点的时序周期。例如，Sandy在每日的早晨6:00～6:30阅读《晨报》，但在其他时间则没有什么规律。部分周期是一种比全周期较为松散的形式，在现实世界也更为常见。

(3) 挖掘循环或周期关联规则，这种规则是周期出现的事件的关联规则。周期关联规则的一个例子是"根据每天的营业记录，若周末下午茶在15:00—17:00，则晚餐最佳营业时间为19:00—21:00。

全周期分析的技术已在信号分析和统计中得到研究，如FFT(快速傅立叶变换)方法已广泛用于时间域到频率域的数据转换，以便于进行此类分析。

全周期模式挖掘的大部分方法不适用于部分周期模式挖掘，或者代价太大，原因是部分周期模式在同一周期内混杂有周期事件和非周期事件。例如，FFT不能用于部分周期挖掘，因为它把时序看作不可分离的数据流。一些周期探测方法不能覆盖部分周期模式，除非部分模式的周期、长度和定时(timing)是明确说明的。以新闻阅读为例，需要明确说明诸如"以24小时为一周期，找出Sandy在6:00以后半小时有规律的活动"。把此类方法简单适用于部分周期模式的挖掘问题是不足取的，因为它需要处理的是周期、长度和定时的大量组合。

有关部分周期模式和循环关联规则挖掘可以应用Apriori性质启发式或变通的Apriori挖掘算法等。

8.3 演变分析的基础算法

本节详细介绍一个基于规范变换相似性搜索算法。

如果两个时间序列有足够多的不重叠的按时间排序的子序列对是相似的，那么可以认为这两个时间序列是相似的。基于的思想是其中一条在决定其子序列是否与另一条序列的子序列匹配前，可以经过合适的变换。

在给出算法之前，先给出一些相关符号说明：

① $S=(s_t \mid t=0,1,2,\cdots,n-1)$ 表示一个长度为 n 的时间序列，是一个有序集。

② Len(S)表示序列 S 的长度。

③ First(S)表示序列 S 的第一个元素。

④ Last(S)表示序列 S 的最后一个元素。

⑤ $S[i]$表示 S 的第 i 个元素。

⑥ $S[i,j]$表示由元素 i 到 j 组成的 S 的子序列，子序列 $S[i,j]$的长度是 $j-i+1$。

⑦ 序列上元素之间的"<"关系表示在序列 S 上，如果 $i<j$，那么 $S[i]<S[j]$。

⑧ S_s表示 S 的子序列，如果序列 S 有 k 个子序列，则这些子序列表示为：S_{s1}，S_{s2}，…，S_{sk}。

⑨ 子序列间的"<"关系表示若 First(S_{si}) < First(S_{sj})，则称 $S_{si}<S_{sj}$。

定义 8.4(子序列重叠)：假定 S_{si}、S_{sj} 为 S 的子序列，若 First(S_{si}) ⩽ First(S_{sj})⩽ Last(S_{si})或 First(S_{sj}) ⩽ First(S_{si})⩽Last(S_{sj})成立，则 S_{si}、S_{sj} 重叠。

上一小节已给出序列相似的定义，即如果两个时间序列 S 和 T，分别包含无重复的子序列 S_{s1}，S_{s2}，…，S_{sm} 和 T_{s1}，T_{s2}，…，T_{sm} 满足以下条件：

① $S_{si}<S_{sj}$ 且 $T_{si}<T_{sj}$，$1\leqslant i<j\leqslant m$。

② ∃ 某一个比例系数 λ 和某一个转换变量 θ 满足

$$\forall_{i=1}^{m}\theta(\lambda(S_{si}))\approx T_{si}$$

其中，≈是子序列相似操作符，$\theta(\lambda(S_{si}))$ 表示子序列 S_{si} 经过转换 λ 和 θ 后的形式；

③ $$\frac{\sum_{i=1}^{m}\text{length}(S_{si})+\sum_{i=1}^{m}\text{length}(T_{si})}{\text{length}(S)+\text{length}(T)}\geqslant\xi$$

两个序列的匹配长度与总长度之比必须超过阈值 ξ；

那么序列 S 和 T 被认为是 ξ 相似的。

定义 8.5(子序列相似)：如果两个子序列满足以下条件：

① 其中一个子序列在另一个子序列的指定宽度 ε 范围内。

② 匹配的原子单元是长度为 ω(一个窗口大小)不包含异常点的子序列。匹配一个窗口后，长度为 Υ(最大为 gap)的子序列可被忽略。

那么两个子序列相似。

定义 8.6(序列 S 的 Υ-投影 S_Υ)：如果序列 S_Υ满足以下两个条件：

① S_Υ中的所有元素也在 S 中，并且有相同的顺序。

② 如果 $S[i]$和 $S[j]$是 S 中对应 S_Υ中的两个连续元素 $S_\Upsilon[k]$和 $S_\Upsilon[k+1]$，那么 $j-i\leqslant\Upsilon$。

则称 S_Υ为序列 S 的 Υ-投影：

定义 8.7[序列 S 的(ω, Υ)-投影 $S_{\omega,\Upsilon}$]：如果序列 $S_{\omega,\Upsilon}$满足下面条件：

① $S_{\omega,\Upsilon}$ 是 S 的 Υ-投影。

② 如果 $S_{\omega,\Upsilon}[i]$和 $S_{\omega,\Upsilon}[i+1]$ 在 S 中的对应元素不连续，那么 S 的元素 $S_{\omega,\Upsilon}[i-\omega+1]\cdots S_{\omega,\Upsilon}[i-1]$ 是连续的。

则称 $S_{\omega,\Upsilon}$ 是序列 S 的(ω, Υ)-投影(图 8-9)。

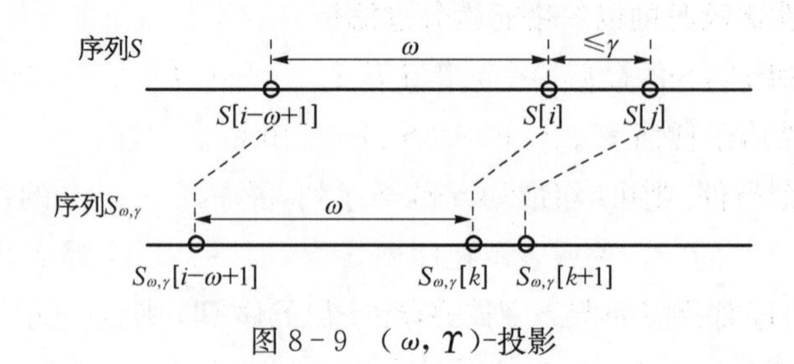

图 8-9 (ω, Υ)-投影

定义 8.8[(ε, ω, Υ)-相似]：如果存在(ω, Υ)-投影 π_1，π_2满足

$$\forall i, \mid \pi_1 S[i] - \pi_2 T[i] \leqslant \varepsilon$$

则子序列 S 和 T 是(ε, ω, Υ)-相似，记为 $S \approx T$。

以上是关于子序列相似的一些定义和说明，下面给出判断两个序列 S 和 T 是否相似问题的解决方法，该方法将问题分为三个子问题：原子匹配、窗口缝合以及子序列排序。

1) 原子匹配(Atomic Matching)

原子匹配目的是在 S 和 T 中找出所有无间隙的长度为 ω(称为窗口)的相似的窗口对。

考虑到幅度调整和平移变换，采用滑动窗口技术：用长为 ω 的窗口，从头到尾扫描整个序列，得到其上所有的长为 ω 的子序列，即原子序列。

然后将原子序列标准化，方法是使用公式 $\widetilde{W}[i] = \dfrac{W[i] - \dfrac{W_{\min} + W_{\max}}{2}}{\dfrac{W_{\max} - W_{\min}}{2}}$ 将原子序列 W 映射到$(-1, +1)$区间，得到一个新原子序列 W'。其中 $W_{\max}$和 $W_{\min}$分别是窗口 W 中最大值点和最小值点。

定义 8.9(原子序列相似)：两个标准化后的原子序列 W'_1 和 W'_2，如果满足：$\forall_{i=1}^{m} \mid W'_1[i] - W'_2[i] \mid \leqslant \varepsilon$ (ε 由用户设定)，则称原子序列 W'_1 和 W'_2 是 ε-相似的，简称为原子序列相似。

标准化后的原子序列可以看作是 ω 维空间上的一个点，于是原子匹配问题转换为：给定 ω 维空间中的点的集合，找出相互间距离在 ε 内的所有点对，这里距离度量定义使用 $L\infty$ 标准度量(见第 2 章聚类分析)。算法使用多维索引结构(如 R^+-树)存储所有的点，再采用一个 self-join 的算法发现索引树中所有的相似点对。原子匹配阶段最终找出所有相似的原子。

2) 窗口缝合(Window Stitching)

窗口缝合的主要任务是将相似的原子序列拼接起来,形成比较长且彼此相似的子序列。

窗口缝合技术中允许在原子匹配间有间隙 gap,因此可以把一些噪声数据和两个序列上有差异但在相似性比较时可以忽略的部分过滤掉。

设 $S_1, \cdots, S_m$ 和 $T_1, \cdots, T_m$ 分别为 S 与 T 上 m 个规范化后的原子,且对于任意 i,都有 S_i 与 T_i 相似,另外对于任何 $j > i$, $\text{First}(S_{wi}) \leqslant \text{First}(S_{wj})$, $\text{First}(T_{wi}) \leqslant \text{First}(T_{wj})$。

若满足下面两个条件,则可缝合 $S_1, \cdots, S_m$ 和 $T_1, \cdots, T_m$,使它们形成一个相似的子序列:

(1) 对任何 $i > 1$,如果 S_i 不与 S_{i-1} 重叠,且 S_i 与 S_{i-1} 之间的 gap 小于等于 γ,同时 T 也满足这个条件;或者,如果 S_i 与 S_{i-1} 重叠,重叠长度为 d, T_i 与 T_{i-1} 也重叠,且重叠长度也为 d。

(2) S 上的每个窗口进行规范化时候,所用的比例因子大致相同,T 上的每个窗口进行规范化时所用的比例因子也大致相同。

例 8.10: 有 S 和 T 两个序列,在原子序列匹配过程中,得到三个相似的原子对 (S_1, T_1)、(S_2, T_2)、(S_3, T_3),并且满足上述窗口缝合条件,可以把它们缝合起来得到一对相似的子序列。图 8-10 表示窗口缝合的过程。

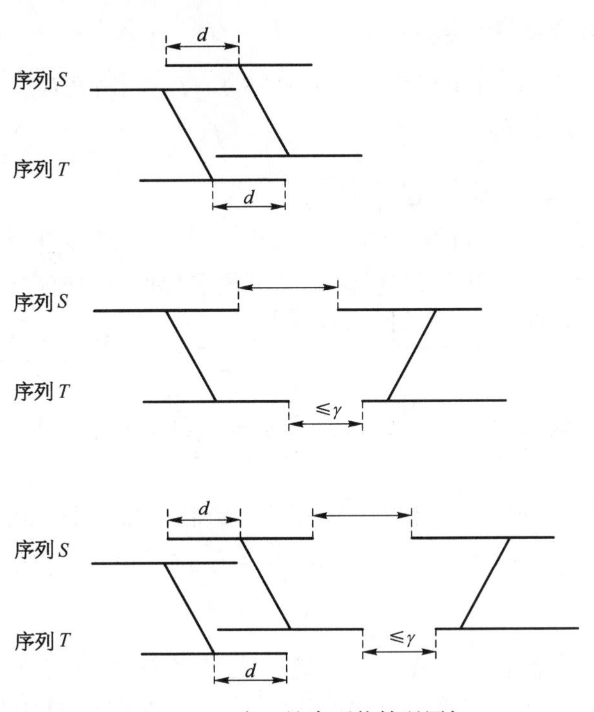

图 8-10 窗口缝合可能情况图解

① 有重叠的情况: 原子 S_1 与 S_2 重叠,重叠长度为 d, T_1 与 T_2 也重叠,重叠长度也为 d,满足条件(1)及窗口缝合其他条件,由此可以把 S_1 与 S_2 缝合,T_1 与 T_2 缝合。

② 不重叠的情况：原子 S_2 与 S_3 不重叠，两者之间有一个长度不大于 γ 的 gap，满足条件(1)及窗口缝合其他条件，可以把 S_2 与 S_3 缝合，T_2 与 T_3 也缝合。

最后的缝合过程对相似的原子对 (S_1, T_1)、(S_2, T_2)、(S_3, T_3) 缝合结果图 8－10 所示。

窗口缝合步骤的主要思路是将窗口缝合问题看成是一个无环图中查找最长路径的问题，最终输出每个 S 和 T 序列对的匹配窗口对。

首先，按以下方式构造每个 S 和 T 序列对的匹配图 G：

(1) 每个顶点表示每对匹配窗口。

(2) 从 $M_i=(S_i, T_i)$ 的顶点到 $M_j=(S_j, T_j)$ 的顶点画一条边，当且仅当

① M_j 中的窗口的起始点都在 M_i 窗口中的起始点之后，即

$$\text{first}(S_i)<\text{first}(S_j) \quad \text{first}(T_i)<\text{first}(T_j)$$

② 下面任何一种情况成立：

a. 两个匹配窗口不重叠且间隙小于等于 Υ，即

$$(S_i \cap S_j = T_i \cap T_j = \Phi) \wedge (\text{first}(S_j)-\text{last}(S_i) \leqslant \Upsilon) \wedge (\text{first}(T_j)-\text{last}(T_i) \leqslant \Upsilon)$$

b. 在 S 中 S_j 和 S_i 重叠的数量与在 T 中 T_j 和 T_i 重叠数量相同

(3) 边 $M_i \rightarrow M_j$ 置标号 $<l_{ij}, fs_i, ls_j, ft_i, lt_j>$，其中，

$$fs_i=\text{first}(S_i), ls_j=\text{last}(S_j), ft_i=\text{first}(T_i),$$
$$lt_j=\text{last}(T_j) \text{ 且 } l_{ij}=(ls_j-fs_i)+(lt_j-ft_j)$$

边 l_{ij} 的长度表示总匹配长度(包括间隙)。

图 8－11 显示了 $A, \cdots, E$ 的窗口缝合对的相应图。因为最大间隙限制不满足，所以图中没有边 $A \rightarrow E$。同样的，由于 B、F 是具有不同重叠长度的重叠窗口，所以 $B \rightarrow F$ 无边。

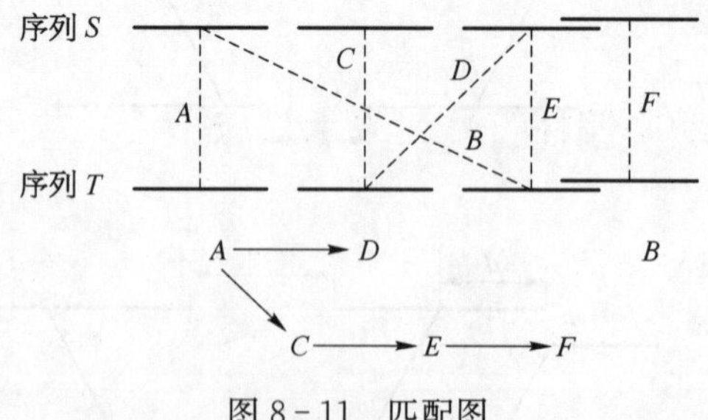

图 8－11 匹配图

考虑图 G 中的一条路径 $P+A$ 被具有边 A 的路径包含，假设 P 和 A 的标号分别是 $<l_{ij}, fs_i, ls_j, ft_i, lt_j>$ 和 $<l'_{ij}, fs'_i, ls'_j, ft'_i, lt'_j>$，则定义 $P+A$ 的标号为：$<[(ls'_j-fs_i)+(lt'_j-ft_i)], fs_i, ls'_j, ft_i, lt'_j>$，由此 G 具有以下性质：

如果图 G 中的两条路径 P，Q，length(P)<length(Q)且 first(P)=first(Q)，那么对 G 中的任何一条边 R，有 length($P+R$)<length($Q+R$)。根据这个性质，可以找到相应的最

长匹配。

3) 子序列排序(Subsequence Ordering)

子序列排序的主要任务是,找到具有最长匹配长度的非重叠的子序列匹配排序。

设 $S=(S_1, T_1)\cdots(S_k, T_k)$ 是经过原子序列匹配和窗口缝合步骤后得到的 k 个 S 和 T 的子序列对,可以得到满足以下条件的 S 的一个子集 $(S_{l1}, T_{l1})\cdots(S_{lm}, T_{lm})$:

(1) $S_{li}<S_{lj}$ 且 $T_{li}<T_{lj}, 1\leqslant i<j\leqslant m$。

(2) 用于每一个 S_{li} 匹配的比例因子大致相同,用于每一个 T_{li} 匹配的比例因子也大致相同。

(3) 该子集的总匹配长度是 S 中最大的。即 $\sum_{i=1}^{m}\mathrm{length}(S_{li})+\sum_{i=1}^{m}\mathrm{length}(T_{li})$ 大于等于 S 任何其他子集的匹配长度。

通过前面的步骤已经找到了相似的子序列对,之后可对窗口缝合算法进行一些细微改变用以判断两个子序列的最大长度匹配。

在该步中再次形成匹配图,并在匹配图中寻找最长的路径。在序列 S 和 T 的匹配图中,对于 $M_i=(S_i, T_i)$ 和 $M_j=(S_j, T_j)$,当且仅当 $\mathrm{last}(S_i)<\mathrm{first}(S_j)$ 且 $\mathrm{last}(T_i)<\mathrm{first}(T_j)$ 成立则生成一条从 M_i 到 M_j 的边。边的长度是四个子序列 S_i, S_j, T_i 和 T_j 的长度和。

子序列排序过程常与窗口缝合步骤合为一步,在此为了更加清晰的说明问题将两者分开描述。有时候,并不需要子序列排序而仅需窗口缝合步骤即可满足特定应用的需求。

8.4 演变分析的进阶算法

8.4.1 时间序列随机偏移符号化表示算法[3]

时间序列是常见的高维数据,直接对高维数据进行计算可能面临"维灾"问题。如何在降低时间序列的维度的同时保留其基本特征,一直以来是时间序列分析的一个挑战。

符号化表示(即将时间序列数据转换成离散的符号)是时间序列表示方法中重要的方法之一。符号化表示的优势在于可以允许采用很多已经发展成熟了的数据结构和索引(比如,后缀树、哈希、马尔科夫模型等)。

符号化聚集近似法(symbolic aggregate approximation, SAX)[4]是一种有效且流行的时间序列符号化表示算法,且很多基于 SAX 的后续改进算法也被提出。例如,iSAX[5]的提出使得 SAX 能扩展到大规模数据集。同样的,iSAX2. 0[6]进一步被提出用于索引和挖掘巨大规模时间序列数据。

SAX 旨在将实数值的时间序列转换成预设定的符号集，同时具有下界性质。下界性质能保证符号化表示后的对象距离恒小于等于原始数据的真实欧几里得距离。SAX 的主要思想是，首先采用 PAA (piecewise aggregate approximation)[7]方法将原始时间序列聚集，然后通过比较它们与分割点的位置，将他们映射到符号集。然而，SAX 总是使用确定的分割点将时间序列映射成符号，这使得临近分割点的相似对象点难以被很好地表达。例如，图 8-12 展示了一条时间序列采用 SAX 算法符号化表示后的结果。其中参数设置字母表大小为 5，图中的灰线为相应的 4 条分割线。从图中可以观察到第 2～4 个对象点，尽管欧式距离非常接近，仍被映射成不同的符号(ded)。同样的，第 5～8 个对象点也遭遇了同样的映射问题。事实上，导致这种问题的原因在于 SAX 的分割点(图中灰色线条)是由确定的值构成，这些值是从高斯分布提取。因此，当数据对象点的位置位于分割点附近时，无论他们的欧式距离有多么接近，他们将被映射到不同的符号。同时，这种情况还会给 TLB (tightness of lower bound)，即下界的紧度带来负面影响。直观来看，为了达到更好的映射结果和更紧的 TLB 界，可以增大字母表大小参数。然而，这将增大表示粒度，从而指数级地增加时间序列子序列分析时的候选符号组合，并可能引发过拟合问题。

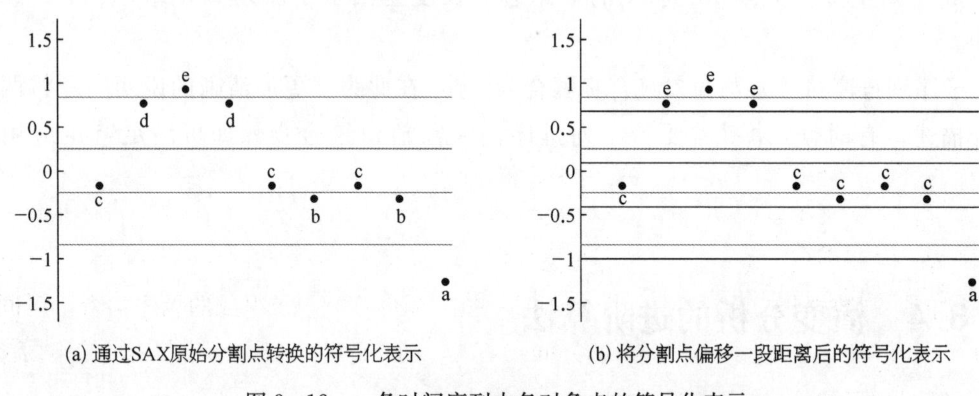

(a) 通过SAX原始分割点转换的符号化表示　　(b) 将分割点偏移一段距离后的符号化表示

图 8-12　一条时间序列中各对象点的符号化表示

然而，SAX 和其他基于 SAX 的表示方法都采用确定的分割点(breakpoints)将时间序列映射成符号集，使得临近分割点的相似对象点难以被恰当地表达，并导致表示算法距离下界的紧度变差(即造成不佳的 TLB 界)。为了改进这种情形且减少由于确定分割点所导致的偏离，本章介绍一种基于随机偏移的符号化表示算法(random shifting based SAX, rSAX)，该算法能在不增加表示粒度的前提下显著改善表示算法的 TLB 界，从而达到更好的映射结果和更紧的下界而无需增加字母表大小。

rSAX 算法的关键思想是，通过随机偏移的方法生成一组随机分割点，而不是像 SAX 一样确定的分割点，即通过多次随机偏移分割点一段小距离来生成“软边界”而不是“硬边界”。这样，越为相似的对象点将有越高的概率被映射成同一个符号；相反的，越为相异的对象点将有更高的概率被映射成不同的符号。

例如，图 8-12b 展示了当采用 rSAX 方法后的时间序列符号化表示，其中分割点被随机偏移了一段较小距离。可以观察到，第 2～4 个对象点都表示成同一个符号"e"，第 5～8 个对象点都被表示成同一个符号"c"。

下面介绍算法所必需的一些相关定义和概念。为了易于理解，相关的数据符号表达在表 8-6 中展示。

表 8-6 数据符号表

符号	描述
$D = T_1, T_2, \cdots, T_m$	时间序列数据集
$T = t_1, t_2, \cdots, t_n$	一条时间序列
$S = t_p, \cdots, t_{p+k-1}$	一个时间序列子序列
$\bar{S} = \bar{s}_1, \cdots, \bar{s}_w$	子序列 S 的 PAA 表示
$\hat{S} = \hat{s}_1, \cdots, \hat{s}_w$	子序列 S 的符号化表示(也记作词)
$B = \beta_1, \cdots, \beta_{\Psi-1}$	分割点
w	PAA 对象的个数
Ψ	字母表大小，不同符号的总个数
τ	rSAX 随机偏移后的版本个数

具体来说，定义时间序列(time series) $T = t_1, t_2, \cdots, t_n$ 为一个由 n 个实数变量组成的有序序列，其中对象点(data point) $t_1, t_2, \cdots, t_n$ 以时间先后排序，并且时间间隔相等。事实上，每条时间序列记录了一个事物对象(object)随着时间推移的一系列观察值。接下来定义时间序列数据集(time series data set) D 是由 m 个时间序列组成的无序集合。时间序列 $T = t_1, t_2, \cdots, t_n$ 的子序列(subsequence) S 是一个长度为 k($k \leqslant n$)的自 T 的连续位置抽样，例如，$S = t_p, \cdots, t_{p+k-1}$，其中 $1 \leqslant p \leqslant n-k+1$。

为了降低原始时间序列数据的维度，SAX 和 rSAX 算法均采用了 PAA，即分段聚集近似法来把原始时间序列转换成一个聚集离散的表达，可以用 $\bar{T} = \bar{t}_1, \cdots, \bar{t}_w$ 来表示(子序列 S 的 PAA 表达相应的可以表示为 $\bar{S} = \bar{s}_1, \cdots, \bar{s}_w$)。即 $\bar{T}$ 的第 i 个元素可以用下面公式计算：

$$\bar{t}_i = \frac{w}{n} \sum_{j=\frac{n}{w}(i-1)+1}^{\frac{n}{w}i} t_j$$

同样的，SAX 和 rSAX 需要预先定义字母表大小参数 Ψ，该参数是用来决定表达字符的个数以及分割点(breakpoints)。分割点定义如下[4]：

定义 8.10(分割点)：分割点是一个有序列表 $B = \beta_1, \cdots, \beta_{\Psi-1}$，其中在 $N(0,1)$ 高斯曲线下从 β_i 到 β_{i+1} 的面积等于 $1/\psi$(相应的，β_0 定义为 $-\infty$，β_ψ 定义为 ∞)。

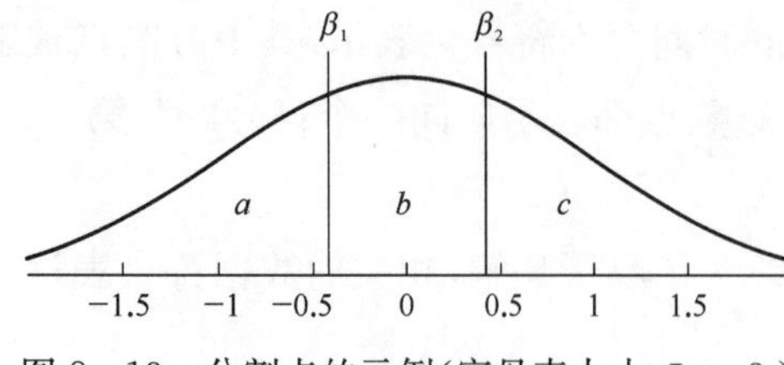

图 8-13 分割点的示例(字母表大小 $\Psi=3$)

举例来说,图 8-13 展示了当 $\Psi=3$ 时的分割点分布位置。分割位置 β_1 和 β_2 将 $N(0,1)$ 高斯曲线下的面积平均分成三等份,对应图中的面积 a,面积 b 和面积 c。时间序列中的对象点落入某个面积将被相应的符号(a 或 b 或 c)表示。

一旦确定了分割点,一个子序列可以被映射到符号,该符号可以定义为一个词(word)。具体来说,词可以定义如下:

定义 8.11(词):一个长度为 k 的子序列 S 可以如下表示成一个词 $\hat{S}=\hat{s}_1, \cdots, \hat{s}_w$。令 α_i 记做第 i 个字母表的元素,例如 $\alpha_1=\mathbf{a}$, $\alpha_2=\mathbf{b}$,那么从 PAA 表示 $\bar{S}$ 到词 $\hat{S}$ 的映射可定义如下,

$$\hat{s}_i=\alpha_i,\text{当且仅当}\ \beta_{j-1}<\bar{s}_i\leqslant\beta_j.$$

同时,SAX 定义了 MINDIST 函数,能够返回原始时间序列的两个词 $Q=\{q_1, \cdots, q_w\}$ 和 $C=\{c_1, \cdots, c_w\}$ 的最小距离,定义如下,

$$\text{MINDIST}(\hat{Q}, \hat{C})\equiv\sqrt{\frac{n}{w}}\times\sqrt{\sum_{i=1}^{w}[\text{dist}(\hat{q}_i, \hat{c}_i)]^2}$$

其中 n 是原始时间序列的长度,w 是 PAA 元素的个数。$\text{dist}(\hat{q}_i, \hat{c}_i)$ 为距离函数,当 $\hat{q}_i$ 和 $\hat{c}_i$ 为相邻字符时(比如 a 和 b 则为相邻字符),$\text{dist}(\hat{q}_i, \hat{c}_i)=0$;否则,$\text{dist}(\hat{q}_i, \hat{c}_i)$ 的值等于两个字符之间最远分割点之间的欧式距离(例如图 8-13 中字符 a 与 c 的 dist 距离为 0.86)。

基于 MINDIST,可以定义一个度量来计算下界的紧度,计算方法为用下界距离比上实际的欧式距离,定义如下,

$$TLB=\frac{\text{MINDIST}(\hat{Q}, \hat{C})}{\text{Euclidean}(Q, C)}$$

TLB 是一个非常重要的时间序列表示算法的标准度量方法,常用于比较各个时间序列表示算法的性能[8]。

下面首先详细介绍提出的 rSAX 算法,然后在理论上证明 rSAX 能达到比 SAX 更好的映射性能和更佳的 TLB。

在设计表示算法时,考虑两种最佳状况:完美映射,相似的对象点都能被映射到同一个字符;紧的界,近似的下界距离越接近真实欧氏距离越好。SAX 是时间序列表示算法中最流行的算法之一。然而,当两个对象点碰巧分布在一个分割点的两边时,无论这两个点距离有多么的接近他们都将被映射成不同的字符。

具体地,rSAX 的伪代码详如图 8-14 所示。

```
算法 rSAX(D, Ψ, τ, w)
输入: D: m 维时间序列数据集;Ψ: 字母表大小;τ: 抽样次数;w: PAA 长度.
输出: rSAX 表达矩阵 M.
1. 初始化一组分割点序列 β=β^1, …, β^τ;
2. 从统计表中查出一组分割点值β^1 = β^1_1, …, β^1_{Ψ-1}
3. 令 d 为所有β^1 中两两分割点最小距离;
4. FOR k = 2 TO τ DO
5.       从(-0.5d, 0.5d)中均匀生成一个随机数 l_k;
6.       FOR j = 1 To Ψ-1 DO
7.             β^k_j = β^1_j + l_k;
8.       END FOR
9. END FOR
10. FOR 每条时间序列 T_i ∈ D DO
11.    P_i = PAA(T_i, w);
12. END FOR
13. FOR 每个 PAA 后的时间序列 P_i DO
14.    FOR 每个时间戳 t_j ∈ P_i DO
15.         FOR k = 1 TO τ DO
16.               通过比较 t_j 的值与β^j 的位置,确定 M[i][j][k]的符号;
17.         END FOR
18.    END FOR
19. END FOR
20. RETURN M.
```

图 8-14 rSAX 的伪代码

rSAX 算法的时间复杂度为 $O(m \cdot n)+O(m \cdot w \cdot \tau)$，其中 m 为时间序列的个数，n 为时间序列的长度，w 为单个时间序列 PAA 长度，τ 为随机偏移的次数。

观察一个对象点(或一个 PAA 表示 $\bar{C}_j$)$t_j \in T$，$1 \leqslant j \leqslant |T|$。令 α_k 为字母表第 k 个元素，字母表大小为 ψ，t_j 的 SAX 表示为 α_k 当且仅当 $\beta_{k-1} \leqslant t_j < \beta_k$。令 d 为所有两两分割点的最小距离，令 l_i 为从范围为 $\left(-\frac{1}{2}d, \frac{1}{2}d\right)$ 的均匀抽样生成的随机变量，随机偏移后的分割点变为 $\beta_k = \beta_k + l_i$。生成 $\tau - 1$ 组随机扰动，并将每个 $l_i \in \{l_1, \cdots, l_{\tau-1}\}$ 扰动值加到初始的分割点上，而不是像 SAX 一样使用固定不变的分割点。原始时间序列则被映射到符号集一共 τ 次，也就是说，为原始时间序列数据集生成了 τ 个版本的符号表示。

图 8-15 显示了一个 rSAX 的实例。字母表大小 $\psi = 4$，相对应的分割点为 $B = \{-0.67, 0, 0.67\}$。图 8-15a 为标准 SAX 的表示结果，时间序列 PAA 近似 ($T = \bar{C}_1$, $\bar{C}_2$, $\bar{C}_3$, $\bar{C}_4$) 映射成词 **cbbc**。观察到 $\bar{C}_1$ 和 $\bar{C}_2$ 非常接近，但碰巧被分割点 0 分开而被两个不同字符表示；$\bar{C}_3$ 和 $\bar{C}_4$ 相隔较远，然而 MINDIST($\bar{C}_3$, $\bar{C}_4$) = MINDIST(b, c) = 0 [4]。图 8-15b 展示了一次随机偏移的结果。令 l_i 为一个从 $(-0.335, 0.335)$ 均匀分布生成的随机变量，则分割点偏移成 $B = \{-0.67 + l_i, 0 + l_i, 0.67 + l_i\}$。在这次偏移中，$\bar{C}_1$ 和 $\bar{C}_2$ 映射到同一个字符 **b**，且 MINDIST($\bar{C}_3$, $\bar{C}_4$) = MINDIST(a, c) = 0.67。图 8-15c 展示了另一次偏

移结果，偏移量为 l_{i+1}。同样的，$\bar{C}_1$ 和 $\bar{C}_2$ 映射到同一个字符 c，且 MINDIST($\bar{C}_3$，$\bar{C}_4$) = MINDIST(b, d) = 0.67。

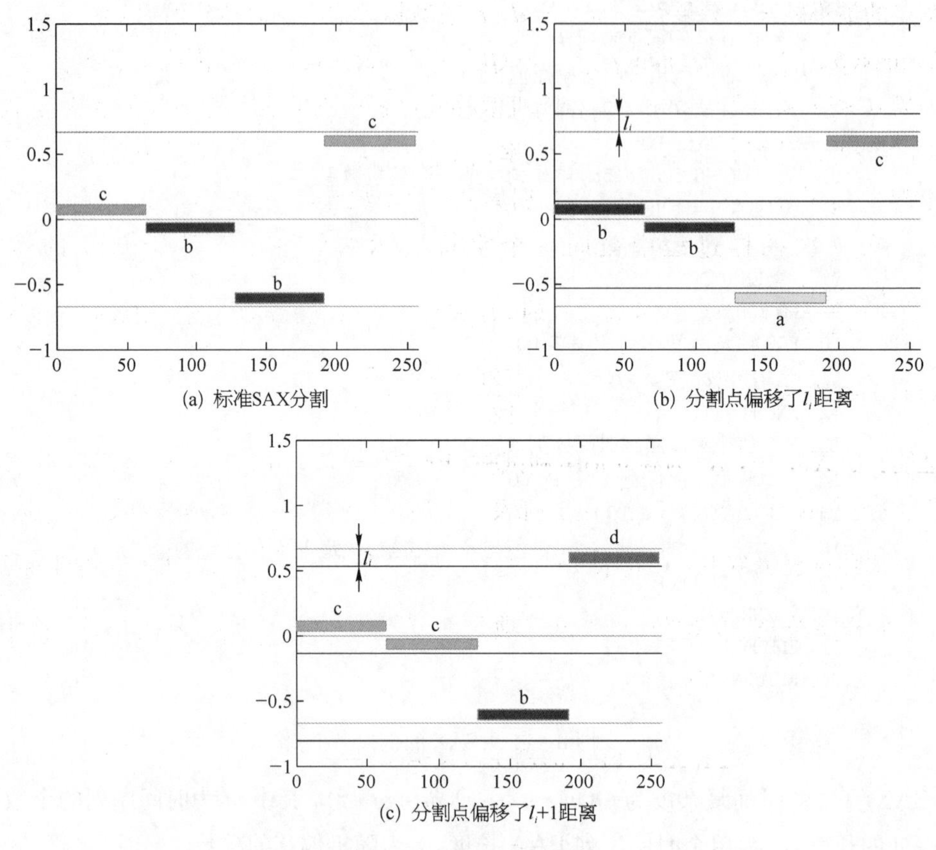

图 8-15 rSAX 表示示例

1) rSAX 的映射性质

一个对象点 t_j 的表示符号将发生改变如果它满足下列两个条件之一：$\beta_k + l_i \leqslant t_j < \beta_k$，其中 $-0.5d < l_i < 0$；$\beta_{k-1} \leqslant t_j < \beta_{k-1} + l_i$，其中 $0 < l_i < 0.5d$。图 8-16a 展示了当 $l_i = 0.1$ 时可变区间的一个示例。位于深蓝色较窄区间内的对象点的表示符号会发生改变，从 α_k 改变到 α_{k-1}；位于灰色较宽区间内的对象点的表示符号保持不变。图 8-16b 展示了 τ 次随机偏移时所有可能的可变区间(深蓝色区间)。位于灰色区间的数据点的表示符号保持不变。

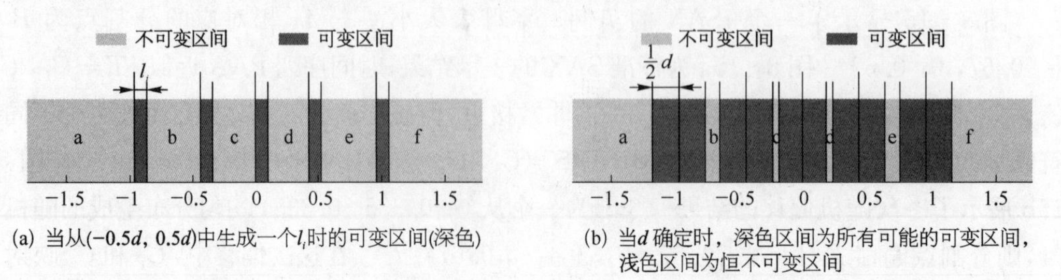

图 8-16 rSAX 的可变与非可变区间(字母表大小 $\psi = 6$)

对于一个对象点 t_j，如果 $(\beta_{k-1}+\beta_k)/2 \leqslant t_j < \beta_k$，它的表示符号可能会从 α_k 改变到 α_{k+1}。令 p_{change} 为 t_j 表示为α_{k+1} 的概率,则 $p_{\text{change}}=(t_j+0.5d-\beta_k)/d$，其中 d 是所有两两相邻分割点的最小距离。如果 $\beta_k-\beta_{k-1}=d$，t_j 总有概率被 α_{k+1} 表达。因为 $(\beta_{k-1}+\beta_k)/2 \leqslant t_j < \beta_k$，$\max(p_{\text{change}})=0.5$，$\min(p_{\text{change}})=(\beta_{k-1}-\beta_k)/2l+0.5 \geqslant 0$。因此 $0 \leqslant p_{\text{change}} < 0.5$。

如果 $\beta_k \leqslant t_j < (\beta_{k-1}+\beta_k)/2$，在随机偏移的过程中它的表示符号可能会从 α_k 改变到 α_{k-1}。同样的可以计算 t_j 表示成α_{k-1} 的概率：$p_{\text{change}}=\beta_{k-1}-t_j+0.5d/d$，$0 \leqslant p_{\text{change}} < 0.5$。

定理 8.1：令 t_j 和$t_{j+1}=t_j+\varepsilon$为数据集中两个对象点，$0<\varepsilon<d$。当$0<\varepsilon\leqslant 0.5d$ 时，t_j 和 t_{j+1} 在 τ 次抽样过程中被同一个字符表示的频率小于等于 0.5 的概率为 $\exp[-\frac{(d-2\varepsilon)^2\tau}{8d(d-\varepsilon)}]$。当 $0.5d<\varepsilon<d$ 时，t_j 和 t_{j+1} 在 τ 次随机偏移过程中被同一个字符表示的频率大于等于 0.5 的概率为 $\exp\left[-\frac{(2\varepsilon-d)^2\tau}{12d(d-\varepsilon)}\right]$。

证明：令 X_1，…，X_τ 为独立伯努利试验。$\Pr[X_i=1]=p_{\text{same}}=(d-\varepsilon)/d$，代表 t_j 和 t_{j+1} 在一次随机偏移过程中被同一个字符表示。$\Pr[X_i=0]=p_{\text{dif}}=\varepsilon/d$，代表 t_j 和 t_{j+1} 在一次随机偏移过程中被不同字符表示（$1\leqslant i\leqslant \tau$）。令 $X=\sum_{i=1}^{\tau}X_i$ 为 τ 次随机偏移中 t_j 和 t_{j+1} 被同样字符表示的次数。X 服从二项分布。$E(X)=\sum_{i=1}^{\tau}p_{\text{same}}=\tau\cdot p_{\text{same}}$。使用契尔诺夫界，对所有 $0<\delta\leqslant 1$，

$$\Pr[X\leqslant(1-\delta)E[x]]\leqslant\exp\left(-\frac{\delta^2E[X]}{2}\right) \tag{8-26}$$

$$\Pr[X\geqslant(1+\delta)E[x]]\leqslant\exp\left(-\frac{\delta^2E[X]}{3}\right) \tag{8-27}$$

令 f^s_{same} 为 t_j 和 t_{j+1} 在样本被同一个字符表示的频率，则 $C^s=f^s_{\text{same}}\cdot\tau$ 为样本中同样映射的个数。这里 $E[C^s]=p_{\text{same}}\cdot\tau$，则可以得到，

$$\Pr[f^s_{\text{same}}\leqslant(1-\delta)p_{\text{same}}]=\Pr[C^s\leqslant(1-\delta)E[C^s]] \tag{8-28}$$

用契尔诺夫界代入不等式 8-26，对于所有的 $0<\delta\leqslant 1$ 得到，

$$\Pr[f^s_{\text{same}}\leqslant(1-\delta)p_{\text{same}}]\leqslant\exp\left(-\frac{\delta^2\cdot p_{\text{same}}\cdot\tau}{2}\right) \tag{8-29}$$

同样的，对于所有的 $0<\delta<1$ 得到，

$$\Pr[f^s_{\text{same}}\leqslant(1+\delta)p_{\text{same}}]\leqslant\exp\left(-\frac{\delta^2\cdot p_{\text{same}}\cdot\tau}{3}\right) \tag{8-30}$$

对于 $0<\varepsilon\leqslant 0.5d$，$0.5\leqslant p_{\text{same}}=(d-\varepsilon)/d<1$。通过将 $\delta=\frac{2p_{\text{same}}-1}{2p_{\text{same}}}=\frac{d-2\varepsilon}{2(d-\varepsilon)}$

代入公式(8-28),得到,

$$\Pr[f^s_{\text{same}} \leqslant 0.5] \leqslant \exp\left[-\frac{(d-2\varepsilon)^2\tau}{8d(d-\varepsilon)}\right] \tag{8-31}$$

对于 $0.5d < \varepsilon < d$, $0 < p_{\text{same}} = (d-\varepsilon)/d < 0.5$。通过将 $\delta = \frac{1-2p_{\text{same}}}{2p_{\text{same}}} = \frac{2\varepsilon - d}{2(d-\varepsilon)}$ 代入公式(8-30),得到,

$$\Pr[f^s_{\text{same}} \geqslant 0.5] \leqslant \exp\left[-\frac{(2\varepsilon-d)^2\tau}{12d(d-\varepsilon)}\right] \tag{8-32}$$

定理 8.1 得证。

当增大 τ 时,概率的上界将变小。很容易从两两映射关系性质扩展到所有的对象点。也就是说,当 τ 增大时,相似的对象点被映射到同样符号的概率也会更大。

契尔诺夫界描述了随机变量的尾部分布,并且为随机变量偏离期望的概率给出了界。令 c 为这个概率。则 $1-\delta$ 描述了样本的准确度,$1-c$ 描述了样本的置信度。可以得到,

$$\tau = -\frac{2\ln c}{\delta^2 p_{\text{same}}}$$

当增大 τ 时,样本的置信度也会增加,这意味着样本的近似的相似度(即是否被同一个字符表示)能很好地代表整体的相似度。

2) rSAX 的下界性质

与 SAX 算法的 MINDIST 类似,rSAX 也有自己的下界距离度量。rSAX 的最小距离定义如下。

定义 8.12(rMinDist):rSAX 的两两对象 $\hat{Q}$、$\hat{C}$ 的最小距离(rMinDist)是所有 τ 个版本的 SAX 表示的最大距离的和。

$$\text{rMinDist}(\hat{Q}, \hat{C}) \equiv \sqrt{\frac{n}{w}} \times \sqrt{\sum_{i=1}^{w} (\text{rdist}(\hat{q}_i, \hat{c}_i))^2}$$

其中 $\text{rdist}(\hat{q}_i, \hat{c}_i) = \text{Max}\{\text{dist}(\hat{q}_i^1, \hat{c}_i^1), \cdots, \text{dist}(\hat{q}_i^\tau, \hat{c}_i^\tau)\}$。

rSAX 的过程包括一次 SAX 以及 $\tau-1$ 次的随机偏移过程。对于任意对象点 q_i 和 c_i,rSAX 选取所有 τ 个距离中的最大值作为最紧的下界距离。容易看出,

$$\text{Euclidean}(q_i, c_i) \geqslant \text{rdist}(\hat{q}_i, \hat{c}_i) \geqslant \text{dist}(\hat{q}_i, \hat{c}_i)$$

因此 rSAX 的 TLB 为,

$$\text{TLB} = \frac{\text{rMinDist}(\hat{Q}, \hat{C})}{\text{Euclidean}(Q, C)} \geqslant \frac{\text{MINDIST}(\hat{Q}, \hat{C})}{\text{Euclidean}(Q, C)}$$

8.4.2 多维温度序列协同异常事件挖掘算法[9]

气象事件的周期性行为揭示了气候的季节性或年际间的变化规律，因而从记载了气象信息的温度序列中挖掘气象事件引发了很多研究者的关注。在气象事件中，协同异常事件(co-anomaly)表现为相似的异常行为同时发生在不同的温度序列中，是气象研究中一类最重要的事件之一。协同异常事件对于理解气象变化以及分析异常事件的演化推移过程尤为重要。本小节介绍一个从多维温度序列中检测协同异常气象事件的方法。该方法首先把原始温度序列投影成符号式表达，然后通过统计显著性检验从中检测协同异常模式，最后从多维温度序列中生成可覆盖不同子维度以及不同子序列的协同异常事件。

为了更形象地理解什么是协同异常事件，图 8-17 展示了六条温度子序列，数据取自中国湖南省从 12 月 13 日到 12 月 24 日的六个气象站日均温真实数据。图 8-17a 展示了三条正常温度走势的子序列，图 8-17b 展示了三条子序列，它们的气温值异常的高于期望值。这里可以观察到，图 8-17b 中的三条子序列的异常走势极为相似，都属于同一个协同异常事件，它们很有可能是受到同一个气象因素的影响所致(比如同一股异常暖气流同时影响了这三个气象站)。因此找出并确定协同异常事件的所有影响成员(如所有属于同一个协同异常事件的温度序列)以及影响时间和演化方式，可以为进一步详细深入地探索研究特定气候现象提供预判和依据。比如，可以通过自动挖掘协同异常事件，帮助气象专家迅速确定一个同时发生在很多气象站的异常事件是偶尔会随概率发生的，还是概率上极其罕见的且具有进一步研究价值的事件。

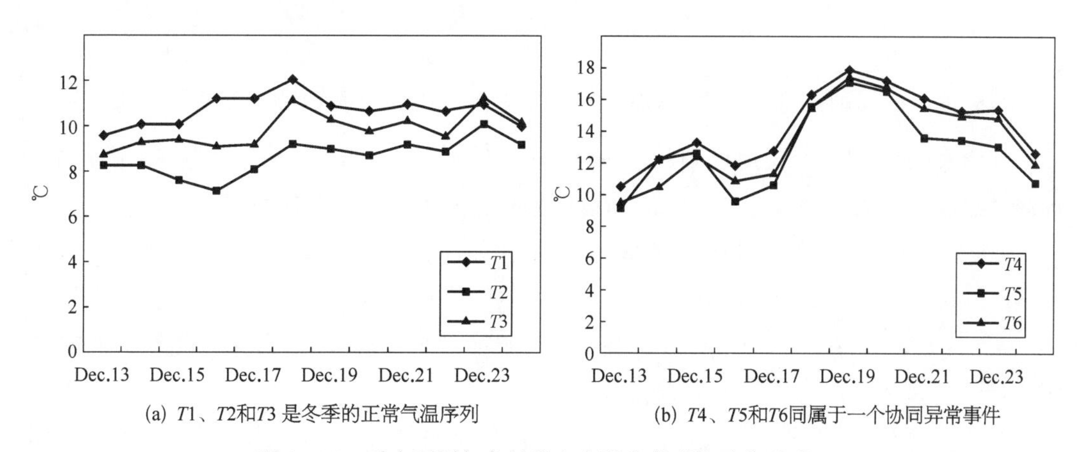

(a) T1、T2和T3 是冬季的正常气温序列　　(b) T4、T5和T6同属于一个协同异常事件

图 8-17　采自不同气象站的六个温度序列的子序列(℃)

然而，从温度序列中挖掘气象协同异常事件存在很多技术上和领域上的挑战。首先，气象温度序列走势相对比较平滑，比如，与股票价格序列、车辆传感器序列相比要平滑很多，即温度序列的值通常来说不会偏离均值太远。因此，如果一些协同异常事件仅仅影响

了一小部分地区,那对多维序列的平均值温度序列的影响甚微,难以用传统的异常检测的方法简单地从单维平均温度序列中检测出来。第二,与传统异常事件不同,相似的异常行为需要在一段时间内同时发生在若干数量的温度序列中,这样才能称为协同异常事件。然而,不能简单地使用频率计数(即统计被影响的温度序列的个数)来寻找值得注意的有趣的模式,因为在气象领域中的频繁模式常常代表了人人皆知的气候正常现象(比如冬暖夏凉,等等)。第三,协同异常气候事件通常随着时间在演化,因此在不同的时刻,被协同异常事件所影响的也可能随之改变,即协同异常事件常常关联着多维温度序列的不同子维度和不同子序列。例如,图 8-18 展示了一股冷空气在春季相邻的三天里自北往南的移动过程,大圆点为受此影响的地区。可以看到第一天受影响的地区(图 8-18a 中的大圆点)与第三天受影响的地区(图 8-18c 中的大圆点)很不一样。因为从温度序列中挖掘协同异常事件存在的这些困难,研究者和专家常常只能人工寻找和分析这些事件。然而,海量数据的日益累积以及分析的复杂性使得人工确定这些协同异常事件变得越来越困难。为了应对上述挑战,下面介绍协同异常事件监测框架 Sevent。

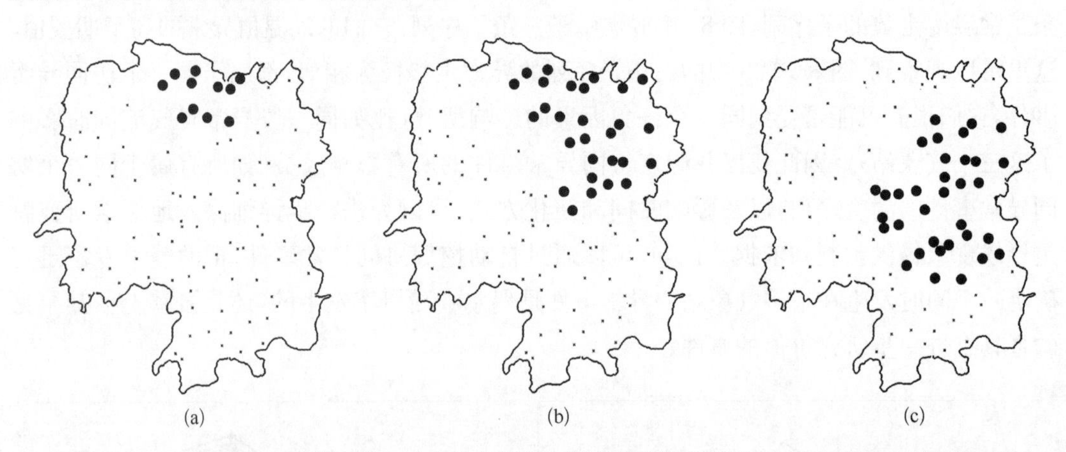

图 8-18 一个冷空气事件连续三天内从北往南在湖南省的影响地区(大圆点为影响到的地区)

具体来说,定义一个温度序列(temperature series) $T = t_1, t_2, \cdots, t_n$ 为一个由 n 个实数变量组成的有序序列,记录了随着时间变化的温度值,其中对象点(data point) $t_1, t_2, \cdots, t_n$ 以时间先后排序,并且时间间隔相等(比如,间隔一天)。接下来,定义温度序列数据集(temperature series data set) D 是由 m 个温度序列组成的无序集合。温度序列 $T = t_1, t_2, \cdots, t_n$ 的子序列(subsequence) S 是一个长度为 k($k \leqslant n$)的自 T 的连续位置抽样,例如,$S = t_p, \cdots, t_{p+k-1}$,其中 $1 \leqslant p \leqslant n-k+1$。

通常来说,为了从多维温度序列中检测协同异常事件,需要从温度序列数据集中确定子群体(sub-group)的行为。这里,简单的基于聚类的方法(比如,采用欧式距离进行高维子空间聚类)不太适合解决这一问题,原因如下:首先,在高维时间序列中搜索所有可能的子序列和子维度的时间复杂度非常高;第二,关注于寻找温度序列的群体异常行为,而非个体异常行为,也就是说,当仅仅观察协同异常事件中的一条子序列的走势时,它的行为相对于自身单维序列走势而言并不一定必须是异常的。

Sevent 框架包含了三个主要步骤。首先,将温度序列转换成符号化表示,这样,每条温度序列的行为可以很容易地被各种字符的组合表示。然后,采用统计显著检验测试来找出协同异常模式。最后,相互关联的协同异常模式将被连接成协同异常事件。总的流程图如图 8-19 所示。

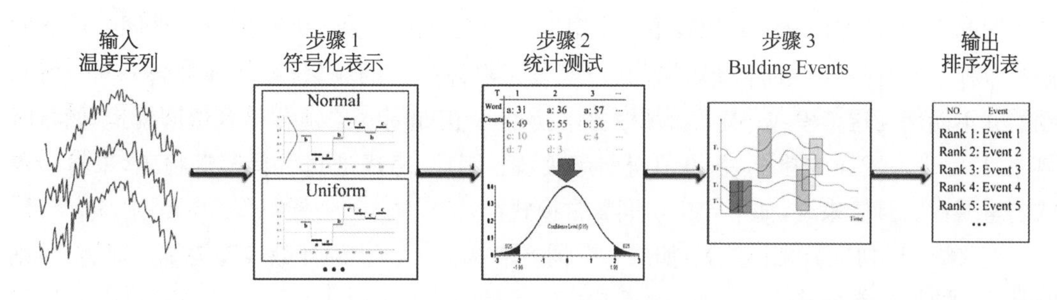

图 8-19 Sevent 框架流程图

1) 符号化表示

时间序列符号化表示的通用框架包括下面三个步骤:首先,采用 PAA[7] 方法将原始时间序列降维;第二,生成一组分割点,通常从某个预先定义好的分布中抽取(比如均匀分布、高斯分布);第三,通过比较 PAA 表示与分割点的位置,将他们映射成符号。

步骤一,温度序列 T 的 PAA 表示可以用 $\bar{T} = \bar{t}_1, \cdots, \bar{t}_w$ 来表示(子序列 S 的 PAA 表达相应的可以表示为 $\bar{S} = \bar{s}_1, \cdots, \bar{s}_w$)。具体来说, $\bar{T}$ 的第 i 个元素可以用下面公式计算,

$$\bar{t}_i = \frac{w}{n} \sum_{j=\frac{n}{w}(i-1)+1}^{\frac{n}{w}i} t_j$$

第二步,分割点可以从预先定义好的分布中抽取。这里需要预先定义字母表大小参数 $\boldsymbol{\Psi}$,该参数是用来决定表达字符的个数以及分割点的。由于大多数时间序列可以近似地拟合成正态分布或均匀分布,下面以这两种分布为例来描述生成分割点的方法。具体来说,正态分布的分割点的可以定义如下,这与 SAX 算法的分割点定义类似,

定义 8.13[$N(0,1)$分布的分割点]:分割点是一个有序列表 $B = \beta_1, \cdots, \beta_{\Psi-1}$,其中在 $N(0,1)$ 正态曲线下从 β_i 到 β_{i+1} 的面积等于 $1/\psi$(相应的, β_0 定义为 $-\infty$, β_ψ 定义为∞)。

同样的,如果数据是从均匀分布中抽取,相应的分割点定义如下,

定义 8.14(均匀分布的分割点):分割点是一个有序列表 $B = \beta_1, \cdots, \beta_{\Psi-1}$,其中 $\beta_{i+1} - \beta_i = (\beta_\psi - \beta_0)/\psi$(相应的, β_0 定义为数据集最小值, β_ψ 定义为数据集最大值)。

值得指出的是,其他数据分布的分割点也可以用类似的方法定义。当得到一组分割点(B)后,可以把子序列投影成符号化表示,记做词。

定义 8.15(词):一个长度为 k 的子序列 S 可以如下表示成一个词 $\hat{S} = \hat{s}_1, \cdots, \hat{s}_w$。令 α_i 记做第 i 个字母表的元素,例如 $\alpha_1 = \boldsymbol{a}$, $\alpha_2 = \boldsymbol{b}$。那么从 PAA 表示 $\bar{S}$ 到词 $\hat{S}$ 的映射可定义如下,

$$\hat{s}_i = \alpha_i, \text{当且仅当} \beta_{j-1} < \bar{s}_i \leqslant \beta_j$$

举例来说,如果数据点的值在前两个分割点$[\beta_0,\beta_1)$之间,它将被映射成“a”,如果在$[\beta_1,\beta_2)$之间,它将被映射成“b”。

2) 协同异常模式挖掘

在将原始温度序列转换成词后,可以计算每个时间戳上各个词的计数。不同的词代表了不同的行为,比如词“abcd”代表了一个温度逐渐上升的行为。因而通过统计同一个时间戳上各种不同行为(词)的个数,可以找出代表了群体行为的频繁模式(即频繁词)。然而,频繁并不能保证这个模式一定是值得人们注意的。正如同气象领域很多频繁模式(如冬暖夏凉等)是人人皆知的常识,并不值得引起关注。因此,考虑通过统计显著检验,来检验模式的重要性。具体来说,如下定义协同异常模式。

定义 8.16(协同异常模式):如果一个词$\hat{S} = \hat{s}_1, \cdots, \hat{s}_w$的计数表现为统计显著性,则它是一个协同异常模式。

这里的“协同异常模式”与“异常模式”不同。如果只观察单条温度序列,协同异常模式的行为并不一定必须是异常的。只有当考虑一个群体的一致行为作为一个整体,并且他们的一致行为在历史上显现出异常显著性时,才称为协同异常模式。例如,每年,总有个零星几个城市在冬天会出现特别冷的气温。然而,如果某年的冬天大批城市都同时出现了一模一样的极度低温,那这就可能是一个协同异常事件,引发原因可能是同一股罕见的强劲寒冷气流所致。

为了检测这些协同异常事件,定义一个零假设,并采用统计假设检验来计算每个观察到的词的 P - value。

定义 8.17:对一个给定的词$\hat{S}$和一个时间戳t,定义假设H_0和H_1:

H_0:$\hat{S}$在时间戳t是无趣的。

H_1:$\hat{S}$在时间戳t的频率显著大于期望值。

这里,每个词的期望值是从历史数据中学习,然后用来作为每个一致行为的基准值。$\hat{S}$的概率计算如下:

$$\mu^t(\hat{S}) = \frac{N(\hat{S})^t}{nN_y},$$

其中$N(\hat{S})^t$是$\hat{S}$在历史上所有年的时间戳t的计数总和,N_y是总年数,n是温度序列的条数。因此$\hat{S}$的期望计数为:

$$\hat{N}(\hat{S})^t = n\mu^t(\hat{S})$$

然后,对于一个词$\hat{S}$的频率x,用正态逼近来计算它的 P - value。即,$N(\hat{S})^t$服从正态分布$N(\hat{S})^t \sim \mathrm{N}[n\mu,\ n\mu(1-\mu)]$。

$$\Pr(N(\mu,\sigma^2) \geqslant N(\hat{S})^t) = 1 - \frac{1}{2}\left[1 + erf\left(\frac{x-\mu}{\sigma\sqrt{2}}\right)\right],$$

其中 $erf(x)$ 是正态误差函数，具体定义如下：

$$erf(x) = \frac{2}{\sqrt{\pi}}\int_0^x e^{-t^2}\,\mathrm{d}t$$

计算出来的 P－value 将和一个预定义的标准值 α 相比较。如果 $p<\alpha$，那么 H_0 假设将被拒绝，该词将被接受为协同异常模式。值得注意的是，这里还有其他的方法可以用来计算 P－value，比如二项式检验、泊松近似等，它们都能用来检验一个词是否是统计显著的。

3）构建协同异常事件

邻近时间戳的协同异常模式，如果他们所关联的温度序列相同或相似，则很有可能属于同一个协同异常事件。这样，协同异常事件的时间跨度就不会局限于滑动窗口的宽度。这里需要定义一个阈值 ϕ，如果两个邻近时间戳的协同异常模式的温度序列交集多于 ϕ 个，它们将被连接到一起。这样一来，由多个协同异常模式组成的协同异常事件则能够有长短不同的时间跨度。最后，提出一个打分函数 Pscore 来度量一个协同异常事件的罕见异常程度。通常来说，如果一个协同异常事件的 Pscore 高，则表明它是由较低的 P－value 的协同异常模式组成并且影响了非常多的温度序列。

协同异常事件的定义如下：

定义 8.18（协同异常事件）：如果 $\forall \hat{e}_i \in E$ 是一个协同异常模式，且 $|\hat{e}_i \cap \hat{e}_{i+1}| \in E$，则 $E=\hat{e}_1,\cdots,\hat{e}_u$ 是一个协同异常事件。

在这个定义下，协同异常事件可以看做是相关的显著词的簇，这些簇的时间跨度各异，且相关的显著词时间戳满足相邻并由公共的温度序列相连的条件。这里需要指出的是，一个协同异常事件中相邻时间戳上每个词所关联的温度序列并不需要是完全一致的。例如，图 8－20 展示了几种相关词构成协同异常事件的可能的方式。图 8－20a 展示了 4 个分散的词分别组成 4 个独立的事件。图 8－20b 展示了 3 个有着各自演化过程的事件。具体来说，图的左边展示了覆盖温度序列 T_3 和 T_4 跨越两个时间戳的事件。图的右边展示了一个从覆盖 T_3 和 T_4、到覆盖 T_3 和 T_2、再到覆盖 T_2 和 T_1 转移的事件，有可能是冷锋或台风事件自西向东的转移。注意到参数 ϕ 为时间戳相邻的词之间的最小公共温度序列，即如果两

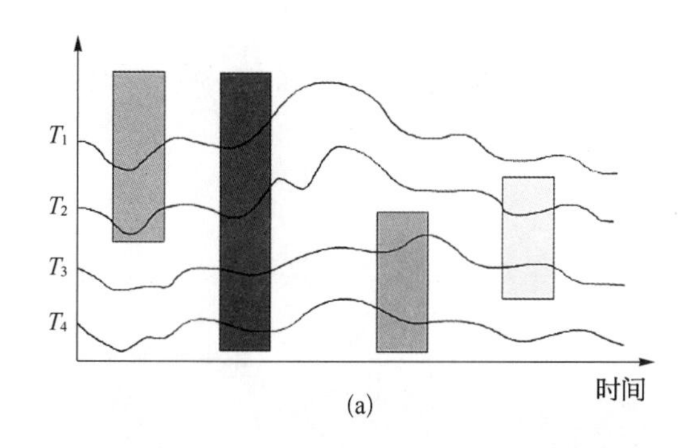

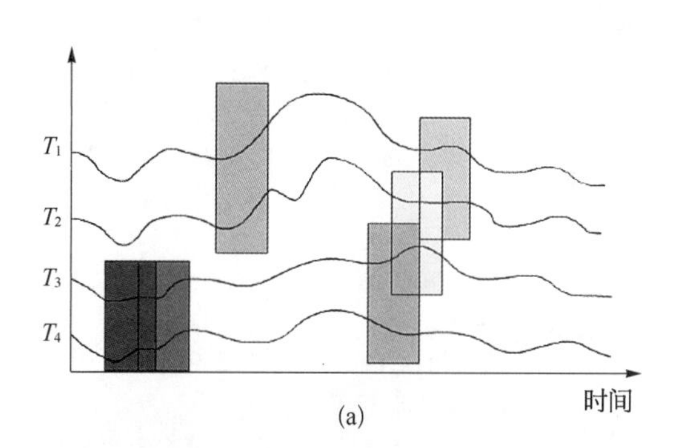

图 8－20　相关的显著的词组成协同异常事件的各种方式

个词时间戳相邻，他们有多于 ϕ 的共同温度序列，那么他们就能被连接成候选事件。这样就可能存在多个下个时间戳的词满足于当前时间戳的某个词相连接。这种情况在现实生活中也是常见的，因为很多事件在随着时间展现出各种演化以及分化。故在连接阶段，针对这种分化的情形捕获并保留每一种事件演化方式。

由于词的表达不同，时间跨度也不同，为事件构建全面的评估函数较为困难。一般来说，事件的协同异常程度与每个行为的罕见程度相关，也和他们的影响覆盖面相关。即行为发生的概率越低，那么就越罕见；覆盖程度越高，则越为严重。由于 P - value 是每个观察到的词的计数的概率，值域在 0 到 1 之间，因此添加 $-\log$ 于 P - value 上使得越为罕见的词更有一个更大的正值。这样，设计一个打分函数根据每个观察到的词的 P - value 以及影响到的温度序列的个数来评估每个事件。

定义 8.19[打分函数 Pscore(E)]：一个协同异常事件 E，设 RW(E)为 E 的相关的词 $\hat{S}$ 的集合，Pvalue($\hat{S}$)为每个词的 P - value 值，Count($\hat{S}$)为每个词所观察到的个数，E 的总的打分函数值 Pscore(E)定义如下：

$$\text{Pscore}(E) = \sum_{\hat{S} \in RW(E)} -\text{Count}(\hat{S}) \cdot \log \text{Pvalue}(\hat{S})$$

总的来说，连接步包括下列三个步骤：首先，连接时间戳相邻且共享多于 ϕ 个公共温度序列的词；第二，重复迭代第一步知道没有新的连接添加；最后，用 Pscore 公式计算每个事件的打分值。

```
算法  Sevent(D, Ψ, w, α, ϕ)
输入：D：m维时间序列数据集；Ψ：字母表大小；w：PAA 长度；α 显著性水平；ϕ：最小公共温度序列数.
输出：事件集 E.
1. 采用 PAA 和分割点方法将 D 投影成符号化表示的词集；
2. FOR 每个时间戳 T_i ∈ D DO
3.     计算每个词的 P - value；
4.     将 P - value 大于 α 的词删除；
5. END FOR；
6. FOR 每个时间戳 T_i ∈ D DO
7.     FOR 每个词 Ŝ_j ∈ T_i DO
8.         IF Ŝ_j 无法与时间戳邻近的其他词相连 THEN
9.             E = E ∪ Ŝ_j；
10.        ELSE
11.            将 Ŝ_j 与相邻的词相连接；
12.        END IF
13.    END FOR
14. END FOR
15. 通过计算 Pscore 来给 E 中的各个事件排序；
16. RETURN E；
```

图 8 - 21 Sevent 伪代码

协同异常气象事件检测框架 Sevent 的伪代码展示在图 8－21 中。具体来说，伪代码第一行对应了温度序列的符号化表示（图 8－18 Step 1）；伪代码第 2—5 行为统计检验（图 8－18 Step 2）；伪代码第 5—15 行对应了建立事件的连接步（图 8－18 Step 3）。

符号化表示的时间复杂度为 $O(m \cdot n)$，其中 m 是温度序列的条数，n 是温度序列的长度。令 ψ 表示字母表大小，w 为 PAA 元素个数，则计算 P－value 和连接词的时间复杂度为 $O(w \cdot \psi)+O(w \cdot \psi)$。即，Sevent 总的时间复杂度为 $O(m \cdot n)+O(w \cdot \psi)$。

8.5 小结

本章介绍了演变分析的基本概念和原理，并讨论了一些常用的演变分析方法。对于回归分析，无论是一元、多元或是线性、非线性分析，都必须满足一个条件，即能够发现影响因变量的因素，而这在实际应用中有时候是相当困难的。时间序列分析法则避免寻找这样一些因素，而是通过分析历史数据随时间变化的趋势，根据发现的趋势来推导事物的未来状况。以上这些是相对比较简单的几种演变分析方法，这些方法在实际中已经得到了广泛的应用。另外，本章也介绍了一种时间序列符号化表示方法及其在多维温度序列上的挖掘应用。

◇参◇考◇文◇献◇

[1] Mills, Terence C. Time Series Techniques for Economists. Cambridge: Cambridge University Press, 1990.

[2] Agrawal R, Lin K I, Harpreet S, et al. Fast similarity search in the presence of noise, scaling, and translation in time-series databases. VLDB, 1995.

[3] Bai Xue, Xiong Yun, Zhu Yangyong, et al. Time Series Representation: A Random Shifting Perspective. Web-Age Information Management (WAIM 13), 2013.

[4] Lin J, Keogh E, Lonardi S, et al. Finding motifs in time series. In the 2nd Workshop on Temporal Data Mining, July 2002.

[5] Shieh J, Keogh E. isax: indexing and mining terabyte sized time series. In Proceedings of the 14th ACM SIGKDD international conference on Knowledge discovery and data mining, 2008: 623－631.

[6] Camerra A, Palpanas T, Shieh J, et al. iSAX 2.0: Indexing and mining one billion time series. In

Proceedings of IEEE International Conference on Data Mining, 2010.

[7] Keogh E, Chakrabarti K, Pazzani M, et al. Dimensionality reduction for fast similarity search in large time series databases. Knowledge and information Systems, 2001, 3(3): 263 - 286.

[8] Ding Hui, Trajcevski G, Scheuermann P, et al. Querying and mining of time series data: experimental comparison of representations and distance measures. Proceedings of the VLDB Endowment, 2008: 1542 - 1552.

[9] Bai Xue, Xiong Yun, Zhu Yangyong, et al. Co-anomaly Event Detection in Multiple Temperature Series. The 2013 International Conference on Knowledge Science, Engineering and Management (KSEM'13), 2013.

第9章

异质数据网络挖掘

大数据环境下，数据的组织方式和以前不同，数据网络成为一种主要组织方式，例如，社交网络、文献网络（如DBLP）、生物数据网络等。近年来，数据网络分析在计算机科学、社会学、物理学、经济学、生物学等许多学科中都受到了关注。异质数据网络是一种具有多种类型对象（节点）和多种类型连接（边）的数据网络，已经日渐成为一种常见的应用数据集。异质网络中的不同路径代表了对象间的不同关系，诠释了不同的语义信息。挖掘算法在不同路径上返回的结果不同，另外大型异质网络中节点的密集程度也不相同（有些节点有大量的路径连接）。相比于简单的数据类型，其上的分析面临更多的挑战，各类挖掘任务的研究需要考虑异质网络的多种特征影响，本章介绍了异质数据网络的研究现状及其挑战。

9.1 异质数据网络

数据网络用节点和属性描述数据对象的特征信息，用边描述对象间的关系信息。例如，Facebook上的所有用户形成了一个社交网络。在这个网络中，每个用户用一个节点表示，它们的一些信息，如姓名、性别、年龄、注册时间等，构成了他们的属性，而用户和用户之间的朋友关系则形成了节点之间的边。这类网络中节点和边的类型单一，通常称其为同质网络。相关学者指出[1,2]，目前大多数数据网络分析方法是将网络假设为同质的（即网络中节点和边的类型单一）。虽然同质假设下的网络分析方法取得了一些有影响力的成果（例如PageRank算法[3]），但是，忽略了网络中隐含的重要语义信息[4]。

现实世界的网络通常是异质的，异质网络包含了不同类型的节点和边，以描述现实中不同类型的对象和关系。例如，一个生物网络（图9-1）的节点可以包括疾病、药物、副作用、靶点基因等。而网络中的不同路径代表了节点之间的不同关系，诠释了不同的语义信息，在度量对象之间相似性的时候需要考虑这些信息。因为语义不同，在不同路径上返回的数据分析结果是不同的。以药物分析为例，可以是分析具有相同副作用的药物，如可他敏（diphenhydramine）和扑尔敏（chlorpheniramine）都可能引起嗜睡（somnolence）；也可以是分析能够治愈同种疾病的药物，如氨茶碱（aminophylline）和柳丁氨醇（salbutamol）都能治疗哮喘（asthma）。

例如，DBLP是一个文献网站，用来提供计算机领域科学文献的索引服务。如图9-2a所示，其主要包含四类对象，即论文（P）、作者（A）、会议（C）和主题词（T）。不同类型对象之间的关系类型也不同，如作者与论文之间是发表与被发表的关系，会议与论文之间是录用与被录用的关系，论文之间是引用与被引用的关系，等等。作者之间可以通过路径“作者—

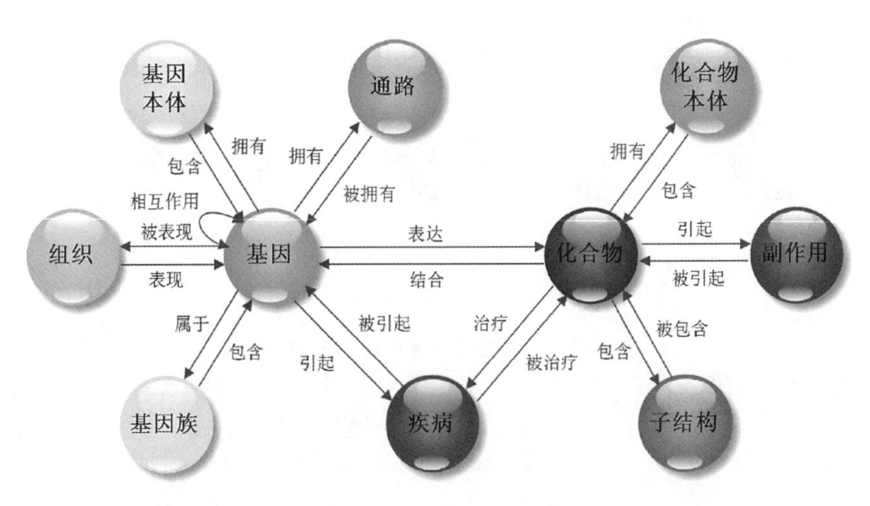

图 9-1 一个异质生物网络示例

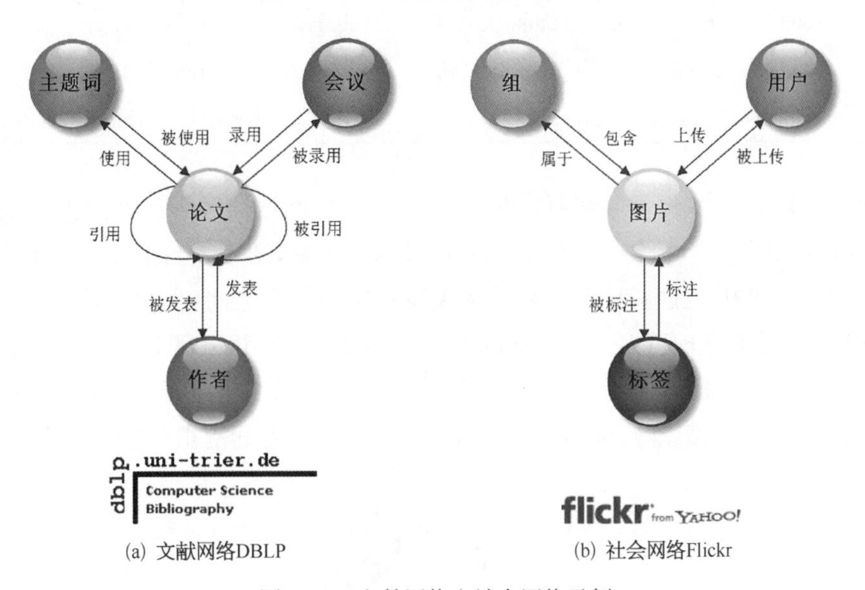

(a) 文献网络DBLP　　(b) 社会网络Flickr

图 9-2 文献网络和社会网络示例

论文—作者”(APA)或路径“作者—论文—会议—论文—作者”(APCPA)相连,文献[2]将这些路径称为元路径。给定一条路径,可以计算出路径起始类型中不同对象之间的相似度,然后基于该相似度进行各种挖掘分析,如找出最相似的对象对等。不同路径可以得到不同的结果,具体而言,对于路径 AP (图 9-3a),它代表了作者之间的相似度由作者和论文之间的关系决定,也即两个作者合作的论文;而对于路径 APC(图 9-3b),它代表了作者之间的相似度由作者和会议之间的关系决定,也即两个作者共同参与的会议。表 9-1 给出了在这两条路径下的前五对最相似作者。在路径 AP 下,最相似的作者 Divyakant Agrawal 和 Amr El Abbadi 合作了 239 篇论文,多于次相似的作者 Wynne Hsu 和 Mong-Li Lee(合作了 92 篇论文);在路径 APC 下,无论是 Jiawei Han 和 Hans-Peter Kriegel,还是 Jiawei Han 和 Christos Faloutsos,他们并没有合作过很多文章,然而他们却参加过许多相同的会议，如 Jiawei Han 和 Hans-Peter Kriegel 在一些相同的会议上发表了超过 110 篇的论文①。

图 9-3 文献网络中的连接路径示例

表 9-1 不同路径下最相似的五对作者

排名	AP		APC	
1	Divyakant Agrawal	Amr El Abbadi	Jiawei Han	Hans-Peter Kriegel
2	Wynne Hsu	Mong-Li Lee	Jiawei Han	Christos Faloutsos
3	Ravi Kumar	Andrew Tomkins	Wei Wang	Haixun Wang
4	Clement T. Yu	Weiyi Meng	Philip S. Yu	Jiawei Han
5	Dimitris Papadias	Yufei Tao	Hans-Peter Kriegel	Dimitrios Gunopulos

再如，Flickr 是一家提供数字照片存储、分享方案的网络社区平台，它主要包含四类对象，即图片(I)、用户(U)、标签(T)和组(G)，以及六种关系，即用户与图片之间上传与被上传的关系、标签与图片之间标注与被标注的关系和组与图片之间包含与属于的关系等，如图 9-2b 所示。图片之间可以通过路径 ITI(图 9-4a)或路径 ITIGITI(图 9-4b)相连，对应的相似度衡量依据是两张图片共享的标签或所在的组。对于第二条路径 ITIGITI 来说，只要两张图片属于很多相同的组，它们的相似度就很高，而不管它们是否有很多相同的标签。

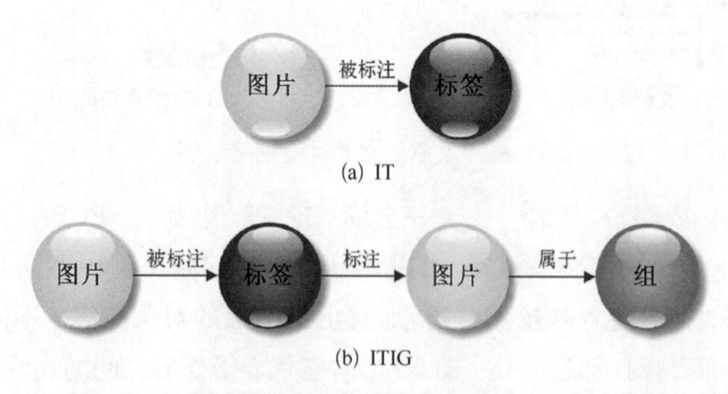

图 9-4 Flickr 中的连接路径示例

Jiawei Han、Philip S. Yu 等形式化地定义了这种具有多类型、半结构化的异质数据网络模型[1,2,4,5]，开创了异质数据网络挖掘这一新的研究方向，并在这一新视角下，展开了一系列的异质网络挖掘算法研究，包括聚类[6,7,8]、分类[9,10,11]、相似性查询[4,12]、关系影响力分

① 所有的数据来源于 DBLP。

析[13]、异常分析[14,15]等。下面给出异质数据网络的形式化定义：

定义 9.1(网络)：给定一个网络模式 $S_G=(\Lambda, \Upsilon)$，其中 $\Lambda=\{A\}$ 表示所有类型组成的集合，$\Upsilon=\{R\}$ 表示所有关系组成的集合。一个网络定义为有向图 $G=(V, E)$ 和上面的两个映射：节点到类型的映射 ϕ：$V\rightarrow\Lambda$ 和边到关系的映射 ϕ：$E\rightarrow\Upsilon$，即，对于图中的每一个节点 $v\in V$，有 $\phi(v)\in\Lambda$；对于图中的每一条边 $e\in E$，有 $\phi(e)\in\Upsilon$。当节点的类型数或边的关系数大于 1，即 $|\Lambda|>1$ 或 $|\Upsilon|>1$ 时，将网络称为异质网络；否则，称为同质网络。

图 9-1 和图 9-2 给出了三个异质网络的网络模式，使用 $|A|$ 表示属于某一类型 A 的节点的个数，即，$|A|=|\{v\in V\mid\phi(v)=A\}|$；使用 $|R|$ 表示属于某一关系 R 的边的条数，即，$|R|=|\{e\in E\mid\phi(e)=R\}|$。给定从类型 A 到类型 B 的关系 R，$A\xrightarrow{R}B$，则对于 R 的逆关系 R^{-1}，$B\xrightarrow{R^{-1}}A$ 成立。

定义 9.2(连接路径)：给定一个异质网络 G 和相应的网络模式 $S_G=(\Lambda,\Upsilon)$，连接路径定义为一条在 $A_1\xrightarrow{R_1}A_2\xrightarrow{R_2}\cdots\xrightarrow{R_{l-1}}A_l$，即类型 A_1 和类型 A_l 之间的复合关系 $R=R_1\circ R_2\circ\cdots\circ R_{l-1}$ 上的路径 P，其中，$\circ$ 表示关系之间的复合运算。A_1 和 A_l 分别称为连接路径 P 的起始类型和终止类型。P 的长度是 P 中包含的关系数，即 $l-1$。如果任意两种类型之间的关系唯一，那么可以用一个由类型名组成的序列来表示连接路径 P，即 $P=(A_1, A_2, \cdots, A_l)$。

连接路径 $P=(A_1, A_2, \cdots, A_l)$ 可以用来寻找类型 A_1 中相似的对象对，对象之间的相似度由类型 A_l 中的连接结果决定。考虑图 9-5 中的例子，可以用长度为 1 的连接路径 C(化合物)$\rightarrow S$(副作用)(简称为 CS，C 是起始类型，S 是终止类型)来描述“化合物引起副作用”这一关系。从而，基于 CS 的自相似性连接就会返回能引发相似副作用的化合物对。将节点 a_1 和 a_l 之间一条具体的路径 $p=(a_1, a_2, \cdots, a_l)$ 称为连接路径 $P=(A_1, A_2, \cdots, A_l)$ 的一个路径实例，其中，对于每个节点 a_i，有 $\phi(a_i)=A_i$；同时，每条边 $e_i=(a_i, a_{i+1})$ 属于 P 中对应的关系 R_i，可记为 $p\in P$。两条连接路径 $P_1=(A_1, A_2, \cdots, A_l)$ 和 $P_2=(A'_1, A'_2, \cdots, A'_k)$ 是可连接的，当且仅当 $A_l=A'_1$，连接后的结果表示为 $P=(P_1P_2)$，即$(A_1, A_2, \cdots, A_l A'_2, \cdots, A'_k)$。一个简单的路径连接示例如图 9-5c 所示：路径 CTF 可由路径 CT 和路径 TF 连接得到。

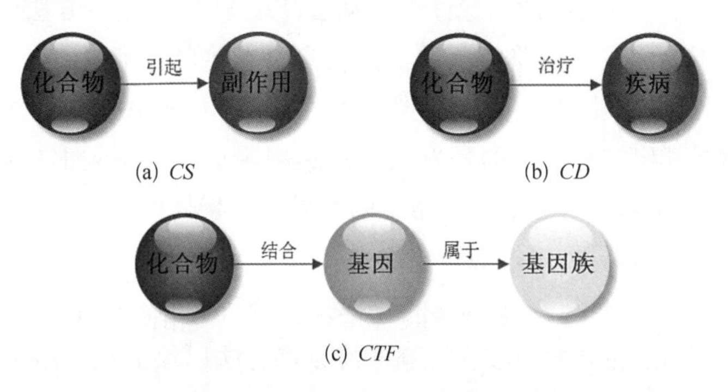

图 9-5 SLAP 中的连接路径示例

9.2 异质数据网络挖掘研究现状

目前,已有研究者在异质网络上开展了几种数据挖掘任务的研究,例如,基于排序(ranking-based)的聚类、分类方法[6,7,9,10]。2011年,Sun等人首次提出了基于元路径的异质网络挖掘框架,给出了一个基于元路径的相似性度量,该度量通过指定不同路径反映异质网络中隐含的语义信息,并在该框架上实现了top－k异质网络的同类元素间的相似性查询[4]。之后,Shi等人对异质网络相似性查询问题进行了扩展,实现了不同类型元素间的相似性查询[12]。2012年,Sun等人又针对异质网络聚类问题,设计了基于元路径的聚类算法[8]。2012年,Kong等人设计了基于元路径的异质网络分类算法[11]。此外,Sun等人提出基于元路径的异质网络关系预测[13]。此外,异质数据网络在现实中存在越来越普遍,并且形式复杂多样,涉及的领域也很广泛,新的挖掘需求不断出现。例如,研究大数据环境下异质网络上的相似性查询、相似性连接(similarity join)[16,17]、特异群组挖掘[18,19]等挖掘任务。

相似性连接任务是一项具有广泛应用的重要分析任务,这方面已有大量研究工作。文献[16](2011年)和[17](2013年)指出了网络数据上的相似性连接任务的重要性和广泛的应用领域,如相似网页检测、实体解析、数据清洁、链路预测和相似文献检索等。早期研究是在空间数据库中返回满足指定相似性阈值最相似的数据对或前k个数据对(top－k相似性连接),通常采用欧式距离度量对象间的相似性[21]。最近,更多的相似性连接研究集中在集合(set－)[22]和字符串(String－)[23]上,相似性度量通常用海明距离、编辑距离或Jaccard相似性度量。然而,关于网络的相似性连接工作很少。Silc-Join[24]和Distance-Join[25]分别研究了路网和图模式匹配的相似性连接问题,采用最短路径距离。2011年,Sun等人研究了网络上的相似性连接问题[16],采用了基于连接(link-based)相似性度量(PPR和SR)。前已述及,PPR和SR忽略了异质网络中的不同路径蕴含的语义信息。此外,LS-join采用迭代计算模型计算PPR和SR,该方法对于大规模的网络不是有效的。2013年,Zheng等人提出了针对图的基于SimRank的相似性连接算法(SRJ)[17],然而该方法仍采用SR作为相似性度量,该度量不能抓住不同路径下的语义信息。上述研究都没有考虑异质网络特征,没有考虑蕴含的语义信息,因此有必要在异质数据网络上开展相似性连接问题的研究[18]。

前已述及,特异群组挖掘的目的是发现数据集中明显不同于大部分数据对象(不具有相似性)的数据集合。但是,异质数据网络上的特异群组特异性度量更加复杂,需要在异质数据网络上设计与实现特异群组挖掘算法。

另一方面,大数据环境下,挖掘算法的效率是十分重要的。由于异质数据网络挖掘研究目前仍处于起始阶段,主要集中在探究新的准则和方法以保证挖掘结果反映异质网络隐含的语义信息。具有代表性的是异质网络中基于元路径的相似性度量的提出[4],但是也存在几个问题：① 基于该度量的相似性查询方法[4]难以满足大数据集上的实时快速响应的查询需求；② 相似性连接任务虽然可以离线完成，实时响应不是第一需求，但相似性连接涉及的计算量庞大，设计高效的相似性连接算法也很重要；③ 在异质数据网络特异群组挖掘方面，该任务是挖掘少部分对象形成的特异群组（具有低密度高价值的数据特性），效率上的考虑是关键，要求设计有针对性的算法优化策略。

9.3 数据网络上的相似性度量的研究

数据网络上节点之间的相似度一般采用某种相似性度量方式进行计算，传统的有基于节点间链接关系的 Personalized PageRank（PPR）[26]、SimRank（SR）[27]等。PPR 用随机游走策略计算从源节点到目标节点的概率；SR 是为衡量结构性上下文（structural-context）的相似性而提出的，基于假设：如果两个对象分别和其他相似的对象相似，那么这两个对象相似。然而，它们都忽视了在异质网络中不同路径所表达的语义信息。并且，它们偏重于高可见的对象（即具有大量路径的节点对象）或是高密集的对象[4]。虽然相似性度量 ObjectRank[28]和 PopRank[29]考虑了异质关系可能对节点间的相似性衡量产生影响，但它们仅给出使用固定权值的所有可能路径的特定组合。Sun 等人提出了一个基于元路径的相似性函数 PathSim[4]，该函数能够捕获异质网络中节点对间的语义相似性，实验表明，该函数相比上述相似性度量具有更好的效果[4]。但是，该函数由 Dice 相似性系数派生，对应的距离函数不具有三角不等式性质，这限制了在该相似性定义下的相似性查询等挖掘任务效率的提升。例如，不支持常用于加快大量数据间相似度计算的 LSH（locality sensitive hashing）技术[30]。因此，有必要研究新的相似性度量函数，既要捕获异质网络中蕴含的语义，又要考虑对大数据集上挖掘优化技术的支持。

9.4 异质数据网络挖掘研究内容

异质数据网络挖掘目前仍是一个新起的研究领域，还有许多工作需要开展，具体研究内容包括：

1）异质数据网络相似性度量的设计

相似性是衡量数据对象之间的关系、研究数据和分析数据的基础。如何定义异质网络中节点间的相似性是异质网络挖掘研究的核心问题，直接影响着挖掘结果的质量。在异质数据网络分析中，路径隐含了语义信息，是度量节点间相似性的重要因素之一。相似性度量的设计需要结合路径因素，然而，路径的组合非常巨大，需要有相应的路径选择指导策略，并且，用户通常没有足够的背景知识来选择合适的元路径或它们的组合，因此，如何设计新的异质网络相似性度量和相似性计算的优化策略，为异质数据网络上的数据挖掘任务提供高效支持，是需要解决的一项关键技术。

这部分的研究工作重点考虑了大数据的异质性、巨量性的特点，具体工作包括：相似性的定义、相似性计算、相似性函数的性质和评估等。

2）异质数据网络相似性查询算法研究

在线相似性查询不仅要求查找相似对象的结果具有高准确度，而且还要求有更快的查询响应时间。处理速度快是大数据区分于传统数据技术的显著特征之一，在大数据环境下，对查询的处理速度、响应时间提出了更高的要求，也面临着更多的挑战。

这部分的研究内容致力于解决异质网络中在线相似性查询的准确性和时效性，实现在线查询的快速响应，包括相似性查询算法的设计和优化。

为了在度量节点间相似性时结合路径背后的语义信息，可以给出表示路径起始类型和终止类型之间复合关系的矩阵形式，即一条路径包含三方面的信息：起始类型、终止类型和关系矩阵。起始类型定义问题域，终止类型和关系矩阵共同定义节点的特征。这三者中只要有一个发生变化，从关系中抽取出的节点特征就会随之发生变化。对路径而言，其特征向量的维数通常是很大的，在如相似性查询、相似性连接等相似性计算情况下的精确结果将变得十分困难。于是，为提高相似性查询的响应速度，可以采用近似方法，在效率和准确率间进行折中，即将精确问题转化成近似问题。位置敏感哈希(LSH)函数常用于解决高维空间中的近似最近邻问题，即引入 LSH 为数据集建立索引，根据 LSH 性质，只在查询对象所在的桶中查找相似对象。但这样的方法为保证较高的准确率，需要在多张哈希表中重复查询，哈希表的个数 t 通常很大，基本 LSH 相似性查询的空间复杂度将很高。为克服这个缺点，需要采取 LSH 相似性查询的扩展方法，即在一张哈希表中探查多个桶。通过提高每张哈希表的利用率，以减少所需哈希表的数量。通过设计相应的优化策略以减少相似度计算的数量，提高相似性查询的效率。

LSH 满足这样一种特性：在目标距离度量下较近的两个对象被映射到同一个值的概率较大；相反地，在目标距离度量下较远的两个对象被映射到同一个值的概率较小。不同的距离度量有不同的 LSH 函数。然而，并非所有的相似性度量都有符合位置敏感哈希模式的 LSH 函数族。由于 Dice 系数对应的距离度量不满足三角不等式，所以它没有相应的 LSH 函数族。考虑到 Dice 系数是 PathSim 在元路径长度为 2 时的退化形式，可以推断，PathSim 也不支持 LSH。PathSim 的这个缺点限制了它在 LSH 索引中的应用。因此，为提升异质网络数据上的相似性查询效率，需要在相似性度量上进行改进。

3）异质数据网络相似性连接算法研究

相似性连接是从一个或两个数据集中查找出所有相似的对象对(从一个数据集中查找出所有的相似对象对称为自相似性连接)。相似对象对既可以指相似度不小于阈值的对象对，又可以是按相似度从大到小排序后的前 k 个对象对。数据网络的相似性连接有许多重要应用，然而，现有的相似性连接算法都是针对同质网络的，没有考虑异质网络中隐含的语义信息。虽然相似性连接通常不是在线需求，但是由于数据量巨大，并且相似性连接问题本身涉及庞大的计算量，因此，有必要设计异质网络相似性连接优化技术，以提升相似性连接算法效率。

这部分的研究内容包括相似性连接算法的设计，并针对大数据巨量性特点，设计相似性连接算法的优化技术。

相似性连接也可采取基于 LSH 的优化技术。最基本的策略是认为相近的节点对象会被哈希到相同或相近的桶中，这样可以忽略不同桶中节点形成的节点对。但是这样的方法也需要大量的哈希表，复杂度较高。因此，除了在同一个桶中查找相似节点对，可以在相近的桶中进行查找，过滤距离较远的桶中的节点形成的节点对。但是相近桶中仍然存在一些节点对不可能出现在最后的结果集中，为解决该问题，可以根据相似性度量的性质设计剪枝优化策略，建立扩展的 LSH 索引，以减少节点对候选集的大小，通过采取这样的优化技术设计有效的相似性连接算法[18]。

4）异质数据网络特异群组挖掘算法研究

目前已有关于异质数据网络的聚类、分类等挖掘任务的研究，聚类是将数据集中大部分数据对象划分成若干簇的过程。特异群组中的对象也具有相似性，在一定程度上符合传统簇的概念，但是特异群组之外的对象数目远大于特异群组中对象的数目，并且这些对象不属于任何簇，这和聚类的目的是不一致的。大数据具有价值高但价值密度低的特性，特异群组是一类低密度、高价值的数据(仅有少部分对象是相似的)。特异群组挖掘任务目前还没有关于网络数据集上的探索研究。

这部分的研究内容包括探索异质网络特异群组挖掘问题的数学模型、特异性度量的定义，并针对大数据高价值低密度的特性，设计特异群组挖掘算法优化技术，如剪枝策略、建立索引机制、采取一定的并行方案等。

5）异质数据网络挖掘算法应用领域研究

异质数据网络应用领域广泛，例如，医疗、生命科学、社交网络等具有大数据基础的领域，需要在利用数据挖掘算法处理大规模数据所具有的高性能的同时，探讨算法在实际领域的应用，验证算法的有效性，解决算法的设计与特定应用中的领域知识相结合的问题，以提高异质数据网络挖掘算法的适用性。

9.5 小结

提高挖掘方法的效率一直是数据挖掘领域的重要研究内容，当前，研究者已经设计了许多性能较好的数据挖掘算法，但是，如果直接将这些算法应用在异质数据网络数据集上，往往不能获得令人满意的结果。异质数据网络的特征及多样性的分析需求对算法的性能提出了较高的要求，关键是根据这些特征和性质，针对不同的挖掘任务设计优化策略。本章是从异质数据网络挖掘算法研究的现状出发，提出了该领域应该关注的重点研究内容和方向。更详细的异质数据网络挖掘算法可以参见文献[5]。

◇参◇考◇文◇献◇

[1] Sun Y, Han J. Mining Heterogeneous information networks: principles and methodologies. Morgan & Claypool Publishers, 2012.

[2] Sun Y, Han J, Yan X, et al. Mining knowledge from interconnected data: a heterogeneous information network analysis approach. VLDB, 2012.

[3] Brin S, Page L. The anatomy of a large-scale hypertextual web search engine. WWW, 1998.

[4] Sun Y, Han J, Yan X, et al. Pathsim: Meta path-based top-k similarity search in heterogeneous information networks. PVLDB, 4(11): 992 - 1003, 2011.

[5] Sun Y,. Han J. Mining heterogeneous information networks: a structural analysis approach. SIGKDD Explorations, 14(2): 20 - 28, 2012.

[6] Sun Y, Han J, Zhao P, et al. RankClus: integrating clustering with ranking for heterogeneous information network analysis. EDBT, 2009.

[7] Sun Y, Yu Y, Han J. Ranking-based clustering of heterogeneous information networks with star network schema. KDD, 2009.

[8] Sun Y, Norick B, Han J, et al. PathSelClus: integrating meta-path selection with user-guided object clustering in heterogeneous information networks. TKDD, 7(3): 1 - 23, 2013.

[9] Ji M, Han J, Danilevsky M. Ranking-based classication of heterogeneous information networks. KDD, 2011.

[10] Ji M, Sun Y, Danilevsky M, et al. Graph regularized transductive classication on heterogeneous information networks. ECMLPKDD, 2010.

[11] Kong X, Yu P, Ding Y, et al. Meta path-based collective classification in heterogeneous information networks. CIKM, 2012.

[12] Shi C, Kong X, Yu P, et al. Relevance search in heterogeneous networks. EDBT, 2012.

[13] Sun Y, Barber R, Gupta M, et al. Co-author relationship prediction in heterogeneous bibliographic networks. ASONAM, 2011.

[14] Gupta M, Gao J, Yan X, et al. On detecting association-based clique outliers in heterogeneous

information networks. ASONAM, 2013.

[15] Gupta M, Gao J , Han J. Community distribution outlier detection in heterogeneous information networks. ECML/PKDD, 2013.

[16] Sun L, Cheng R, Li X, et al. On link-based similarity join. PVLDB, 4(11): 714 - 725, 2011.

[17] Zheng W, Zou L, Feng Y, et al. Efficient simrank-based similarity join over large graphs. VLDB, 2013.

[18] Xiong Y, Zhu Y, Yu P. Top-k Similarity Join in Heterogeneous Information Networks. IEEE Transactions on Knowledge and Data Engineering (TKDE). 2015, 27(6): 1710 - 1723.

[19] Xiong Y, Zhu Y. Mining peculiarity groups in day-by-day behavioral datasets. ICDM, 2009.

[20] Xiong Y, Zhu Y, Yu P, et al. Towards cohesive anomaly mining. AAAI, 2013.

[21] Corral A, Manolopoulos Y, Theodoridis Y. Algorithms for processing k-closest-pair queries in spatial databases. DKE, 49(1): 67 - 104, 2004.

[22] Xiao C, Wang W, Lin X, et al. Top-k set similarity joins. ICDE, 2009.

[23] Feng J, Wang J, Li G. Trie-join: a trie-based method for efficient string similarity joins. PVLDB, 21(4): 437 - 461, 2012.

[24] Sankaranarayanan J, Alborzi H, Samet H. Distance join queries on spatial networks. GIS, 2006.

[25] Zou L, Chen L, Ozsu M. Distance-join: pattern match query in a large graph database. PVLDB, 2(1): 2009.

[26] Jeh G, Widom J. Scaling personalized web search. WWW, 2003.

[27] Jehl G, Widom J. Simrank: A measure of structural-context similarity. KDD, 2002.

[28] Balmin A, Hristidis V, Papakonstantinou Y. Objectrank: authority-based keyword search in databases. VLDB, 2004.

[29] Nie Z, Zhang Y, Wen J, et al. Object-level ranking: bringing order to web objects. WWW, 2005.

[30] Indyk P, Motwani R. Approximate nearest neighbors: towards removing the curse of dimensionality. STOC, 1998.

第10章

大数据挖掘应用之推荐系统

随着互联网、移动技术的发展，推荐系统已经渗透到人们的衣食住行中。将哪件商品推荐给消费者被购买的可能性最大？该到附近哪家餐馆吃饭最合口味？该买哪个地段的房子是最佳的投资？当天走哪条路线不会堵车？类似的例子还有很多。如何对未来做出正确的决策，为用户提供便捷访问的高质量推荐，正是推荐系统研究领域的主要目标。近年来，推荐系统被广泛应用到很多领域，例如：电子商务、音频视频网站、音乐电台、社交网络、个性化阅读、个性化广告、基于位置的服务和移动推荐等，并催生很多新的推荐技术，涌现出一些著名的推荐系统，如：亚马逊（Amazon）的个性化产品推荐、Netflix 的视频推荐、Pandora 的音乐推荐、Facebook 的好友推荐和 Google Reader 的个性化阅读等。推荐系统广泛应用在电子商务、大规模零售业和各种知识管理应用中，不仅给运营商带来了利益，也给用户带来了诸多便利。

推荐系统目的是从大量数据中找到用户可能感兴趣的信息，最早可追溯到认知科学、近似理论、信息检索、预测理论、管理科学和市场中的客户选择模型等[1]。鉴于推荐系统的理论和实际应用价值，本章系统介绍推荐系统的概念、相关算法和研究进展等[2]。

10.1 推荐系统研究阶段

社交网络和电子商务的发展使得推荐系统的研究和应用越来越广泛。根据谷歌学术搜索关键字“recommender system”得到的统计结果如图 10－1 所示，可以直观地看出，从 1992 年至今，有关推荐系统相关的研究成果，以发表论文数目来说有显著增长。

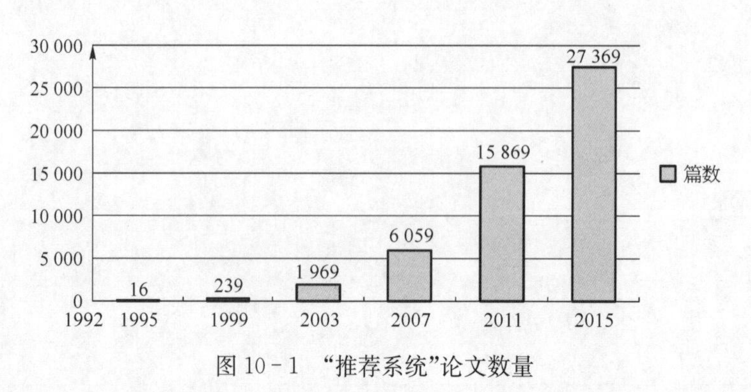

图 10－1 “推荐系统”论文数量

纵观推荐系统的研究发展进程，将推荐系统分为如下三个阶段：

阶段一：推荐系统形成初期阶段。这一时期属于面向系统的探索阶段，不仅有基于协同过滤的系统，还有基于知识的系统（比如 FindMe 系统），在这个阶段，推荐系统被发现具有可行性和有效性，激发了人们推动该领域在科研及商业实践方面的不断发展的积极性。这一时期有以下三个标志性意义的事件：

(1) 协同过滤。1992 年 Xerox Palo Alto 研究中心开发了实验系统 Tapestry[3]，该系统是基于当时相对新颖的利用其他用户显式反馈（评分和注释）的思想，帮助用户过滤邮件、解决邮件过载问题，基于当时相对新颖的利用其他用户显式反馈（评分和注释）的思想。该论文也是最早使用“协同过滤”（collaborative filtering，CF）一词的，自首次在文章中提出后被广泛引用。尽管 Tapestry 能够提供较好的推荐，但它有一个主要的缺陷：需要用户书写复杂的查询语句。

(2) 自动推荐。1994 年产生了第一个能够自动推荐的系统：GroupLens 系统[4]。该系统也是为文本文档（Usenet 新闻消息）过滤而开发的，和 Tapestry 不同之处在于，Tapestry 专指一个点（比如一个网站内、一个系统内）的过滤机制，GroupLens 既能跨网计算又能自动完成。

(3) 推荐系统。1997 年 Paul Resnick 等人[5]首次提出“推荐系统”（recommender system，RS）一词，认为该词比“协同过滤”更合适来描述推荐技术。原因有二：第一，推荐人和被推荐者相互之间可能不知道对方；第二，推荐除了指出那些应该被过滤掉的，还可能建议特别感兴趣的项目。自此，“推荐系统”一词被广泛引用，并且推荐系统开始成为一个重要的研究领域。

阶段二：推荐系统商业应用的出现。这一时期推荐系统快速商业化，效果显著。MIT 的 Pattie Maes 研究组于 1995 年创立了 Agents 公司（后更名为 Firefly Networks）。明尼苏达州的 GroupLens 研究组于 1996 年创立了 NetPerceptions。这一时期工作主要解决在大大超越实验室规模的情况下运行带来的技术挑战，开发新算法以降低在线计算时间等。这一时期标志性事件是电子商务推荐系统。最著名的电子商务推荐系统是亚马逊公司，顾客选择一个感兴趣的商品后，页面下方就会出现“通常一起购买的商品”和“购买此商品的顾客同时购买”的商品列表。Linden 等人（2003 年）公布了在亚马逊中使用的基于物品内容的协同过滤方法，该方法能处理大规模的评分数据（当时有 2 900 万客户和几百万的商品目录），并能产生质量良好的推荐，大大提高了亚马逊的营业额，据统计推荐系统的贡献率在 20%和 30%之间[6]。另一个成功的应用是 Facebook 的广告，系统根据个人资料、用户朋友感兴趣的广告等对个人提供广告推销。

阶段三：新型算法不断涌现阶段。2000 年至今，随着应用的深入和各个学科研究人员的参与，推荐系统得到迅猛发展。来自数据挖掘、人工智能、信息检索、安全与隐私以及商业与营销等各个领域的研究，都为推荐系统提供了新的分析和方法。又因为可以获得海量数据，算法研究方面取得了很大进步，更是在 2006 年被北美最大的在线视频服务提供商 Netflix 的 100 万美元大奖推上了高峰。这一时期标志性事件有：

(1) 推荐分类。2005 年 Gediminas Adomavicius 等人的综述论文[1]将推荐系统分为三个主要类别：基于内容的、协同的和混合的推荐方法，并提出了未来可能的主要研究方向。到目前为止，这篇文章引用率高达5 181次。

(2) Netflix竞赛。2006年10月Netflix宣布了一项竞赛，任何人只要能够将它现有电影推荐算法Cinematch的预测准确度提高10%，就能获得100万美元的奖金。该比赛在学术界和工业界引起了较大的关注，参赛者提出了若干推荐算法，提高推荐准确度，降低了推荐系统的预测误差，极大地推动了推荐系统的发展。

(3) 推荐系统大会RecSys。2007年第一届ACM推荐系统大会(ACM Conference on Recommender Systems，RecSys)在美国举行。这是推荐系统领域的顶级会议，主要是提供一个重要的国际论坛来展示推荐系统在较广领域的新的研究成果、系统和方法。

迄今为止，推荐算法的准确度和有效性方面得到了诸多改进，极大完善了推荐效果并可满足更多的应用需求。然而越来越大的数据规模对推荐系统算法的研究提出了更高的要求。因此，相关研究还有大量工作要做。

10.2 推荐系统算法

推荐系统针对不同的服务对象，可以分为基于全体用户的推荐和基于单个用户的推荐(即个性化推荐)。以电子商务为例，基于全体用户的推荐，是对所有消费者给出同样的推荐，如根据物品流行度计算出的top-k个项目，推荐给所有用户。基于单个用户的推荐，是指针对不同的用户做出不同的推荐结果，如根据单个用户的行为记录，模型化用户的喜好，从而做出一对一的推荐。

10.2.1 推荐系统定义

推荐技术也即个性化信息过滤技术，是用来预测一个给定的用户是否将会喜欢一个特定的项目(预测问题)或者是来识别一个给定用户感兴趣的N项集(top-N推荐问题)。Adomavicius等人给出推荐系统的形式化定义[1]：设C表示所有用户集合，S表示所有可能被推荐的项目集合(如书籍、电影、餐馆等)，u是一个效用函数，用来度量项目s对用户c有用性，如u: $C\times S\rightarrow R$，R是一个全序集合(如一定范围内的非负整数或实数)。那么，对每一个用户$c\in C$，想要找到使用户的效用函数u最大的项目$s'\in S$。即：

$$\forall c\in C,\ S'_c=\arg\max_{s\in S} u(c,\ s)$$

推荐系统主动向用户提供可能感兴趣的项目，本质是通过一定的方式将用户和项目联系起来。图10-2给出了推荐系统的工作原理，从左到右依次是输入数据源、采用某种推荐算法、产生推荐结果进行个性化推荐。不同的推荐系统使用了不同的推荐算法，所以推荐系统的核心在于根据不同的数据源采用不同的推荐算法。

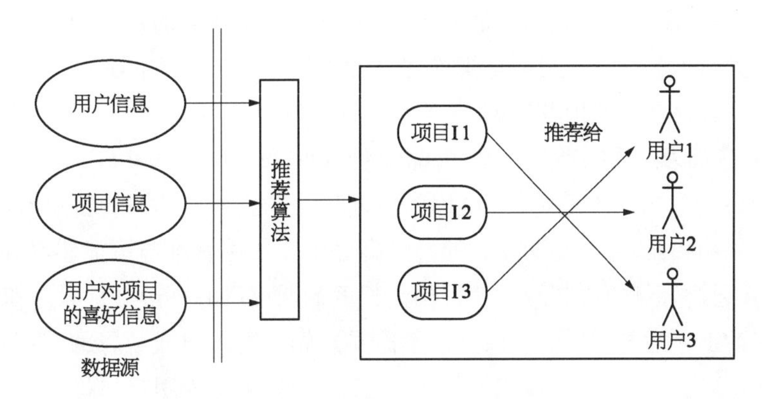

图 10-2 推荐系统工作原理

10.2.2 推荐算法分类

推荐算法层出不穷，按照不同的分类标准可以得到不同的分类结果。主流的推荐系统分为三类[1]：基于内容的推荐、协同过滤推荐和混合的推荐方法。随着推荐系统研究的不断深入和发展，涌现出越来越多的算法和模型。按照模型分为最近邻模型，隐因素模型(latent factor model，LFM)和图模型等。还可根据应用领域的不同分为电子商务领域的推荐，社交网络领域的推荐，多媒体领域的推荐，移动应用领域的推荐，跨领域推荐等。文献[7]提出了推荐系统分类框架，如图 10-3 所示，框架图左分支是推荐系统的应用领域：书籍、文本、图片、电影、音乐、购物、电视节目及其他，右分支是推荐系统用到的数据挖掘技术：关联规则、聚类、决策树、K-NN、链路分析、神经网络、回归和启发式方法等。

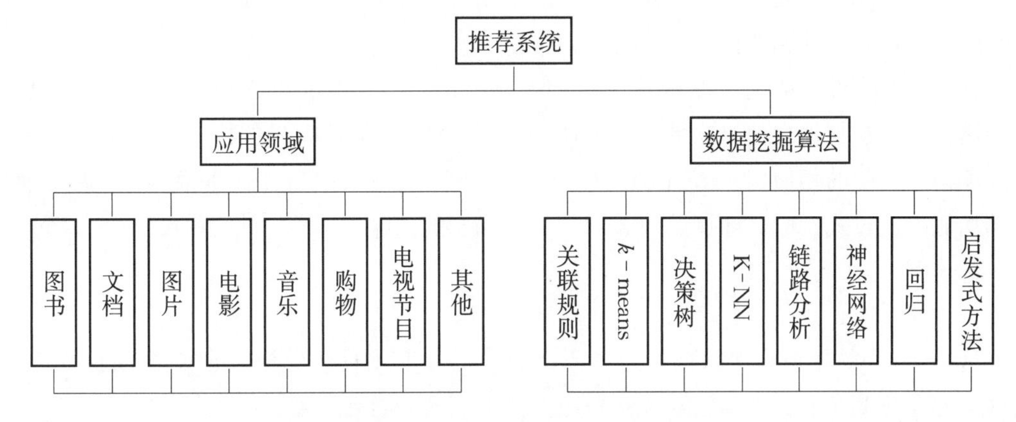

图 10-3 推荐系统分类框架

数据是推荐系统的基础。从图 10-2 也可以看出，良好的推荐效果一定是来自丰富而准确的数据(用户信息、项目信息和偏好信息)。本章根据推荐系统使用的数据源不同,将推荐系统分为以下几类:基于用户行为数据的推荐、基于项目内容数据的推荐、基于社交网络数据的推荐、基于语境感知数据的推荐、基于人口统计学数据的推荐、基于心理学数据的推荐以及基于大数据的推荐。下面详细论述这七种推荐算法,并对每一类别的推荐方法比较分析优缺点及各自常用的推荐模型。

1) 基于用户行为数据的推荐(user behavior-based recommendation)

基于用户行为数据的推荐算法,也称为协同过滤算法,是推荐系统领域应用最广泛的算法。利用某兴趣相投、拥有共同经验的群体喜好来给使用者推荐可能感兴趣的项目。协同过滤,即个人通过合作的机制给予项目相当程度的回应(如评分)并记录下来以达到过滤的目的进而帮助别人筛选项目[8]。该算法不需要预先获得用户或项目的特征,仅依赖于用户的历史行为(显式反馈或隐式反馈)给用户兴趣建模,从而为用户作推荐。这里,显式反馈是指用户直接对项目的打分或报告,隐式反馈包括用户购买历史、浏览历史、搜索模式,甚至鼠标移动等。协同过滤方法主要分为三种类型:基于用户的协同过滤、基于项目的协同过滤和基于模型的协同过滤。

(1) 基于用户的协同过滤算法(user-based CF)。user-based CF 基于这样的假设:一个用户喜欢和他具有相似喜好的用户喜欢的项目,两个用户喜欢的项目交集越大,这两个用户越相似。两个用户兴趣相似度的计算可以有多种方法。常见的如 Pearson 相关系数和余弦相似度计算。给定两个用户 u、v,令 $I(u)$是 u 感兴趣的项目集,$I(v)$是用户 v 感兴趣的项目集,计算出相似性用户 u 和 v 的相似性 $sim(u, v)$后,可通过式 10-1 计算用户 u 对项目 i 的喜好程度:

$$r_{ui} = \sum_{v \in S(u, K) \cap N(i)} sim(u, v) r_{vi} \tag{10-1}$$

其中,$S(u, K)$包含和用户 u 兴趣最接近的 K 个用户,$N(i)$是对项目有过行为的用户集合,r_{vi} 代表用户 v 对项目 i 的兴趣度。由于用户的喜好通常随时间而变化,所以需要周期性的对用户之间的相似性做一次更新。

(2) 基于项目的协同过滤推荐(item-based CF)。item-based CF 基于这样的假设[9]:一个用户会喜欢与他之前喜欢的项目相似的项目。因此,基于项目的协同过滤推荐关键在于计算物品之间的相似度。item-based CF 认为两个项目被越多的用户同时喜欢,两个项目就越相似。通过式 10-2 计算用户 u 对一个物品 j 的兴趣度:

$$r_{ui} = \sum_{i \in N(u) \cap S(j, K)} \mathrm{sim}(j, i) r_{ui} \tag{10-2}$$

这里 $N(u)$是用户喜欢的项目的集合,$S(j, K)$是和项目 j 最相似的 K 个项目的集合,$\mathrm{sim}(j, i)$是项目 j 和 i 的相似度,r_{ui} 是用户 u 对项目 i 的兴趣度。

基于用户的协同过滤和基于项目的协同过滤统称为基于邻域的推荐(nearest neighbor recommendation),也称作基于记忆的推荐算法(memory-based recommendation)。基于邻域的推荐算法需要维护一个用户相似度矩阵或项目相似度矩阵,因此,对于项目的数目更新速度远远小于用户数目增长速度的情况,宜采用基于项目的推荐算法,如亚马逊建立的推荐系统正是基于项目的协同过滤推荐算法[6],还有移动应用产品的推荐[10]。另外,有研究表明,基于项目的算法一般在性能上要优于基于用户的算法[11]。Jun Wang 等人[12]通过相似性融合,统一了基于用户和基于项目的协同过滤方法,这样就避免了单纯基于用户或基于项目 CF 的局限性。基于领域的推荐算法不足之处在于数据稀疏性等问题,难以处理大数据量下的即时结果。因此提出了基于模型的协同过滤推荐算法。

(3) 基于模型的协同过滤推荐(model-based CF)。基于模型的协同过滤推荐,是用训练数据来学习识别复杂模式,从而得到学习模型,然后基于学习模型在数据集上做智能预测[13]。文献[14]提出一个概率方法的协同过滤,未知打分的计算如式 10-3 所示,

$$r_{u,s} = E(r_{u,s}) = \sum_{i=0}^{n} i \times \Pr(i \mid r_{u,s'}, s' \in S_c) \tag{10-3}$$

这里,假设打分值是整数在 0 到 n 之间,概率表示为:给定已有的被打分项目的用户的打分,用户 u 将对项目 s 给出一个特定的打分。

比较有名的基于模型的 CF 推荐算法还有:贝叶斯信念网 CF 模型(Bayesian belief nets CF models)[15]、聚类 CF 模型(clustering CF models)[16]、概率因素模型(probabilistic factor models)[17]、隐语义模型(latent semantic CF models)[11]、隐因素模型[18]也称为矩阵分解模型(matrix factorization),采用 SVD、主成分分析[19]、SVD++[20]等矩阵分解方法来推荐。文献[21]结合传统的协同过滤和概率主题模型的优点,为用户和项目提供一个可解释的隐语义结构,用来给某一个在线社区的用户推荐科技文章。此外,还有基于图模型的推荐[22,23],将推荐问题转化为图模型中的节点选择问题,通过分析节点之间的路径,来增加 CF 算法推荐结果给用户带来的惊喜度。

2) 基于内容数据的推荐(content-based recommendation)

基于内容数据推荐的基本思想[24]是对一个给定的用户推荐与他之前喜欢的项目在内容上有相似性的其他项目。这种推荐仅需要得到两类信息:项目特征的描述和用户过去的喜好信息。它不需要一个很大的用户社区或打分历史,对单个用户就可以产生推荐列表。关键技术是对项目建模和对用户的喜好建模,并计算它们的相似性。建模的方法有多种,Salton 等人提出的传统向量空间模型[25]是最常用的基于内容数据的推荐方法。其他建模方法还有很多,如改进的向量空间模型、显式决策模型、线性分类和机器学习等。

基于内容的推荐有两个主要缺陷:① 推荐给用户的项目与该用户已经消费过的项目很相似,这使得不易发现用户不熟悉但是潜在感兴趣的项目种类;② 需要预处理项目以得到能够代表他们的项目特性,但这种预处理在实际问题中往往非常困难,特别是在多媒体领域的数据(图像、音频、视频等)。针对以上不足,一种利用领域专家给项目打标签的方法被提出[26],也即传统的分类系统(taxonomy);另一种是用户给项目打标签,也即大众分类系统(folksolomy)。前一种比较科学和权威,但是不能很好地表达用户的个人观点,是单向

无互动的。后一种比较多元化，不够准确，但能及时反馈用户观点，有助于兴趣挖掘。

3）基于社会网络数据的推荐（social network-based recommendation）

社会推荐（social recommender）主要是针对用户和他们过去行为的社会关系进行系统化平衡。它基于这样的信念：在社会网络中，与其他用户进行链接的用户，表示愿意分享一定共同的兴趣爱好或者他们之间有相似的品位（同质性原理），这里的相似性被期望来帮助改进推荐准确率和质量。

基于社会网络的推荐早先大部分是基于领域的方法。首先探索打分者的社会网络，聚集打分者的打分来计算预测打分：然后找到打分者的邻居。除了简单的基于邻域的方法，还有许多是基于模型的推荐方法，如采用矩阵分解方法[27]、图模型[28]，将用户的社会网络和用户物品的喜好关系建模到一张图中，联合基于项目的推荐和基于信任（trust-based）的推荐，然后利用随机游走算法给用户做推荐。采用异构数据源对用户兴趣进行建模，从异构社会网络中学习相关性[29]。这里，基于信任的推荐是将信任度引入推荐系统，用信任度代替相似度。有许多方法可以计算用户的 top *N* 信任邻居。用一个信任矩阵（如 Eigentrust[30]）来计算 top *N* 被信任的用户，或者激活扩散模型（spreading activation model）[31]通过他们接收到的能量来给结点排序。更进一步，考虑到一个用户可能在不同的领域信任不同的朋友子集，文献[32]通过引进一个“推测的朋友圈”概念，来决定用户朋友的最佳子集合，即将用户的朋友分到与所属类别相关的社会信任环，提出基于环的在线社会网络推荐。

4）基于语境感知数据的推荐（context aware-based recommendation）

20世纪90年代，“语境感知计算”概念被提出，语境信息类型包括[33]时间、信息、外界物理环境（如天气、温度等）、设备类型、周围人员、活动状态、目的/意图等。还有些系统考虑了情绪、计算平台、网络条件、社会网络等更为广泛的语境。上下文/语境在一个消费者购买的行为中会引起很重要的变化，在用户行为模型中引入语境信息能改进预测的能力[34]。基于语境感知的推荐系统一般分为两种类型：① 通过语境驱动的查询和搜索推荐；② 通过语境的启发和评估推荐。基于语境驱动的查询和搜索已经被用在移动和游客推荐系统[35,36]，典型的使用语境信息来查询或搜索一个特定的资源应答（如餐馆）并给出最好的匹配资源推荐给用户（如离用户最近的当前营业着的餐馆）；基于语境喜好的启发和评估（包括不同用户提供的各种项目打分的启发和评估[37~39]）方法可追溯到文献[38]，使用多维方法来整合语境信息到推荐系统，这里传统的二维用户/项目被延伸来支持额外的语境维度，如时间、位置和公司。此后，许多针对语境喜好的启发和评估方法[39,40]被提出，所有这些都强调模型化和学习用户的语境感知喜好的必要。

5）基于人口统计学数据的推荐（demographic-based recommendation）

人口统计学（Demographic）由人口统计资料搜集方法、人口统计资料的汇总与整理和人口分析方法三个互相联系的部分组成[41]。通常人口统计学数据包括人的年龄、性别、国籍、民族、工作、学历、出生地等。基于人口统计学的推荐是根据人口统计学数据对每个用户建立一个用户剖面(user profile),系统根据用户的剖面图,计算用户间相似度,得到当前用户的最近邻集,最后系统会把基于“邻居”用户群喜好的项目推荐给当前用户。

目前已有应用概率模型或智能引擎来进行基于人口统计学数据推荐[42,43]。文献[42]考虑用户模式(stereotypes)应用基于概率的模型推荐书籍。还有利用智能引擎与互联网上的用户进行交互,基于用户的人口统计学剖面(profiles)来推荐网页。如文献[43]通过研究如何利用大量的用户人口统计数据和用户行为数据来构建用户的兴趣模型(lifestyle finder)的方法。首先作者根据用户看电视、购物的行为,将用户按照他们的人口统计学特征分成62个簇,然后对任意一个用户,先找到他所属的簇,再给他推荐这个簇里其他用户喜欢的项目。

6) 基于心理学数据的推荐(psychology-based recommendation)

已有研究表明人的心理方面的如心理特征和情感因素在用户做决策的时候非常重要[44,45]。基于人类情感、个性的模型已经被广泛地应用[46]。基于心理学的推荐方法有情感智能(emotional intelligence)[47]、满意度(satisfaction)[48]、心理作用(psychological effects)[49]、个性特质(personality-based)[50]。文献[47]提出使用用户情感智能来改进推荐性能,这是最早把情感元素加入用户剖面来进行个性化推荐的研究。文献[51]开发了一个适应性强的智能用户模型(smart user mode,SUM)。值得一提的是,Neflix竞赛获得者之一就是学心理学的。

7) 基于大数据的推荐(big data-based recommendation)

对推荐系统而言,“大数据”包含系统可触及的数据,如用户行为数据、社会网络数据、人口统计学数据、语境感知数据等。我们可以合理利用系统能够触及的所有数据进行推荐。相对于6种基于单一数据的推荐,大数据环境下的推荐是至少基于两种类型的数据而进行的推荐。研究表明基于大数据的各种混合推荐算法的推荐效果要优于单纯的基于一种数据的推荐,如将基于社会网络的推荐和协同过滤推荐结合[52]、将基于内容的推荐和协同过滤方法结合[53]、跨领域推荐[54]。文献[55]提出了如下组合思路:加权(weighted)、变换(switching)、混合(mixed)、特征组合(feature combination)、级联(cascade)、特征扩充(feature augmentation)和元级别(meta-level),以上7种组合思路都可用来做基于大数据的推荐。

基于大数据的推荐系统以对海量数据进行分析、挖掘为基础,收集系统涉及的数据,通过多种算法进行推荐,提高推荐质量。基于大数据的推荐本质上是一种个性化的排序,根据不同的场景,使用不同的数据和不同的推荐算法策略。不仅帮助用户发现感兴趣的信息,而且使用推荐系统,能够防止用户流失,提高了用户的忠诚度,同时一定程度上也提高了网站的点击率。此外,基于大数据的推荐,可利用分布式技术和云计算的优势,采集并存储大量的用户行为日志,并针对不同的用户产生个性化的推荐。同时,基于大数据的推荐系统具有横向扩容的特性,使得随着数据的增长,能够随时扩充推荐系统的计算与存储能力。另外,基于大数据推荐系统的性能优化方面,可以使用倒排索引和cache机制等。

10.2.3 比较与分析

每种推荐算法都有它的优势和不足,如基于用户行为数据的推荐不需要领域知识,只需用户处于一个社区中,收集用户行为数据进行推荐;基于内容的推荐算法不需要一个很大的用户社区或打分历史,对单个用户就可以产生推荐列表等。本节给出上述7类推荐算法的优缺点,如表10-1所示:

表10-1 权衡推荐算法

算法	优点	缺点
基于用户行为数据的推荐	不需要项目内容信息 不需要领域知识 随着时间推移,预测精度的质量会越高 有足够的隐式反馈	新用户问题 新项目问题 对历史数据质量的依赖性
基于内容数据的推荐	不需要领域知识 随着时间推移,预测精度的质量会越高 有足够的隐式反馈 不需要用户打分或用户有邻居信息	新用户问题 对历史数据质量的依赖性
基于社交网络数据的推荐	随着时间推移,预测精度的质量会越高 有足够的隐式反馈 融合社交网络信息的积极影响	新用户问题 新项目问题
基于语境感知数据的推荐	不需要领域知识 随着时间推移,预测精度的质量会越高 有足够的隐式反馈 结合语境感知数据有利于推荐准确度	需要收集语境信息
基于人口统计学数据的推荐	不需要项目内容信息 不需要领域知识 随着时间推移,预测精度的质量会越高	需要收集人口统计信息
基于心理学数据的推荐	不需要项目内容信息 不需要领域知识 随着时间推移,预测精度的质量会越高	需要收集心理学方面的信息
基于大数据的推荐	不需要项目内容信息 不需要领域知识 随着时间推移,预测精度的质量会越高 可以包括非项目的特征 能够将用户需求到项目之间建立映射	对历史数据质量的依赖性

以基于人口统计学的推荐来为例,优点是由于不需要当前用户对项目的历史行为数据,所以很好地解决了“冷启动”(cold start)问题。另外该方法不依赖于项目本身,所以在不同项目领域可以使用,是不依赖领域的(domain-independent)。不足之处在于年龄、性别

等人口统计数据的获取较难。由于用户对隐私的考虑,可能不愿意提供这些信息,或者不愿意提供真实的信息,从而导致推荐系统在准确度方面有误差;此外基于人口统计数据的推荐是粗粒度的,使用户得不到很好的推荐结果,没有实现完全的个性化。

除了上述已经分类好的推荐方法,还有其他一些推荐方法:组推荐(group recommendation)[56]和基于知识的推荐(knowledge-based recommendation)[57]。基于知识的推荐使用关于用户和项目的知识来推理什么项目满足用户的需求,然后进行推荐。还有将经济学中的理论应用到推荐系统中,如投资组合理论[58],边际效用递减法则(law of diminishing marginal utility),也有研究引入了购买时间间隔信息来改进推荐效果[59]。

10.3 推荐系统的评测

随着推荐系统应用的深入和发展,基于这些基本方法的改进算法不断被提出。目前大多数推荐系统的评价指标有预测准确度[60]、覆盖率、召回率、多样性[61]、ROC(receiver operating characteristic)等[62],文献[63]从准确度、多样性、新颖性及覆盖率等 5 个方面进行多角度阐述,细分为 27 个评价指标,并对各自的优缺点以及适用环境进行了深入的分析。如表 10 - 2 所示。其中准确度是最重要也是最常用的推荐系统评测指标,用来度量推荐系统预测的能力。对于 top N 推荐,用准确率(precision)和召回率(recall)来评测推荐系统。

表 10 - 2 推荐系统评价指标

<table>
<tr><th colspan="2">评价指标</th><th>名称</th><th>符号</th><th>偏好</th><th>是否依赖于推荐列表长度</th><th>备注</th></tr>
<tr><td rowspan="15">准确度</td><td rowspan="4">预测评分准确度</td><td>平均绝对误差</td><td>MAE</td><td rowspan="4">小</td><td rowspan="4">否</td><td rowspan="4">适用于比较关注精确的预测评分的系统</td></tr>
<tr><td>平均平方误差</td><td>MSE</td></tr>
<tr><td>均方根误差</td><td>RMSE</td></tr>
<tr><td>标准平均绝对误差</td><td>NMAE</td></tr>
<tr><td rowspan="4">预测评分关联</td><td>Pearson 关联</td><td>PCC</td><td>大</td><td rowspan="4">否</td><td rowspan="4">适用于不关注精确预测评分的系统,其中 NDMP 适用于弱排序</td></tr>
<tr><td>Spearman 关联</td><td>ρ</td><td>大</td></tr>
<tr><td>Kendall'sTau</td><td>τ</td><td>大</td></tr>
<tr><td>基于距离的标准指标</td><td>NDMP</td><td>小</td></tr>
<tr><td rowspan="6">分类准确度</td><td>准确率</td><td>$P(L)$</td><td rowspan="6">大</td><td>是</td><td rowspan="6">除 AUC 外,其他不适用于没有明确二分喜好的系统</td></tr>
<tr><td>召回率</td><td>$R(L)$</td><td>是</td></tr>
<tr><td>准确率提高率</td><td>$e_p(L)$</td><td>是</td></tr>
<tr><td>召回率提高率</td><td>$e_R(L)$</td><td>是</td></tr>
<tr><td>F1 指标</td><td>$F_1(L)$</td><td>是</td></tr>
<tr><td>ROC 曲线面积</td><td>AUC</td><td>否</td></tr>
<tr><td>排序准确度</td><td>平均排序分</td><td>RS</td><td>小</td><td>否</td><td>适用于对推荐排序要求严格的系统</td></tr>
</table>

（续表）

评价指标	名　称	符　号	偏好	是否依赖于推荐列表长度	备　注
基于排序加权的指标	半衰期效用指标 折扣累计利润 排序偏差准确率	$HL(L)$ $DCG(b, L)$ $RBP(p, L)$	大	是	考虑了具体的推荐排序值，更合理些
覆盖率	预测覆盖率 排序覆盖率 种类覆盖率	COV_p $\mathrm{COV_p}(L)$ $\mathrm{COV_c}$	大	否 是 是	这些指标单独使用没有意义，应与准确度指标一起考虑，欲计算种类覆盖率指标需要先对商品种类分类
多样性	inter-user diversity intra-user diversity	$H(L)$ $I(L)$	大 小	是	
新颖性	推荐商品平均度 系统的自信息量 推荐的新颖率 考虑排序的推荐新颖率	$N(L)$ $U(L)$ UE UER	小 大 大 大	是	

以上都是一些实验性指标，有一定的局限性。这些都是基于用户选择打分的测试数据，如很可能用户只选择那些他们喜欢的项目进行打分，是一个倾斜样本，实验在无偏见随机样本测试推荐质量是很低的[64]。为了真正理解提出的推荐方法的利弊，很有必要进行高质量的实验。因此，可以开发面向经济的衡量指标来捕获推荐的业务价值，如投资回报率(return on investments，ROI)和客户生命周期(customer lifetime value，LTV)度量[65,66]。除了以上提到的评测指标，还有一些未量化的指标：用户满意度、实时性(real-time)、健壮性(robust)、自适应性(adaptivity)[62]、隐私性(privacy)[67]等。

10.4 小结

推荐系统一方面能够帮助用户发现他们潜在感兴趣的项目，另一方面能够帮助项目提供者将项目投放给对它感兴趣的用户。推荐系统能够对公司或业务产生增值效应，给用户带来更好的体验。为了让读者更灵活地掌握推荐系统，用于推荐系统应用实现，本章没有专门介绍某一个推荐算法，而是给出了推荐系统发展的三个阶段以及每个阶段的标志性事件，对推荐系统进行了分类，并分析比较了每种推荐算法的优缺点，然后总结了已有的推荐系统评价指标。

最后，需要指出的是，面向大数据的推荐系统研究是当前的热点方向，但也存在挑战：

(1) 数据量巨大加剧了数据稀疏性问题和长尾(long tail)问题。在推荐系统中，可获得的已打分数目通常远小于需要预测的打分数目，如常用的数据集都非常稀疏，当评分矩阵达到某种程度之后，相比标准的 CF 技术，推荐质量会有所下降，而且距离关系的计算代价很高，很难实际应用到大规模评分数据上。长尾是指那些原来不受到重视的销量小但种类多的产品或服务，由于总量巨大，累积起来的总收益超过主流产品的现象。大数据背景下数据稀疏性和长尾问题是一个有趣并将得到持续研究的问题。

(2) 推荐系统可使用的数据复杂繁多，如社交网络里面的信息、地点位置信息以及其他上下文感知信息都考虑进来，不但数据量增加，计算复杂度亦会成倍增加。

(3) 推荐系统属于应用型的研究方向，为此要分析推荐系统的商业价值及其对用户决策和购买行为的影响。对推荐系统的评价要考虑开发面向经济的衡量指标来捕获推荐的业务价值，如投资回报率等。由于目前还没有统一的评估标准，研究人员倾向于选择对自己算法有利的评价指标，而忽略其他评价指标。因此，建立一个客观合理的评价指标体系有利于推荐系统的研究与发展。

(4) 推荐系统对时效性要求较高，想真正捕获最优的推荐机会，时效性非常重要。如何将海量的用户数据应用到实时的用户交互中以提高用户体验，导致了推荐系统可扩展性(scalability)问题。目前很多推荐模型虽然可以获得很好的预测精度，但因它们有较高的计算复杂度，很难应用于实际的大规模推荐问题，因此未来推荐算法的可扩展性问题仍是一个值得研究的方向。

◇参◇考◇文◇献◇

[1] Adomavicius G, Tuzhilin A. Toward the next generation of recommender systems: A survey of the state-of-the-art and possible extensions[J]. Knowledge and Data Engineering, IEEE Transactions on, 2005, 17(6): 734 - 749.

[2] 朱扬勇，孙婧. 推荐系统研究进展. 计算机科学与探索，2015，1(1).

[3] Goldberg D, Nichols D, Oki B M, et al. Using collaborative filtering to weave an information tapestry [J]. Communications of the ACM, 1992, 35(12): 61 - 70.

[4] Resnick P, Iacovou N, Suchak M, et al. GroupLens: an open architecture for collaborative filtering of netnews[C]//Proceedings of the 1994 ACM conference on Computer supported cooperative work, United States, October 22 - 26, 1994. New York: ACM Press, 1994: 175 - 186.

[5] Resnick P, Varian H R. Recommender systems[J]. Communications of the ACM, 1997, 40(3): 56 - 58.

[6] Linden G, Smith B, York J. Amazon. com recommendations: Item-to-item collaborative filtering[J].

Internet Computing, IEEE,2003,7(1): 76 - 80.

[7] Park D H,Kim H K,Choi I Y,et al. A literature review and classification of recommender systems research[J]. Expert Systems with Applications,2012,39(11): 10059 - 10072.
Collaborative Filtering. Wikipedia. http://en. wikipedia. org/wiki/Collaborative_filtering.

[8] Deng A L,Zhu Y Y,Shi B L. A collaborative filtering recommendation algorithm based on item rating prediction[J]. Journal of Software,2003,14(9): 1621 - 1628.

[9] Meng XW,Wang LC and Zhang YJ. Mobile Recommender Systems and Their Applications. Journal of Software. 2013,24(1): 91 - 108.

[10] Deshpande M,Karypis G. Item-based top-n recommendation algorithms[J]. ACM Transactions on Information Systems (TOIS),2004,22(1): 143 - 177.

[11] Wang J,De Vries A P,Reinders M J T. Unifying user-based and item-based collaborative filtering approaches by similarity fusion[C]//Proceedings of the 29th annual international ACM SIGIR conference on Research and development in information retrieval,Seattle,WA,August 06 - 10,2006. New York: ACM Press,2006: 501 - 508.

[12] Su X,Khoshgoftaar T M. A survey of collaborative filtering techniques[J]. Advances in artificial intelligence,2009,2009: 4.

[13] Breese J S, Heckerman D, Kadie C. Empirical analysis of predictive algorithms for collaborative filtering[C]//Proceedings of the Fourteenth conference on Uncertainty in artificial intelligence, Madison,WI,July 24 - 26,1998. San Francisco: Morgan Kaufmann Publishers Inc. ,1998: 43 - 52.

[14] Ungar L H,Foster D P. Clustering methods for collaborative filtering[C]//AAAI Workshop on Recommendation Systems, Madison, Isconsin, July 26 - 27, 1998. Massachusetts: AAAI Press, 1998: 114 - 129.

[15] Ma H, Liu C, King I, et al. Probabilistic factor models for web site recommendation[C]// Proceedings of the 34th international ACM SIGIR conference on Research and development in Information Retrieval,Beijing,China,July 24 - 28,2011. New York: ACM Press,2011: 265 - 274.

[16] Hofmann T. Latent semantic models for collaborative filtering[J]. ACM Transactions on Information Systems (TOIS),2004,22(1): 89 - 115.

[17] Bell R,Koren Y,Volinsky C. Modeling relationships at multiple scales to improve accuracy of large recommender systems[C]//Proceedings of the 13th ACM SIGKDD international conference on Knowledge discovery and data mining,San Jose,CA,August 12 - 15,2007. New York: ACM Press, 2007: 95 - 104.

[18] Goldberg K,Roeder T,Gupta D,et al. Eigentaste: A constant time collaborative filtering algorithm [J]. Information Retrieval,2001,4(2): 133 - 151.

[19] Koren Y. Factorization meets the neighborhood: a multi-faceted collaborative filtering model[C]// Proceedings of the 14th ACM SIGKDD international conference on Knowledge discovery and data mining,Las Vegas,NV,August 24 - 27,2008. New York: ACM Press,2008: 426 - 434.

[20] Wang C, Blei D M. Collaborative topic modeling for recommending scientific articles[C]// Proceedings of the 17th ACM SIGKDD international conference on Knowledge discovery and data

mining, San Diego, CA, August 21 - 24, 2011. New York: ACM Press, 2011: 448 - 456.

[21] Onuma K, Tong H, Faloutsos C. TANGENT: a novel, "Surprise me", recommendation algorithm [C]//Proceedings of the 15th ACM SIGKDD international conference on Knowledge discovery and data mining, Paris, France, June 28 - July 01, 2009. New York: ACM Press, 2009: 657 - 666.

[22] Xiang L, Yuan Q, Zhao S, et al. Temporal recommendation on graphs via long-and short-term preference fusion [C]//Proceedings of the 16th ACM SIGKDD international conference on Knowledge discovery and data mining, Washington DC, DC, July 25 - 28, 2010. New York: ACM Press, 2010: 723 - 732.

[23] Balabanović M, Shoham Y. Fab: content-based, collaborative recommendation[J]. Communications of the ACM, 1997, 40(3): 66 - 72.

[24] Salton G, Wong A, Yang C S. A vector space model for automatic indexing[J]. Communications of the ACM, 1975, 18(11): 613 - 620.

[25] Guy I, Zwerdling N, Ronen I, et al. Social media recommendation based on people and tags[C]// Proceedings of the 33rd international ACM SIGIR conference on Research and development in information retrieval, Geneva, Switzerland, July 19 - 23, 2010. New York: ACM Press, 2010: 194 - 201.

[26] Ma H, Yang H, Lyu M R, et al. Sorec: social recommendation using probabilistic matrix factorization[C]// Proceedings of the 17th ACM conference on Information and knowledge management, Napa Valley, CA, October 26 - 30, 2008. New York: ACM Press, 2008: 931 - 940.

[27] Jamali M, Ester M. Trustwalker: a random walk model for combining trust-based and item-based recommendation[C]//Proceedings of the 15th ACM SIGKDD international conference on Knowledge discovery and data mining, Paris, France, June 28 - July 01, 2009. New York: ACM Press, 2009: 397 - 406.

[28] Wang C, Raina R, Fong D, et al. Learning relevance from heterogeneous social network and its application in online targeting[C]//Proceedings of the 34th international ACM SIGIR conference on Research and development in Information Retrieval, Beijing, China, July 24 - 28, 2011. New York: ACM Press, 2011: 655 - 664.

[29] Kamvar S D, Schlosser M T, Garcia-Molina H. The eigentrust algorithm for reputation management in p2p networks[C]//Proceedings of the 12th international conference on World Wide Web, New York, May 17 - 22, 2003. New York: ACM Press, 2003: 640 - 651.

[30] Minsky M L, Minsky M. Semantic information processing[M]. Cambridge, MA: MIT press, 1968, 227 - 270.

[31] Yang X, Steck H, Liu Y. Circle-based recommendation in online social networks[C]//Proceedings of the 18th ACM SIGKDD international conference on Knowledge discovery and data mining, Beijing, China, August 12 - 16, 2012. New York: ACM Press, 2012: 1267 - 1275.

[32] Wang L, Meng X, Zhang Y. Context-Aware recommender systems[J]. Ruanjian Xuebao/Journal of Software, 2012, 23(1): 1 - 20.

[33] Bettman J R, Luce M F, Payne J W. Constructive consumer choice processes[J]. Journal of

consumer research,1998,25(3): 187 - 217.

[34] Cena F,Console L,Gena C,et al. Integrating heterogeneous adaptation techniques to build a flexible and usable mobile tourist guide[J]. AI Communications,2006,19(4): 369 - 384.

[35] Van Setten M, Pokraev S, Koolwaaij J. Context-aware recommendations in the mobile tourist application COMPASS[C]//Adaptive hypermedia and adaptive web-based systems,Dublin, Ireland, June 21 - 23,2006. Berlin,Heidelberg: Springer,2004: 235 - 244.

[36] Adomavicius G, Sankaranarayanan R, Sen S, et al. Incorporating contextual information in recommender systems using a multidimensional approach[J]. ACM Transactions on Information Systems (TOIS),2005,23(1): 103 - 145.

[37] Adomavicius G,Tuzhilin A. Multidimensional recommender systems: a data warehousing approach [M]// Electronic commerce. Springer Berlin Heidelberg,2001: 180 - 192.

[38] Anand S S, Mobasher B. Contextual recommendation[M]. Springer Berlin Heidelberg, 2007: 142 - 160.

[39] Rendle S,Gantner Z,Freudenthaler C,et al. Fast context-aware recommendations with factorization machines[C]//Proceedings of the 34th international ACM SIGIR conference on Research and development in Information Retrieval,Beijing,China,July 24 - 28,2011. New York: ACM Press, 2011: 635 - 644.

[40] Wikipedia. http://en. wikipedia. org/wiki/Demographics.

[41] Rich E. User modeling via stereotypes* [J]. Cognitive science,1979,3(4): 329 - 354.

[42] Krulwich B. Lifestyle finder: Intelligent user profiling using large-scale demographic data[J]. AI magazine,1997,18(2): 37 - 45.

[43] Damasio A R,Marg E. Descartes' error: Emotion,reason,and the human brain[J]. Optometry and Vision Science,1995,72(11): 847 - 847.

[44] Thagard P,Kroon F. Hot thought: Mechanisms and applications of emotional cognition[M]. MIT Press,2008.

[45] Nunes M. Psychological Aspects in lifelike synthetic agents: Towards to the Personality Markup Language (A Brief Survey). RENOTE[J]. Revista Novas Tecnologias na Educação,2009,7(3): 1 - 11.

[46] Gonzalez G,De La Rosa J L,Montaner M,et al. Embedding emotional context in recommender systems[C]// Workshops in Conjunction with the International Conference on Data Engineering, Istanbul,Turkey,April 17 - 20,2007. Piscataway,N.J: IEEE Press,2007: 845 - 852.

[47] Masthoff J,Gatt A. In pursuit of satisfaction and the prevention of embarrassment: affective state in group recommender systems[J]. User Modeling and User-Adapted Interaction,2006,16(3 - 4): 281 - 319.

[48] Saari T, Ravaja N, Laarni J, et al. Psychologically targeted persuasive advertising and product information in ecommerce[C]//Proceedings of the 6th international conference on Electronic commerce,Delft,Netherlands,October 25 - 27,2004. N.Y: ACM Press,2004: 245 - 254.

[49] Burke R. Hybrid recommender systems: Survey and experiments[J]. User modeling and user-

adapted interaction, 2002, 12(4): 331 - 370.

[50] González G, López B, de la Rosa J L. A multi-agent smart user model for cross-domain recommender systems[J]. Proceedings of Beyond Personalization, 2005.

[51] Konstas I, Stathopoulos V, Jose J M. On social networks and collaborative recommendation[C]// Proceedings of the 32nd international ACM SIGIR conference on Research and development in information retrieval, Boston, MA, July 19 - 23, 2009. New York: ACM Press, 2009: 195 - 202.

[52] Melville P, Mooney R J, Nagarajan R. Content-boosted collaborative filtering for improved recommenda-tions[C]//AAAI/IAAI, Hedberg, Sara, December 11 - 16, 2002. Massachusetts: AAAI Press, 2002: 187 - 192.

[53] Tang J, Wu S, Sun J, et al. Cross-domain collaboration recommendation[C]//Proceedings of the 18th ACM SIGKDD international conference on Knowledge discovery and data mining, Beijing, China, August 12 - 16, 2012. New York: ACM Press, 2012: 1285 - 1293.

[54] Burke R. Hybrid recommender systems: Survey and experiments[J]. User modeling and user-adapted interaction, 2002, 12(4): 331 - 370.

[55] Amer-Yahia S, Roy S B, Chawlat A, et al. Group recommendation: Semantics and efficiency[J]. Proceedings of the VLDB Endowment, 2009, 2(1): 754 - 765.

[56] Burke R. Knowledge-based recommender systems[J]. Encyclopedia of library and information systems, 2000, 69(Supplement 32): 175 - 186.

[57] Shi Y, Zhao X, Wang J, et al. Adaptive diversification of recommendation results via latent factor portfolio[C]//Proceedings of the 35th international ACM SIGIR conference on Research and development in information retrieval, Portland, OR, August 12 - 16, 2012. New York: ACM Press, 2012: 175 - 184.

[58] Zhao G, Lee M L, Hsu W, et al. Increasing temporal diversity with purchase intervals[C]// Proceedings of the 35th international ACM SIGIR conference on Research and development in information retrieval, Portland, OR, August 12 - 16, 2012. New York: ACM Press, 2012: 165 - 174.

[59] Massa P, Avesani P. Trust-aware recommender systems[c]. In RecSys'07: Proceedings of the 2007 ACM Conference Recommender Systems, Minneapolis, MN, October 19 - 20, 2007. New York: ACM Press, 2007: 17 - 24.

[60] Smyth B, McClave P. Similarity vs. diversity[M]// Case-Based Reasoning Research and Development. Berlin, Heidelberg: Springer, 2001: 347 - 361.

[61] Xiang L. Recommendation System Practice[J]. The People's Posts and Telecommunications Press, China, 2012.

[62] Zhu Y, Lv L. Evaluation metrics for recommender systems[J]. Journal of University of Electronic Science and Technology of China, 2012, 41(2).

[63] Mooney R J, Roy L. Content-based book recommending using learning for text categorization[C]// Proceedings of the fifth ACM conference on Digital libraries, San Antonio, TX, June 02 - 07, 2000. New York: ACM Press, 2000: 195 - 204.

[64] Dwyer F R. Customer lifetime valuation to support marketing decision making[J]. Journal of direct

marketing，1989，3(4)：8 - 15.

[65] Rosset S，Neumann E，Eick U，et al. Customer lifetime value modeling and its use for customer retention plan-ning[C]//Proceedings of the eighth ACM SIGKDD inter-national conference on Knowledge discovery and data mining，Edmonton，AB，Canada，July 23 - 25，2002. New York：ACM Press，2002：332 - 340.

[66] Kobsa A. Privacy-enhanced personalization[J]. Communications of the ACM，2007，50(8)：24 - 33.

第11章

大数据中的隐私问题

本章将讨论大数据中的隐私问题以及现有的解决方法。首先解释在大数据下隐私问题的重要性,并介绍隐私问题的相关概念;然后描述了大数据下一些现有的保护隐私的方法。

11.1 隐私的重要性

大数据常常包含了人们的隐私信息,例如,客户信息或者医疗信息往往包含一些隐私信息,例如姓名、住址、电话号码、身份证号、社保号、经济状况以及医疗状况。

隐私问题对于大数据的重要性有如下一些原因:

(1) 大数据通常包含许多不同来源的信息,这就需要信息的共享或是整合。图 11-1 中的例子展示了大数据收集、共享和整合的过程,这些数据来源于医院的病人、商店的顾客和学校的学生。因为一个人可以同时是病人、顾客和学生,得到这些数据的机构就会想要将这三个数据集整合在一起,再进行一些有趣的分析(例如,教育程度和健康状况以及购物行为的关系)。然而,出于隐私考虑,人们会拒绝提供个人数据,并且也会阻碍收集了信息的相关组织(本例中的医院、商店和学校)分享这些数据。这会阻碍对整合数据的分析。

图 11-1 数据共享与整合示例

(2) 对大数据的挖掘可能会泄露隐私信息。例如,对在线数据进行简单的关键词搜索或者文本挖掘就有可能泄露敏感信息。曾经有过在搜索记录里找到社保号(就像美国的身份证号)的例子;还有通过推测泄露隐私的情况。例如,攻击者可以将公开数据集和匿名私密数据(假设删除了用于识别的属性)相连接,来识别私密数据中的人,这就是链接攻击。如果房主在网上发布带有日期信息的度假照片,攻击者就可以闯入这间房子,因为他们可以推测出房主在度假,不在家里。智能手机收集的位置信息也可以用于追踪。

1) 数据隐私的定义及范围

图 11－2 给出了数据隐私的定义及范围。通常情况下可以将隐私信息分为两种:个人隐私和公司隐私。个人隐私是指每个个体(例如顾客、病人、学生等)的私人信息。可以进一步划分成身份信息和其他敏感信息。身份信息包括可以用来独立标识一个人的信息,例如,姓名、身份证号、社保号、信用卡号、银行账号、住址、车牌号、电话号码、生物特征(例如指纹)、DNA 等。身份信息泄露可能导致身份盗用(罪犯可以用受害者的身份信息去银行开户、申请贷款或信用卡、犯罪等)。个人隐私还包括其他私人的敏感信息,例如医疗状况、财务历史等。

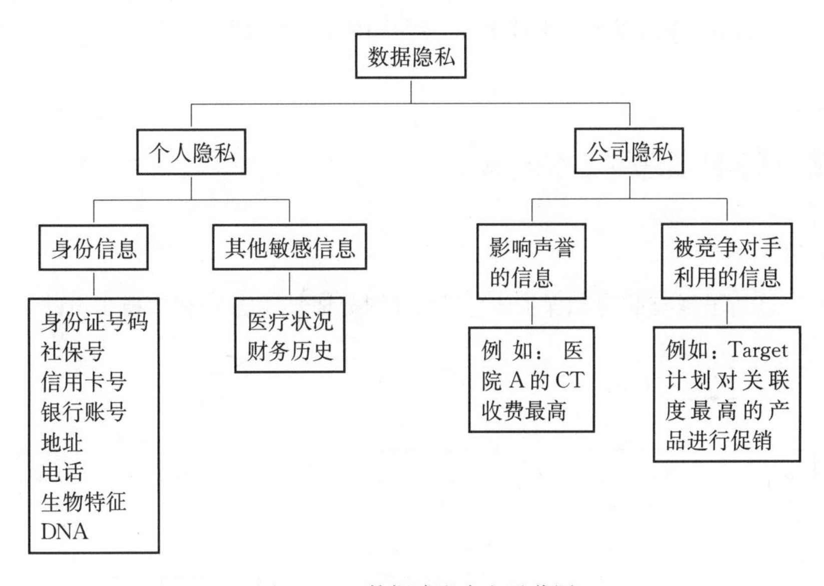

图 11－2 数据隐私定义及范围

公司隐私是指一个组织(例如公司、学习、政府机构)的敏感信息。这些信息通常不是个人层面而是关于该组织的。公司隐私通常包括会影响声誉的信息,以及会被竞争对手利用的信息。例如,医院可能不想让公众知道它的 CT 收费最高,因为这会影响到它的声誉。又例如,当一家商店想要对关联度最高的商品进行促销时(例如,顾客很有可能会同时买牛奶和面包,所以商店可以对牛奶进行促销从而卖出更多的面包),如果这些关联信息泄露给了竞争对手,那么竞争对手就可以进行相似的促销从该公司吸引走顾客。

2) 隐私泄露的结果

(1) 身份盗用。身份盗用意味着罪犯可以用受害者的身份去申请信用卡或贷款,申请医疗理赔或者犯罪。身份信息被盗用的最常见结果就是身份被盗用。2012 年,大约 7%的美国人经历了各种身份盗用。通常这会导致个人经济损失以及商业损失。并且,清除受害人的信用记录或是犯罪记录很困难,需要花费大量时间。

(2) 保险拒签或者拒绝提供工作。这种情况通常是由于受害人的医疗记录被泄露给了保险公司或者雇主,特别是当这些记录里包含以前存在的医疗状况,例如吸毒或酗酒。

(3) 足迹追踪是指在网上或现实生活中跟踪一个人。这种情况通常是当受害者的位置信息(包括在线和离线)被泄露。

(4) 房屋入侵。这种情况发生在罪犯发现受害者有很长一段时间不在家时(例如,在度假)。在网上发布带有日期信息的度假照片或是度假计划会导致这种情况发生。

(5) 敲诈、诽谤、使人难堪。一些个人信息(例如照片、事件)可被用以敲诈、诽谤或是使人难堪。这通常事关名誉,不过也会发生在普通人身上,尤其是青少年。遭受诽谤和难堪曾导致过一些自杀事件的发生。

(6) 对于组织,如果遭受了数据泄露,隐私侵害会导致严重的经济和声誉损失。例如,美国零售巨头 Target 在最近的一起隐私侵害问题中损失了超过一亿美元。

11.2 隐私保护技术

图 11-3 总结了现有的隐私保护方法,可以划分成技术方法和非技术方法。

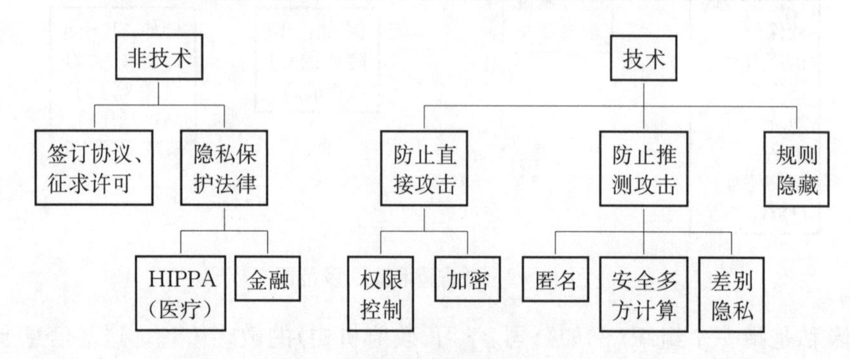

图 11-3 隐私保护技术

非技术方法包括签订不公开个人信息的协议或者在收集用户信息时征得其许可,还有关于隐私保护的法律。例如,在美国,主要有两项保护隐私的法律:健康保险携带和责任法案(Health Insurance Portability and Accountability Act,HIPPA)保护了医疗数据,金融服务现代化法(Gramm-Leach-Bliley Act)保护了金融数据。征求许可方法的问题在于,当有很多人参与时这种方法不具有可扩展性。征求许可还需要确保协议是否真正被执行。隐私保护法律同样具有局限性,因为它们无法确保覆盖所有数据。并且,技术和法律之间存在鸿沟,就算遵守隐私保护法,也还是有机会违反隐私保护。

隐私保护的技术方法分为防止直接攻击和防止间接攻击两种。直接攻击是指攻击者想要直接获取隐私数据。例如,攻击者可能会侵入存有隐私数据的电脑窃取数据。公司员工可能会接触到他们本不该看到的数据。直接攻击在大多数国家都是非法的。间接攻击在收集数据时通常不违法，但也具有和直接攻击一样的伤害。下面将分别描述对直接攻击和间接攻击的应对方法。

11.2.1 直接攻击的应对方法

对于直接攻击有两种常用的应对方法：

1）访问控制

在访问控制的情况下只允许有权限的用户访问私密数据。在隐私保护问题上，细粒度访问控制（fine-grained access control）要比传统只在文件或表（或视图）层面上的访问控制要效果好。细粒度访问控制可以控制用户访问单独一行、一列或是一个单元（一行的一列）。例如，可以控制每个学生只能看到他/她自己的成绩，而看不到其他任何人的。一个职工只能看到他/她的个人工资而看不到其他人的。细粒度访问控制不仅在传统的数据库中已经实现，一些大数据系统（例如 Accumulo）也具备该功能。

实现细粒度访问控制时并不考虑性能和易用性，因为细粒度访问控制需要记录大量的信息（谁有权限访问哪一行和哪一列），通常需要为大量用户设定不同权限。例如，以下 SQL 语句用来访问学生的成绩，*X* 是输入的学生 ID 参数。

```
select grade
from grades
where student ID = X
```

要使每个学生只能看到他/她自己的成绩，一种有效的改写方式是：

```
select grade
from grades
where student ID = X and user. student ID = X
```

这里，user. studentID 就是执行该 SQL 语句的用户的学生 ID。

2）数据加密

另一种保护隐私数据的方式就是将数据加密，这样，即使攻击者得到了数据也无法得到具体的数据值。对于那些重要的身份信息，例如社保号，加密技术很常用。

加密的挑战在于，当需要处理或分析数据时，需要对数据进行解密，这通常需要相当大的代价。和访问控制相似，对比较小的数据单元进行加密，例如一个单元或是一列可以降低解密的开销。另一种降低解密开销的技术叫做同态加密（homomorphic encryption），这项技术可以使一些计算直接在加密数据上完成，而不需要解密。例如，可以在加密数据上直接评估质量状况（例如比较两个数值是否相同只需要比较他们的加密值）。Paillier 加密法[1]可以在不解密数据的情况下进行加和乘运算。完全同态加密[2]理论上对任何计算都有效,但实际应用中速度太慢。

11.2.2 间接攻击的应对方法

1) 匿名

匿名技术防止了链接攻击。假设身份信息,例如姓名、地址、ID等都从数据集中删除,攻击者还是可以通过在公开数据集中存在的其他属性恢复身份信息,例如邮编、生日、姓名。这些属性称为准标识符(quasi-identifier)。例如,图11-4是一个删除了病人姓名的医疗数据集。然而,攻击者可以将这个表和图11-4中的投票人数据集相链接,就可以唯一地标识出一个人的身份。例如,攻击者可以发现第六个病人就是Bob,他患有皮肤癌。

Name	ZipCode	Birth Date	Gender
Alice	21042	1945-02-15	Female
Cathy	21042	1942-03-04	Female
Emmy	21043	1952-03-04	Female
Lisa	21044	1956-08-02	Female
Susan	21046	1959-12-23	Female
Bob	**21201**	**1961-04-18**	**Male**
David	21202	1962-06-11	Male
Frank	21201	1964-09-14	Male
Jeff	21203	1972-11-07	Male
Tom	21202	1979-10-30	Male

(a) 投票人列表(公开)

ID	ZipCode	Birth Date Gender		Cancer Type
1	21042	1945-02-15	Female	Breast Cancer
2	21042	1942-03-04	Female	Breast Cancer
3	21043	1952-03-04	Female	Lung Cancer
4	21044	1956-08-02	Female	Lung Cancer
5	21046	1959-12-23	Female	Bladder Cancer
6	**21201**	**1961-04-18**	**Male**	**Skin Cancer**
7	21202	1962-06-11	Male	Lung Cancer
8	21201	1964-09-14	Male	Lung Cancer
9	21203	1972-11-07	Male	Prostate Cancer
10	21202	1979-10-30	Male	Lung Cancer

(b) 医疗数据(私密)

图11-4 匿名技术示例数据集

阻止链接攻击最常见的方法是K-匿名(K-anonymity)[3],基本思想是确保在准标识符属性(例如邮编、生日和性别)上至少有K个人有相同的值。图11-5的表满足了2-匿名,因为在邮编、生日和性别上至少有两个病人有相同的值。K-匿名通常通过概括数值来实现(即,用大体的数值或是数值范围来代替具体的值)。例如,图 11 - 5 中邮编删除了最后一位,出生日期被年份范围代替。

K -匿名模型有如下好处:

(1) 模型易于理解。

(2) 匿名后的数据可以共享。

(3) 数据的精确度下降但仍然可信(例如,用数值范围代替具体的值,这个数值仍然在该范围内)。

Name	ZipCode	Birth Date	Gender
Alice	21042	1945 - 02 - 15	Female
Cathy	21042	1942 - 03 - 04	Female
Emmy	21043	1952 - 03 - 04	Female
Lisa	21044	1956 - 08 - 02	Female
Susan	21046	1959 - 12 - 23	Female
Bob	**21201**	**1961 - 04 - 18**	**Male**
David	21202	1962 - 06 - 11	Male
Frank	21201	1964 - 09 - 14	Male
Jeff	21203	1972 - 11 - 07	Male
Tom	21202	1979 - 10 - 30	Male

(a) 投票人列表(公开)

ID	ZipCode	Birth Date	Gender	Cancer Type
1	2104X	1940 - 1949	Female	Breast Cancer
2	2104X	1940 - 1949	Female	Breast Cancer
3	2104X	1950 - 1959	Female	Lung Cancer
4	2104X	1950 - 1959	Female	Lung Cancer
5	2104X	1950 - 1959	Female	Bladder Cancer
6	**2120X**	**1960 - 1969**	**Male**	**Skin Cancer**
7	2120X	1960 - 1969	Male	Lung Cancer
8	2120X	1960 - 1969	Male	Lung Cancer
9	2120X	1970 - 1979	Male	Prostate Cancer
10	2120X	1970 - 1929	Male	Lung Cancer

(b) 匿名后的医疗数据(私密)

图 11 - 5　匿名技术示例

K -匿名的最大问题在于不能提供足够有力的隐私保护。如果攻击者知道一些额外信息,那么这种模型就会失效。例如,在图 11 - 5 中的匿名数据集中,有三个病人有 Bob 一样的准标识符属性(邮件、生日、性别),其中两个人患了肺癌,一个有皮肤癌。如果攻击者知道 Bob 不吸烟,那么他患肺癌的概率就很小。这样就可以推测出他更有可能患了皮肤癌。对于 K -匿名的改进有其他方法,例如 L -多样性(L - diversity)[4]。例如,L -多样性方法要求对于有相同准标识符属性的人,还必须有至少 L 个能充分表示疾病(或其他敏感属性值)

的数值。然而，这些模型仍然基于攻击者不具有其他信息的假设，如果这个假设不成立，那么这些模型还是很容易被攻击。

2）差别隐私（differential privacy）

差别隐私[5]是一种非常强大的隐私保护模型，即使是在最糟糕的情况下，攻击者获得了数据集中除了一行之外的所有行数据，也能保护隐私。在差别隐私模型下，即使是在最糟糕的情况下，攻击者仍然无法推测出他们所没有的那一行的有用信息。

差别隐私通常适用于交互式环境下，用户对数据集进行统计查询（例如，查询上海家庭的平均收入）。就算只允许用户进行统计查询（而不可以查询具体行），攻击者还是有可能推测出数据集中个人的信息。例如，假设房间里有100个人，用户只允许查询平均年龄。攻击者可以这样问两个问题，第一个问所有人的平均年龄，第二个问除了 X 之外所有人的平均年龄。这样攻击者就可以根据两次查询结果的差值推测出 X 的准确年龄（100×查询结果1－99×查询结果2）。

差别隐私的过程如下。它对统计查询的结果添加随机噪声，噪声必须服从特定的分布（例如拉普拉斯分布）。噪声可以防止攻击者从两个数据库（一个包含 X，另一个不包含）查询结果的差别中作出推测。也就是说，X 对结果的影响被隐藏了。更正式地，如果两个只差一行的数据库 D_1 和 D_2 满足 $\frac{P(D_1 \rightarrow r)}{P(D_2 \rightarrow r)} \leqslant e^{\varepsilon}$，则称满足了 ε-差别隐私。这里，$P(D_1 \rightarrow r)$ 是指从 D_1 中得到带噪声的结果 r 的概率。通常，我们把 ε 设为一个比较小的值，例如0.1或0.01。对于比较小的 ε，e^{ε} 接近于 $1+\varepsilon$。所以攻击者无法从结果 r 中辨别出 X 是否在数据库中。

拉普拉斯分布满足概率密度函数 $\frac{1}{2b}e^{-|x|/b}$，其中 x 是噪声的值，b 是噪声的规模。通常设置 $b=\frac{\Delta}{\varepsilon}$，$\Delta$ 是单独一行最查询结果的最大影响（称为敏感度）。例如，一个人对平均年龄的最大影响就是他最大可能的年龄（比如150）除以人数。

差别隐私模型有如下好处：

(1) 在所有隐私保护模型中它的保护性最强，不依赖于攻击者所获信息的假设（事实上就是攻击者知道了数据库中其他所有人的信息，也无法判断出剩下的那个人是否在数据库中）。

(2) 相对误差（噪声）随着数据库中行数的增加而降低。例如，对于平均年龄查询的最大影响等于 $\frac{150}{n}$，n 是人数。如果 $n=1\ 000$，$\varepsilon=0.01$，则噪声等级 $b=15$，这个值很大。而对于 $n=1\ 000\ 000$，则 $b=0.015$，这个值就很小。

(3) 可组合性。当对同一个数据集进行多项查询时，假设对每个查询都有一个差别隐私保证 ε_i，则所有查询总的差别隐私保证就是 $\sum i\varepsilon_i$。例如，假如有两项查询，每一个都有0.01的隐私保证，那么总的隐私保证值＝0.01＋0.01＝0.02。

但是差别隐私模型有如下问题：

(1) 用户不能直接获得数据，只能进行统计查询。

(2) 有时噪声等级会很高(尤其是单个行对最终结果有巨大影响时)。例如，如果想要计算最大年龄，那么每个人对结果的影响并不能随着数据集的增大而减小，因为每个人都有可能改变最大年龄。对于小数据集(例如，小于 10 000 行的数据集)，差别隐私模型会增加非常大的噪声。

(3) 由于结果是失真的，并不清楚用户是否会相信这些带噪声的结果。

3) 安全多方计算(secure multi-party computation, SMC)

安全多方计算[6]针对的情形是多个各自拥有一些数据的组织想要将数据组合在一起进行数据挖掘，但不想直接共享数据。数据通常或是水平分区(每个组织有数据中的相同列、不同行)，或是竖直分区(每个组织拥有相同数量的数据但属性值不同)。例如，多个商店可能有不同水平分区的顾客数据，电话公司和电商公司可能有相同的顾客但是不同的属性(竖直分区)。

SMC 技术使用密码学技术(同态加密)来直接对加密数据进行计算，而无需解密。由于同态加密无法处理复杂计算，因此需要将数据挖掘过程分成小的步骤(例如，计算和、均值、内积、最大最小值)，每一步都用加密协议进行计算。

SMC 技术有两个问题：

(1) 加密协议的代价很高(在 CPU 运算时间和网络传输两方面)，这就阻碍了 SMC 在大规模数据集上的应用。

(2) SMC 受制于勾结(即两家组织合作窃取第三方的数据)。

由于这两点局限性(尤其是第一点)，SMC 技术很大程度上仍处于研究阶段，并未在成熟的商业产品中应用。

4) 规则隐藏

存在一些对隐藏敏感关联规则的研究[7,8]。假设有一系列数据集，其中存在一些数据拥有者不愿被发现的敏感的关联规则。而另一方面，他们又希望有人(比如咨询公司)可以从数据集中挖掘出非敏感的关联规则。常见的解决方法就是通过修改数据集(例如，增加或删除数据或交易)来降低那些不愿被发现的敏感规则的置信度，同时将对非敏感规则的影响降到最小。

11.3 小结

大数据已经开始在多方面影响人们的工作和生活：一方面，为社会带来生产力的巨大提升，帮助企业创造利润；另一方面也给人们的隐私保护带来了巨大的挑战。无论我们是否意识到，在大数据时代，人们的行为会留下数据的足迹；我们的智能设备时刻捕获着我们的状态；各大电商平台“监视”着我们的购物习惯；谷歌、百度“监视”着我们的浏览习惯；微博、微信“掌控”了我们的社交圈。大数据就如同一把双刃剑，在如何寻找一个平衡点方面，隐私问题是一个值得我们深入研究和讨论的问题。

◇参◇考◇文◇献◇

[1] Paillier P. Public-key cryptosystems based on composite degree residuosity classes. In EUROCRYPT, 1999：223－238.

[2] Dijk M v，Gentry C，Halevi S，et al. Fully homomorphic encryption over the integers. In EUROCRYPT, 2010：24－43.

[3] Sweeney L. K-anonymity：a model for protecting privacy. International Journal on Uncertainty, Fuzziness and Knowledge-based Systems，2002，10(5)：557－570.

[4] Machanavajjhala A，Gehrke J，Kifer D，et al. L-diversity：Privacy beyond k-anonymity. In 22nd IEEE International Conference on Data Engineering（ICDE 2006），Atlanta，Georgia，April 2006.

[5] Dwork C. Differential privacy. In ICALP，2006：1－12.

[6] Vaidya J，Zhu Y M，Clifton C W. Privacy Preserving Data Mining（Advances in Information Security）. Springer-Verlag New York，Inc.，2005.

[7] Verykios V S，Elmagarmid A K，Bertino E，et al. Association rule hiding. Knowledge and Data Engineering，IEEE Transactions on，2004，16(4)：434－447.

[8] Gkoulalas-Divanis A，Verykios V S. Association rule hiding for data mining，volume 41. Springer Science & Business Media，2010.